住房城乡建设部土建类学科专业“十三五”规划教材

建筑装饰 CAD

第 2 版

边 颖 赵秋菊 编

机 械 工 业 出 版 社

本书是“十二五”职业教育国家规划教材，经全国职业教育教材审定委员会审定。

本书分为6章。第1章介绍了AutoCAD 2012的基础知识；第2章通过绘制小家具设备，介绍AutoCAD 2012软件基本的绘图命令和编辑方法；第3章通过绘制一套住宅空间装饰设计方案图，使读者掌握使用AutoCAD 2012软件绘制建筑装饰方案图样的方法和操作技巧；第4章通过绘制一套完整的公共空间的装饰施工图，使读者掌握绘制建筑装饰施工图样的方法和操作技巧；第5章介绍了图形按比例打印出图，以及与其他专业软件转换的方法；第6章介绍了使用AutoCAD 2012软件建立三维空间和家具模型的方法及步骤。

本书内容实用、专业性强，适合作为高职高专建筑装饰工程技术专业的教材，也非常适合建筑设计、环境艺术设计等专业的师生及相关从业人员阅读。

为方便教学，本书配有电子课件，凡使用本书作为教材的教师可登录机工教育服务网 www.cmpedu.com 注册下载。咨询电话：010-88379375。

图书在版编目（CIP）数据

建筑装饰CAD/边颖，赵秋菊编．—2版．—北京：机械工业出版社，2014.12
（2021.1重印）
“十二五”职业教育国家规划教材
ISBN 978-7-111-48469-1

Ⅰ.①建… Ⅱ.①边… ②赵… Ⅲ.①建筑装饰—建筑设计—计算机辅助设计—AutoCAD软件—高等职业教育—教材 Ⅳ.①TU238-39

中国版本图书馆CIP数据核字（2014）第261177号

机械工业出版社（北京市百万庄大街22号 邮政编码100037）
策划编辑：常金锋 李 莉 责任编辑：常金锋
版式设计：霍永明 责任校对：肖 琳
封面设计：马精明 责任印制：常天培
涿州市般润文化传播有限公司印刷
2021年1月第2版·第7次印刷
184mm×260mm·17.5印张·426千字
标准书号：ISBN 978-7-111-48469-1
定价：38.00元

电话服务
客服电话：010-88361066
010-88379833
010-68326294

网络服务
机 工 官 网：www.cmpbook.com
机 工 官 博：weibo.com/cmp1952
金 书 网：www.golden-book.com
机工教育服务网：www.cmpedu.com

第 2 版前言

编者在从事 AutoCAD 软件教学的过程中发现，学生虽然掌握了很多基础的绘图命令和编辑命令，但是在绘制建筑装饰工程图样的时候却不能将学到的基础命令灵活运用，导致绘图出现困难，不能在规定的时间内准确地绘制建筑装饰方案图和施工图。究其原因主要是知识点和操作命令比较分散，学生在学习时不能建立起与绘制建筑装饰图样的联系，导致绘图时出现不能正确使用操作命令、绘图程序错误等问题。针对上述教学中存在的一些问题，编者在教学中实施行动导向的教学方法，主要采用任务驱动的教学模式，每次上课都安排一个具体、真实的工作任务，讲解完成此工作任务的基本操作命令和方法，然后让学生自己动手绘制工作任务，最后针对出现的问题及时讲评。通过任务驱动教学模式的实施，学生迅速建立起 AutoCAD 基础命令与绘制建筑装饰图的联系，掌握正确的绘制流程，在完成工作任务的过程中不断提高绘图速度，掌握由简单到复杂的绘图技巧，大大提高了学习效率。但是在教学过程中没有适合的任务驱动的教材，因此编者在上述背景下编写了本书，为学生提供实用、好用的教材，便于学生自主学习。

本书采用任务驱动的编写思路，以实用为宗旨。本书分为 6 章，第 1 章的工作任务是设置绘图环境和绘制平面图的定位轴线，讲解 AutoCAD 2012 软件的基础知识，为下一步绘制建筑装饰图样做好准备。第 2 章的工作任务是绘制餐桌等家具，讲解 AutoCAD 2012 软件基本的绘图命令和编辑方法，将绘制好的家具放到第 3 章完成的平面布置图中。第 3 章的工作任务是绘制一套住宅空间装饰设计方案图，使学生通过学习能够快速掌握绘制建筑装饰方案图的方法、流程和操作技巧，并与前面两章的工作任务很好地衔接起来，建立起学习的连贯性。第 4 章的工作任务是绘制一套完整的公共空间的装饰施工图，不仅绘制平面图、顶棚图、立面图等图样，还要学习绘制给水排水等施工图，本章的安排不仅能够提高学生绘图的能力，同时也可提高其专业设计水平。第 5 章的工作任务是将前面绘制的住宅平面图按照正确的比例打印出图、打印到文件并调入其他专业软件，为学生深入地学习打下基础，并建立 AutoCAD 文件与 Photoshop、3ds Max 等软件的联系。第 6 章的工作任务是住宅空间的三维建模，此部分根据教学的进度可作为学生的选学部分。总之，本书的编写突出实用性，每节的编写采用任务描述→任务分析→相关知识→任务实施的任务驱动的编写框架，这样的安排可以提高学生学习的效率和主动性。

本书由边颖、赵秋菊编写。其中，边颖编写了第 1 章、第 2 章和第 5 章，赵秋菊编写了第 3 章、第 4 章，第 6 章由边颖、赵秋菊共同编写。全书由边颖统稿。

本书的出版得到了机械工业出版社的大力支持。本书第 4 章装饰施工图由上海三号设计装饰公司提供，另外本书在编写过程中参考了一些相关著作，在此一并致以衷心的感谢。

由于时间仓促及编者水平有限，书中难免会出现一些不足和纰漏之处，恳请广大读者批评指正，以便更好地修改完善。

编　者

目　录

第 1 章　绘图环境的设置

教学目标

通过学习文件管理、软件界面认识以及绘图前绘图环境的设置等命令和操作程序，了解绘图环境设置的操作方法，掌握数据输入和命令输入的基本操作要点。

教学任务

能力目标	操作要点
掌握文件管理的操作要点	新建、打开、及时保存文件
掌握绘图环境设置的操作要点	设置图形界限、设置图形单位
掌握数据输入和命令输入的方法	使用坐标数值输入及距离输入

1.1　AutoCAD 2012 软件简介及文件的管理

在当今社会，计算机绘图已经成为各行各业不可或缺的一部分。就建筑装饰行业来说，计算机绘图已经成为从业人员必备的一项技能，这就要求我们能够熟练运用相关软件来绘制图形。

任务描述

1．设置工作界面

设置屏幕背景颜色为白色，光标大小为 100；设置命令行字体为仿宋、字号为 12，自动存储时间为 20min，并调出“标注”工具栏。

2．创建并保存图形文件

打开 AutoCAD 2012 软件，使用 AutoCAD 自带的 acadiso.dwt 样板来创建新的图形文件，并将该图形保存为“住宅轴线.dwg”，格式为 AutoCAD 2012 图形，存放在“我的文档”文件夹中，然后关闭该文件。

任务分析

要完成上述工作任务，需要了解 AutoCAD 软件的应用基础，包括打开 AutoCAD 软件，以及软件的界面结构、文件的建立和保存等基础操作。

相关知识

1.1.1 AutoCAD 软件简介

1. CAD 的含义

CAD 是指计算机辅助设计（Computer Aided Design）。CAD 并不是指 CAD 软件，更不是指 AutoCAD，而是泛指一种使用计算机进行辅助设计的技术。

2. AutoCAD 软件

AutoCAD 是一个用于工程设计的软件，其广泛应用于机械、电子、土木、建筑、航空航天、轻工、纺织等行业。

用于建筑类的专业软件包括天正、ADT、ABD、中望、圆方等。本书介绍 AutoCAD 2012 在建筑装饰行业中制图和辅助设计的应用。

1.1.2 AutoCAD 2012 启动和退出

1. 启动 AutoCAD 2012

打开 AutoCAD 2012 软件常用的方法有 3 种，见表 1-1。

表 1-1 打开 AutoCAD 2012 软件常用的方法

类别 / 方法	启动 AutoCAD 2012
方法 1	双击桌面上的软件图标
方法 2	双击*.dwg 格式的文件启动 AutoCAD 2012
方法 3	单击桌面左下侧的“开始”按钮，选择“程序”→“Autodesk”—“Auto CAD-Simplified Chinese”—“AutoCAD 2012”命令

2. 关闭 AutoCAD 软件

关闭 AutoCAD 2012 软件常用的方法有 3 种，见表 1-2。

表 1-2 关闭 AutoCAD 2012 软件常用的方法

类别 / 方法	关闭 AutoCAD 2012
方法 1	选择“文件”→“退出”命令
方法 2	在命令行中执行 QUIT 或 EXIT 命令，或用“Ctrl+Q”组合键
方法 3	单击标题栏右端的☒按钮

1.1.3 AutoCAD 2012 用户界面

打开 AutoCAD 2012 程序后，会看到如图 1-1 所示的界面。AutoCAD 2012 的界面主要由标题栏、菜单栏、工具栏、状态栏、绘图区等组成。

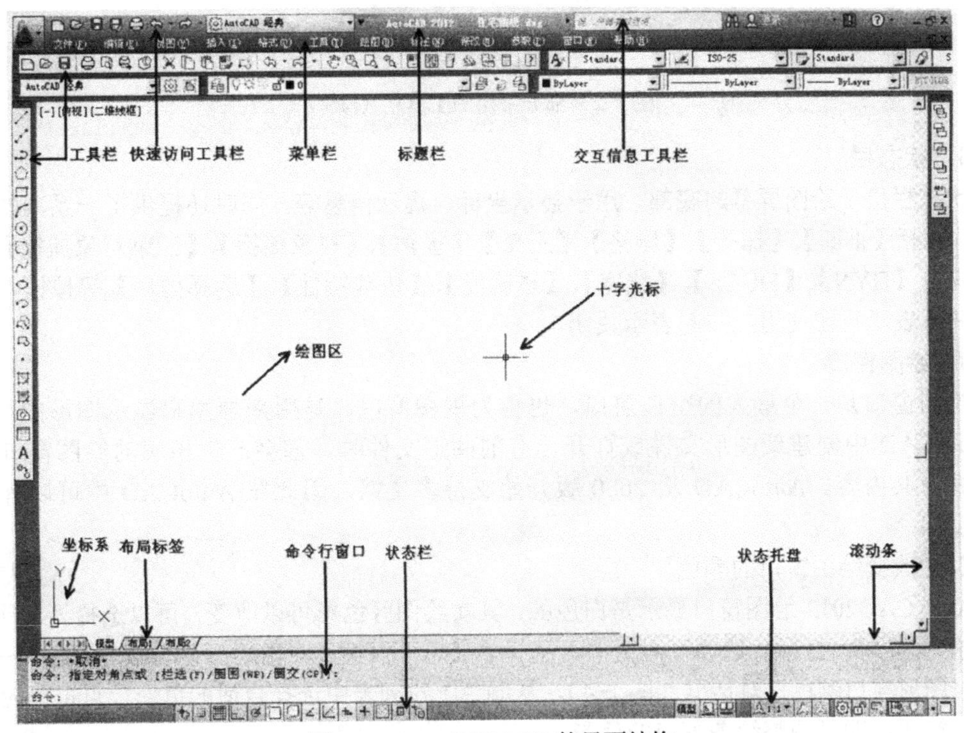

图 1-1　Auto CAD 2012 的界面结构

1．标题栏

同其他标准的 Windows 应用程序界面一样，标题栏包括控制图标以及窗口的“最大化”、“最小化”和“关闭”按钮，并显示应用程序名和当前图形的名称。

2．菜单栏

菜单是调用命令的一种方式。菜单栏以级联的层次结构来组织各个菜单项，并以下拉的形式逐级显示。Auto CAD 2012 包括【文件】、【编辑】、【视图】、【插入】、【格式】、【工具】、【绘图】、【标注】、【修改】、【参数】、【窗口】和【帮助】12 个菜单。

特别提示

菜单命令后面带有三角形表示该菜单命令还有子菜单；菜单命令后面带有省略号表示执行该菜单命令会弹出一个对话框；菜单命令后什么都没有表示直接执行该命令。

3．工具栏

工具栏是调用命令的另一种方式，提供了 AutoCAD 所有的操作按钮。通过工具栏可以直观、快捷地访问一些常用的命令，如图 1-2 所示。

调用工具栏的方法：将鼠标移到工具栏中的任一按钮上，单击鼠标右键，在弹出的快捷菜单中选择需要的工具。左侧有对勾的，表示已显示。

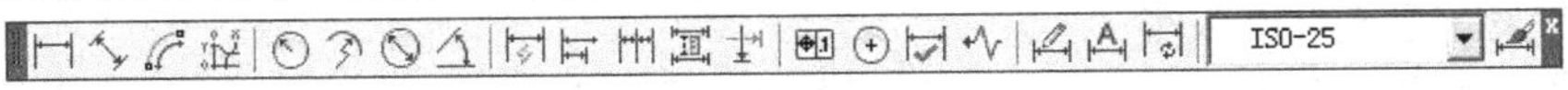

ISO-25

【标注】工具栏

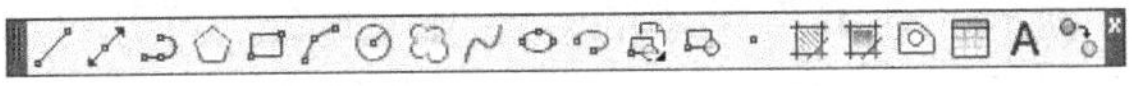

【绘图】工具栏 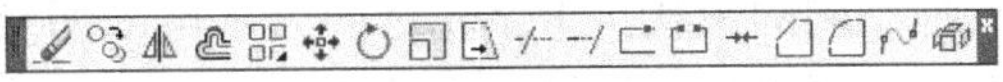　　【修改】工具栏

图 1-2　部分常用的工具栏

【对象特性】工具栏

图 1-2 部分常用的工具栏（续）

4. 状态栏

状态栏位于绘图屏幕的底部，用于显示坐标、提示信息等，同时还提供了一系列的控制按钮，包括【推断】、【捕捉】、【删格】、【正交】、【极轴】、【对象捕捉】、【三维对象捕捉】、【对象追踪】、【DYN】、【DUCS】、【线宽】、【透明度】、【快捷特性】、【选择循环】等按钮，这些按钮凹下表示正在使用，凸起表示关闭。

5. 绘图窗口

绘图窗口是一个最大的空白窗口，也称为视图窗口，是用来画图和显示图形的区域。在 AutoCAD 中创建新图形文件或打开已有的图形文件时，都会产生相应的绘图窗口来显示和编辑其内容。AutoCAD 从 2000 版开始支持多文档，因此在 AutoCAD 中可以有多个图形窗口。

（1）改变绘图窗口的颜色

Auto CAD2012 绘图窗口显示是白色的，其实绘图区色彩可以改变，可以选择“工具”菜单下的“选项”，打开“选项”对话框，选择“显示”面板，点击“颜色”按钮（图 1-3），出现“图形窗口颜色”对话框（图 1-4），从颜色下拉列表中选择合适的色彩，点击“应用并关闭”按钮，即可调整绘图窗口的色彩。

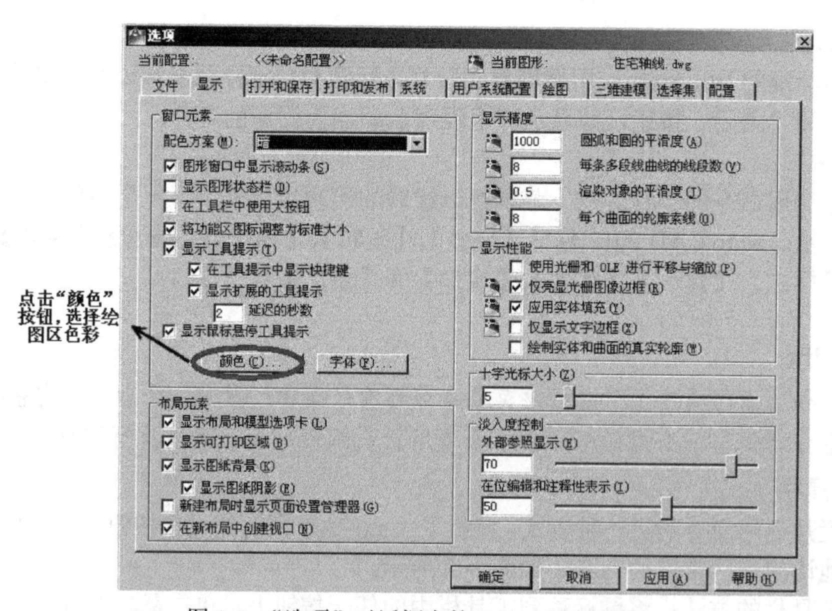

图 1-3 “选项”对话框中的“显示”选项卡

（2）改变十字光标的大小

在绘图区内有一个十字光标，它显示鼠标的位置，同时不同的状态下，十字光标会相应变成不同的形状。十字光标的大小可以调整，选择“工具”菜单的“选项”命令，打开对话框，选择“显示”面板中的“十字光标大小”选项，拖动滑块进行选择，如图 1-5 所示。

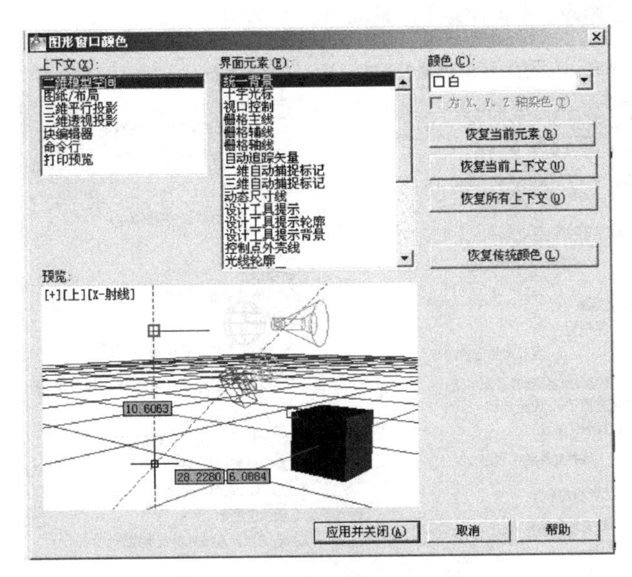

图 1-4 “图形窗口颜色”对话框

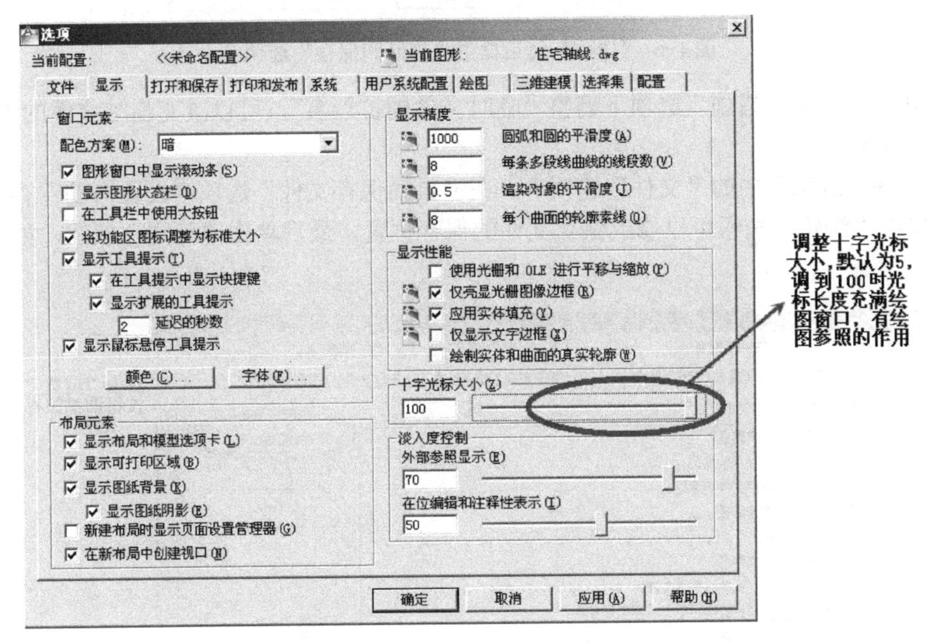

图 1-5 调整十字光标的大小

由于在绘图窗口中往往只能看到图形的局部内容，因此绘图窗口中都包括有垂直滚动条和水平滚动条，用来改变观察位置。

（3）设置自动保存时间和位置

① 选择下拉菜单“工具”中的“选项”命令，打开“选项”对话框。

② 选择“打开和保存”选项卡，如图 1-6 所示。

③ 在“文件安全措施”选项下调整“自动保存”的间隔时间，默认为 10 分钟，即每隔 10 分钟计算机自动保存一次文件，建议设置为 10～30 分钟。

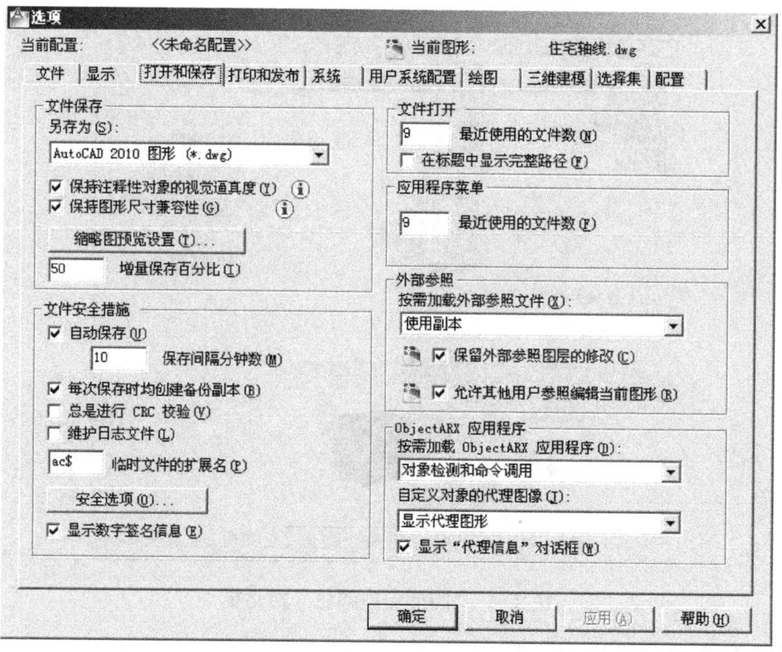

图 1-6　“选项”对话框中“打开和保存”选项卡

④ 在“文件安全措施”选项下调整“临时文件的扩展名”，可以改变临时文件的扩展名，默认的为 ac$。

⑤ 选择“选项”中的“文件”选项卡，在“自动保存文件”选项中设置自动保存文件的路径，单击“浏览”按钮可以修改保存文件的保存位置，最后单击“确定”按钮，如图 1-7 所示。

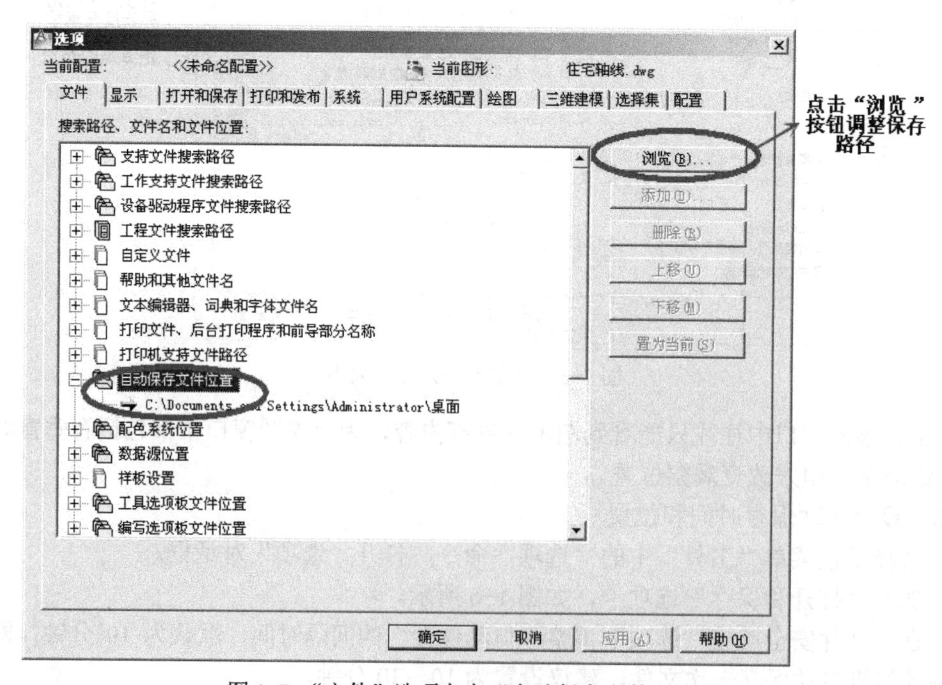

图 1-7　“文件”选项卡中“自动保存文件”选项

6. 命令窗口

绘图区下面就是命令窗口，是用户和 AutoCAD 对话的窗口。命令窗口提供了调用命令的第三种方式，即通过键盘直接输入命令，与菜单和工具栏中按钮的作用等效，如图 1-8 所示。

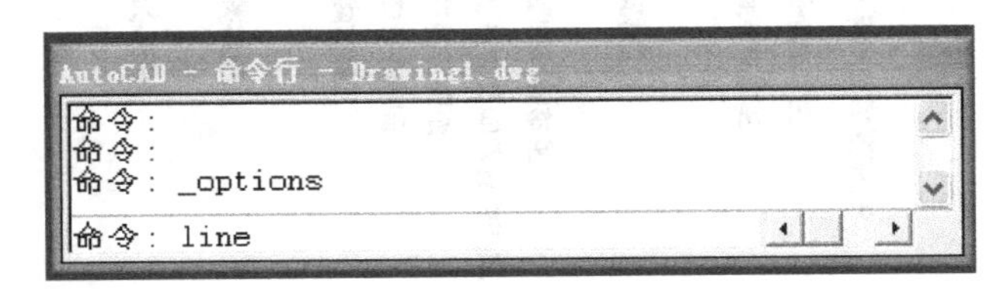

图 1-8　命令窗口

特别提示

命令窗口可以放大、缩小以及拖动，也可以使用“F2”键调出命令文本窗口，文本窗口还显示 AutoCAD 命令的提示及有关信息，并可查阅和复制命令的历史记录。如果在绘图过程中不小心关闭或丢失了命令窗口，在键盘上输入“commandline”命令或按住“Ctrl+9”键即可调出命令窗口。

7. 布局标签

绘图窗口的下部还有一个模型（Model）选项卡和多个布局（Layout）选项卡，主要用来实现模型空间和布局空间之间的转换。图形的绘制是在模型空间完成的，布局空间主要用于图纸的布局，用于打印。AutoCAD2012 可以在一个布局上建立多个视图，同时，一张图纸可以建立多个布局且每个布局都有独立的打印设置。

8. 快速访问工具栏和交互信息工具栏

（1）快速访问工具栏

快速访问工具栏包括“新建”、“打开”、“保存”、“放弃”、“重做”、“打印”、“特性”和“特性匹配”等常用的工具按钮，用户也可以单击本工具栏后面的下拉按钮设置需要的常用工具。

（2）交互信息工具栏

交互信息工具栏包括“搜索”、“交换”、“帮助”等几个常用的数据交互访问工具。

9. 状态托盘

状态托盘包括一些常见的显示工具和注释工具，以及模型空间或布局空间转换工具，如图 1-9 所示，通过这些按钮可以控制图形或绘图区的状态。

除此之外，界面上还有坐标系的图标，位于绘图区左下角，是一个由互相垂直的箭头组成的图形，显示当前绘图所在的坐标系。可以通过菜单命令“视图→显示→UCS 图标→开”控制坐标的开关。在绘图窗口的右侧和下侧还有水平和垂直滚动条，用于上下或左右移动绘图窗口内的图形。

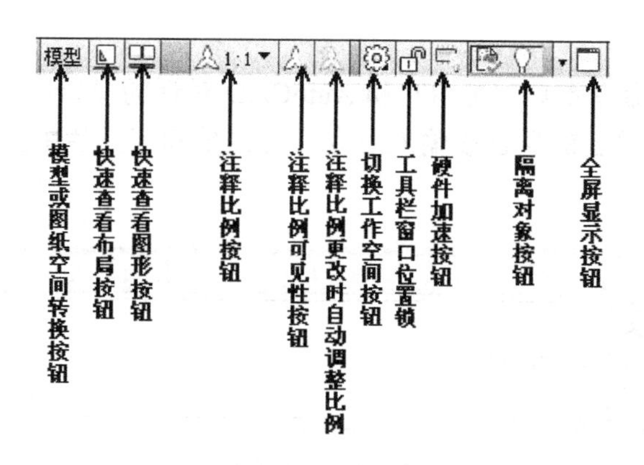

图1-9 状态托盘工具

1.1.4 文件管理

1. 新建文件

AutoCAD文件的创建可以使用表1-3所示的方法，文件建立后就可以在绘图区作图了。

表1-3 新建AutoCAD文件的基本操作

方法 \ 类别	创建新文件
方法1	单击“标准”工具栏中的□按钮
方法2	在命令行输入new
方法3	“Ctrl+N”组合键
方法4	在菜单栏的“文件”菜单中选择“新建”命令

2. 打开文件

打开原有的AutoCAD文件可以使用表1-4所示的方法。

表1-4 打开原有AutoCAD文件的基本操作

方法 \ 类别	打开原有的文件
方法1	单击“标准”工具栏中的□按钮
方法2	在命令行输入open
方法3	“Ctrl+O”组合键
方法4	在菜单栏的“文件”菜单中选择“打开”命令

3. 保存文件

在绘图过程中应随时注意保存图形，以免因死机、停电等意外事故造成图形丢失。

(1) 原名存盘

在AutoCAD中，保存文件的方法见表1-5。

表 1-5　保存 AutoCAD 文件的基本操作

类别 方法	保 存 文 件
方法 1	单击“标准”工具栏中的按钮
方法 2	在菜单栏的“文件”菜单中选择“保存”命令
方法 3	“Ctrl+S”组合键
方法 4	在命令行中输入 save 命令

（2）换名存盘

换名存盘是指将文件另存为另外的名称或方式，一般使用表 1-6 和图 1-10 所示的方法。

表 1-6　换名存盘的基本操作

类别 方法	保 存 文 件
方法 1	选择“文件”菜单中的“另存为”命令
方法 2	在命令行中输入 save as 命令

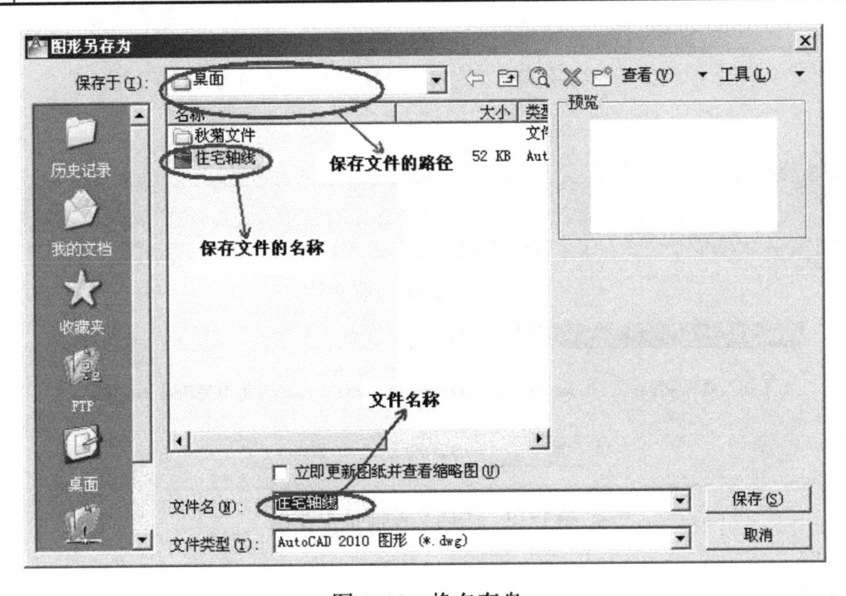

图 1-10　换名存盘

特别提示

在存盘时文件的名称应形象直观，便于以后的使用、查找和管理，而且还应该注意存盘的文件类型，系统默认的是 AutoCAD 2010 类型，这种文件类型在低版本的 AutoCAD 软件如 AutoCAD 2008 版本中打不开，因此，为了文件的兼容性，可以存为 AutoCAD 2007 类型或更低的类型，保证文件在不同的版本中都能顺利打开。

4. 退出当前文件

单击当前文件右上侧的“关闭”按钮，即可关闭当前文件，如图 1-11 所示。关闭文件前如果没有存盘，系统会提示是否需要存盘。如果需要存盘，则单击“是”按钮；如果不需要存盘，则单击“否”按钮，如图 1-12 所示。

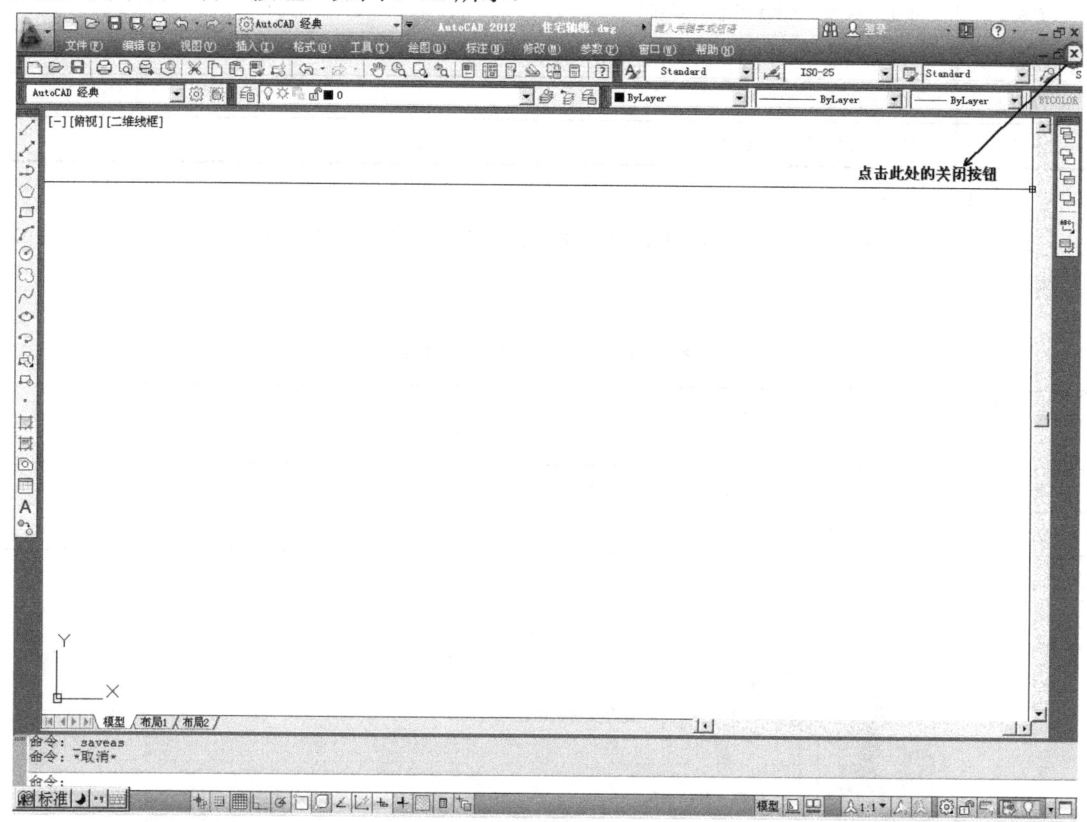

图 1-11　关闭当前文件

图 1-12　关闭文件前是否存盘

任务实施

1. 设置工作界面

设置屏幕背景颜色为白色，光标大小为 100，设置命令行字体为仿宋，字号为 12，并调出“标注”工具栏。实施步骤如下：

1）选择“工具”菜单中的“选项”命令，弹出“选项”对话框，具体的参数设置如图 1-13 和图 1-14 所示。设置完成后的界面如图 1-15 所示。

2）将鼠标放在任一工具栏的工具按钮上，点击鼠标右键，出现工具栏菜单，选择“标注”，调出“标注”工具栏，如图 1-16 所示。

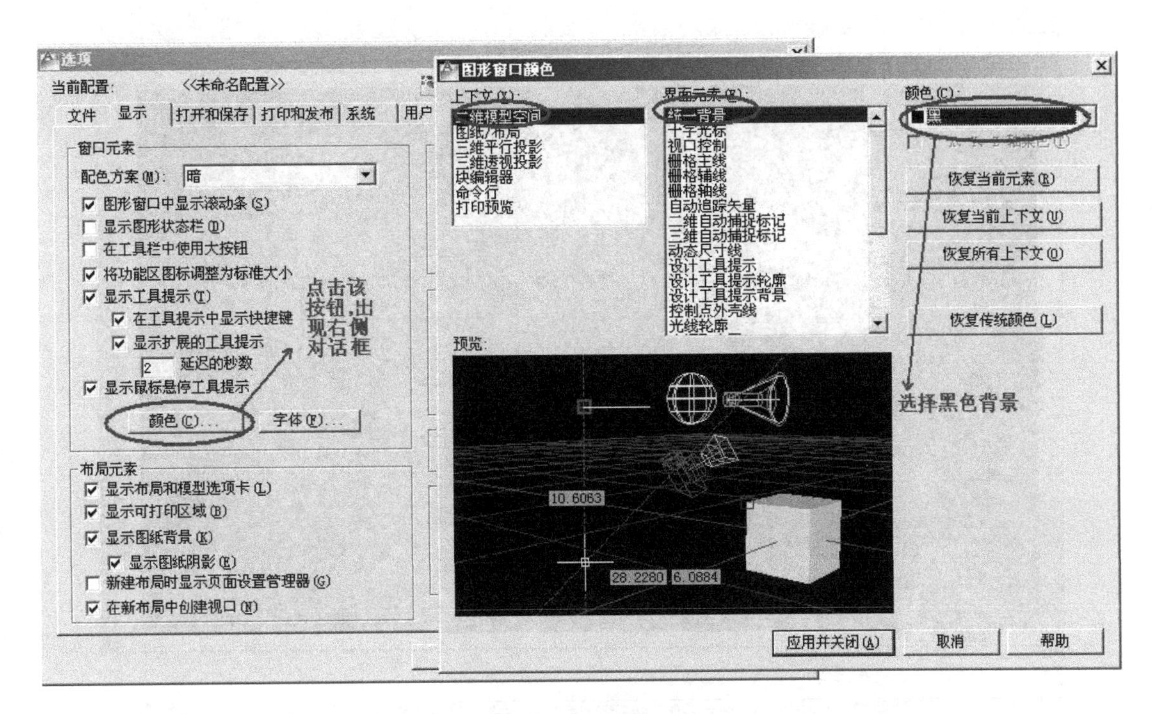

图 1-13　设置背景颜色

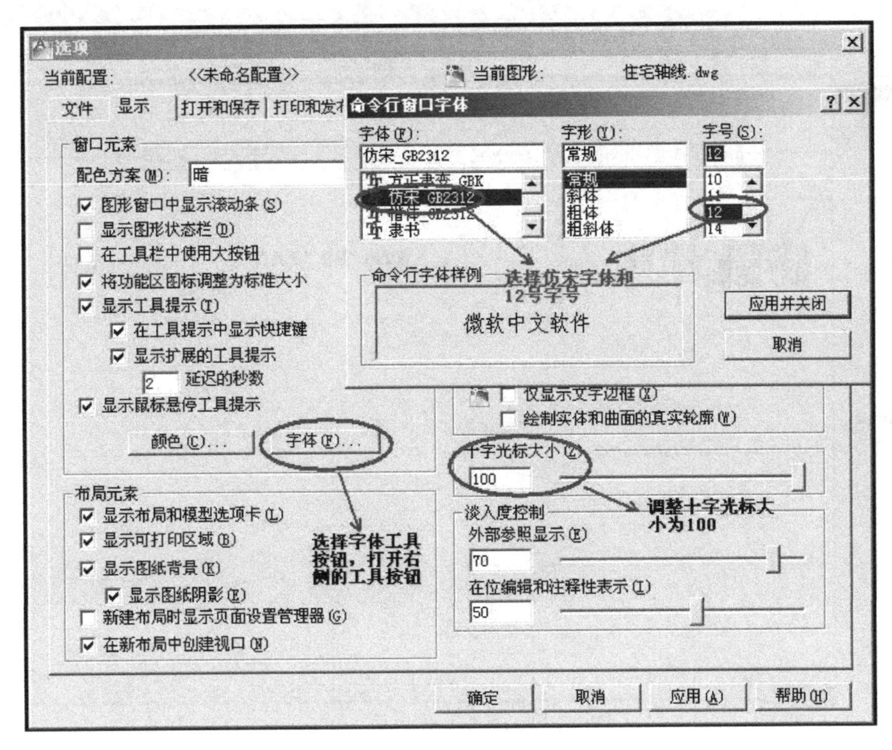

图 1-14　设置字体和十字光标

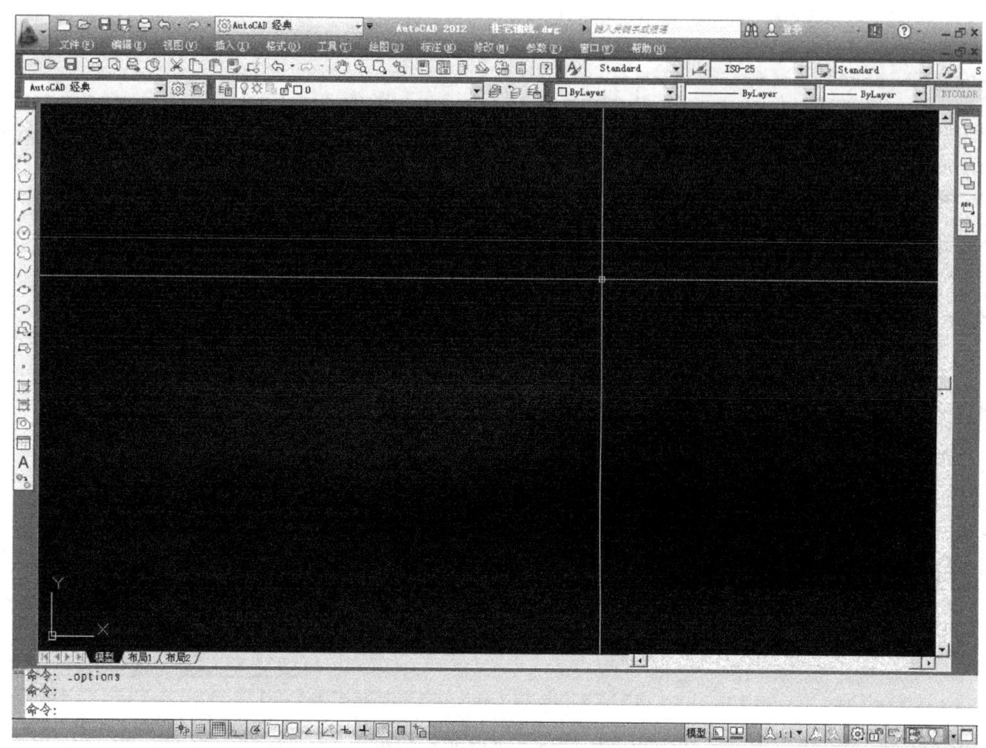

图1-15　设置完成后的界面

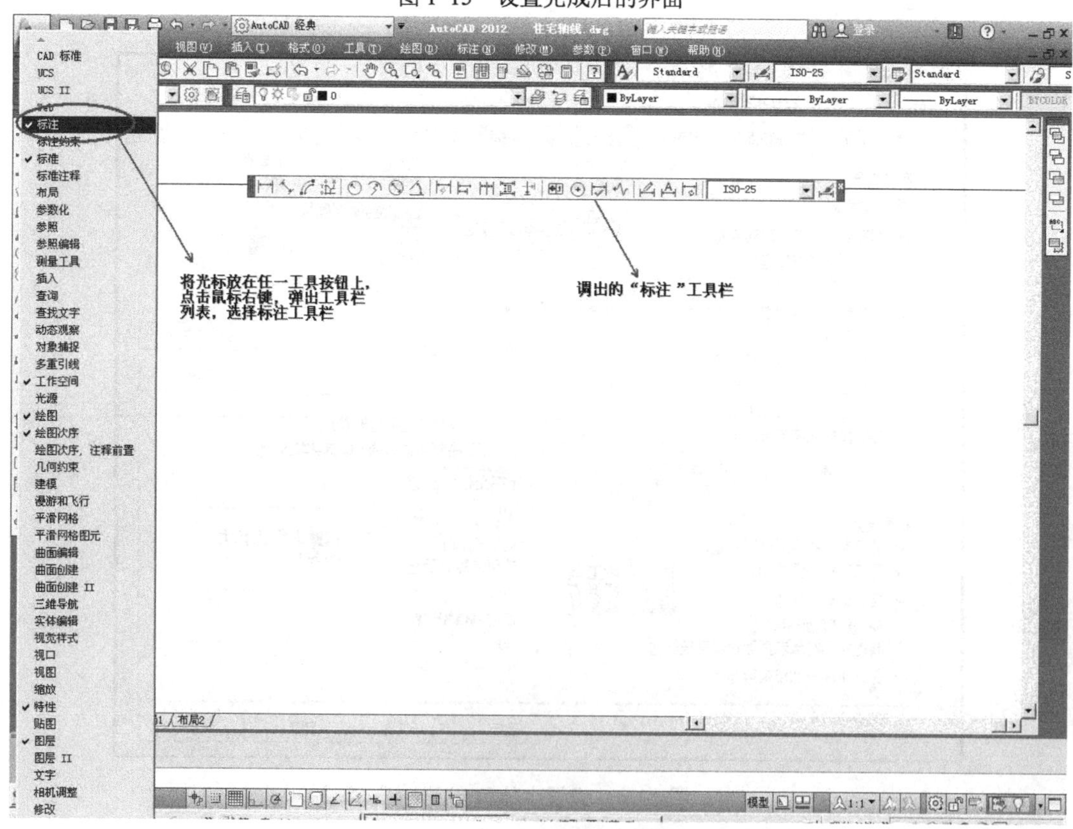

图1-16　调出“标注”工具栏

2. 创建并保存图形文件

打开 AutoCAD 2012 软件，使用 AutoCAD 自带的 acadiso.dwt 样板来创建新的图形文件，并将该图形保存为“住宅轴线.dwg”，格式为 AutoCAD 2010 图形，存放在“我的文档”文件夹中，然后关闭该文件。具体实施步骤如图 1-17 和图 1-18 所示。

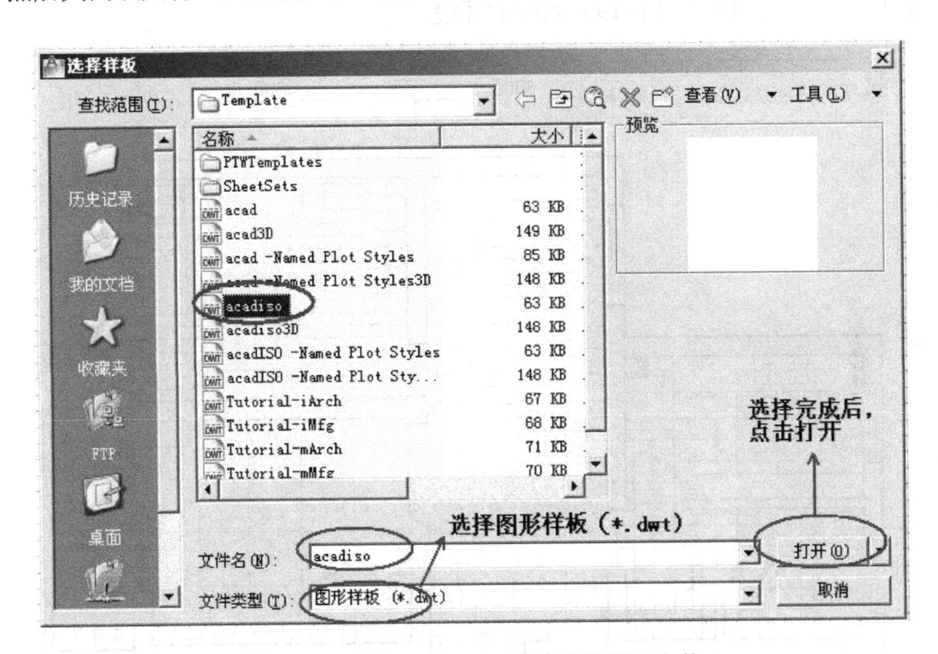

图 1-17　使用 acadiso.dwt 样板创建图形文件

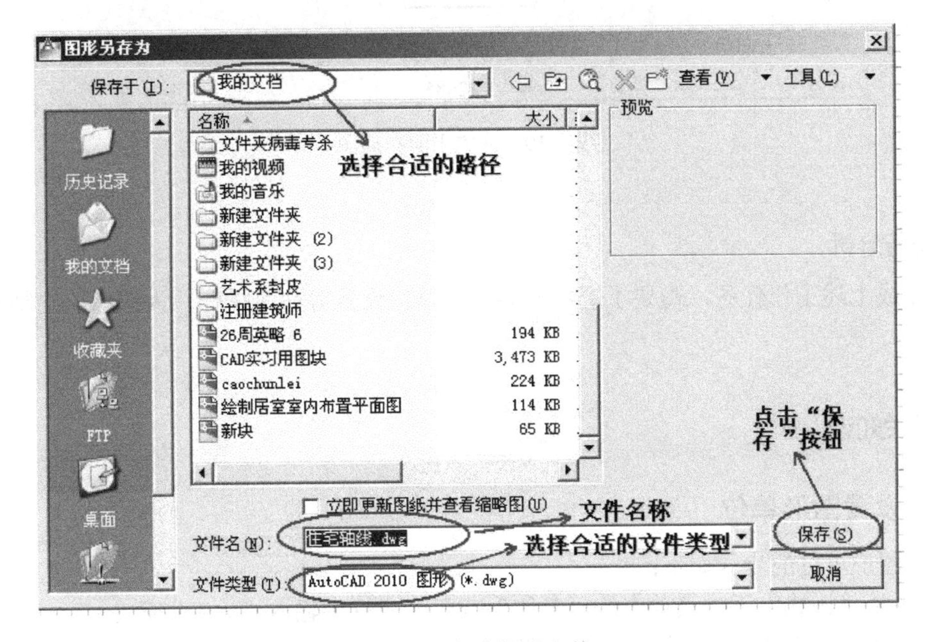

图 1-18　保存图形文件

1.2 设置绘图环境

任务描述

设置住宅平面布局图（图 1-19）的绘图环境。

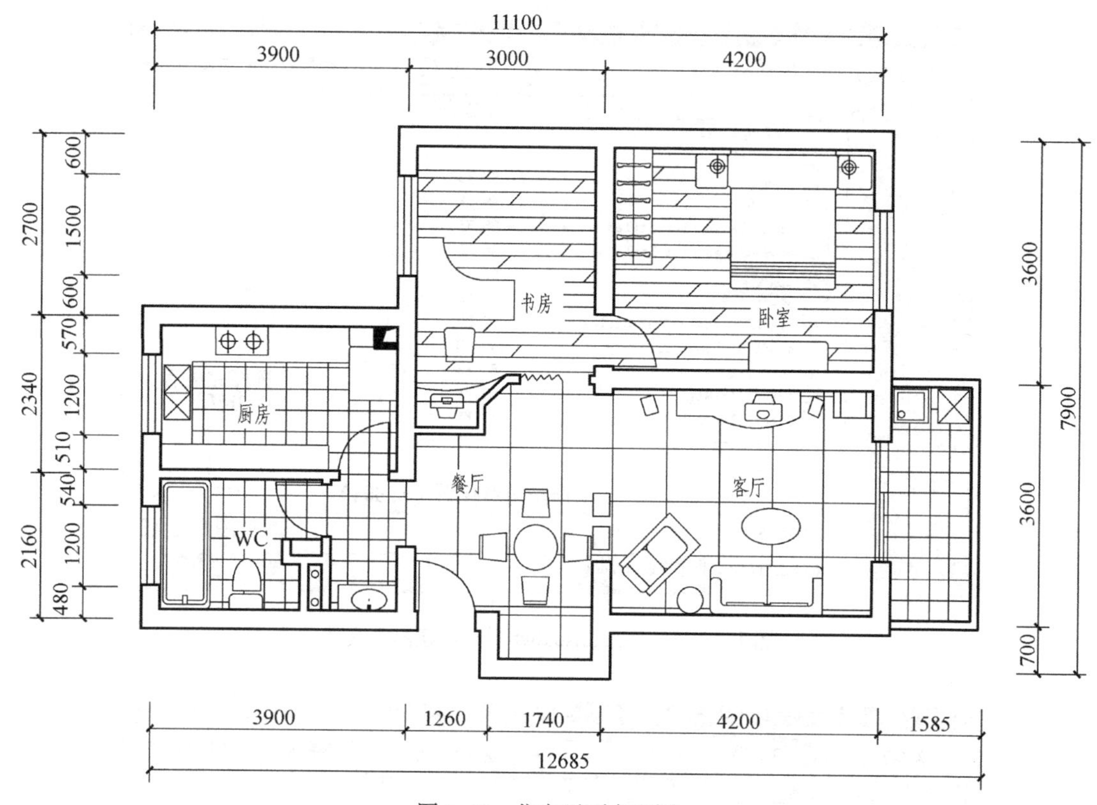

图 1-19 住宅平面布局图

任务分析

要完成上述工作任务，需要了解图形界限、单位设置等命令操作，为图形的绘制做好准备工作。

相关知识

1.2.1 设置图形单位

设置图形单位的步骤如下：

1）选择“格式”下拉菜单中的“单位”或在命令行中输入“units”命令。

2）在“长度”选项中设置单位的类型和精度。

类型：小数。

精度：一般选择“0”。如图1-20所示。

3）缩放插入单位，对插入的图形和块进行缩放。选择“无单位”表示不进行缩放。

4）角度的类型和精度，类型选择“十进制”，精度选择角度的精确程度。选择顺时针表示顺时针代表正方向，反之逆时针为正方向。

5）制定测量方向，默认设置：图形右侧为0度，逆时针方向为正。

6）“方向”按钮，单击该按钮，系统打开“方向控制”对话框，可以在该对话框中进行方向控制设置。

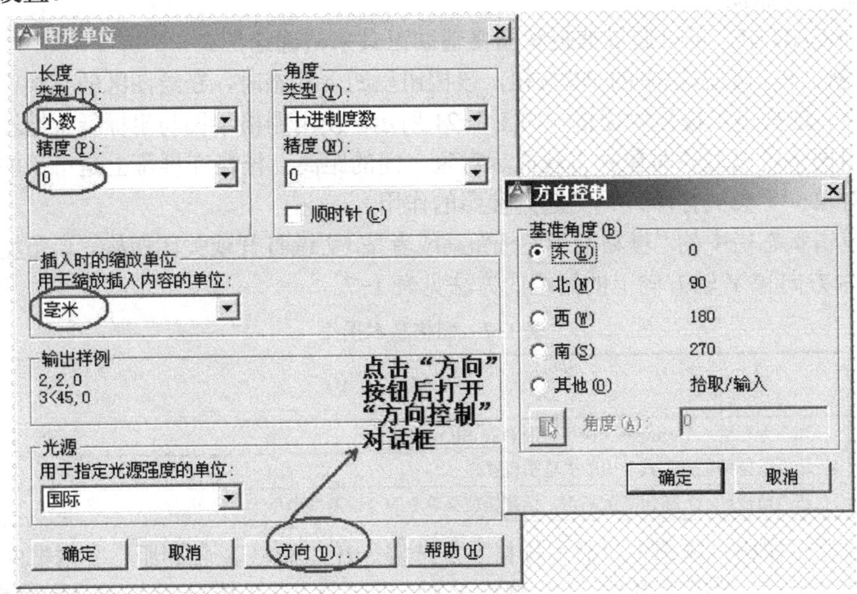

图1-20　设置图形单位

1.2.2　设置图形边界

设置图形界限的目的是给图形一个绘图边界。

1. 设置图形界限

1）选择“格式”菜单中的“图形界限”命令，或在命令行中输入Limits命令。

2）输入图形界限左下角坐标，默认为（0，0），一般直接选择默认值按Enter键即可。

3）输入图形界限右上角坐标，默认为（420，297），输入绘图所需的尺寸大小。

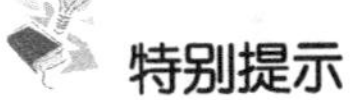

特别提示

在使用完“图形界限”命令后，图形的边界大小依然是计算机默认的大小（420，297）。此时，后面需要输入图形缩放命令（Zoom），然后使用全部缩放命令（all），屏幕才会显示设置的绘图区域大小。

2. 设置图形界限的限制功能

选择“格式”菜单中的“图形界限”命令，或在命令行中输入Limits命令并按Enter键，看提示行，选择如下：

1）选择“ON”，受图形界限的限制，用户只能在绘图区内绘制图形。

2）选择“OFF”，不受图形界限的限制，用户可以在绘图区外绘制图形。

1.2.3 设置辅助绘图工具

要快速准确地绘制图形，需要借助辅助绘图工具，如对象捕捉、对象追踪、正交等，使用这些绘图工具可以准确定位，是绘制图形不可或缺的辅助工具。

1．精确定位工具

在绘制图形时可以利用对象捕捉、捕捉、栅格等工具进行准确定位，使用这些工具，可以很容易地在屏幕上捕捉到这些点，进行准确绘图。

（1）栅格和捕捉

在 AutoCAD 中，可以通过捕捉和栅格辅助工具来精确绘图。

1）栅格。单击状态栏中的栅格按钮，该按钮呈凹下状态时，在绘图区的某块区域中将显示一些小点，这些小点被称为栅格，如图 1-21 所示。使用栅格绘图与坐标纸上绘图是十分相似的，利用栅格可以对齐对象并直观显示对象之间的距离。栅格在屏幕上是可见的，但它并不是图形对象，不会被打印，只是起到参照的作用。

可以单击状态栏中的“栅格显示”按钮或者按 F7 键打开或关闭栅格。启用栅格并设置栅格在 X 轴方向和 Y 轴方向上的间距的方法见表 1-7。

表 1-7 栅格基本操作

类别 / 方法	栅 格
方法 1	在命令行输入 Dsettings（快捷键为 DS、SE）
方法 2	选择下拉菜单“工具”中的“草图设置”
方法 3	在“栅格显示”按钮处右击，选择快捷菜单中的“设置”命令

如果要显示栅格，需选中“启用栅格”复选框。在“栅格 X 轴间距”文本框中输入栅格点之间的水平距离，单位为毫米。在“栅格 Y 轴间距”文本框中输入栅格点之间的垂直距离，单位为毫米。如果使用相同的间距设置，则按 Tab 键（图 1-21、图 1-22）。

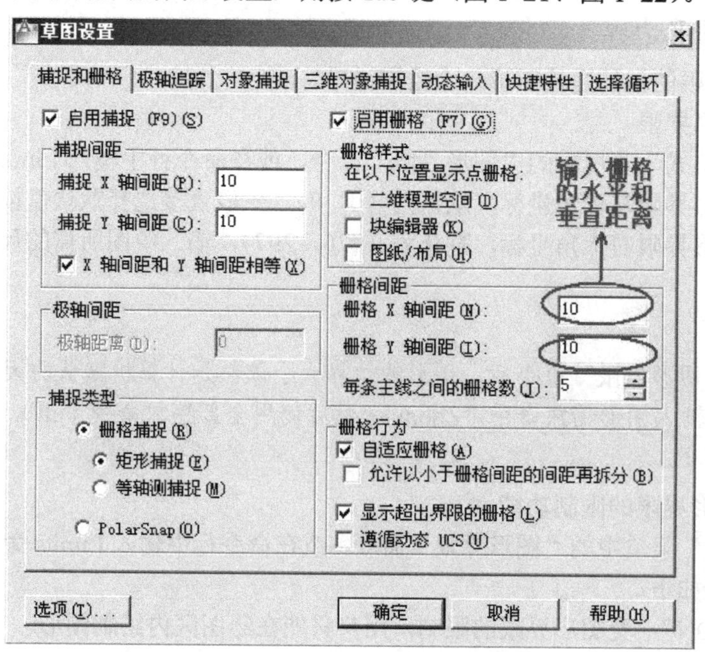

图 1-21 “栅格”设置对话框

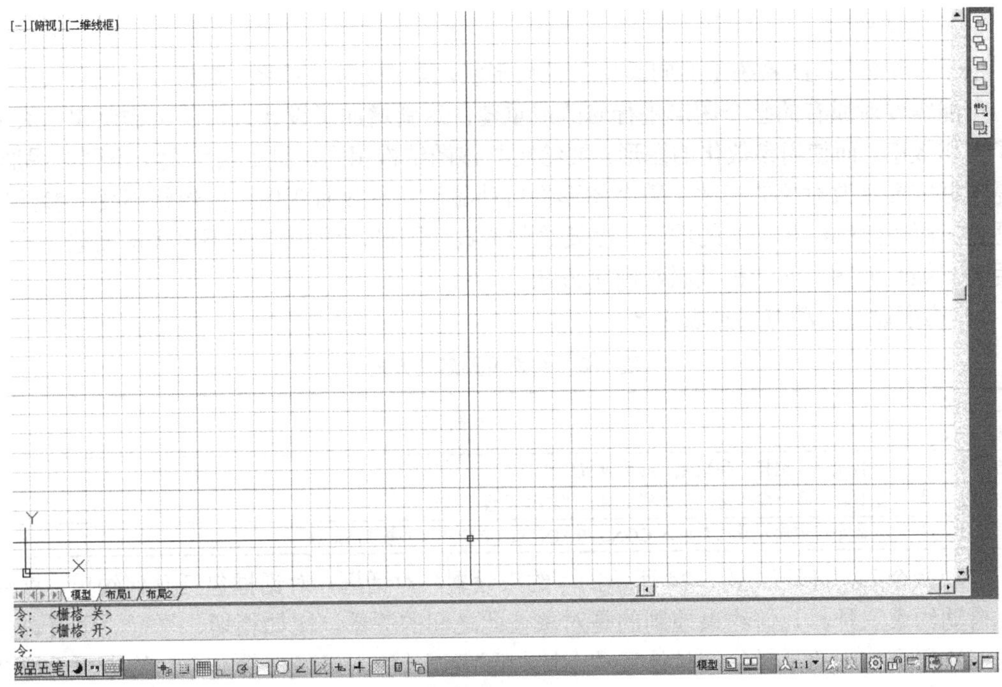

图 1-22　栅格

2）捕捉。使用栅格来辅助绘图时还需启用捕捉功能。单击状态栏中的▦按钮，该按钮呈凹下状态时即启用了捕捉功能。按 F9 键也可启用或关闭捕捉功能。此时若将十字光标在绘图区中移动，会发现光标是在每个栅格点之间在移动。使用该功能可以捕捉点、绘制直线、斜线等。启动捕捉时，选择菜单栏中的“工具”中的“草图设置”命令，在对话框中设置捕捉间距及捕捉类型（图 1-23）。设置捕捉功能的光标移动间距与栅格的间距相同，这样光标就会自动捕捉到相应的栅格点上。

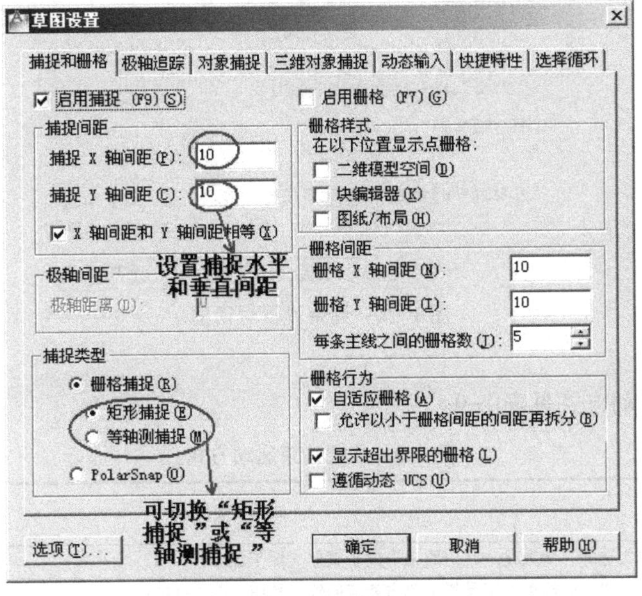

图 1-23　捕捉

（2）推断约束

由于传统的 CAD 系统是面向具体的几何形状，属于交互式绘图，要想改变图形大小的尺寸，可能需要对原有的整个图形进行修改或重建，这就增加了设计人员的工作负担，大大降低了工作效率。而使用参数化的图形，要绘制与该图结构相同，但是尺寸大小不同的图形时，只需根据需要更改对象的尺寸，整个图形将自动随尺寸参数而变化，但形状不变。参数化技术适合应用于绘制结构相似的图形，而要绘制参数化图形，“约束”是不可少的要素，约束是应用于二维几何图形的一种关联和限制方法。

1）约束设置启动方式见表 1-8。

表 1-8　约束设置启动方式

类别 / 方法	推 断 约 束
方法 1	下拉菜单：选择“参数化→约束设置”命令
方法 2	工具栏：在“参数化”工具栏上单击“约束设置”按钮
方法 3	在命令行中输入或动态输入 CONSTRAINTSETTINGS，并按 Enter 键

启动命令后，打开如图 1-24 所示的“约束设置”对话框。对话框包括几何约束、标注约束、自动约束三种。几何约束控制的是对象彼此之间的关系，比如相切、平行、垂直、共线等；标注约束控制的是对象的具体尺寸，比如距离、长度、半径值等；自动约束用于控制应用于选择集的约束，以及使用自动约束命令时约束的应用顺序。一般情况下，建议先使用几何约束确定图形的形状，再使用标注约束，确定图形的尺寸。

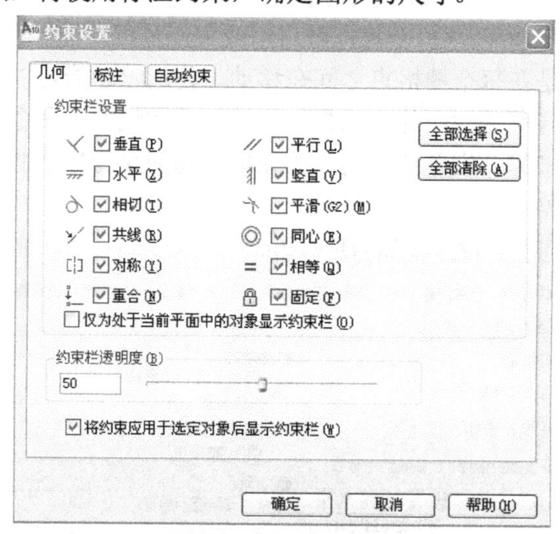

图 1-24　约束设置对话框

2）几何约束

① 几何约束启动方式见表 1-9。

表 1-9　几何约束启动方式

类别 / 方法	几 何 约 束
方法 1	下拉菜单：选择“参数化→几何约束”的子菜单（图 1-25a）
方法 2	工具栏：在“几何约束”工具栏上单击相应的约束按钮（图 1-25b）
方法 3	命令行：输入或动态输入 GEOMCONSTRAINT，并按 Enter 键，然后选择所需命令

图 1-25　几何约束

a）下拉菜单　b）工具按钮

② 几何约束说明。绘图中可指定二维对象或对象上的点之间的几何约束。之后编辑受约束的几何图形时，将保留约束。几何约束对话框选项说明见表 1-10。几何约束包括重合、共线、同心、固定、平行等多种形式，具体说明见表 1-11。

表 1-10　几何约束对话框选项

类别 / 栏目	几何约束对话框选项说明（图 1-24）
约束栏选项设置	用于控制图形编辑器中是否显示约束栏或约束点标记
全部选择	用于选择几何约束类型
全部清除	用于清除选定的几何约束类型
仅为处于当前平面中的对象显示约束栏	仅为当前平面上受几何约束的对象显示约束栏
约束栏透明度	用于设置图形中约束栏的透明度
将约束应用于选定对象后显示约束栏	手动应用约束后或使用 Autocontrain 命令时显示相关约束栏
选定对象时显示约束栏	临时显示选定对象的约束栏

表 1-11　几何约束的形式

说明 / 类别	几 何 约 束	图　示
重合	用于约束两个点使其重合，或者约束一个点使其位于对象或对象延长部分的任意对象	
共线	用于约束两条直线，使其位于同一无限长的线上	
同心	用于约束选定的圆、圆弧或椭圆，使其具有相同的圆心点	
固定	用于约束一个点或一条曲线，使其固定在相对于世界坐标系的特定位置和方向上	

（续）

说明 类别	几何约束	图示
平行	用于约束两条直线，使其具有相同的角度	
垂直	用于约束两条直线，使其夹角始终保持为90度	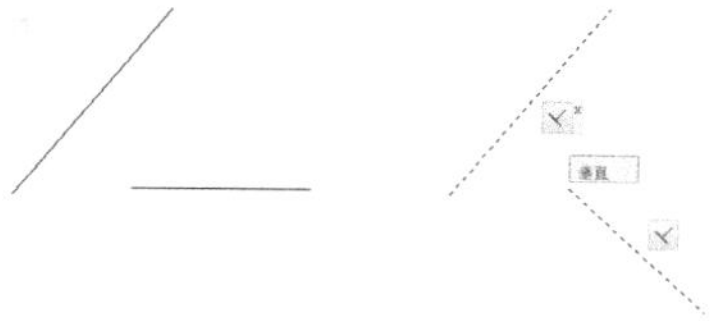
水平	用于约束一条直线或者一对点，使其与当前UCS的X轴平行	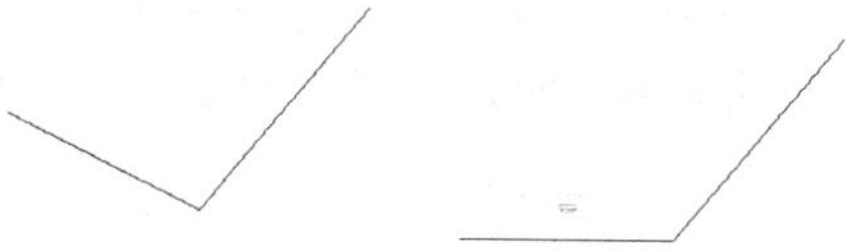
竖直	用于约束一条直线或者一对点，使其与当前UCS的Y轴平行	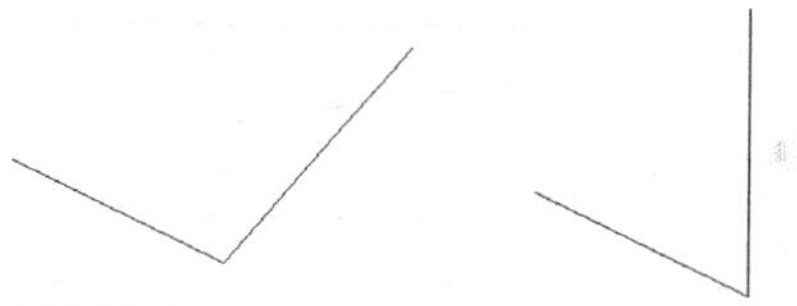
相切	用于约束两条曲线，使其彼此相切或者其延长线彼此相切	
平滑	用于约束一条样条曲线，使其与其他样条曲线、直线、圆弧或多线段彼此相连并保持连续	
对称	用于约束对象上的两条曲线或者两个点，使其以选定直线为对称轴彼此对称	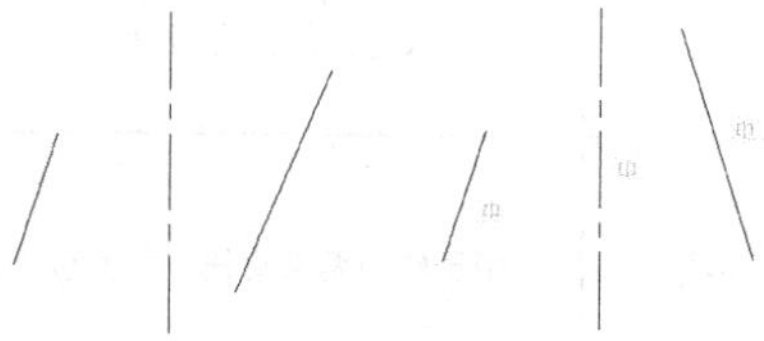
相等	用于约束两条直线或多线段使其具有相同长度，或约束圆弧和圆使其具有相同半径值	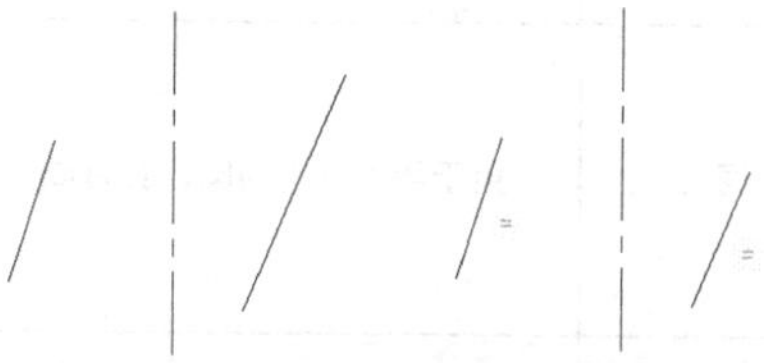

3）标注约束。标注约束是限制图形几何对象的大小，与草图上标注尺寸相似，设置尺寸标注线，建立相应的表达式，不同的是可以在后续的编辑工作中实现尺寸的参数化驱动。生

成尺寸约束时，用户可以选择草图曲线、边、基准平面或基准轴上的点，以生成水平、竖直、平行、垂直或角度尺寸。

生成标注约束时系统会自动生成一个表达式，其名称和值显示在一个弹出的文本区域中，用户可以编辑该表达式的名称和值（图1-26）。

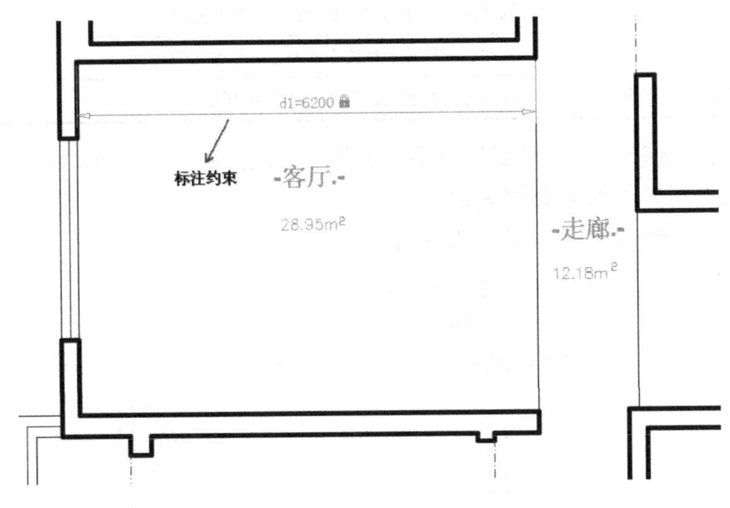

图1-26　标注约束

生成标注约束时，只要选中了几何体，其尺寸及其延长线和箭头就会全部显示出来。将尺寸拖动到位后单击，即可完成标注的约束。完成标注约束后，用户可以随时更改。只需在绘图区中选中该值并双击，即可使用和生成过程相同的方式，编辑其名称、值和位置。

标注约束对话框选项含义见图1-27和表1-12。

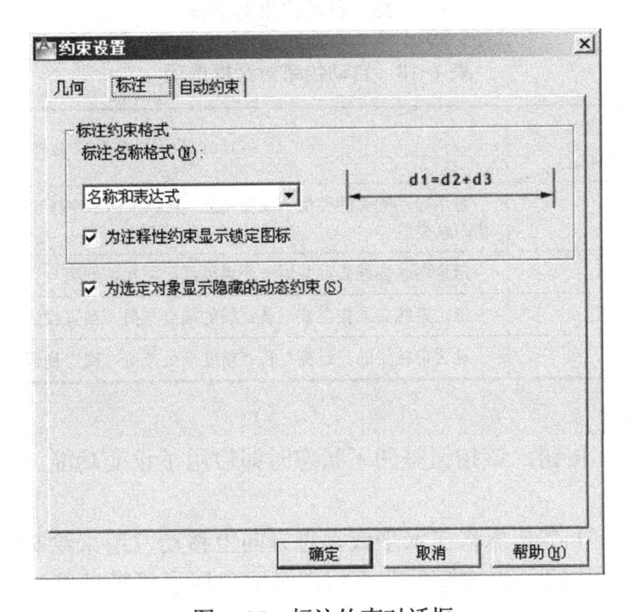

图1-27　标注约束对话框

表 1-12　标注约束对话框选项

栏目 \ 类别	标注约束对话框选项说明
标注约束格式	设置标注名称格式及锁定图标的显示
标注名称格式	选择应用标注约束时显示的文字指定格式
为注释性约束显示锁定图标	针对已应用注释性约束的对象显示锁定的图标
为选定对象显示隐藏的动态约束	显示选定时已设置为隐藏的动态约束

4）自动约束。选择“约束设置”对话框中的“自动约束”选项卡，如图 1-28 所示，利用该选项卡可以控制自动约束的相关参数。

自动约束对话框选项含义见图 1-28 和表 1-13。

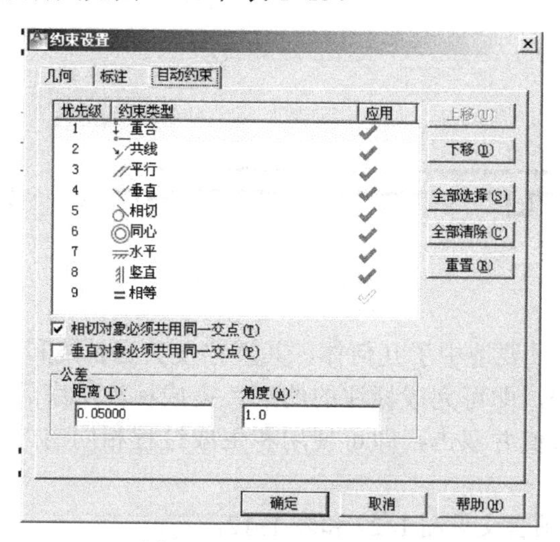

图 1-28　自动约束对话框

表 1-13　自动约束对话框选项

栏目 \ 类别	自动约束对话框选项说明
自动约束列表	显示自动约束的类型一级优先级，可以单击✔图标选择或去掉某约束类型作为自动约束类型
相切对象必须共用同一交点	指定两条曲线必须共用一个点以便应用相切约束
垂直对象必须共用同一交点	指定直线必须相交或一条直线的端点与另一条直线或直线端点相交
公差	设置可接受的“距离”和“角度”公差值以确定是否可以应用约束

（3）正交、极轴

单击状态栏中的按钮，该按钮呈凹下状态时即启用了正交功能。另外，按 F8 键可启用或关闭正交功能。

启用正交功能后，十字光标将在水平或垂直方向上移动，用来绘制水平或垂直的直线。

单击状态栏中的按钮，该按钮呈凹下状态时即启用了极轴功能。用户还可通过“草图设置”对话框来设置极轴追踪的角度和其他参数（图 1-29）。

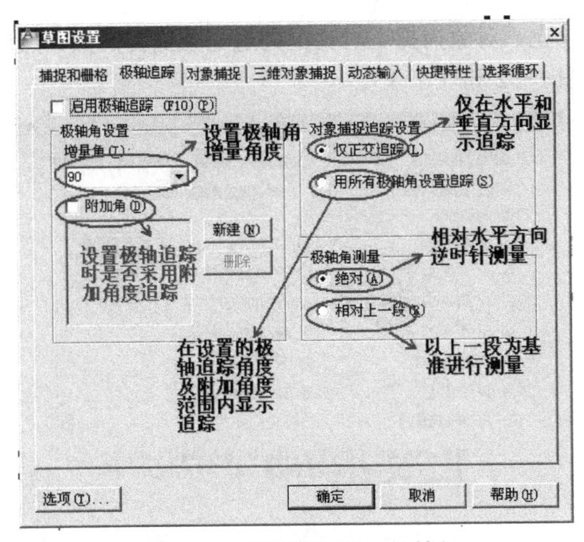

图 1-29　“草图设置”对话框

2．对象捕捉工具

（1）对象捕捉

对象捕捉是 AutoCAD 中最为重要的工具之一，使用对象捕捉可以精确定位，使用户在绘图过程中可直接利用光标来准确地确定目标点，如圆心、端点、垂足等。

1）调用对象捕捉命令见表 1-14。

表 1-14　调用对象捕捉命令

类别 / 方法	调用对象捕捉命令
方法 1	将鼠标放在状态栏中的“对象捕捉”上，点击右键，在弹出的菜单中选择“设置”，弹出“对象捕捉”对话框
方法 2	选择菜单“工具”，选择“草图设置”命令，弹出“对象捕捉”对话框
方法 3	同时按住 shift 键+enter 右键，选中需要的捕捉点（图 1-30）

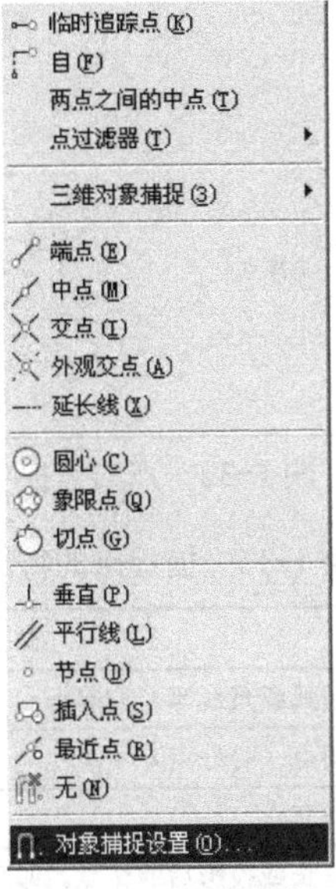

图 1-30　对象捕捉

2）设置对象捕捉。在“对象捕捉”对话框勾选需要捕捉的点，然后点击确定按钮。捕捉点的说明见图1-31、图1-32和表1-15。

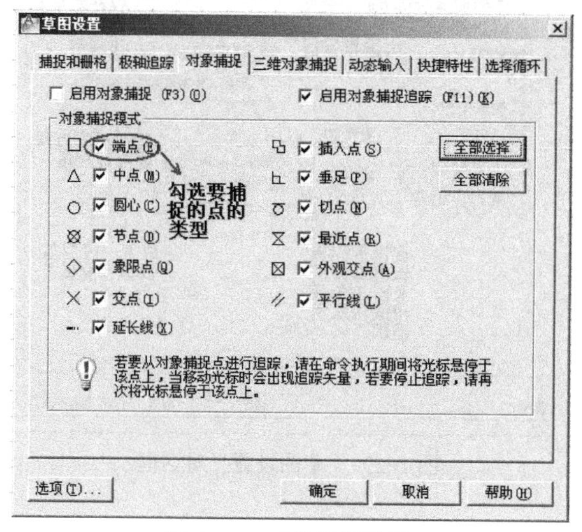

图1-31 对象捕捉设置

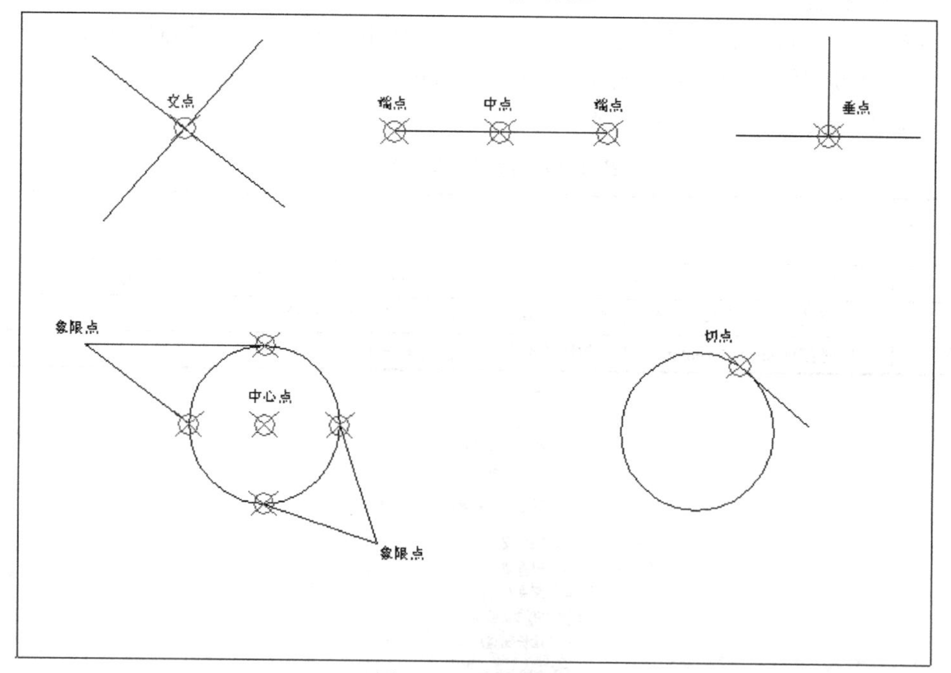

图1-32 点的捕捉

表1-15 捕捉点的特征

类　型	说　明
端点（Endpoint）	用来捕捉对象（如圆弧或直线等）的端点
中点（Midpoint）	用来捕捉对象的中间点（等分点）
交点（Intersection）	用来捕捉两个对象的交点
外观交点（Apparent Intersect）	用来捕捉两个对象延长或投影后的交点。即两个对象没有直接相交时，系统可自动计算其延长后的交点，或者空间异面直线在投影方向上的交点

（续）

类　型	说　明
延伸（Extension）	用来捕捉某个对象及其延长路径上的一点。在这种捕捉方式下，将光标移到某条直线或圆弧上时，将沿直线或圆弧路径方向上显示一条虚线，用户可在此虚线上选择一点
圆心（Center）	用于捕捉圆或圆弧的圆心
象限点（Quadrant）	用于捕捉圆或圆弧上的象限点。象限点是圆上在 0°、90°、180° 和 270° 方向上的点
切点（Tangent）	用于捕捉对象之间相切的点
垂足（Perpendicular）	用于捕捉某指定点到另一个对象的垂点
平行（Parallel）	用于捕捉与指定直线平行方向上的一点。创建直线并确定第一个端点后，可在此捕捉方式下将光标移到一条已有的直线对象上，该对象上将显示平行捕捉标记，然后移动光标到指定位置，屏幕上将显示一条与原直线相平行的虚线，用户可在此虚线上选择一点
节点（Node）	用于捕捉点对象
插入点（Insert）	捕捉到块、形、文字、属性或属性定义等对象的插入点
最近点（Nearest）	用于捕捉对象上距指定点最近的一点
无（None）	不使用对象捕捉
捕捉自（From）	可与其他捕捉方式配合使用，用于指定捕捉的基点
临时追踪点（Temporary track point）	可通过指定的基点进行极轴追踪

除了如上各种方式进行对象捕捉以外，用户还可将某些捕捉方式设置为自动捕捉状态，AutoCAD 将自动判断符合捕捉设置的目标点并显示捕捉标记。

3）控制对象捕捉的启用状态。在绘制图形的过程中，要准确捕捉某一点时，需要将对象捕捉命令打开，启用对象捕捉命令的方法见表 1-16 和图 1-33。

表 1-16　启用对象捕捉命令的方法

类别 / 方法	启用对象捕捉命令
方法 1	通过切换键盘“F3”键启用或关闭对象捕捉命令
方法 2	点击状态栏中“对象捕捉”按钮，“对象捕捉”按钮凹下时，启用“对象捕捉”命令，当“对象捕捉”按钮浮起时，关闭“对象捕捉”命令

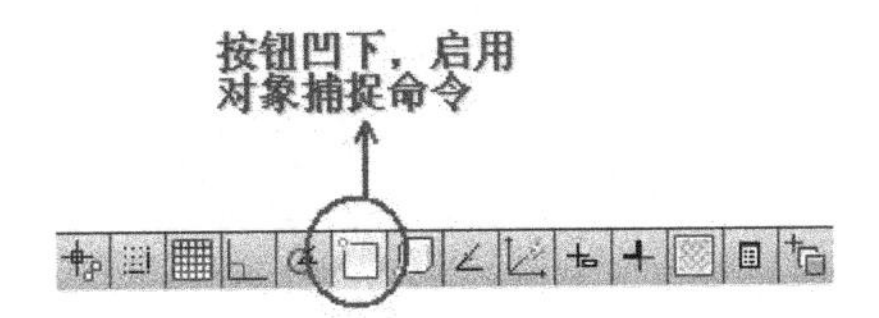

图 1-33　启用对象捕捉命令

特别提示

一般情况下，可以将所有的点勾选上，注意识别点的符号特征，这样绘图更加快速便捷，可提高绘图的效率。

对象捕捉不可以单独使用，必须配合其他绘图命令一起使用。

（2）对象追踪

对象追踪是根据捕捉点沿正交方向或极轴方向进行追踪，如图 1-34 所示。该功能可理解为对象捕捉和极轴追踪功能的联合应用。

单击状态栏中的按钮，该按钮呈凹下状态时即启用。也可按 F11 键和在“对象捕捉”

对话框中选中。

若要取消对象捕捉或对象追踪功能，只需单击状态栏中的按钮，使其呈凸出状态。

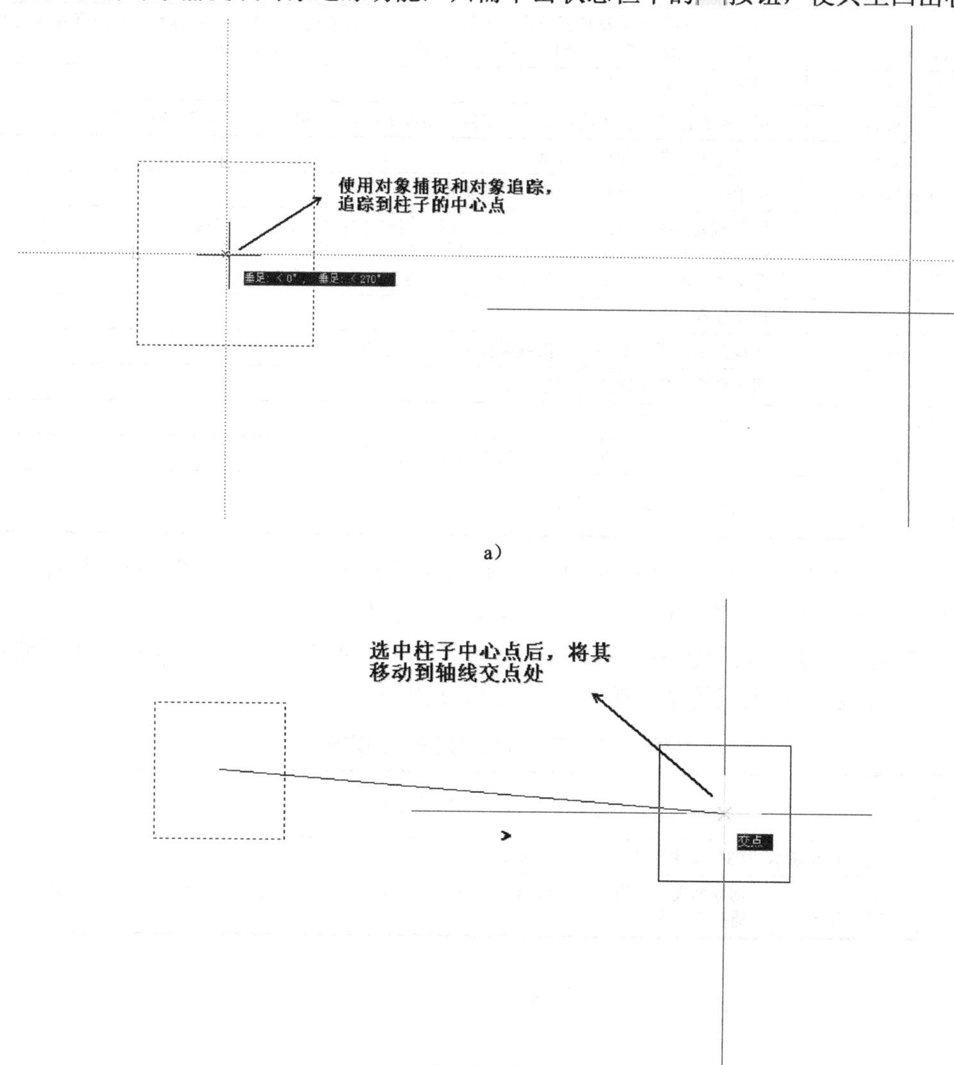

图 1-34　对象追踪

命令：m

MOVE

选择对象：(使用鼠标左键选择左侧的柱子)

选择对象：(回车) ↙

指定基点或 [位移(D)] <位移>：(使用对象追踪选择柱子的中心点)

指定第二个点或 <使用第一个点作为位移>：(将柱子移至轴线的交点处，捕捉到轴线交点，点击鼠标左键)

（3）三维对象捕捉

控制三维对象的镜像对象的捕捉设置，使用镜像对象捕捉，可以在对象上的精确位置指定捕捉点。选择多个选项后，将应用选定的捕捉模式，以返回距离靶框中心最近的点（图 1-35、图 1-36）。

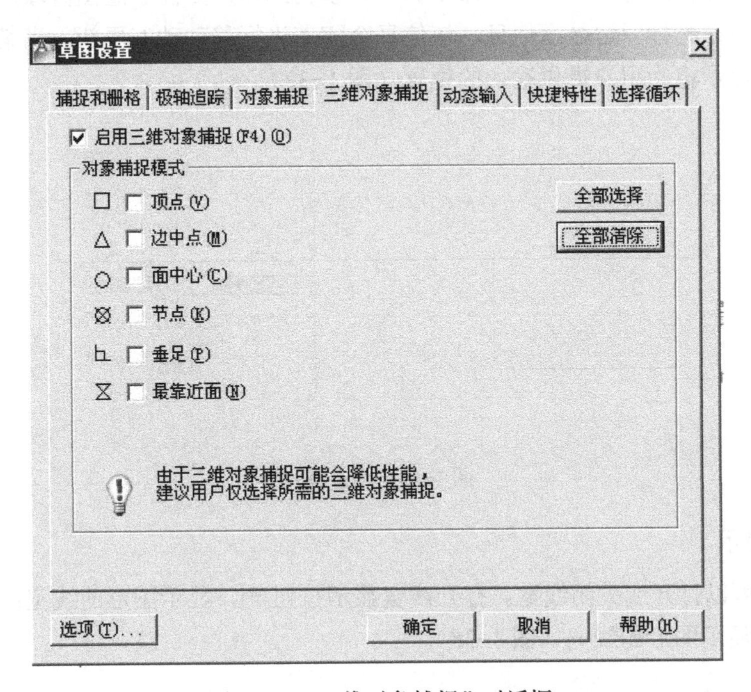

图 1-35　“三维对象捕捉”对话框

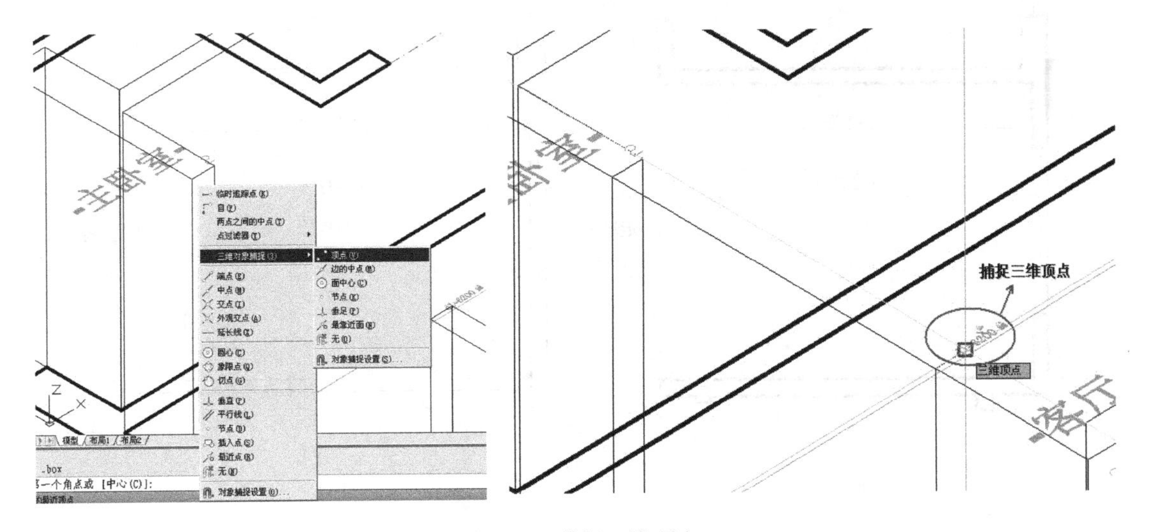

图 1-36　捕捉三维顶点

3. 允许/禁止动态 UCS

使用动态 UCS 功能，可以在创建对象时使 UCS 的 XY 平面自动与实体模型上的平面临时对齐。使用绘图命令时，可以通过在面的一条边上移动指针对齐 UCS，而无需使用 UCS 命令。结束该命令后，UCS 将恢复到其上一个位置和方向。

4．动态输入

动态输入在光标附近提供了一个命令界面，以帮助用户专注于绘图区域。打开动态输入时，工具提示将在光标旁边显示信息，该信息会随着光标移动动态更新。当某命令处于活动状态时，工具提示将为用户提供输入的位置（图 1-37）。

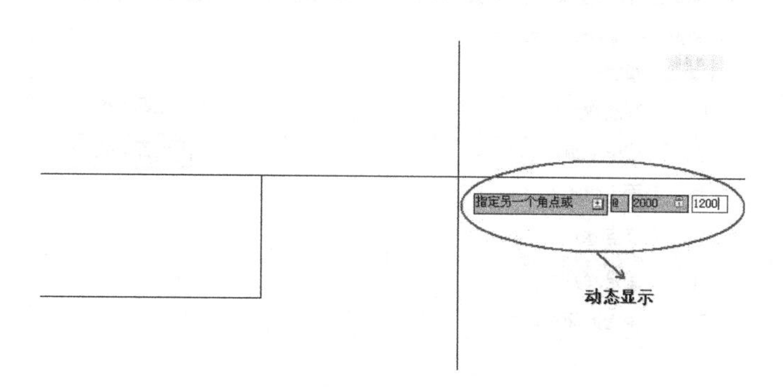

图 1-37 动态输入

5．线宽显示

在图形中可以打开或关闭线宽。打开线宽显示按钮，显示图形的线宽；关闭线宽显示按钮，则不显示图形的线宽（图 1-38）。

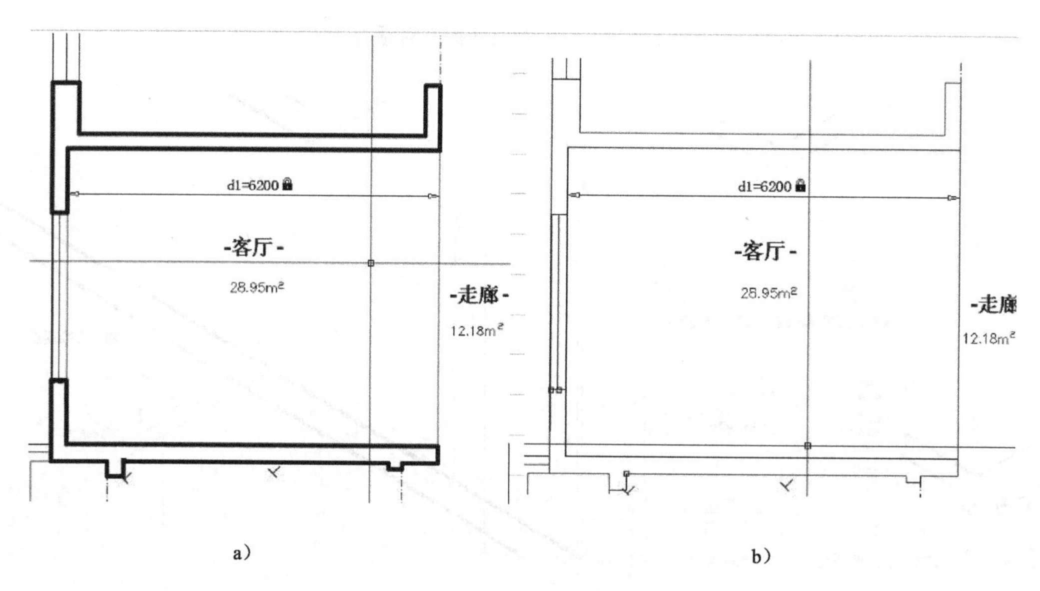

图 1-38 线宽显示

a）打开“线宽显示”按钮 b）关闭“线宽显示”按钮

6．快捷特性

打开“快捷特性”按钮时，在编辑的图形一侧就会显示对象特性面板，可以快速方便地修改图形的相关参数，如图 1-39 所示。

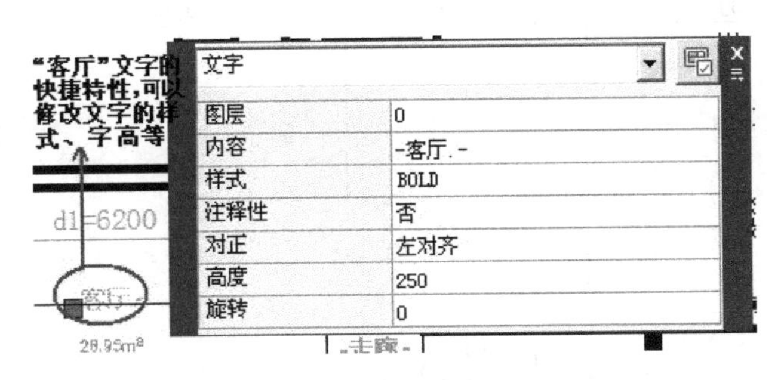

图 1-39　快捷特性

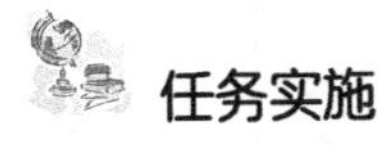

任务实施

1．设置图形界限

设置图形界限前先了解绘制图形的大小，根据图 1-19 所示的平面布局图，可将图形范围确定为 15000×10000，当然也可以适当再大一些。

命令：limits↙

重新设置模型空间界限：

指定左下角点或 [开(ON)/关(OFF)] <0.0000,0.0000>：↙ (一般左下角点不需要设置，直接按“Enter”键即可)

指定右上角点 <420.0000,297.0000>：15000,10000↙ (用坐标输入的方法输入绘制图形的尺寸范围)

命令：z↙ (在完成图形界限设置后，必须执行缩放命令)

ZOOM

指定窗口的角点，输入比例因子 (nX 或 nXP)，或者

[全部(A)/中心(C)/动态(D)/范围(E)/上一个(P)/比例(S)/窗口(W)/对象(O)] <实时>：a↙ (全部缩放，屏幕显示图形范围大小)

2．设置图形单位和对象捕捉

按照图 1-20 和图 1-31 设置图形单位和对象捕捉，这里不再赘述。

3．将设置好的文件命名为“住宅轴线”并存盘

特别提示

设置图形界限命令后，必须执行缩放命令，这样设置好的图形界限将全部显示在屏幕上。

1.3　命令输入和数据输入的方法

任务描述

打开“住宅轴线”文件，利用直线命令和坐标输入等方法绘制如图 1-40 所示的房间定位轴线。

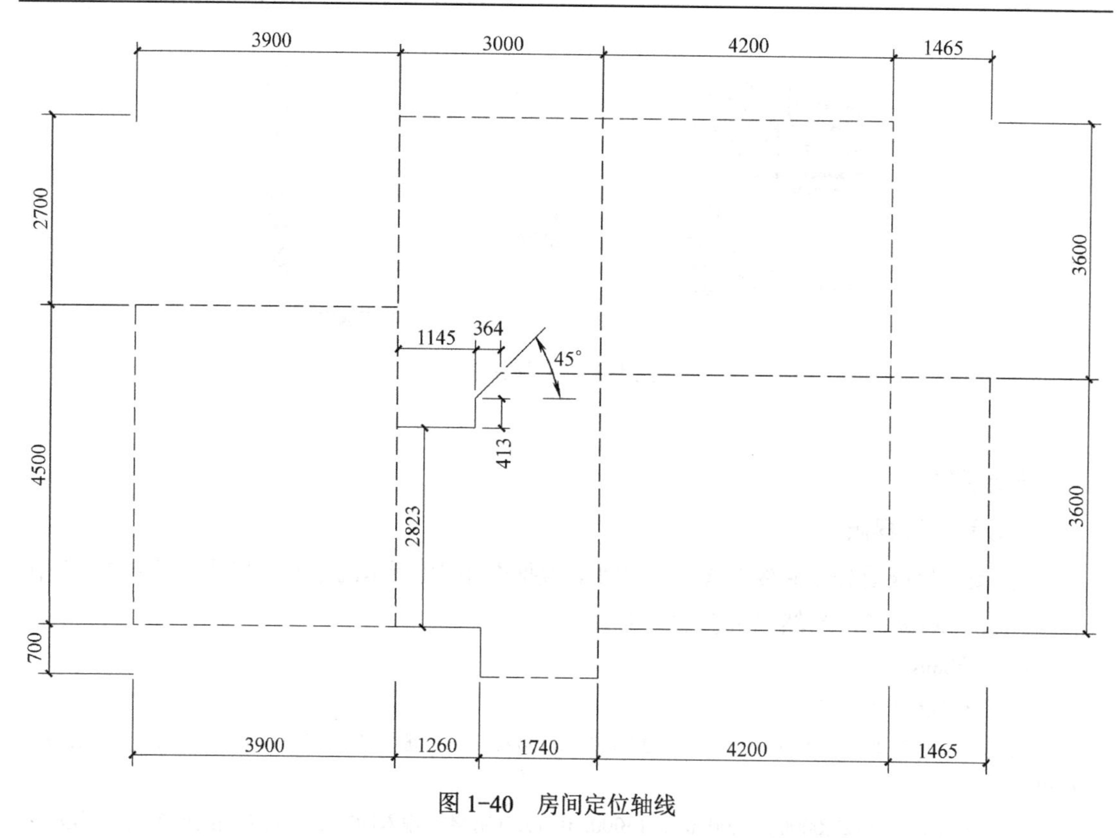

图 1-40 房间定位轴线

任务分析

要完成上述工作任务，在完成绘图环境设置的基础上，绘制房间的定位轴线，需要了解数据的输入方法和命令输入方法才能完成。

相关知识

1.3.1 基本输入操作

1. 命令行输入法

AutoCAD 2012 同以前版本一样，同时提供了图形窗口和文字窗口。通常在图形窗口和状态栏之间显示其部分文本窗口和命令行，如图 1-41 所示。

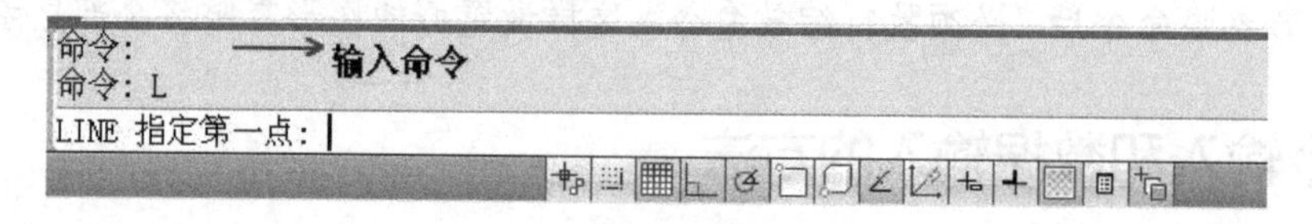

图 1-41 命令行输入法

AutoCAD 系统为用户提供了许多命令，用户可以使用键盘在命令行中的提示符“Command:”后输入 AutoCAD 命令，并按“Enter”键或空格键确认，提交给系统去执行。

此外，用户还可以使用“Esc”键来取消操作，用“↑”或“↓”键使命令行显示上一个命令行或下一个命令行。

注意，在命令行中输入命令时，不能在命令中输入空格键，因为 AutoCAD 系统将命令行中的空格等同于回车。

2. 下拉菜单法

除了在命令行中输入命令以外，用户还可以通过菜单调用命令，如图 1-42 所示。

AutoCAD 中的菜单栏为下拉菜单，是一种级联的层次结构。在 AutoCAD 窗口的菜单栏中显示的为主菜单，在主菜单项上单击鼠标左键即可弹出相应的菜单。

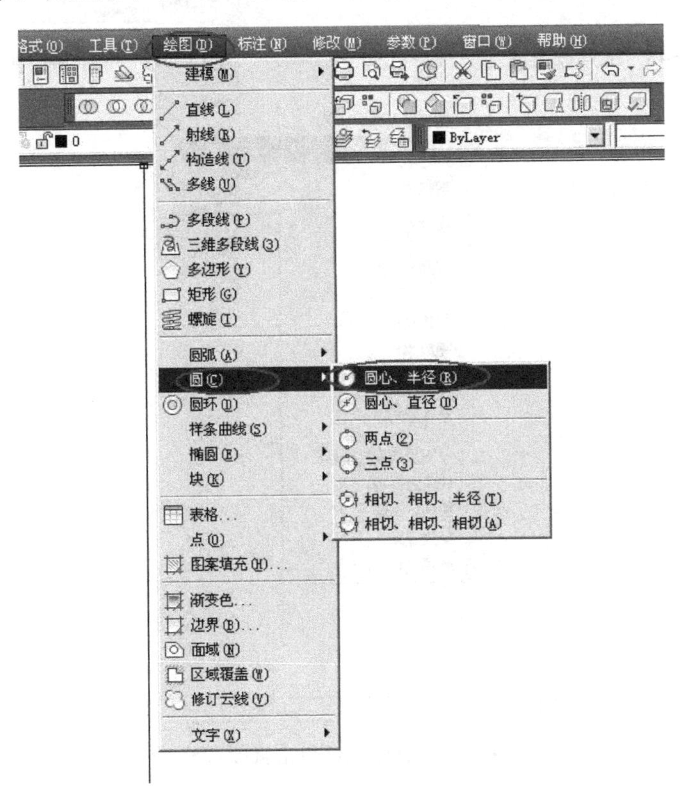

图 1-42　通过菜单调用命令

3. 工具按钮法

用户可以通过单击工具栏中的工具按钮调用命令，这是常用的调用命令的方法，如图 1-43 所示。

4. 在命令行中单击鼠标右键

将鼠标放在屏幕下方命令行的任意位置，单击鼠标右键，在弹出的快捷菜单中的“近期使用的命令”子菜单中选择需要的命令，如图 1-44 所示。选择命令后单击鼠标左键，即可执行该命令。

5. 在绘图区单击鼠标右键

将鼠标放在绘图区内，单击鼠标右键，弹出如图 1-45 所示的快捷菜单，使用鼠标左键选择需要的命令即可。

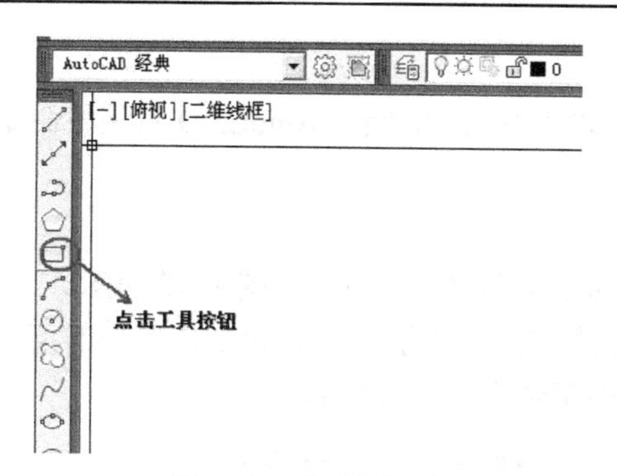

图 1-43　工具按钮法

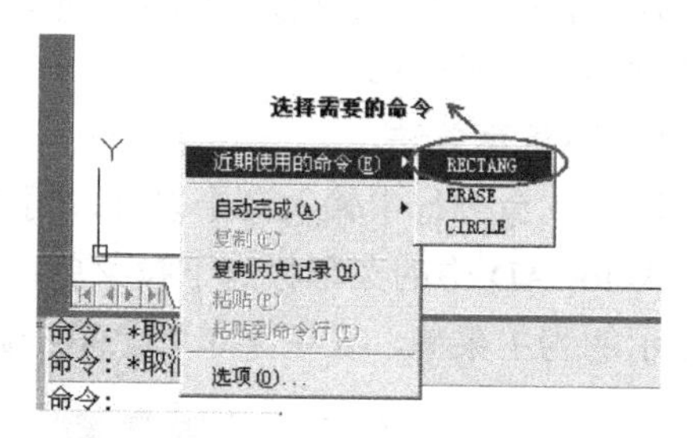

图 1-44　在命令行中单击鼠标右键

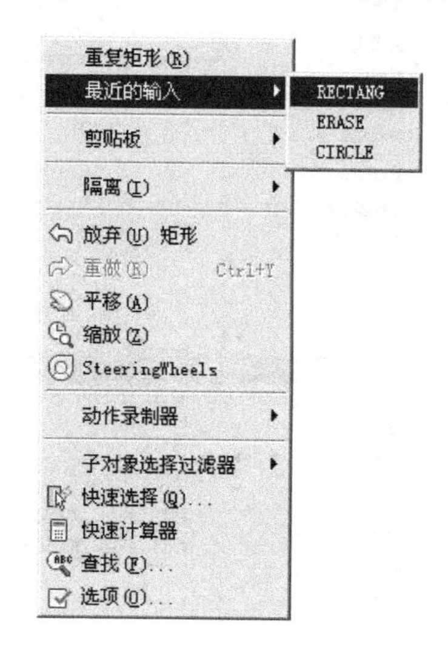

图 1-45　在绘图区单击鼠标右键

特别提示

常用命令，特别是简化命令，可通过键盘输入；较常用命令，可通过单击按钮输入；不常用命令，可通过调用菜单输入。

1.3.2　命令的重复、撤销、重做

1．命令的重复

直接按“Enter”键或空格键，系统将自动执行前一次操作的命令。

2．命令的撤销

1）执行 U（或 UNDO）命令。

2）单击“标准”工具栏中的“放弃”按钮。

3．命令的重做

1）单击“标准”工具栏中的“重做”按钮。

2）在使用U（或UNDO）命令后，紧接着使用REDO命令或选择“编辑”→“重做”命令。

1.3.3 坐标系统与数据的输入方法

1．坐标系统

（1）世界坐标系

AutoCAD系统为三维空间提供了一个绝对的坐标系，并称为世界坐标系（World Coordinate System，WCS），如图1-46所示。这个坐标系存在于任何一个图形之中，并且不可更改。

世界坐标系（WCS）是AutoCAD的基本坐标系。世界坐标系是固定坐标系，其X轴是水平的，Y轴是垂直的，Z轴垂直于XY平面，原点是图形界限左下角X、Y和Z轴的交点（0，0，0）。绘制图形大多数情况下是在世界坐标系下进行的。

（2）用户坐标系

相对于世界坐标系，用户可根据需要创建无限多的坐标系，这些坐标系称为用户坐标系（User Coordinate System，UCS），如图1-47所示。用户坐标系（UCS）是一种可移动坐标系，用户可以根据世界坐标系自行定义，可以使用ucs命令来对用户坐标系进行定义、保存、恢复和移动等一系列操作。由于在绘图中经常需要修改坐标系的原点和方向，所以产生了用户坐标系。

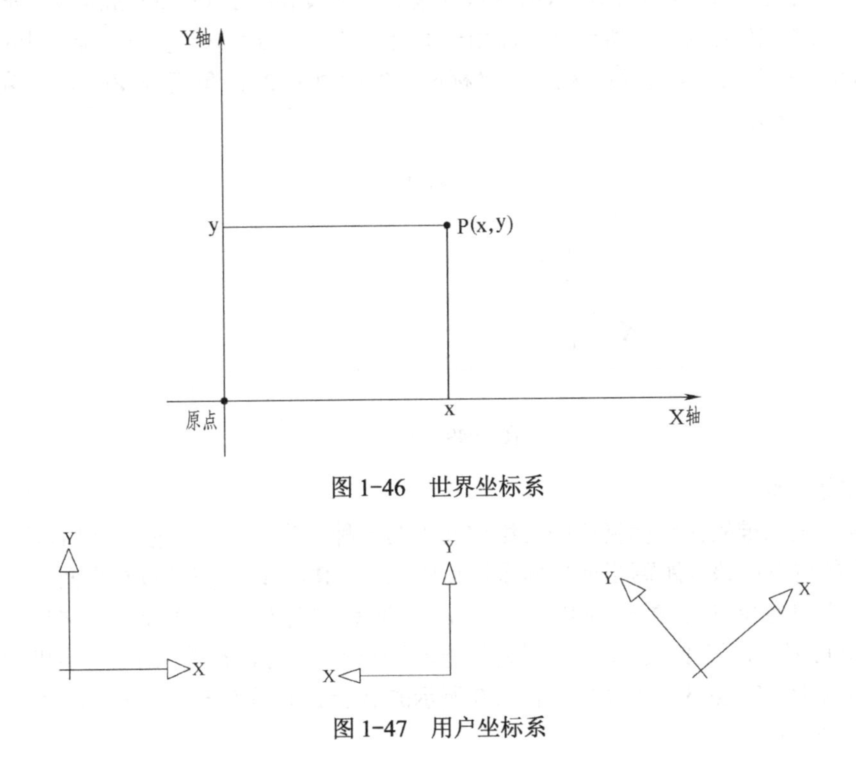

图1-46 世界坐标系

图1-47 用户坐标系

2．表示点的方式

（1）直角坐标

直角坐标系有3个轴，即X、Y和Z轴。输入坐标值时，需要指示沿X、Y和Z轴相对于坐标系原点（0，0，0）的距离（以单位表示）及其方向（正或负）。

在二维状态下，在XY平面（也称为工作平面）上指定点。工作平面类似于平铺的网格纸。直角坐标的X值指定水平距离，Y值指定垂直距离，原点（0，0）表示两轴相交的位置，直角坐标如图1-48所示。

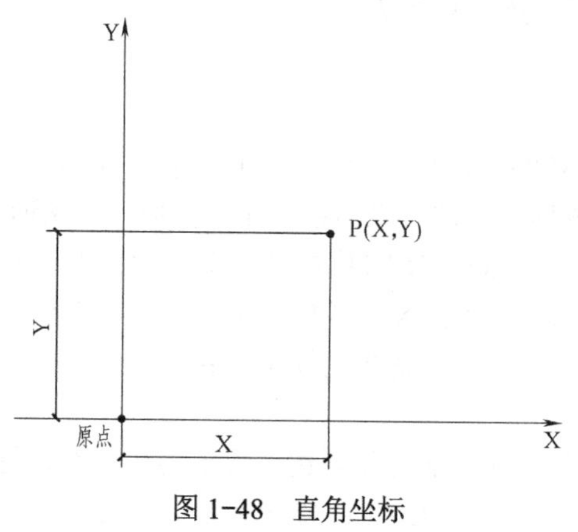

图1-48　直角坐标

（2）极坐标

极坐标使用距离和角度来定位点。极坐标系由一个极点和一个极轴构成，极轴的方向为水平向右。平面上任何一点P都可以由该点到极点的连线长度L（L>0）和连线与极轴的夹角α（极角，逆时针方向为正）所定义，即用一对坐标值（L<α）来定义一个点，其中“<”表示角度，如图1-49所示。如某点相对于坐标原点的距离为20，角度为40°，则输入其坐标值时应输入“20<40”。

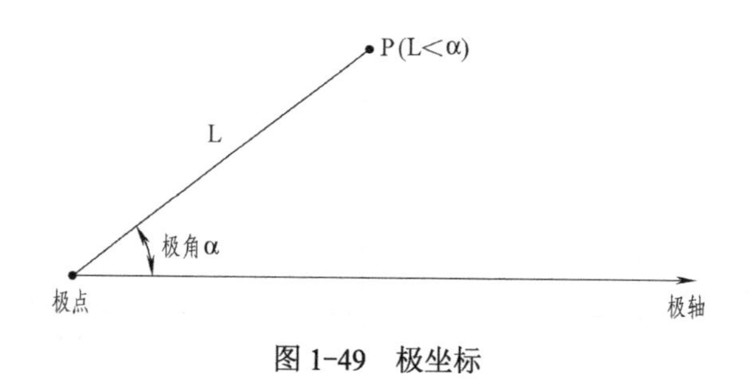

图1-49　极坐标

（3）球面坐标

球面坐标是二维的极坐标格式在三维空间中的一种推广方式。此格式采用以下3个参数描述空间点的位置：该点距离当前坐标系原点的长度（R），该点在XOY平面中的投影同当前坐标系原点的连线与X轴正方向的夹角（α，逆时针方向为正），以及该点与当前坐标系原点连线同XOY坐标平面的交角（β，逆时针方向为正）。同时，在输入上述参数时用“<”隔开，表示方式为（R<α<β）。例如，图1-50所示的A点的球面坐标为（80<70<60）。

（4）柱面坐标

柱面坐标是二维的极坐标格式在三维空间中的另一种推广方式。它采用以下3个参数描述一个空间点：该点在XOY平面中的投影距离当前坐标系原点的长度（R），该点在XOY平面中的投影同当前坐标系原点的连线与X轴正方向的夹角（α，逆时针方向为正），以及该点在Z轴上的坐标值（Z）。长度（R）和角度（α）之间用“<”隔开，Z轴坐标值用“，”隔开，表示方式为（R<α，Z）。例如，图1-51所示的A点的柱面坐标为（80<70，60）。

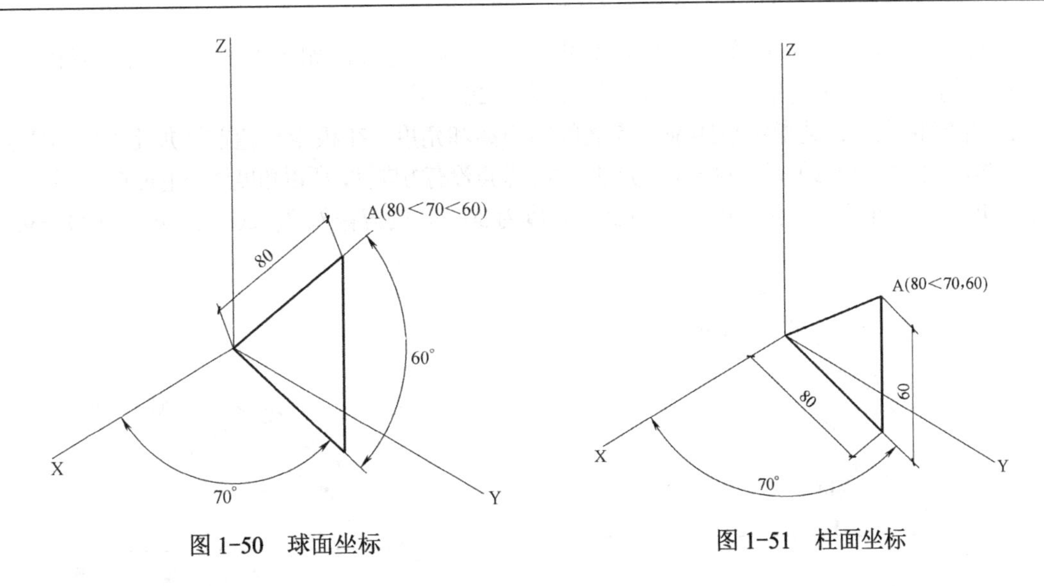

图 1-50　球面坐标　　　图 1-51　柱面坐标

3. 数据输入的方法

（1）直角坐标

直角坐标是指用 X、Y 坐标值表示的坐标。

1）绝对直角坐标：以坐标原点（0，0，0）为基点来定位其他点。以这种方式输入某点的坐标值时，需要指示沿 X、Y 和 Z 轴相对于坐标系原点（0，0，0）的距离（以数值表示）及其方向（以正或负表示），各轴向上的距离值之间以英文状态下的逗号“,”隔开。在二维平面中，Z 值为 0，输入时可以省略，例如，图 1-52 所示的 P 点坐标。

2）相对直角坐标：以某点为参考点，然后输入相对位移坐标的值来确定点的位置，与坐标原点无关，可以将它看作是始终将上一个点当作坐标原点，如图 1-53 所示。

在相对直角坐标系中，输入相对坐标值时必须先输入“@”符号，然后用与输入绝对坐标值相同的方法进行操作。“@”符号表示当前为相对坐标输入，如输入“@20,15”表示输入的 P 点相对于前一点 A 在 X 轴上向右移动 20 个单位，在 Y 轴上向上移动 15 个单位。

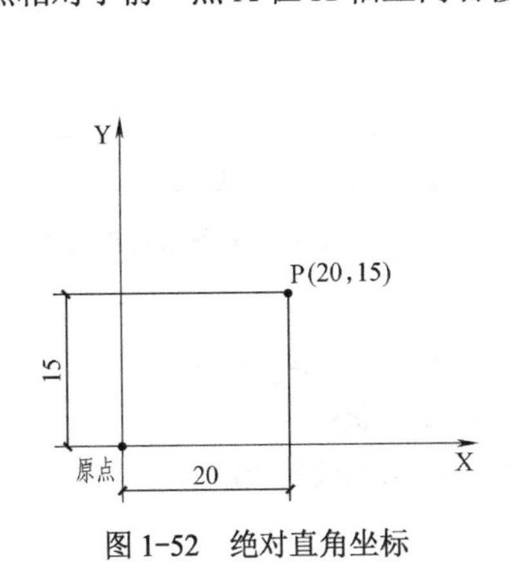

图 1-52　绝对直角坐标

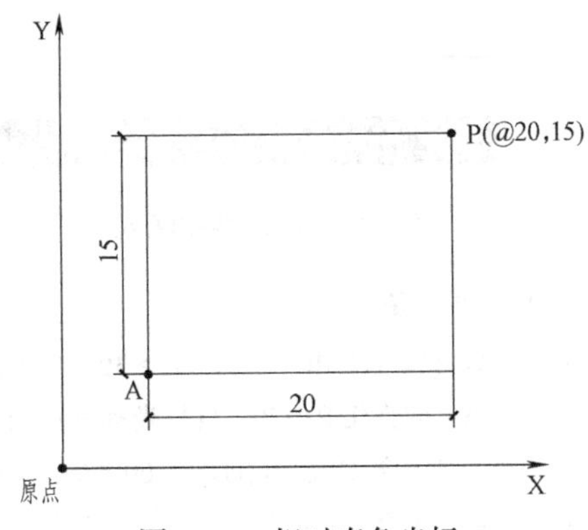

图 1-53　相对直角坐标

（2）极坐标

极坐标是指用长度和角度表示的坐标。

1）绝对极坐标：以相对于坐标原点（0，0，0）的距离和角度来定位其他点。以这种方式输入某点的坐标值时，距离与角度之间用小于号“<”分开。如图 1-54 所示的 P 点相对于坐标原点的距离为 20，角度为 40°，则应输入“20<40”。

2）相对极坐标：是指定点距前一点之间的距离和角度。在极坐标值前要加上“@”符号。在这种输入方式中，位移值是相对于前一点的，由于单点没有方向性，所以角度值是绝对的。如图1-55 所示的 P 点，相对于前一点 A 的距离为 20，角度为 30°，则应输入“@20<30”或“@20<-30”。

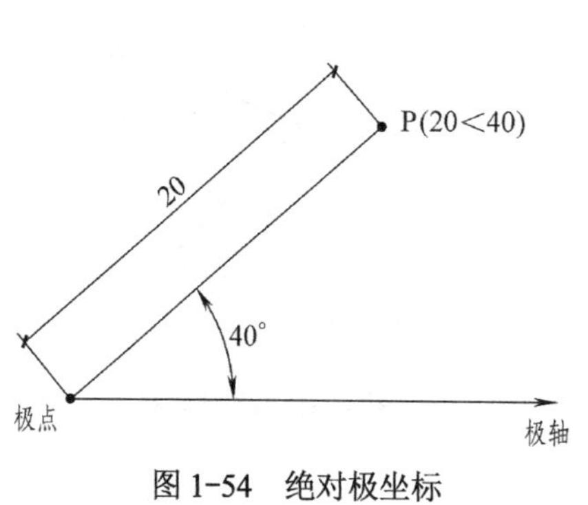

图 1-54　绝对极坐标

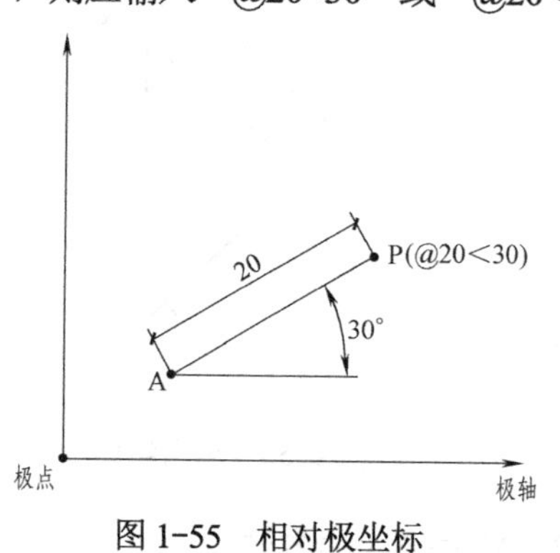

图 1-55　相对极坐标

（3）动态数据输入

动态输入设置可使用户直接在鼠标单击的位置快速启动命令、可读取提示和输入值，而不必把注意力分散到图形编辑器之外。用户在创建几何图形时可动态查看标注值，如长度和角度等，通过“Tab”键在这些值之间进行切换。单击状态栏中的动态输入选项按钮启用或关闭动态输入功能，如图 1-56 所示。

（4）距离值的输入方法

通过移动光标指定方向，然后直接输入距离，此方法称为直接输入距离法，如图 1-57 所示。

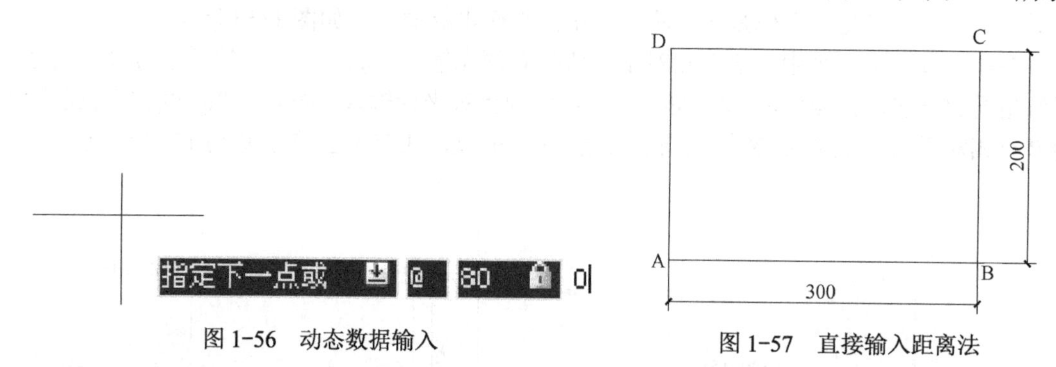

图 1-56　动态数据输入　　图 1-57　直接输入距离法

命令：_line 指定第一点：
指定下一点或 [放弃(U)]：<正交 开> 300↙(将光标水平向右移动，绘制线段 AB)
指定下一点或 [放弃(U)]：200↙(将光标垂直向上移动，绘制线段 BC)
指定下一点或 [闭合(C)/放弃(U)]：300↙(将光标水平向左移动，绘制线段 CD)
指定下一点或 [闭合(C)/放弃(U)]：c↙(将直线闭合)

特别提示

使用直接输入距离法的时候，应打开正交状态，绘制水平线或垂直线，通过移动光标控制线条的方向。

4. 图形显示工具

绘制图形时，由于显示器大小的限制，有时无法看清楚图形的细节，影响绘图的准确度，因此可以利用图形缩放（ZOOM）命令放大或缩小图形，也可以通过平移调整图形在屏幕中的位置。

（1）图形缩放

在绘制图形时，由于显示器的大小有限，画图时经常需要放大局部画图，或者缩小图形观看整个图形，这样就经常要对视窗进行放大或缩小，改变图形在屏幕中显示的大小，从而准确地绘制图形。

调用图形缩放命令的方法见表 1-17。

表 1-17　调用图形缩放命令

类别 / 方法	操作方法
方法 1	单击“标准”工具栏中的按钮
方法 2	选择“视图”菜单中的“缩放”命令，打开“缩放”子菜单，然后选择相应的 ZOOM 命令
方法 3	在命令行中输入 ZOOM，可以输入快捷键“Z”，然后按“Enter”键

操作方法：Z

指定窗口角点，输入比例因子(nX 或 nXP)，或者[全部(A)/中心(C)/动态(D)/范围(E)/上一个(P)/比例(S)/窗口(W)/对象(O)]<实时>::

1）窗口（W）：直接确定窗口的两个角点进行窗口放大，是缩放命令的默认设置，是常用的图形缩放命令。

2）全部（A）：输入选项A，将图形全部缩放，所有图形实体都显示到设定的图形范围内，也是常用的图形缩放命令。

3）范围（E）：输入选项 E，将所有图形都显示在屏幕上，并最大限度充满整个屏幕。这种方式会使图形重新生成，速度较慢。

4）上一个（P）：输入选项 P，将返回上一视图，连续使用，可逐步返回以前的视图，最多可返回 10 个视图。

5）比例（S）：输入选项 S，可根据需要设置比例因子放大或缩小图形，视图的中心点保持不变。一般有两种输入比例因子的方式：一种是直接输入数值，该数值表示相对于图形界限的倍数；另一种是输入数字后加字母 X，表示相对当前视图的缩放倍数，输入 2X 代表放大一倍，输入 0.5X 代表缩小 1 倍。一般来说，相对于当前视图的缩放倍数比较直观，比较常用。

6）中心点（C）：用户可以用鼠标取点，也可以通过输入坐标值完成中心点取点操作。

7）动态（D）：输入选项 D，屏幕上会显示全部的图形，并显示 3 个图框。其中，一个是可移动的视图框，该视图框中间区域显示“×”时为移动视图框，显示“→”时可以调整视图框的大小以选择合适的图形范围。绿色虚线视图框表示当前图形的显示范围，蓝色虚线视图框表示所有图形的显示范围。调整可移动的视图框到合适的位置，按“Enter”键即可显示选中的图形和区域，如图 1-58 所示。

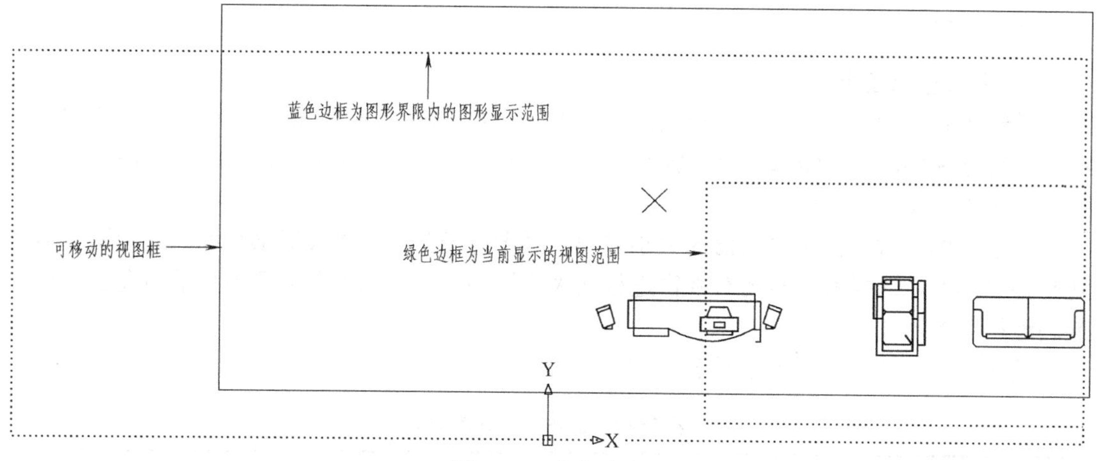

图 1-58 动态缩放

8）对象（O）：输入选项 O，该选项可以直接选择实体对象，并将实体对象最大化显示在屏幕中。

9）实时：选择这一选项后，鼠标指针呈“放大镜”状。“放大镜”的上方有“+”号，表示按住鼠标左键向上拖动会放大图形；相反，“放大镜”的下方有“–”号，表示按住鼠标左键向下拖动会缩小图形。缩放操作完毕后，按“Esc”键、“Enter”键或者单击鼠标右键，使鼠标指针恢复正常显示状态。

10）鼠标中间滑轮的用途：滚动滑轮可放大或缩小图形，按住不放可平移图形。

特别提示

经常使用鼠标的滑轮进行图形的缩放，往上滚动是放大图形；往下滚动是缩小图形；按住滑轮拖动鼠标是移动图形，可将图形移动到合适的位置。

（2）图形平移

图形平移（PAN）命令可平移屏幕，以显示屏幕外的画面部分，并保持原来的比例。图形平移命令操作方便、快捷，是常用的视图显示命令。调用图形平移命令的方法见表 1-18。

表 1-18 调用图形平移命令的方法

方 法	操 作 方 法
方法 1	单击“标准”工具栏中的按钮
方法 2	选择“视图”菜单中的“平移”命令，打开“平移”子菜单，选择相应的命令
方法 3	在命令行中输入 PAN，也可以输入快捷键“P”，然后按“Enter”键

执行图形平移命令后，屏幕上会出现小手图标，可以上下、左右移动屏幕。

（3）视图的重画与重新生成

1）视图重画（REDRAW）：在使用尖点命令（Blipmode）时，屏幕上会出现很多尖点，因此使用视图重画命令可以删除点标记及一些杂乱内容，将视图重画。调用视图重画命令的方法见表 1-19。

表 1-19 调用视图重画命令的方法

方 法	操 作 方 法
方法 1	选择“视图”菜单中的“重画（R）”命令
方法 2	在命令行中输入 REDRAW，可以输入快捷键“R”，然后按“Enter”键

2）重新生成：在当前视口中重新生成整个图形并重新计算所有对象的屏幕坐标，还重新创建图形数据库索引，从而优化显示和对象选择的性能。调用重新生成命令的方法见表 1-20。

表 1-20　调用重新生成命令的方法

方　法	操作方法
方法 1	选择“视图”菜单中的“重生成（G）”命令
方法 2	在命令行中输入 REGEN，然后按“Enter”键

在绘图的时候，一些曲线、圆、圆弧等图形会呈锯齿形显示，这不是图形本身的问题，而是屏幕显示的结果。此时，只要执行重新生成命令，就会恢复原来圆滑的曲线、圆或圆弧，如图 1-59 所示。

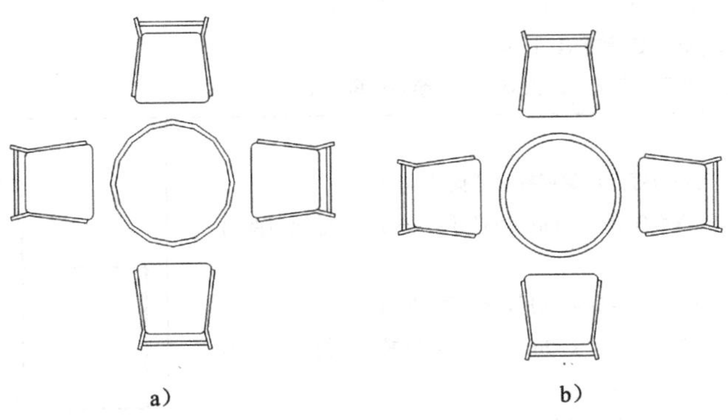

图 1-59　重新生成

a）重新生成前，圆形呈锯齿形显示　b）重新生成后，圆形呈圆滑显示

任务实施

住宅轴线的绘制步骤见表 1-21。

表 1-21　住宅轴线的绘制步骤

序　号	命令行操作	图　形
1	命令：l↙ _line 指定第一点： 指定下一点或 [放弃(U)]：3900↙ (正交打开，绘制线段 1) 指定下一点或 [放弃(U)]：1260 (正交打开，绘制线段 2) ↙ 指定下一点或 [闭合(C)/放弃(U)]：700↙ (将光标移动呈向下垂直状态，正交打开，绘制线段 3) 指定下一点或 [闭合(C)/放弃(U)]：1740↙ (将光标移动呈向右水平状态，正交打开，绘制线段 4) 指定下一点或 [闭合(C)/放弃(U)]：700↙ (将光标移动呈向上垂直状态，正交打开，绘制线段 5) 指定下一点或 [闭合(C)/放弃(U)]：4200↙ (将光标移动呈向右水平状态，正交打开，绘制线段 6) 指定下一点或 [闭合(C)/放弃(U)]：1465↙ (将光标移动呈向右水平状态，正交打开，绘制线段 7) 指定下一点或 [闭合(C)/放弃(U)]：3600↙ (将光标移动呈向上垂直状态，正交打开，绘制线段 8) 指定下一点或 [闭合(C)/放弃(U)]：1465↙ (将光标移动呈向左水平状态，正交打开，绘制线段 9) 指定下一点或 [闭合(C)/放弃(U)]：3600↙ (将光标移动呈向上垂直状态，正交打开，绘制线段 10)	1 2 3 4 5 6 7 8 9 10 11 12 13 14 15

（续）

序　　号	命令行操作	图　　形
1	指定下一点或 [闭合(C)/放弃(U)]：4200↙ (将光标移动呈向左水平状态，正交打开，绘制线段11) 指定下一点或 [闭合(C)/放弃(U)]：3000↙ (将光标移动呈向左水平状态，正交打开，绘制线段12) 指定下一点或 [闭合(C)/放弃(U)]：2700↙ (将光标移动呈向下垂直状态，正交打开，绘制线段13) 指定下一点或 [闭合(C)/放弃(U)]：3900↙ (将光标移动呈向左水平状态，正交打开，绘制线段14) 指定下一点或 [闭合(C)/放弃(U)]：4500↙ (将光标移动呈向下垂直状态，正交打开，绘制线段15)	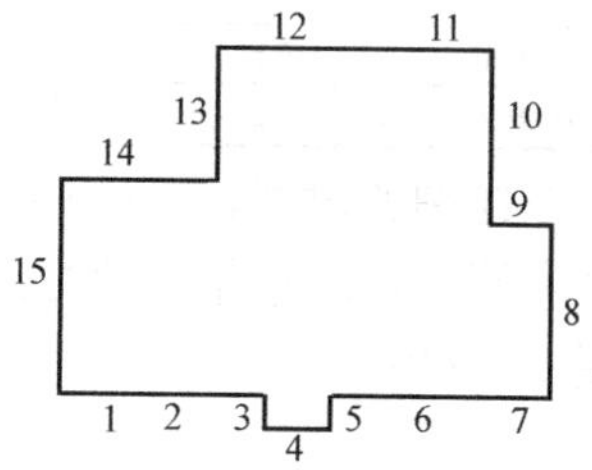
2	命令：1 LINE 指定第一点：(打开对象捕捉，捕捉端点1)↙ 指定下一点或 [放弃(U)]：_endp 于(打开对象捕捉，捕捉端点2)↙ 命令：1 LINE 指定第一点：(打开对象捕捉，捕捉端点3)↙ 指定下一点或 [放弃(U)]：_endp 于(打开对象捕捉，捕捉端点4)↙ 命令：1 LINE 指定第一点：(打开对象捕捉，捕捉端点5)↙ 指定下一点或 [放弃(U)]：_endp 于(打开对象捕捉，捕捉端点6)↙	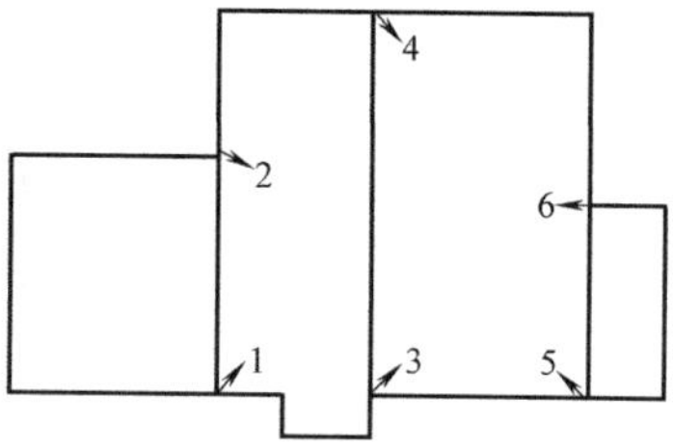
3	命令：1 LINE 指定第一点：_from (打开对象捕捉，捕捉端点12) <偏移>：@0,2823（捕捉端点7）↙ 指定下一点或 [放弃(U)]：1145↙ (将光标移动呈向右水平状态，正交打开，绘制线段16) 指定下一点或 [放弃(U)]：413↙ (将光标移动呈向上垂直状态，正交打开，绘制线段17) 命令：1 LINE 指定第一点：(打开对象捕捉，捕捉端点8)↙ 指定下一点或 [放弃(U)]：(捕捉端点9)↙ 指定下一点或 [放弃(U)]：1491↙ (将光标移动呈向左水平状态，正交打开，绘制线段18) 命令：1 LINE 指定第一点：(打开对象捕捉，捕捉端点10) 指定下一点或 [放弃(U)]：(捕捉端点11)	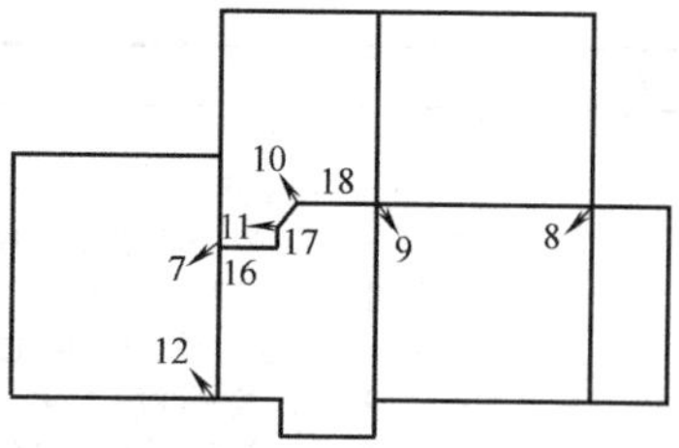

本章小结

通过绘制住宅轴线图，学生应该了解CAD软件的基本操作及界面，能够完成绘制图形前的基本绘图环境的设置，包括图形界限、图形单位等，能够通过坐标、距离输入等方法绘制图形。

上机训练

1. 绘制本章的住宅轴线图，并将其保存到桌面上的“CAD 文件”文件夹中。

2. 绘制如图 1-60 所示的几何图形，在绘制过程中，输入点坐标时使用相对直角坐标与相对极坐标两种输入方法。

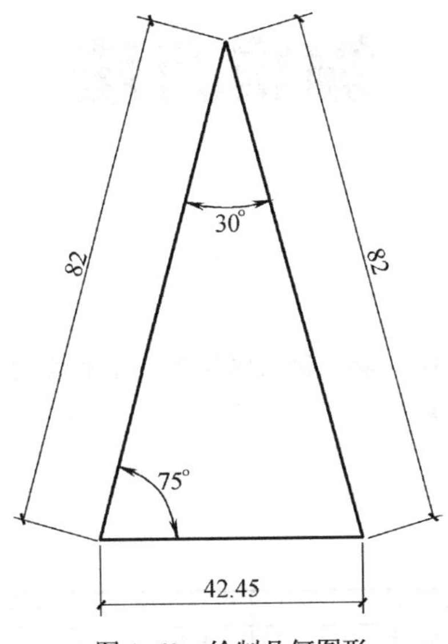

图 1-60　绘制几何图形

3. 设置屏幕背景颜色为白色，光标大小为 100；设置命令行字体为幼圆、字号为 12，自动存储时间为 10min。

4. 调出“标注”、“对象捕捉”工具栏。

第2章 AutoCAD 2012 绘图命令和编辑方法

教学目标

通过学习绘制家具设备的基本命令和操作程序，了解绘制家具设备的操作方法，掌握绘图命令、编辑命令的基本操作要点。

教学任务

能 力 目 标	操 作 要 点
掌握直线、圆等绘图命令的操作方法	操作直线、多段线、圆弧、圆等绘图命令
掌握删除、复制等编辑命令的操作方法	操作删除、复制、镜像、阵列、比例缩放等编辑命令
掌握平面、立面图中家具设备的绘制方法和程序	运用绘图、编辑命令绘制桌椅等家具设备

2.1 绘图命令

绘图命令是使用CAD软件绘制建筑图形的基础，因此掌握基本的绘图命令对于绘制建筑装饰图形是非常重要的，是绘制建筑图形的基础。

任务描述

使用CAD软件绘制宽为1000，门扇为50的门平面图形（图2-1）和长为1500，宽为240的窗平面图形（图2-2）。

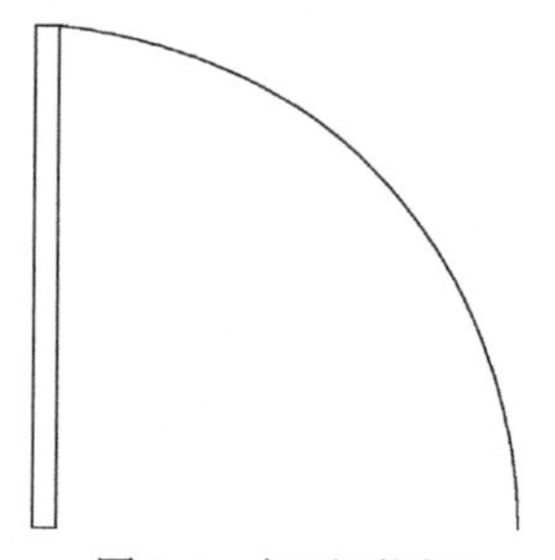

图2-1 门平面图形

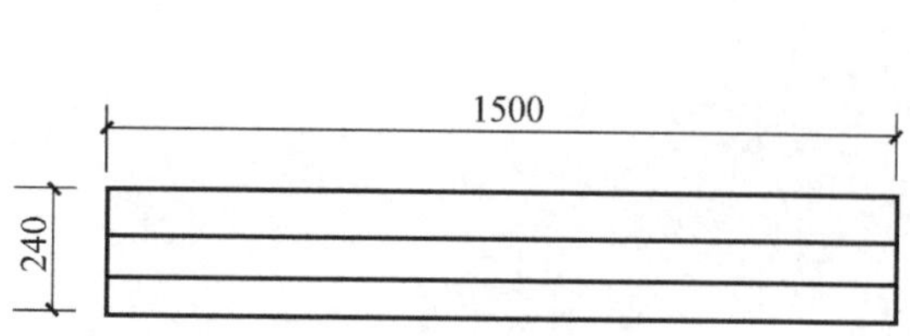

图2-2 窗平面图形

任务分析

要完成上述图形的绘制，需要使用直线、圆等绘图命令，还需要使用相关辅助命令，如对象捕捉等，这样才能准确、快速地绘制图形。

相关知识

2.1.1　绘制直线

1. 绘制直线的方法

绘制直线的命令调用方法和操作步骤见表 2-1。

表 2-1　绘制直线的命令调用方法和操作步骤

命令调用方法	单击工具栏： 单击菜单：绘图（D）→直线（L） 输入命令条目：L（line） （3 种任选其一，建议常用命令采用键盘输入，l 是直线命令的快捷键）
操作步骤	1）指定起点：可以使用定点设备，也可以在命令提示下输入坐标值（知识链接——直角坐标和极坐标，见第 1 章内容）
	2）指定端点以完成第一条线段：要在执行 LINE 命令期间放弃前一条直线段，请输入 u 或单击"标准"工具栏中的"放弃"按钮
	3）指定其他线段的端点：可多次输入端点坐标，也可以用鼠标单击屏幕上的点，直到图形完成。按"Enter"键结束，或者按"C"键使一系列直线段闭合

2. 绘制直角三角形

绘制直角三角形时需要利用绘制直线命令，如图 2-3 所示。

命令：l[㊀]↙

_LINE 指定第一点：(使用鼠标定点）[㊁]

指定下一点或 [放弃(U)]：@100,0↙

指定下一点或 [放弃(U)]：@–100,200↙

指定下一点或 [闭合(C)/放弃(U)]：(使用鼠标定点)

指定下一点或 [闭合(C)/放弃(U)]：↙

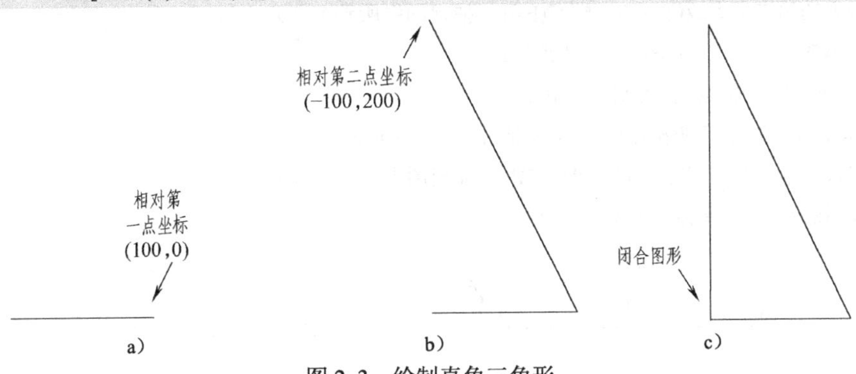

图 2-3　绘制直角三角形

a）绘制一条直角边　b）绘制斜边　c）绘制另一条直角边

㊀ 操作命令叙述的冒号前面的为计算机软件显示的命令行提示的内容，冒号后面的字体为在操作窗口中输入的内容。

㊁ 圆括号中的内容为操作提示。

LINE 命令是最常用的绘图命令，各种实线和虚线的绘制都可以用该命令完成。

2.1.2 绘制圆弧

要绘制圆弧，可以采用指定圆心、端点、起点、半径、角度、弦长和方向值的各种组合形式。

1. 通过三点绘制圆弧

（1）绘制基本方法（表 2-2）

表 2-2 通过三点绘制圆弧的命令调用方法和操作步骤

命令调用方法	单击工具栏： 单击菜单：绘图（D）→圆弧（A）→三点（P） 输入命令条目：a（arc） （3 种任选其一输入，建议常用命令采用键盘输入，a 是圆弧命令的快捷键）
操作步骤	1）指定起点 2）在圆弧上指定点 3）指定端点 （三点画弧是绘制圆弧命令的默认方式）

（2）绘制图 2-4b 所示的圆弧（图 2-4）

命令：a↙

ARC 指定圆弧的起点或[圆心(C)]：(使用鼠标定点)

指定圆弧的第二个点或[圆心(C)/端点(E)]：@100,60 ↙

指定圆弧的端点：@100,-60 ↙

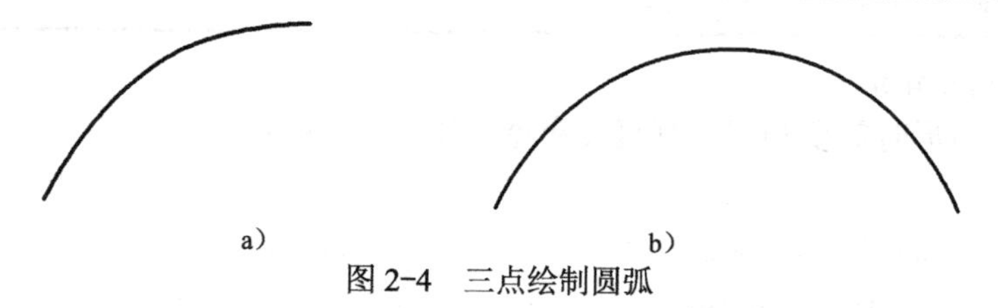

图 2-4 三点绘制圆弧

（3）使用三点绘制圆弧命令完成沙发靠背的绘制（图 2-5）

命令：a↙

ARC 指定圆弧的起点或[圆心(C)]：(将对象捕捉命令打开，可以直接使用“F3”键控制，捕捉图中所示 3 点)

指定圆弧的第二个点或[圆心(C)/端点(E)]：(捕捉图中所示 1 点)

指定圆弧的端点：(捕捉图中所示 4 点) ↙

按“Enter”键后继续执行绘制圆弧命令

ARC 指定圆弧的起点或[圆心(C)]：(捕捉图中所示 5 点)

指定圆弧的第二个点或[圆心(C)/端点(E)]：(捕捉图中所示 2 点)

指定圆弧的端点：(捕捉图中所示 6 点) ↙

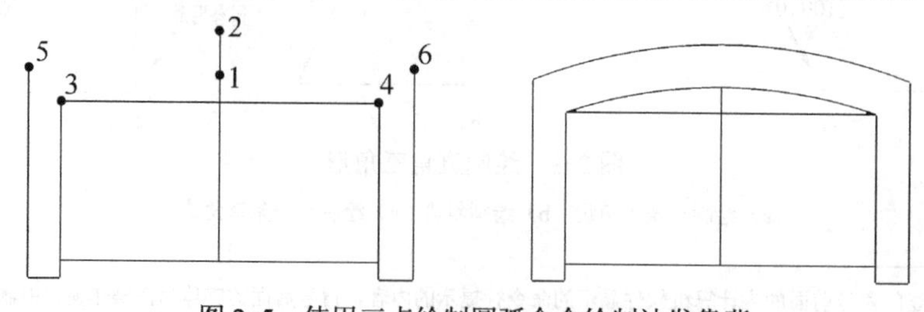

图 2-5 使用三点绘制圆弧命令绘制沙发靠背

特别提示

在绘制图形之前，需设置好对象捕捉命令，可以使用鼠标右键直接单击状态栏中的“对象捕捉”按钮，在弹出的快捷菜单中选择“设置”命令，弹出“对象捕捉设置”对话框，可以全部选择捕捉的点，如果刚开始学习也可以只选择一些经常使用的捕捉点，如端点、中点、圆心等，具体设置见第 1 章内容。对象捕捉是经常使用的绘图辅助命令，通过该命令可准确捕捉到各点，使绘图更加准确、快速。

2. 通过起点、圆心、角度绘制圆弧

（1）绘制基本方法（表 2-3）

表 2-3　通过起点、圆心、角度的方式绘制弧线的命令调用方法和操作步骤

命令调用方法	单击工具栏： 单击菜单：绘图（D）→圆弧（A）→起点、圆心、角度（T） 输入命令条目：a（arc） （3 种任选其一）
操作步骤	1）指定起点 2）指定圆心 3）指定角度 （逆时针方向为正角，顺时针方向为负角）

（2）绘制图 2-6b 所示的圆弧（图 2-6）

单击菜单：绘图(D)→圆弧(A)→起点、圆心、角度(T)命令

ARC 指定圆弧的起点或[圆心(C)]：（使用鼠标定点）

指定圆弧的第二个点或[圆心(C)/端点(E)]：_c 指定圆弧的圆心：@-50,0↙

指定圆弧的端点或[角度(A)/弦长(L)]：_a↙

指定角度：60↙

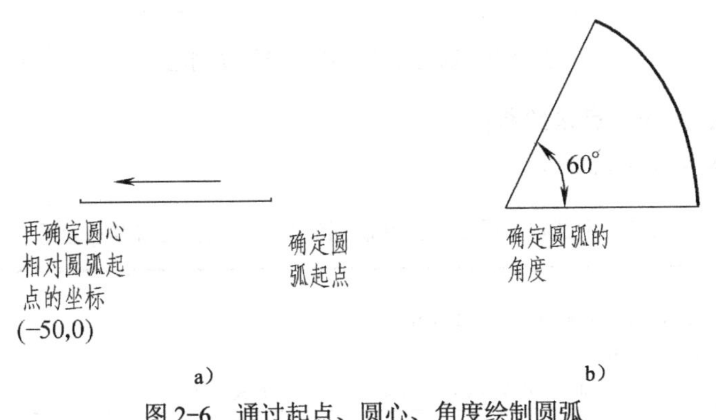

图 2-6　通过起点、圆心、角度绘制圆弧

a）确定起点和圆心　b）确定圆弧角度

2.1.3　绘制圆

要创建圆，可以指定圆心、半径、直径、圆周上的点和其他对象上的点的不同组合，使

用多种方法创建圆。默认方法是指定圆心和半径。

1．通过指定圆心、半径（或直径）绘制圆

（1）绘制基本方法（表 2-4）

表 2-4　通过指定圆心、半径（或直径）绘制圆的命令调用方法和操作步骤

命令调用方法	单击工具栏： 单击菜单：绘图（D）→圆（C）→圆心、半径（R） 输入命令条目：c（circle） （3 种任选其一，建议常用命令采用键盘输入，c 是绘制圆命令的快捷键）
操作步骤	1）指定圆心 2）指定半径或直径

（2）绘制如图 2-7b 所示的圆（图 2-7）

单击工具栏：

指定圆的圆心或[三点(3P)/两点(2P)/相切、相切、半径(T)]：（使用鼠标定点）

指定圆的半径或[直径(D)] <0.0000>：200↙

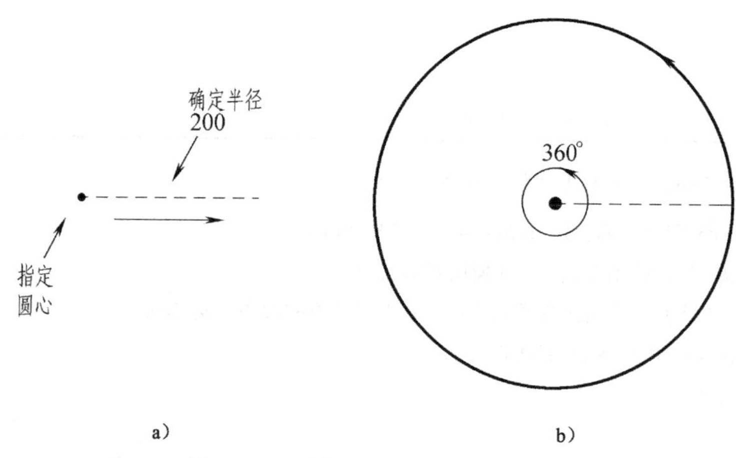

图 2-7　通过指定圆心、半径绘制圆

2．通过指定圆上的三点来绘制圆

（1）绘制基本方法（表 2-5）

表 2-5　通过指定圆上三点绘制圆的命令调用方法和操作步骤

命令调用方法	单击工具栏： 单击菜单：绘图（D）→圆（C）→三点（3P） 输入命令条目：c（circle） （3 种任选其一，建议常用命令采用键盘输入，c 是绘制圆命令的快捷键）
操作步骤	命令：c CIRCLE 指定圆的圆心或[三点（3P）/两点（2P）/相切、相切、半径（T）]：3P（通过键盘输入） 指定圆上的第一个点：↙ 指定圆上的第二个点：↙ 指定圆上的第三个点：↙

（2）绘制图 2-8d 所示的图形（图 2-8）

单击菜单：绘图(D)→圆(C)→三点(3P)

命令：_circle 指定圆的圆心或 [三点(3P)/两点(2P)/相切、相切、半径(T)]：_3p

指定圆上的第一个点：(使用鼠标定点)

指定圆上的第二个点：(使用鼠标定点)

指定圆上的第三个点：(使用鼠标定点)

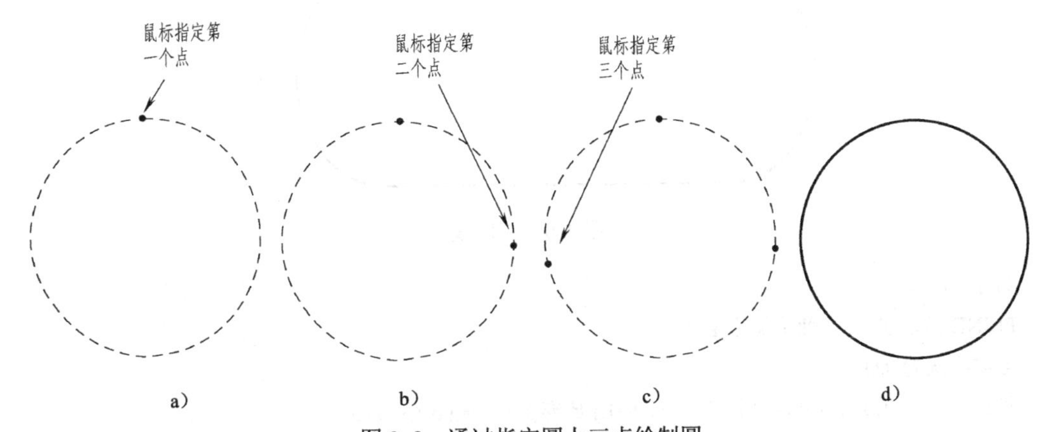

图 2-8　通过指定圆上三点绘制圆

a）指定第一个点　b）指定第二个点　c）指定第三个点　d）生成圆

2.1.4　绘制多段线

多段线是作为单个对象创建的相互连接的序列线段。可以创建直线段、弧线段或两者的组合线段。如果多段线是由多段直线组成的，那么多段线的绘制步骤与直线的绘制步骤相同，只是使用多段线命令绘制出来的一组直线是一个整体，而由直线命令绘制出来的直线每一个都是一个独立的个体。

1. 绘制多段线的基本方法

绘制多段线的命令调用方法和操作步骤见表 2-6。

表 2-6　绘制多段线的命令调用方法和操作步骤

命令调用方法	单击工具栏： 单击菜单：绘图（D）→多段线（P） 输入命令条目：pl（pline） （3 种任选其一，建议常用命令采用键盘输入，pl 是绘制多段线命令的快捷键）
操作步骤	1）指定多段线的起点 2）指定多段线的下一点 3）在命令提示下输入 a（圆弧），切换到“圆弧”模式，绘制圆弧 4）输入 L（直线），返回到“直线”模式 5）根据需要指定其他多段线 6）按“Enter”键结束，或者输入 c 使多段线闭合

2. 绘制图2-9所示的多段线

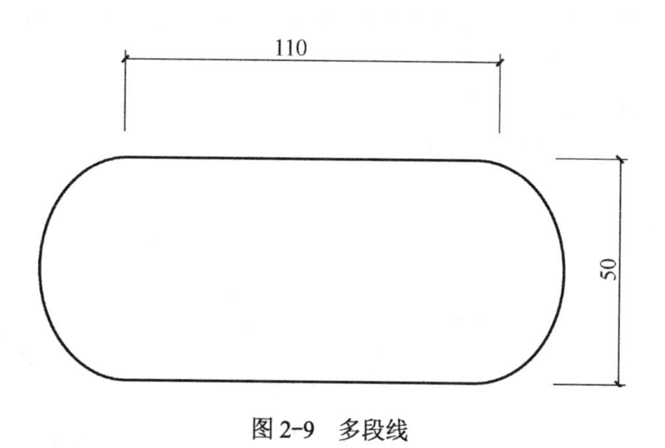

图2-9 多段线

命令：pl ↙

PLINE 指定起点：（使用鼠标定点）

当前线宽为0.000

指定下一个点或 [圆弧(A)/半宽(H)/长度(L)/放弃(U)/宽度(W)]：110↙

指定下一点或 [圆弧(A)/闭合(C)/半宽(H)/长度(L)/放弃(U)/宽度(W)]：a↙

指定圆弧的端点或[角度(A)/圆心(CE)/闭合(CL)/方向(D)/半宽(H)/直线(L)/半径(R)/第二个点(S)/放弃(U)/宽度(W)]：50↙

指定圆弧的端点或[角度(A)/圆心(CE)/闭合(CL)/方向(D)/半宽(H)/直线(L)/半径(R)/第二个点(S)/放弃(U)/宽度(W)]：L↙

指定下一点或 [圆弧(A)/闭合(C)/半宽(H)/长度(L)/放弃(U)/宽度(W)]：110↙

指定下一点或 [圆弧(A)/闭合(C)/半宽(H)/长度(L)/放弃(U)/宽度(W)]：a↙

指定圆弧的端点或[角度(A)/圆心(CE)/闭合(CL)/方向(D)/半宽(H)/直线(L)/半径(R)/第二个点(S)/放弃(U)/宽度(W)]：50↙

指定圆弧的端点或[角度(A)/圆心(CE)/闭合(CL)/方向(D)/半宽(H)/直线(L)/半径(R)/第二个点(S)/放弃(U)/宽度(W)]：cl↙

具体的绘制过程如图2-10所示。

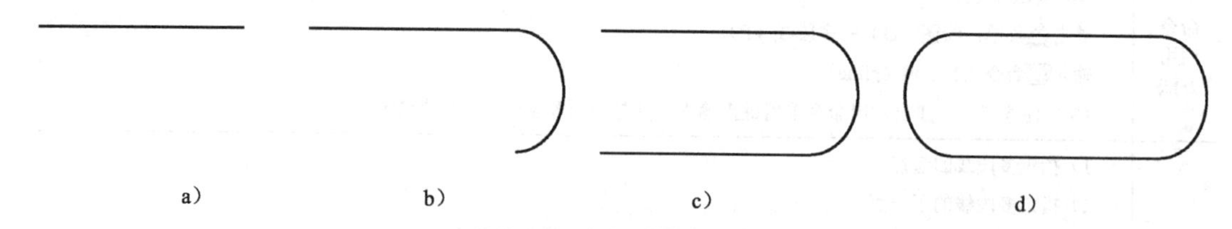

图2-10 绘制多段线

a）指定直线段的起点与长度110 b）指定圆弧的端点与直径50

c）指定第二段直线段的长度110 d）指定第二段圆弧的端点与直径50

多段线不仅能够绘制直线和有弧度的曲线，并成为一个整体，同时在绘制时，还可以设置不同宽度的线型。若想绘制有一定宽度的多段线，只要输入命令选项中的“宽度（W）”和“半宽（H）”设定数值即可，一般情况下选择“宽度（W）”进行线段宽度的设定。

3．绘制图 2-11 所示的多段线

```
命令：pl ↙
PLINE 指定起点：
当前线宽为 0.0000
指定下一个点或 [圆弧(A)/半宽(H)/长度(L)/放弃(U)/宽度(W)]：50↙
指定下一点或 [圆弧(A)/闭合(C)/半宽(H)/长度(L)/放弃(U)/宽度(W)]：w↙
指定起点宽度 <0.0000>：5↙
指定端点宽度 <5.0000>：0↙
指定下一点或 [圆弧(A)/闭合(C)/半宽(H)/长度(L)/放弃(U)/宽度(W)]：30↙
指定下一点或 [圆弧(A)/闭合(C)/半宽(H)/长度(L)/放弃(U)/宽度(W)]：50↙
指定下一点或 [圆弧(A)/闭合(C)/半宽(H)/长度(L)/放弃(U)/宽度(W)]：w↙
指定起点宽度 <0.0000>：3↙
指定端点宽度 <3.0000>：3↙
指定下一点或 [圆弧(A)/闭合(C)/半宽(H)/长度(L)/放弃(U)/宽度(W)]：c↙
```

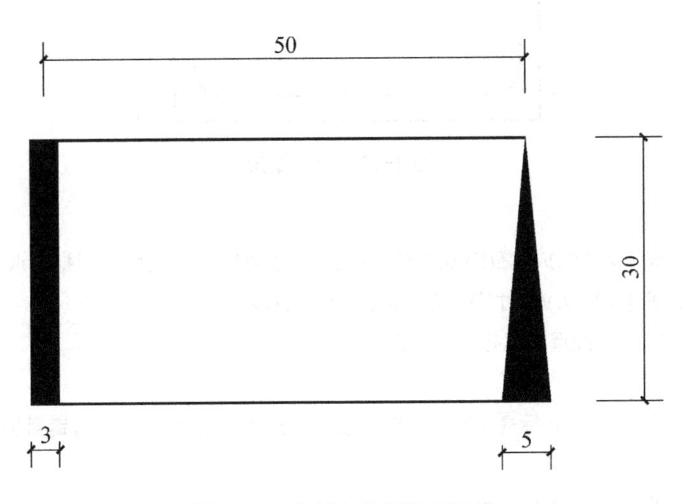

图 2-11　绘制有宽度的多段线

2.1.5　绘制矩形

矩形即常说的长方形或正方形，使用矩形命令不但可以通过多种方式绘制标准矩形，而且还可以绘制出具有圆角或倒角效果的矩形图案。使用矩形命令绘制的矩形是一条封闭的多段线，可以用多段线编辑（pedit）命令编辑，也可用炸开（explode）命令分解成单一线段后分别进行编辑。

1．绘制矩形的基本方法

绘制矩形的命令调用方法和操作步骤见表 2-7。

表 2-7　绘制矩形的命令调用方法和操作步骤

命令调用方法	单击工具栏： 单击菜单：绘图（D）→矩形（G） 输入命令：rec（rectang） （3 种任选其一，建议常用命令采用键盘输入，rec 是绘制矩形命令的快捷键）
操作步骤	1）命令：（rec）rectang 2）指定矩形第一个角点的位置 3）指定矩形其他角点的位置

2. 绘制图 2-12 所示的矩形

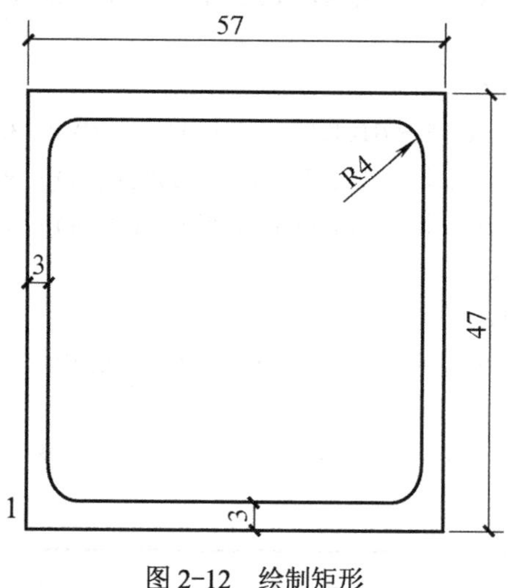

图 2-12　绘制矩形

命令：rec

指定第一个角点或 [倒角(C)/标高(E)/圆角(F)/厚度(T)/宽度(W)]：（使用鼠标指定点或输入选项）

指定另一个角点或 [面积(A)/尺寸(D)/旋转(R)] ：@57,47↙

命令：↙（按“Enter”键重复执行上一个命令）

RECTANG

指定第一个角点或 [倒角(C)/标高(E)/圆角(F)/厚度(T)/宽度(W)]：f ↙（通过键盘输入 f，设定矩形圆角半径）

指定矩形的圆角半径 <0.0000>：4↙

指定第一个角点或 [倒角(C)/标高(E)/圆角(F)/厚度(T)/宽度(W)]：_from <偏移>：@3,3↙ （此处使用的是对象捕捉中的“自”命令，能够准确捕捉相对于参照点所准确偏移的点，此处参照点为 1)

指定另一个角点或 [面积(A)/尺寸(D)/旋转(R)] ：@51,41↙

特别提示

1）以指定角点方式绘制矩形是最常用的绘制矩形的方法，通常使用相对坐标的输入方式指定另外一个对角点，此外还可以绘制圆角、倒角矩形。

2）对象捕捉中的“自”命令（图 2-13）可通过同时按住“Shift”键和鼠标右键调出，用来捕捉相对于参照点准确偏移的点，经常采用相对坐标的输入方式确定点的位置。

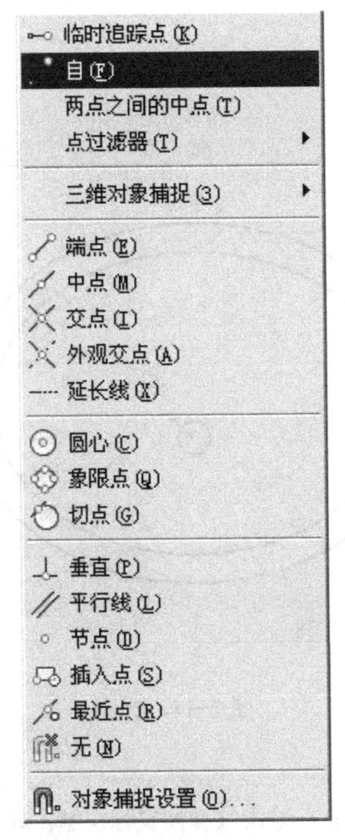

图 2-13　对象捕捉之“自”命令

2.1.6　绘制椭圆

绘制椭圆主要是分析椭圆的几何特征，通过输入长轴、短轴的距离等方法绘制。

1. 绘制椭圆的基本方法

绘制椭圆的命令调用方法和操作步骤见表 2-8。

表 2-8　绘制椭圆的命令调用方法和操作步骤

命令调用方法	单击工具栏： 单击菜单：绘图（D）→椭圆（E）→中心点（C） 输入命令条目：ellipse （3 种任选其一）	
操作步骤	1）单击工具栏中的“椭圆”按钮 2）指定第一条轴的第一个端点 1 3）指定第一条轴的第二个端点 2 4）从中点拖离定点设备，然后单击鼠标，指定第二条轴 1/2 长度的距离 3	1 3 2

2. 绘制图2-14所示的椭圆

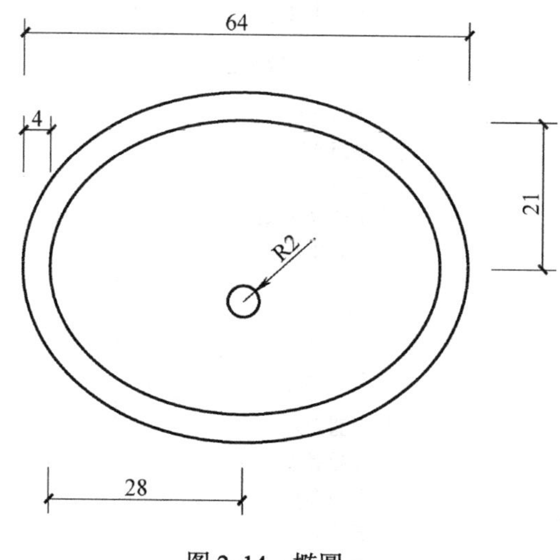

图2-14 椭圆

命令：ellipse
指定椭圆的轴端点或 [圆弧(A)/中心点(C)]：(使用鼠标左键在屏幕上指定一点)
指定轴的另一个端点：64↙
指定另一条半轴长度或 [旋转(R)]：25↙
命令：↙（按"Enter"键重复执行上一个命令）
ELLIPSE
指定椭圆的轴端点或 [圆弧(A)/中心点(C)]：c↙
指定椭圆的中心点：(打开对象捕捉，捕捉圆心点）↙
指定轴的端点：28↙
指定另一条半轴长度或 [旋转(R)]：21↙
命令：c↙
CIRCLE 指定圆的圆心或 [三点(3P)/两点(2P)/相切、相切、半径(T)]：(在圆心下方处单击鼠标左键）↙
指定圆的半径或 [直径(D)]：2↙

特别提示

可以通过指定轴端点方式和指定中心点方式绘制椭圆，一般先确定椭圆长轴的长度，然后再确定短轴的长度。

2.1.7 绘制椭圆弧

椭圆弧与一般的圆弧有一定的区别，椭圆弧具有长轴与短轴，而普通圆弧的半径相等。

1. 绘制椭圆弧的基本方法

绘制椭圆弧的命令调用方法和操作步骤见表2-9。

表 2-9 绘制椭圆弧的命令调用方法和操作步骤

命令调用方法	单击工具栏：绘图 单击菜单：绘图（D）→ 椭圆（E）→ 圆弧（A） 键入命令条目：ellipse （3 种任选其一，建议直接点击工具按钮）	
绘制步骤	1）单击工具栏的椭圆绘图图标 2）指定第一条轴的第一个端点 1 3）指定第一条轴的第二个端点 2 4）从中点拖离定点设备，然后单击鼠标，指定第二条轴 1/2 长度的距离 3 5）指定起点角度 4 6）指定端点角度 5 （提示：椭圆弧从起点到端点按逆时针方向绘制）	1 5 3 4 2

2. 绘制图 2-15 所示的椭圆弧图形

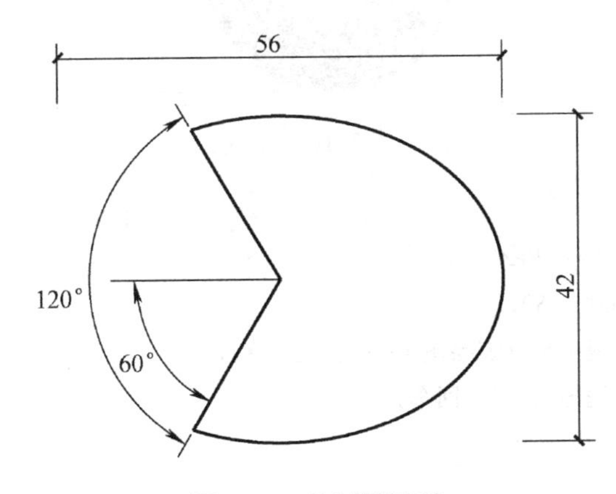

图 2-15 绘制椭圆弧

命令： _ellipse（直接使用鼠标左键单击 按钮）
指定椭圆的轴端点或 [圆弧(A)/中心点(C)]：_a↙
指定椭圆弧的轴端点或 [中心点(C)]：（使用鼠标左键在屏幕上指定一点）↙
指定轴的另一个端点：56↙
指定另一条半轴长度或 [旋转(R)]：21↙
指定起始角度或 [参数(P)]：60↙
指定终止角度或 [参数(P)/包含角度(I)]：-60↙

2.1.8 绘制圆环

使用圆环（Donut）命令可以连续绘制多个实心或空心圆环。

1．绘制圆环的命令调用方法和操作步骤（表2-10）

表2-10　绘制圆环的命令调用方法和操作步骤

命令调用方法	单击菜单：绘图（D）→[圆环] 输入命令条目：Donut（Do） （2种任选其一）	
绘制步骤	1）单击菜单：绘图（D）→[圆环] 2）指定圆环的内径（指内部圆环的直径，内径设置为0时，绘制实心圆环） 3）指定圆环的外径（指外部圆环的直径） 4）绘制圆环	

2．绘制图2-16所示的圆环

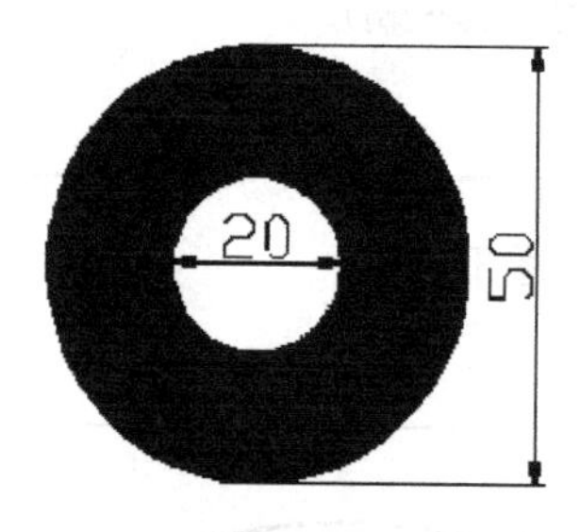

图2-16　圆环

命令：do（DONUT）
指定圆环的内径 <0.5000>：20↙
指定圆环的外径 <1.0000>：50↙
指定圆环的中心点或 <退出>：（在绘图屏幕上点击一点）
指定圆环的中心点或 <退出>：↙（回车）

特别提示

使用FILL命令可控制圆环的填充状态。当FILL设置为ON时，圆环以实体填充，如图2-17a所示；当FILL设置为OFF时，圆环以线性填充，如图2-17b所示。

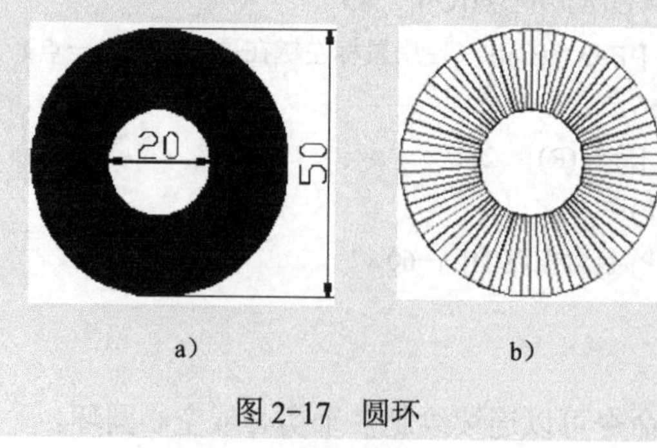

a）　　b）

图2-17　圆环

2.1.9　绘制多线

多线是一种特殊类型的直线，由多条平行直线组成。一般将由 1～16 条相互平行的线段组成的对象视为一个整体，用户可对其进行整体编辑操作。利用多线命令可以一次性绘制多条平行线，而且每条线可拥有各自的颜色和线型。

1. 绘制多线的基本方法

绘制多线的命令调用方法和操作步骤见表 2-11。

表 2-11　绘制多线的命令调用方法和操作步骤

命令调用方法	单击菜单：绘图（D）→多线（U） 输入命令条目：ml（mline） （2 种任选其一，建议常用命令采用键盘输入，ml 是绘制多线命令的快捷键）
操作步骤	1）输入命令条目：ml（mline） 2）在命令提示下，输入“st”，选择一种样式 3）要对正多线，请输入“j”并选择上对正、无对正或下对正（图 2-18） 上对正（T）：十字光标的位置就是多线的顶端位置 无对正（Z）：绘制的多线在十字光标的两侧 下对正（B）：在十字光标的上方绘制多线 4）要修改多线的比例，请输入“s”并输入新的比例 比例是控制多线的宽度，如输入 2，则为定义样式宽度的两倍；将比例因子设置为 0 时，则多线变为单一的直线 5）绘制多线 6）指定起点 7）指定第二个点 8）指定其他点或按“Enter”键。如果指定了 3 个或 3 个以上的点，可以输入“c”，以闭合多线

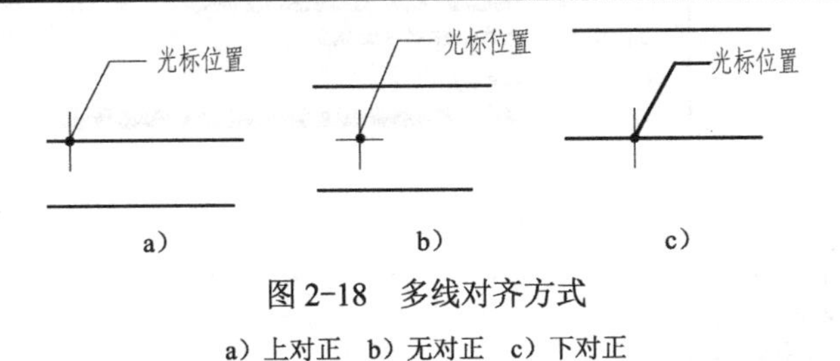

图 2-18　多线对齐方式

a）上对正　b）无对正　c）下对正

2. 绘制墙体结构图

绘制图 2-19 所示的墙体结构图，其中墙体厚 240，轴线尺寸为 3600×4500。

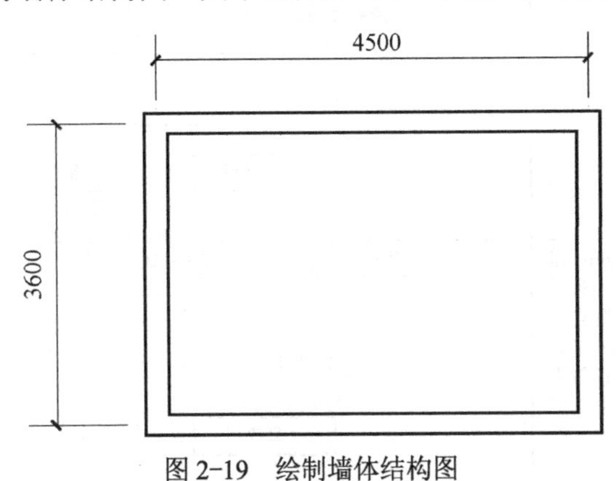

图 2-19　绘制墙体结构图

命令：ml

MLINE

当前设置：对正 = 上，比例 = 20.00，样式 = STANDARD

指定起点或 [对正(J)/比例(S)/样式(ST)]：s↙

输入多线比例 <20.00>：240↙

当前设置：对正 = 上，比例 = 240.00，样式 = STANDARD

指定起点或 [对正(J)/比例(S)/样式(ST)]：j↙

输入对正类型 [上(T)/无(Z)/下(B)] <上>：z↙

当前设置：对正 = 无，比例 = 240.00，样式 = STANDARD

指定起点或 [对正(J)/比例(S)/样式(ST)]：（使用鼠标左键单击屏幕上的一点）↙

指定下一点：<正交 开> 4500↙(正交状态下，鼠标位于起点的正右方)

指定下一点或 [放弃(U)]：3600↙(正交状态下，鼠标位于上一点的上方)

指定下一点或 [闭合(C)/放弃(U)]：4500↙(正交状态下，鼠标位于上一点的左方)

指定下一点或 [闭合(C)/放弃(U)]：c

3．创建新的多线样式

多线主要用于绘制墙体、窗户等，为表示不同厚度的墙体，需要设置多种多线元素的间距，并将各种设置保存为多线样式，以方便以后使用。设置多线样式的步骤见表2-12。

表2-12　设置多线样式的步骤

序　号	步　骤	图　示
1	单击菜单：格式（O）→多线样式（M），或在命令窗口中输入MLSTYLE并按“Enter”键，弹出“多线样式”对话框，如右图所示	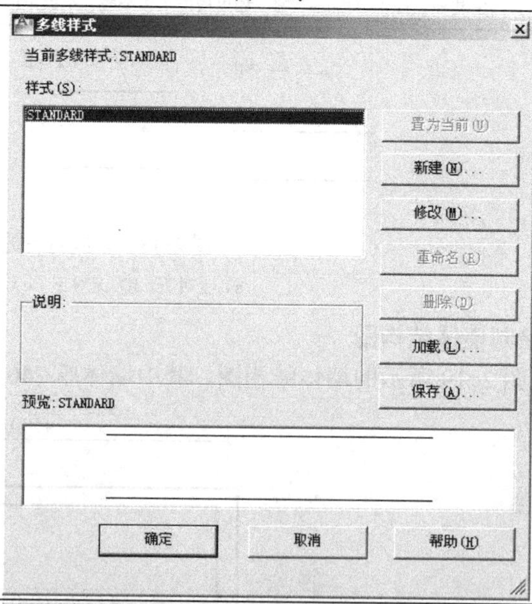 多线样式 当前多线样式：STANDARD 样式(S)： STANDARD 置为当前(U)　新建(N)...　修改(M)...　重命名(R)　删除(D)　加载(L)...　保存(A)... 说明： 预览：STANDARD 确定　取消　帮助(H)
2	单击“新建”按钮，弹出“创建新的多线样式”对话框，在“新样式名”文本框中输入样式名称“180”，如右图所示，然后单击“继续”按钮继续创建样式	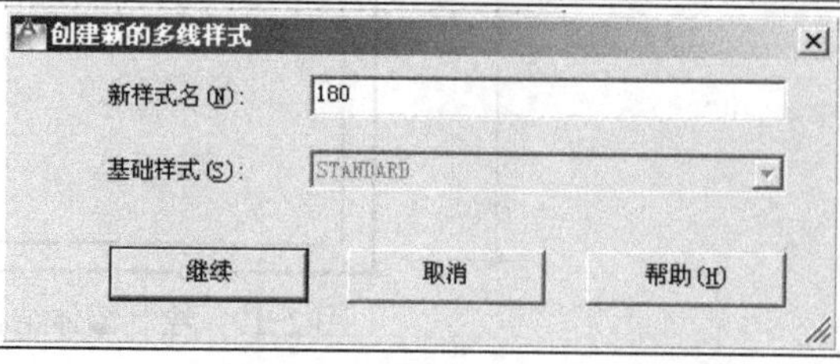 创建新的多线样式 新样式名(N)：180 基础样式(S)：STANDARD 继续　取消　帮助(H)

（续）

序　号	步　骤	图　示
3	系统弹出“新建多线样式”对话框，列举了当前多线的样式特征，包括封口情况、各元素的偏移量、颜色和线型等，可酌情调整，具体说明如下：	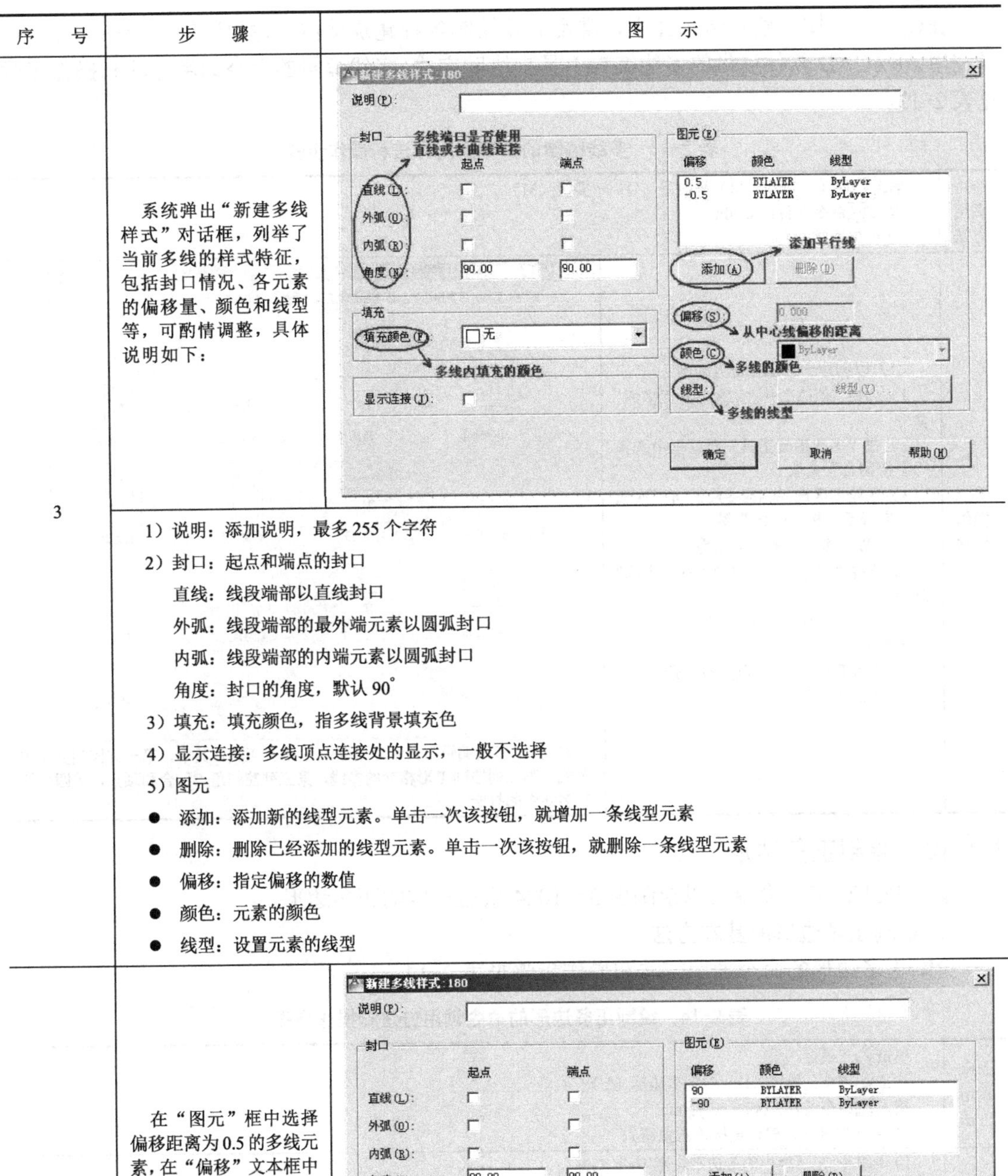
	1）说明：添加说明，最多 255 个字符 2）封口：起点和端点的封口 直线：线段端部以直线封口 外弧：线段端部的最外端元素以圆弧封口 内弧：线段端部的内端元素以圆弧封口 角度：封口的角度，默认 90° 3）填充：填充颜色，指多线背景填充色 4）显示连接：多线顶点连接处的显示，一般不选择 5）图元 ● 添加：添加新的线型元素。单击一次该按钮，就增加一条线型元素 ● 删除：删除已经添加的线型元素。单击一次该按钮，就删除一条线型元素 ● 偏移：指定偏移的数值 ● 颜色：元素的颜色 ● 线型：设置元素的线型	
4	在“图元”框中选择偏移距离为 0.5 的多线元素，在“偏移”文本框中输入新的偏移距离 90。使用同样方法将偏移距离为-0.5 的多线元素修改距离为-90	新建多线样式：180 说明(P)： 封口　起点　端点 直线(L)： 外弧(O)： 内弧(R)： 角度(N)：90.00　90.00 填充 填充颜色(F)：无 显示连接(J)： 图元(E) 偏移　颜色　线型 90　BYLAYER　ByLayer -90　BYLAYER　ByLayer 添加(A)　删除(D) 偏移(S)：-90 颜色(C)：ByLayer 线型：线型(Y)... 确定　取消　帮助(H)
5	单击“确定”按钮关闭对话框，“180”多线样式创建完成。该多线样式可用于绘制厚度为 180mm 的墙体图形	

4. 多线编辑

在建筑工程图、建筑装饰图中，常常需要绘制各种建筑墙体、建筑装饰构造的交点，可以利用AutoCAD软件提供的多线编辑工具来协助完成。多线编辑的命令调用方法和操作步骤见表2-13。

表2-13 多线编辑的命令调用方法和操作步骤

命令调用方法	单击菜单：修改（M）→对象（O）→多线（M）... 输入命令条目：mledit （2种任选其一）	
操作步骤	（1）以创建十字闭合交点为例 1）选择"修改"→"对象"→"多线"命令 2）在"多线编辑工具"对话框中选择"十字闭合"选项 3）在绘图区选择相应多线。可多次选择，完成后，按"Enter"键 （2）以从多线中删除顶点为例 1）选择"修改"→"对象"→"多线"命令 2）在"多线编辑工具"对话框中选择"删除顶点"选项 3）在图形中，指定要删除的顶点，然后按"Enter"键	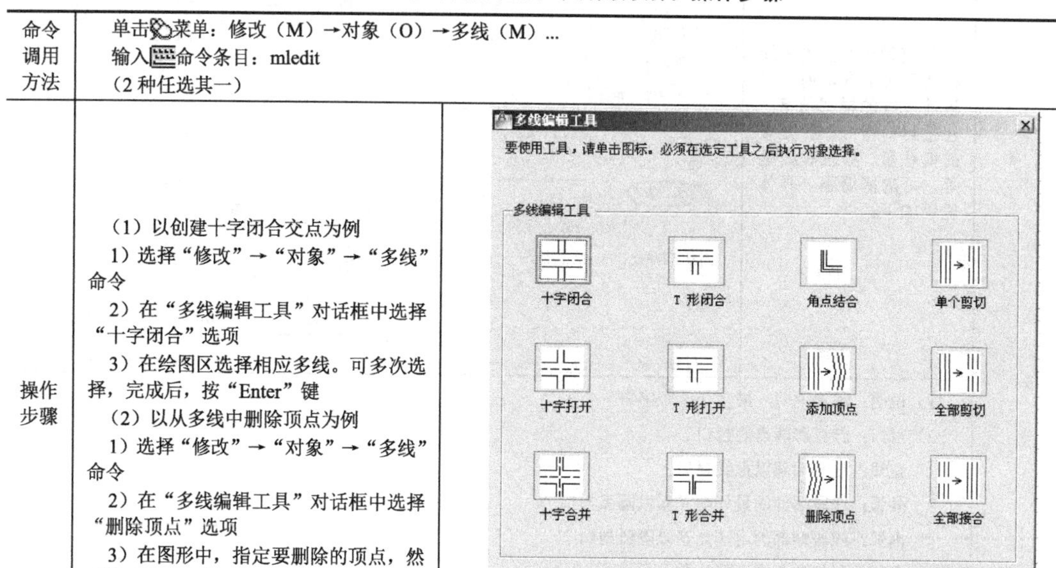 注意，"多线编辑工具"对话框中有4列工具。其中，第一列控制交叉的多线，第二列控制T形相交的多线，第三列控制角点结合和顶点，第四列控制多线中的打断

2.1.10 绘制正多边形

使用POLYGON命令可以绘制由3～1024条边组成的正多边形。

1. 绘制正多边形的基本方法

绘制正多边形的命令调用方法和操作步骤见表2-14。

表2-14 绘制正多边形的命令调用方法和操作步骤

命令调用方法	单击工具栏：⬠ 单击菜单：绘图（D）→正多边形（Y） 输入命令条目：pol（polygon） （3种任选其一，建议直接单击按钮）
操作步骤	1）单击工具栏中的多边形绘图图标⬠ 2）_polygon 输入边的数目<4>： 指定多边形的边数，其值最小不低于3，最大不超过1024，默认是4条边。如果是正五边形，则输入数值5 3）指定正多边形的中心点或［边（E）］： 在指定多边形的边的数目后，即可开始绘制正多边形。由于正多边形每条边的长度都相等，因此，正多边形具有一个中心点，可通过在屏幕上单击鼠标左键确定，也可通过输入坐标进行定位 4）输入选项［内接于圆（I）/外切于圆（C）］<I>：I 内接于圆：正多边形外圆的半径，中心点到端点的距离 外切于圆：正多边形中心点至各边线中点的距离 5）指定圆的半径：输入半径值 6）如果在步骤3）中选择"边（E）"，则可以利用正方形的一条边的长度绘制正多边形 （图：5 内接于圆；5 外切于圆）

2. 绘制正多边形

在图 2-20a 的基础上绘制如图 2-20b 所示的正五边形。

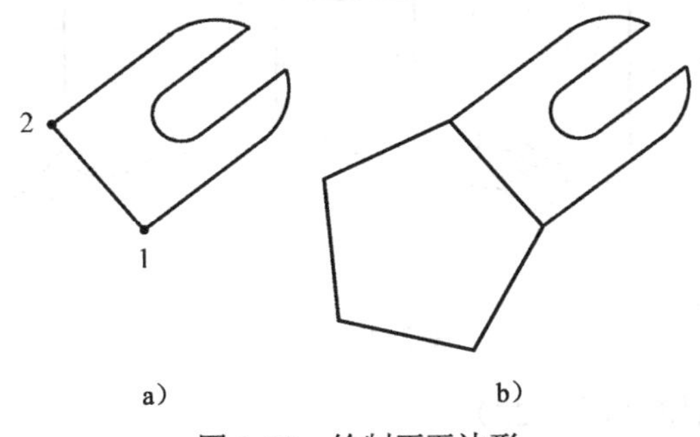

图 2-20　绘制正五边形

a）正五边形的边长　b）正五边形

命令：_polygon 输入边的数目 <4>：5↙

指定正多边形的中心点或 [边(E)]：e↙

指定边的第一个端点：<对象捕捉 开> (使用鼠标左键捕捉点 1)

指定边的第二个端点：(使用鼠标左键捕捉点 2)

注： 选择点时按照逆时针的顺序进行选择。

2.1.11　绘制样条曲线

绘制样条曲线是指在用户设定的公差范围内，将一系列点拟合成一条平滑的曲线，曲线可以通过起点、控制点、终点及偏差变量来控制。

1. 绘制样条曲线的命令调用和操作步骤（表 2-15）

表 2-15　样条曲线的命令调用和操作步骤

命令调用	单击工具栏：绘图 单击菜单：绘图（D）→样条曲线（S）→拟合点（F） 键入命令条目：Spline （3 种任选其一，建议直接点击工具按钮）	
操作步骤	1）单击工具栏的样条曲线图标 2）指定第一个点或[方式（M）/节点（K）/对象（O）]：点击点 1 3）输入下一个点或 [起点切向（T）/公差（L）]：点击点 2 …… 4）输入下一个点或 [端点相切（T）/公差（L）/放弃（U）/闭合（C）]：点击点 12↙	点1 点2 点3 点4 点5 点6 点7 点8 点9 点10 点11 点12
选项说明	1）对象（O）：将二维或三维的二次或三次样条曲线的拟合多段线转换为等价的样条曲线，然后删除该拟合多段线 2）闭合（C）：将最后一点与第一点连接闭合，使曲线封闭成一个环。选择该项后会提示“指定切向”，用户可以指定一点来定义切向矢量 3）拟合公差：修改曲线使其并不穿过选取点。f=0 时，曲线通过选取点；f>0 时，使曲线接近但不通过这些点。f 越小，则拟合得越好 4）<起点切向>：定义样条曲线的第一点和最后一点的切向	

2. 绘制图 2-21 所示的台阶

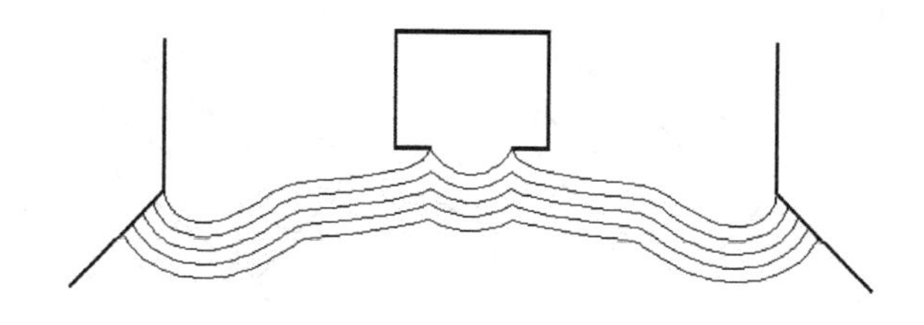

图 2-21 台阶

（1）绘制样条曲线台阶（图 2-22）

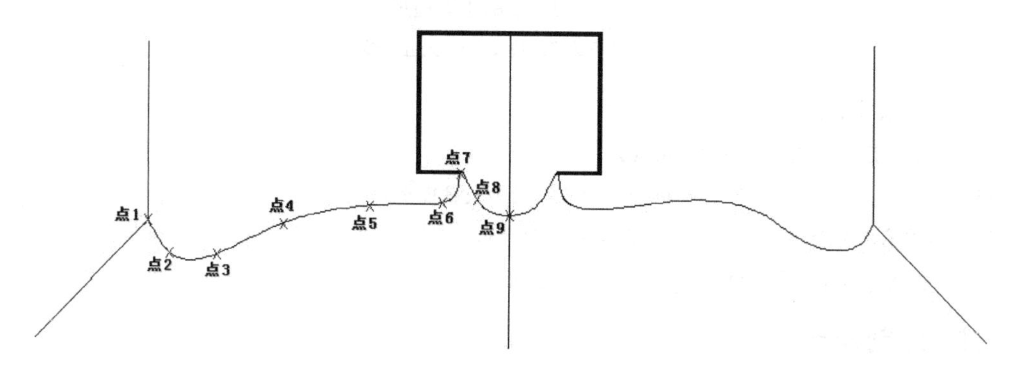

图 2-22 绘制样条曲线台阶 1

命令：_spline
当前设置：方式=拟合　　节点=弦
指定第一个点或 [方式(M)/节点(K)/对象(O)]：点击点 1
输入下一个点或 [起点切向(T)/公差(L)]：点击点 2
……
输入下一个点或 [端点相切(T)/公差(L)/放弃(U)]：点击点 9
继续完成右半部分台阶的绘制，注意左右两部分的对称
输入下一个点或 [端点相切(T)/公差(L)/放弃(U)/闭合(C)]：↙回车

（2）使用偏移复制命令复制余下的台阶（图 2-23）

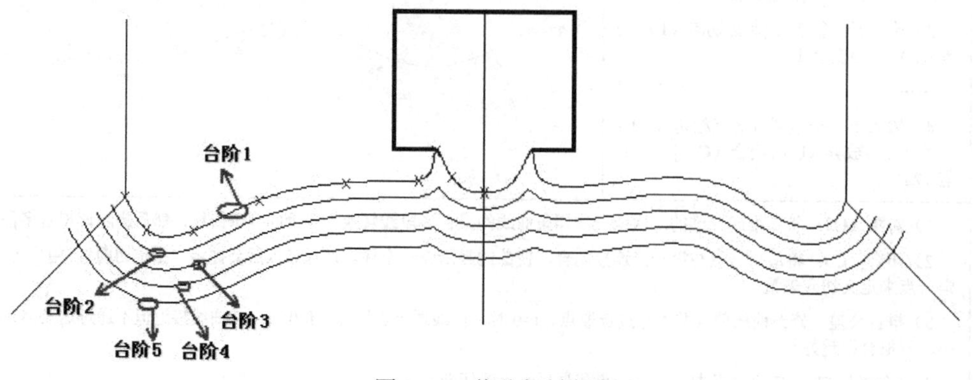

图 2-23 偏移复制台阶

命令：O（OFFSET）

当前设置：删除源=否　图层=源　OFFSETGAPTYPE=0

指定偏移距离或 [通过(T)/删除(E)/图层(L)] <120.0000>：300↙

选择要偏移的对象，或 [退出(E)/放弃(U)] <退出>：选择台阶 1

指定要偏移的那一侧上的点，或 [退出(E)/多个(M)/放弃(U)] <退出>：在台阶 1 下侧任意点击一点

选择要偏移的对象，或 [退出(E)/放弃(U)] <退出>：↙

完成台阶 2 的偏移复制。

台阶 3、台阶 4、台阶 5 的偏移复制如图 2-23 所示。

2.1.12 绘制点

1. 绘制点的命令调用和操作步骤（表 2-16）

表 2-16　绘制点的命令调用和操作步骤

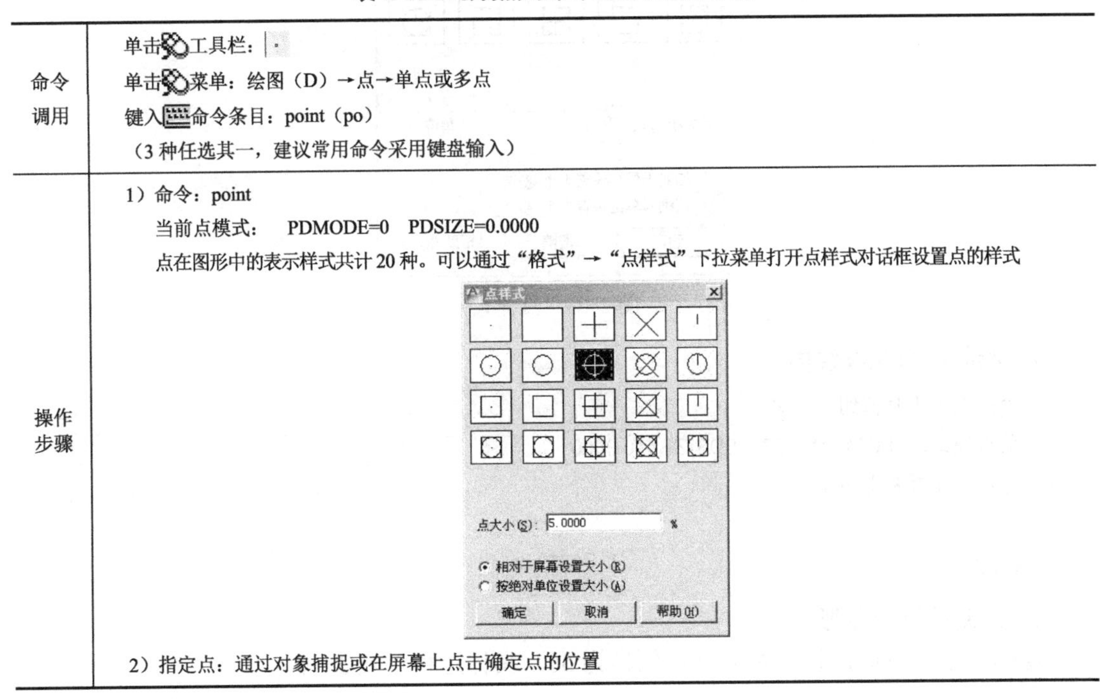

命令调用	单击工具栏：· 单击菜单：绘图（D）→点→单点或多点 键入命令条目：point（po） （3 种任选其一，建议常用命令采用键盘输入）
操作步骤	1）命令：point 当前点模式：　PDMODE=0　PDSIZE=0.0000 点在图形中的表示样式共计 20 种。可以通过“格式”→“点样式”下拉菜单打开点样式对话框设置点的样式 点样式 点大小(S)：5.0000 % 相对于屏幕设置大小(R) 按绝对单位设置大小(A) 确定　取消　帮助(H) 2）指定点：通过对象捕捉或在屏幕上点击确定点的位置

2. 绘制桌布（图 2-24）

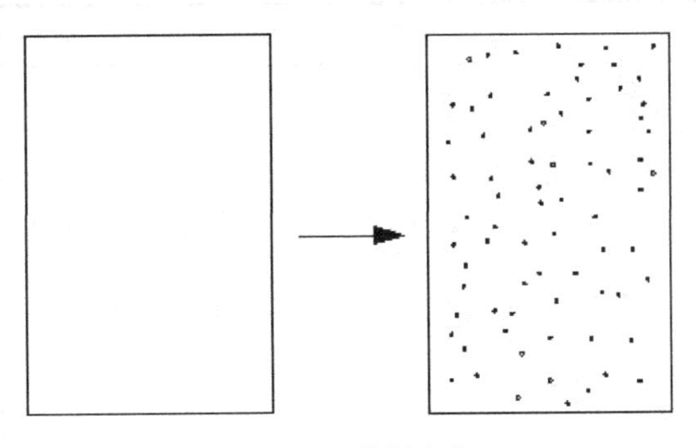

图 2-24　绘制桌布

（1）绘制桌布轮廓

命令：矩形 |□|↙
指定第一个角点或 [倒角(C)/标高(E)/圆角(F)/厚度(T)/宽度(W)]：在屏幕上点击一点↙
指定另一个角点或 [面积(A)/尺寸(D)/旋转(R)]：@800,1200↙

（2）绘制花纹

1）设置点的样式。选择下拉菜单命令："格式" → "点样式"，如图 2-25 所示。

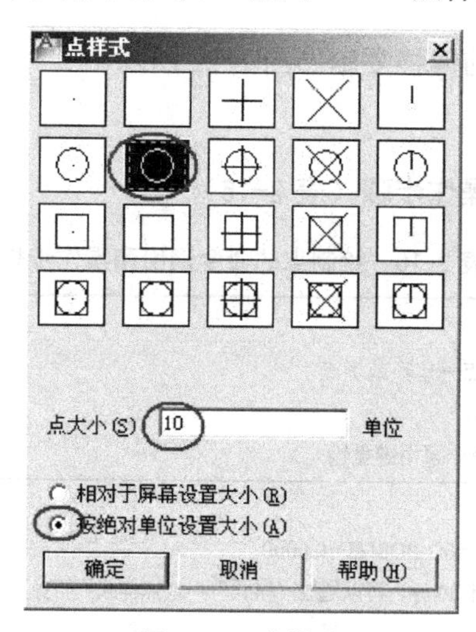

图 2-25　点样式

2）绘制桌布花纹纹样

命令：点击工具按钮 |·　↙
当前点模式：　PDMODE=33　PDSIZE=10.0000
指定点：在屏幕上单击

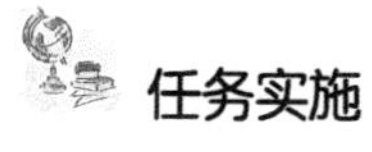

任务实施

1．绘制门平面图形

绘制门平面图形，其宽为 1000，门扇为 50。具体过程见表 2-17。

表 2-17　绘制门

序　号	命令行操作	图　形
1	绘制门扇 1）命令：rec ↙ RECTANG 2）指定第一个角点或 [倒角（C）/标高（E）/圆角（F）/厚度（T）/宽度（W）]：（使用鼠标定点） 3）指定另一个角点或 [面积（A）/尺寸（D）/旋转（R）]：@50,1000↙	

（续）

序号	命令行操作	图形
2	绘制圆弧 1）命令：a 2）ARC 指定圆弧的起点或 [圆心（C）]：（使用鼠标左键捕捉点1） 3）指定圆弧的第二个点或 [圆心（C）/端点（E）]：c↙ 4）指定圆弧的圆心：（使用鼠标左键捕捉点2） 指定圆弧的端点或 [角度（A）/弦长（L）]：a↙ 指定包含角：-90↙	1 2

2. 绘制窗户平面图形

绘制窗户平面图形，其长为1500，宽为240。具体过程见表2-18。

表2-18 绘制窗户

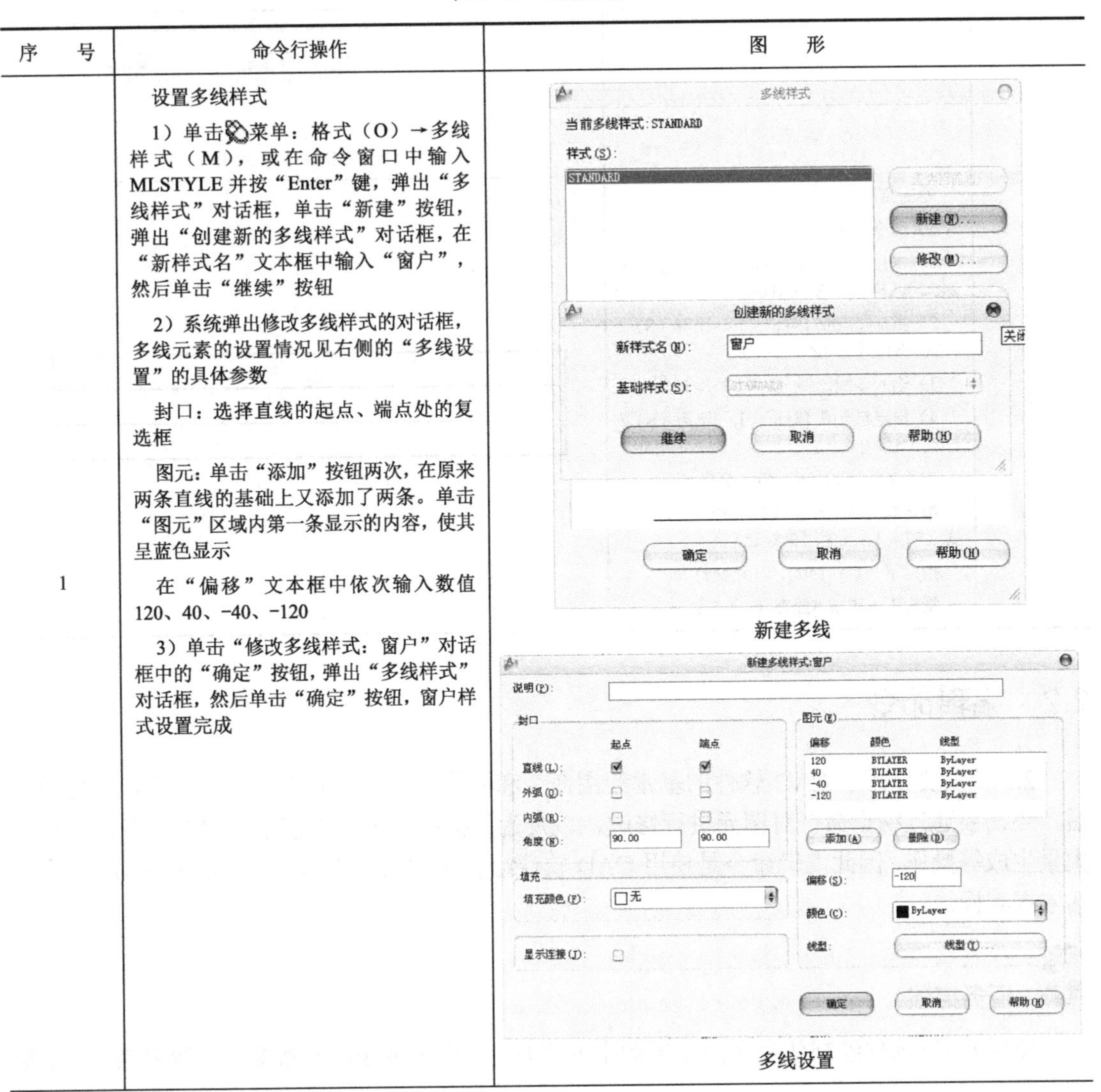

序号	命令行操作	图形
1	设置多线样式 1）单击菜单：格式（O）→多线样式（M），或在命令窗口中输入MLSTYLE并按“Enter”键，弹出“多线样式”对话框，单击“新建”按钮，弹出“创建新的多线样式”对话框，在“新样式名”文本框中输入“窗户”，然后单击“继续”按钮 2）系统弹出修改多线样式的对话框，多线元素的设置情况见右侧的“多线设置”的具体参数 封口：选择直线的起点、端点处的复选框 图元：单击“添加”按钮两次，在原来两条直线的基础上又添加了两条。单击“图元”区域内第一条显示的内容，使其呈蓝色显示 在“偏移”文本框中依次输入数值120、40、-40、-120 3）单击“修改多线样式：窗户”对话框中的“确定”按钮，弹出“多线样式”对话框，然后单击“确定”按钮，窗户样式设置完成	新建多线 多线设置

（续）

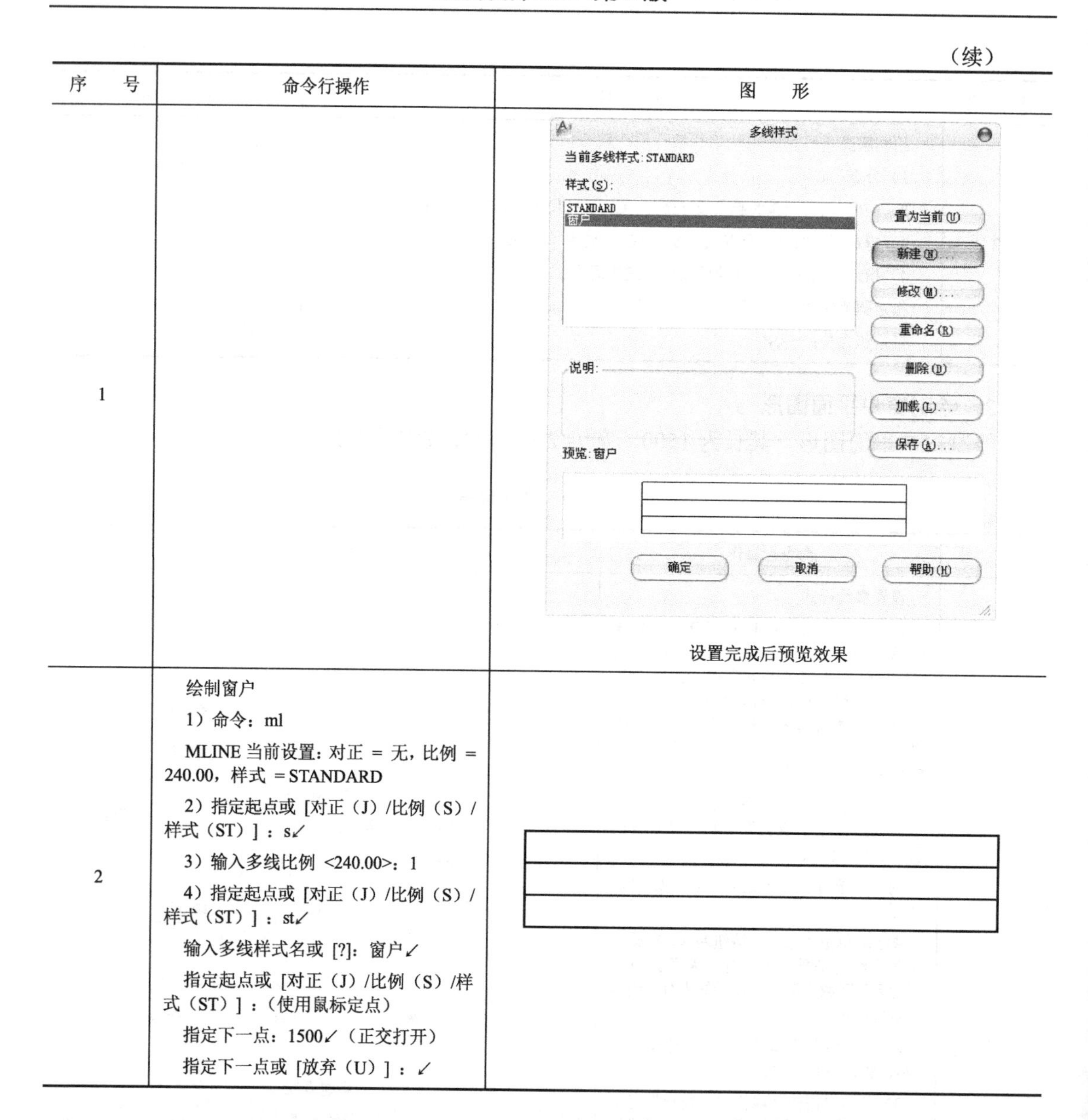

序　　号	命令行操作	图　　形
1		设置完成后预览效果
2	绘制窗户 1）命令：ml MLINE 当前设置：对正 = 无，比例 = 240.00，样式 = STANDARD 2）指定起点或 [对正（J）/比例（S）/样式（ST）]：s↙ 3）输入多线比例 <240.00>：1 4）指定起点或 [对正（J）/比例（S）/样式（ST）]：st↙ 输入多线样式名或 [?]：窗户↙ 指定起点或 [对正（J）/比例（S）/样式（ST）]：（使用鼠标定点） 指定下一点：1500↙（正交打开） 指定下一点或 [放弃（U）]：↙	

2.2　编辑命令

2.1 节主要介绍了 CAD 软件的基本绘图命令和操作技巧，实际上在基本图形绘制完成之后，还需要通过编辑命令对图元进行修改，以及为了提高画图效率使用编辑命令对图形进行大量生成等操作，因此编辑命令是使用 CAD 软件绘制建筑图形的非常重要的操作命令，应灵活掌握其操作。

任务描述

使用 CAD 软件绘制住宅平面布局图中的家具，案例主要是绘制餐桌、床等家具，其他家具作为作业在课下时间完成，如图 2-26 所示。

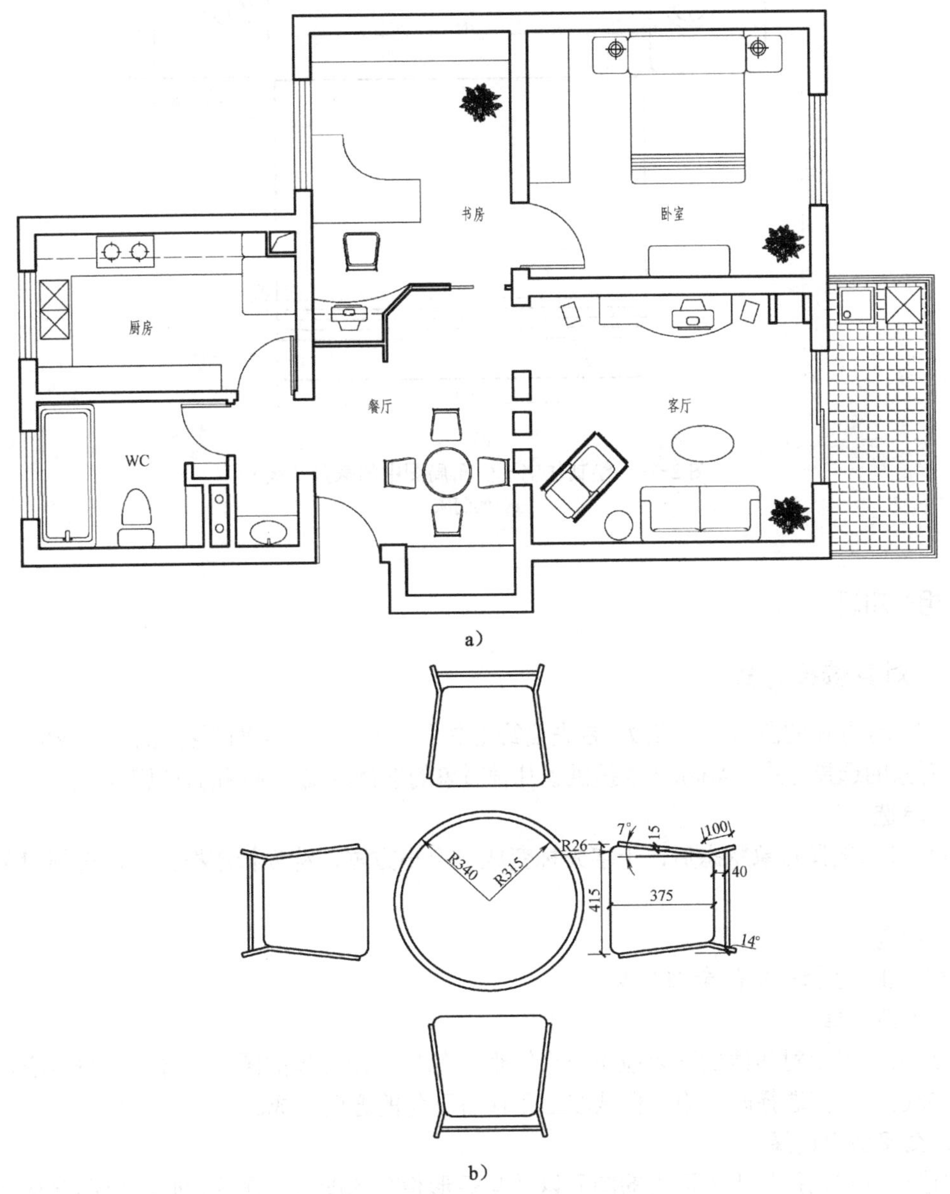

图 2-26　绘制住宅平面布局图中的家具

a）住宅平面布局图中的家具　b）绘制餐桌

任务分析

要完成上述图形的绘制和修改，不仅需要使用直线、矩形、圆等命令绘制图形，同时还需要使用复制、移动、旋转、阵列等命令对图元进行编辑，这样才能准确、快速地完成家具的绘制。

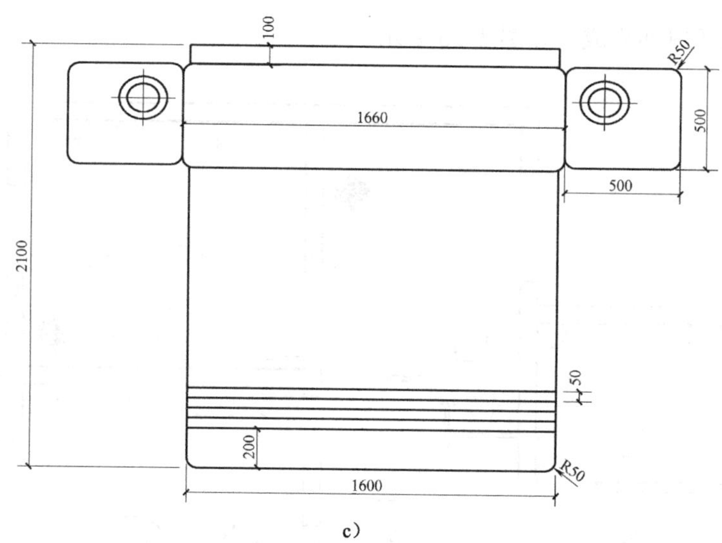

c）

图2-26 绘制住宅平面布局图中的家具（续）

c）绘制床

相关知识

2.2.1 对象选择方式

要对已经存在的图形进行修改，首先要给定命令，然后选择即将被修改的对象或辅助对象，这涉及对象的选择方式。AutoCAD提供了几种对象的选择方式，常用的有以下几种：

1. 单选

命令进入选择对象状态后，十字光标变成一个小方框，称为拾取框，单击选择对象呈虚线显示。

2. 全选

输入all，选择图中的全部对象。

3. 窗口选择

通过鼠标确定对角线的两点拉出一个矩形，包括在矩形里的图元被选中，与矩形相交的图元不被选中。在选择时，矩形框从左上角往右下角的方向形成。

4. 交叉窗口选择

此选择方式包括位于矩形里的图元以及与矩形相交的图元。在选择时，矩形框从右下角往左上角的方向形成。

5. 指定不规则的区域选择对象

（1）窗口多边形

输入wp，选中闭合多边形内的对象。

（2）交叉窗口多边形

输入cp，既选中闭合多边形内的对象，也选中与该区域相交的对象。

6. 栏选

输入F，画一选择围栏线穿越一些图形，与之相交的图形被选中。

7. 前次选项

输入 P，选择上一次选取过的图形。

8. 从选择集中删除对象

1）按住“Shift”键单击要从选择集中删除的对象。

2）在命令行显示选择对象时执行 R 命令，然后选择要删除的对象。

2.2.2 删除对象

删除的命令调用方法和操作步骤见表 2-19。

表 2-19 删除的命令调用方法和操作步骤

命令调用方法	单击工具栏： 单击菜单：修改（M）→删除（E） 单击快捷菜单：选择要删除的对象，在绘图区单击鼠标右键，然后在弹出的快捷菜单中选择“删除”命令 输入命令：e（erase） （4 种任选其一，建议常用命令采用键盘输入，e 是删除命令的快捷键）
操作步骤	1）在命令提示下，输入 erase 2）选择对象：使用对象选择方法并在完成选择对象时确定 3）结束命令：完成对象选择，然后按“Enter”键或空格键，或单击鼠标右键

删除对象举例如图 2-27 所示。

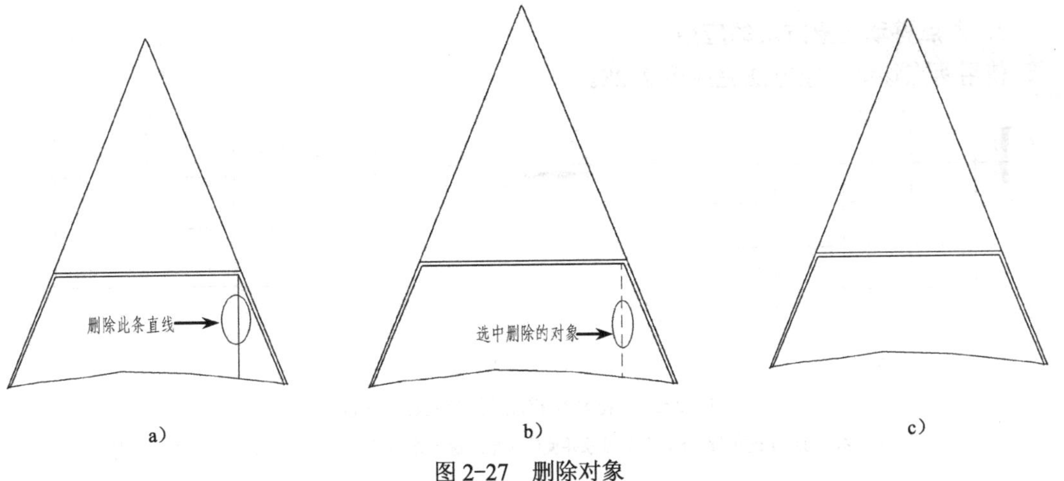

图 2-27　删除对象

a）执行删除命令　b）选中要删除的对象　c）删除对象

特别提示

用 ERASE 命令删除对象后，这些对象只是暂时被删除，只要不关闭当前图形，就可使用 UNDO 或 OOPS 命令将其恢复。

2.2.3 移动

移动是指把单个对象或多个对象从当前位置移至新的位置，这种移动并不改变对象的尺寸和方向。

1. 移动的基本方法

移动的命令调用方法和操作步骤见表 2-20。

表 2-20 移动的命令调用方法和操作步骤

<table>
<tr><td>命令调用方法</td><td colspan="2">单击工具栏：
单击菜单：修改（M）→移动（V）
通过快捷菜单：选择要移动的对象，并在绘图区中单击鼠标右键，然后在弹出的快捷菜单中选择“移动”命令
输入命令条目：m（move）
（4 种任选其一，建议常用命令采用键盘输入，m 是移动命令的快捷键）</td></tr>
<tr><td rowspan="2">操作步骤</td><td>使用两点移动对象的步骤</td><td>1）选择要移动的对象
2）指定移动基点
3）指定第二点
4）选定对象将移到由第一点和第二点间的方向和距离确定的新位置</td></tr>
<tr><td>使用位移移动对象的步骤</td><td>1）依次单击修改（M）菜单→移动（V）
2）选择要移动的对象
3）可以坐标的形式输入位移
4）提示输入第二点时，按“Enter”键
5）也可在鼠标所在方向直接输入长度，然后按“Enter”键</td></tr>
</table>

2. 两点移动对象方法的应用

使用两点移动对象方法完成图 2-28。

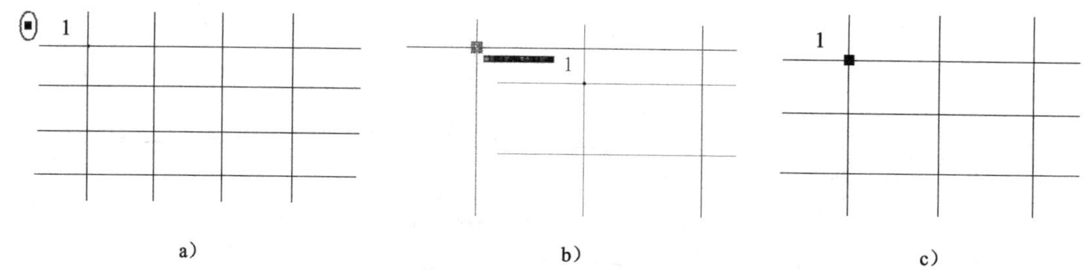

a） b） c）

图 2-28 将柱子移动到轴线交点位置

a）将柱子移动到点 1 的位置 b）选中对象并使用对象追踪捕捉柱子的中心点 c）移动到指定位置

命令：m

MOVE

选择对象：指定对角点：找到 2 个↙（使用窗选方式选择对象，选中后对象呈虚线显示）

选择对象：↙（对象选择完成后直接按“Enter”键）

指定基点或 [位移(D)] <位移>：使用对象追踪捕捉柱子的中心点

指定第二个点或 <使用第一个点作为位移>： <正交 关>（使用对象捕捉，捕捉到点 1，将柱子直接移动到此点）↙

3. 位移移动对象方法的应用

使用位移移动对象方法完成图 2-29。

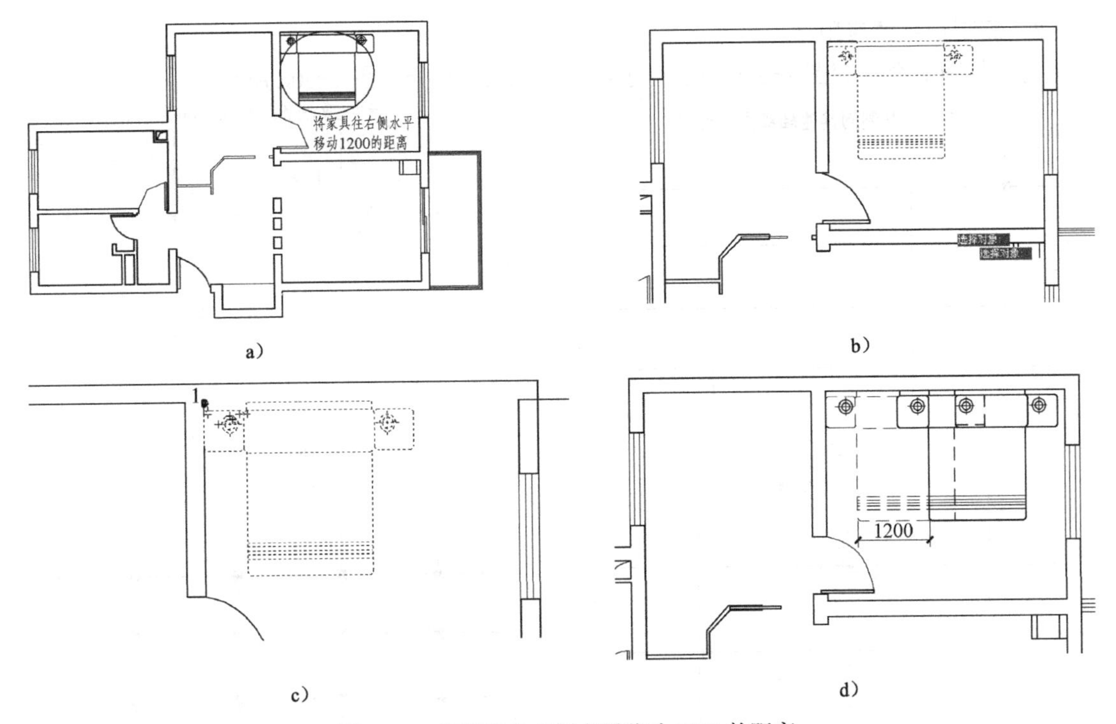

图 2-29 将家具向右侧水平移动 1200 的距离

a) 要移动的家具 b) 使用窗选方式选中对象 c) 指定基点并使用对象捕捉到点 1 d) 移动到指定位置

```
命令：m
MOVE
选择对象：指定对角点：找到 20 个↙（使用窗选方式选择对象，选中后对象呈虚线显示）
选择对象：↙（对象选择完成后直接按“Enter”键）
指定基点或 [位移(D)] <位移>： 使用对象捕捉到点 1
指定第二个点或 <使用第一个点作为位移>：1200 <正交 打开>（直接输入距离值）↙
```

2.2.4 复制

使用复制命令可以根据已有对象绘制出一个或多个相同的实体，复制的对象形体与源实体完全相同。

1. 复制的基本方法

复制的命令调用方法和操作步骤见表 2-21。

表 2-21 复制的命令调用方法和操作步骤

命令调用方法	单击工具栏： 单击菜单：修改（M）→复制（Y） 通过快捷菜单：选择要复制的对象，在绘图区中单击鼠标右键，然后在弹出的快捷菜单中选择“复制”命令 输入命令条目：co（cp 或 copy） （4 种任选其一，建议常用命令采用键盘输入，co、cp 是复制命令的快捷键）
操作步骤	1）命令：co（cp） 2）选择要复制的对象 3）指定基点 4）指定第二点 5）按“Enter”键

2. 复制命令的应用

使用复制命令复制图 2-30a 中的柱子，过程如图 2-30b～图 2-30d 所示。

将柱子复制到其他轴线交点处

a）

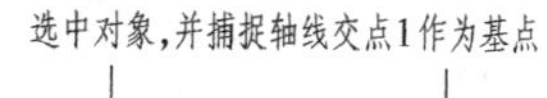

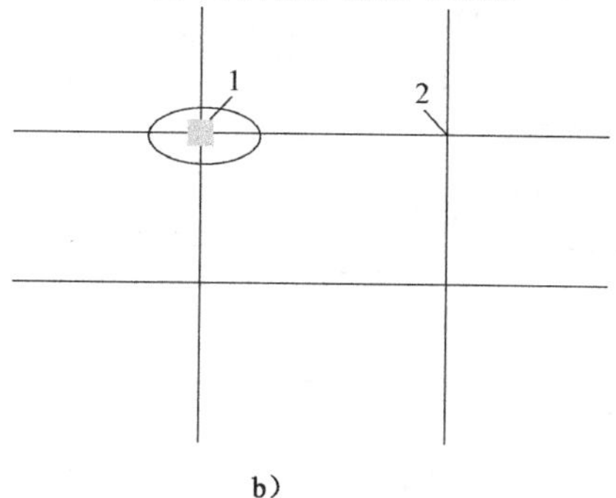

b）

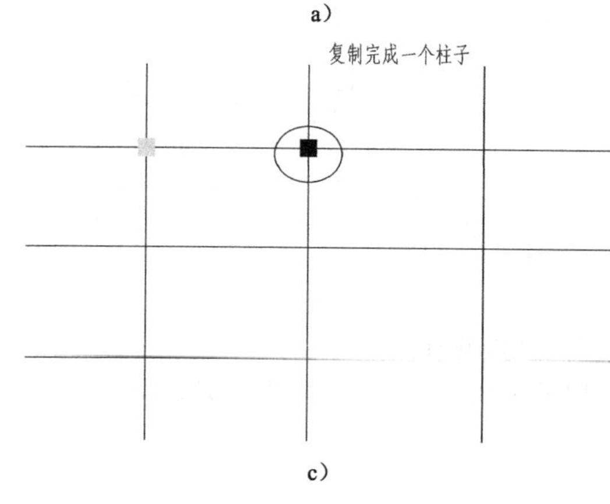

c）

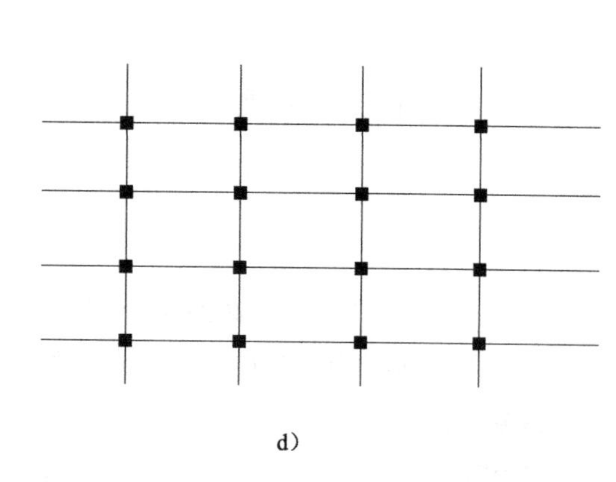

d）

图 2-30　复制柱子

a）将柱子复制到其他轴线交点处　b）选中对象，并捕捉轴线交点 1 作为基点　c）复制完成一个柱子　d）复制完成

命令：co

COPY

选择对象：指定对角点：找到 2 个↙（使用窗选方式选择对象，选中后对象呈虚线显示）

选择对象：↙（对象选择完成后直接按“Enter”键）

当前设置：复制模式 = 多个

指定基点或 [位移(D)/模式(O)] <位移>：使用对象捕捉到点 1

指定第二个点或 <使用第一个点作为位移>：使用对象捕捉到点 2

指定第二个点或 [退出(E)/放弃(U)] <退出>：使用对象捕捉到其他的轴线交点

……

指定第二个点或 [退出(E)/放弃(U)] <退出>：使用对象捕捉到其他的轴线交点，按“Enter”键完成 ↙

2.2.5 偏移

使用偏移命令可以根据指定距离或通过点，建立一个与所选对象平行或具有同心结构的形体，即偏移对象操作，被偏移的对象可以是直线、圆、圆弧和样条曲线等。若偏移的对象为封闭形体，则偏移后图形被放大或缩小，源实体不变。

1. 偏移的基本方法

偏移的命令调用方法和操作步骤见表 2-22。

表 2-22　偏移的命令调用方法和操作步骤

命令调用方法	单击工具栏： 单击菜单：修改（M）→偏移（S） 输入命令条目：o（offset） （3 种任选其一，建议常用命令采用键盘输入，o 是偏移命令的快捷键）
操作步骤	1）命令：o（offset） 2）指定偏移距离（可以输入数值或使用定点设备） 3）选择要偏移的对象 4）指定要放置新对象的一侧上的一点 5）选择另一个要偏移的对象，或按“Enter”键结束命令

2. 直线偏移

已知直线 1，如图 2-31a 所示，作出图 2-31d 所示图形。

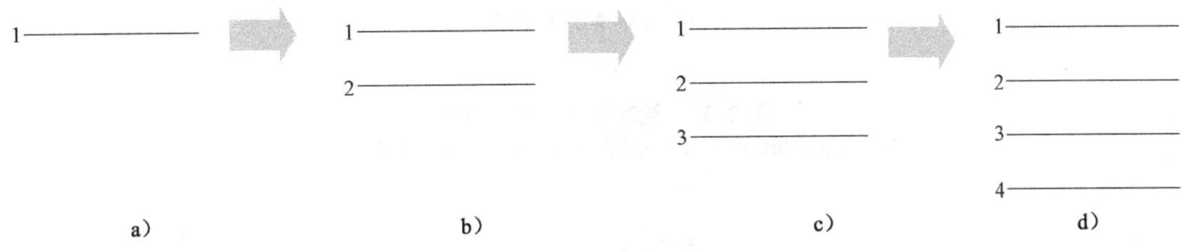

图 2-31　直线偏移

a）已知直线 1　b）完成直线 2　c）完成直线 3　d）完成直线 4

命令：o
OFFSET
当前设置：删除源=否　图层=源　OFFSETGAPTYPE=0
指定偏移距离或 [通过(T)/删除(E)/图层(L)] <20.0000>：20↙
选择要偏移的对象，或 [退出(E)/放弃(U)] <退出> ：(选择直线 1)
指定要偏移的一侧上的点，或 [退出(E)/多个(M)/放弃(U)] <退出>：(在直线 1 的下方定点)
选择要偏移的对象，或 [退出(E)/放弃(U)] <退出>：(选择直线 2)
指定要偏移的一侧上的点，或 [退出(E)/多个(M)/放弃(U)] <退出>：(在直线 2 的下方定点)
选择要偏移的对象，或 [退出(E)/放弃(U)] <退出>：(选择直线 3)
指定要偏移的一侧上的点，或 [退出(E)/多个(M)/放弃(U)] <退出>：(在直线 3 的下方定点)
选择要偏移的对象，或 [退出(E)/放弃(U)] <退出>：↙（偏移完成，按“Enter”键）

3. 曲线偏移

已知曲线台阶 1，如图 2-32a 所示，使用偏移命令完成室外台阶的绘制。

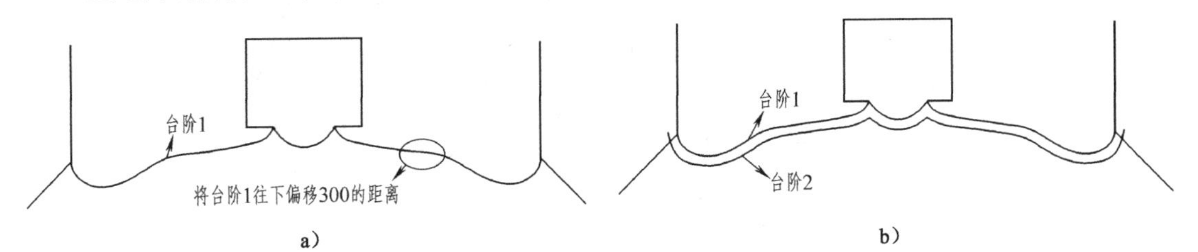

图 2-32　绘制室外台阶

a）曲线台阶 1　b）完成曲线台阶 2

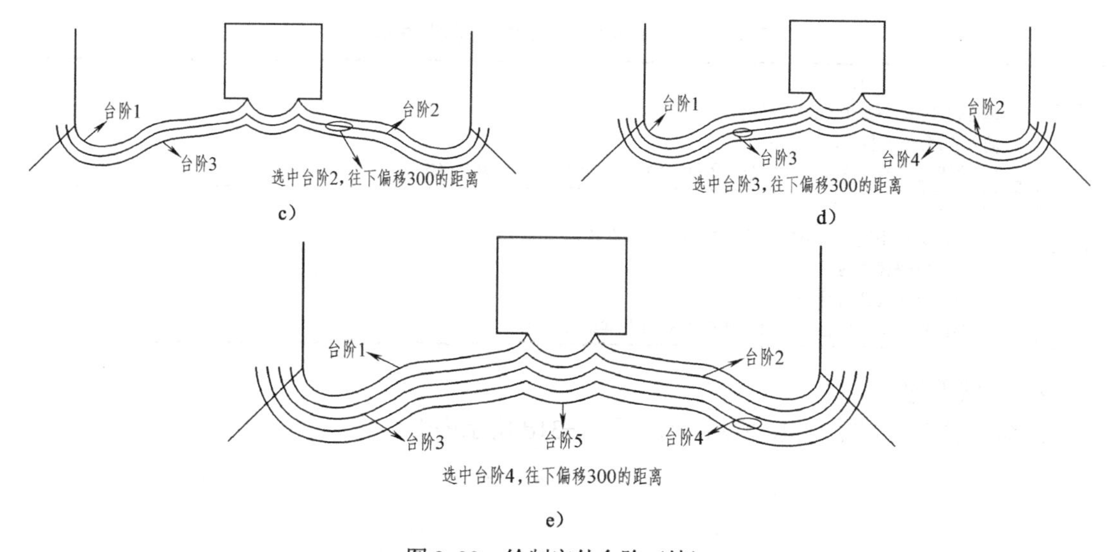

图2-32 绘制室外台阶（续）
c）完成曲线台阶3 d）完成曲线台阶4 e）完成曲线台阶5

命令：o
OFFSET
当前设置：删除源=否 图层=源 OFFSETGAPTYPE=0
指定偏移距离或 [通过(T)/删除(E)/图层(L)] <50.0000>：300↙
选择要偏移的对象，或 [退出(E)/放弃(U)] <退出>：（选择曲线台阶1）
指定要偏移的一侧上的点，或 [退出(E)/多个(M)/放弃(U)] <退出>：（在曲线台阶1的下方定点）
选择要偏移的对象，或 [退出(E)/放弃(U)] <退出>：（选择曲线台阶2）
指定要偏移的一侧上的点，或 [退出(E)/多个(M)/放弃(U)] <退出>：（在曲线台阶2的下方定点）
选择要偏移的对象，或 [退出(E)/放弃(U)] <退出>：（选择曲线台阶3）
指定要偏移的一侧上的点，或 [退出(E)/多个(M)/放弃(U)] <退出>：（在曲线台阶3的下方定点）
选择要偏移的对象，或 [退出(E)/放弃(U)] <退出>：（选择曲线台阶4）
指定要偏移的一侧上的点，或 [退出(E)/多个(M)/放弃(U)] <退出>：（在曲线台阶4的下方定点）
选择要偏移的对象，或 [退出(E)/放弃(U)] <退出>：↙（偏移完成，按“Enter”键）

4. 通过指定点（T）的方式偏移对象

将图2-33a所示的正八边形通过点1向内偏移。

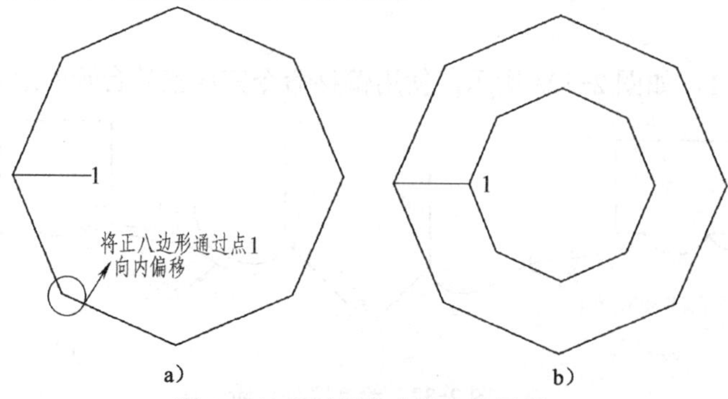

图2-33 通过指定点的偏移图形
a）将正八边形通过点1向内偏移 b）偏移完成

```
命令：o
OFFSET
当前设置：删除源=否　图层=源　OFFSETGAPTYPE=0
指定偏移距离或 [通过(T)/删除(E)/图层(L)] <300.0000>：t（输入字母 T 按“Enter”键）↙
选择要偏移的对象，或 [退出(E)/放弃(U)] <退出>：（选择正八边形，呈虚线显示）↙
指定通过点或 [退出(E)/多个(M)/放弃(U)] <退出>：（使用对象捕捉选择点 1）↙
```

2.2.6　旋转

旋转命令可以将对象参照某个基点按照指定的角度进行旋转。

1．旋转的基本方法

旋转的命令调用方法和操作步骤见表 2-23。

表 2-23　旋转的命令调用方法和操作步骤

命令调用方法	单击工具栏：修改 单击菜单：修改（M）→旋转（R） 单击快捷菜单：选择要旋转的对象，在绘图区中单击鼠标右键，然后在弹出的快捷菜单中选择“旋转”命令 输入命令条目：ro（rotate） （4 种任选其一，建议常用命令采用键盘输入，ro 是旋转命令的快捷键）
操作步骤	1）在“修改”菜单中选择“旋转”命令 2）选择要旋转的对象 3）指定旋转基点 4）执行以下 3 种操作中的任意一种： ① 输入旋转角度 ② 绕基点拖动对象并指定旋转对象的终止位置点 ③ 输入 c，创建选定对象的副本 （操作提示：如果输入参照 r，则将选定对象从指定参照角度旋转到绝对角度）

2．输入旋转角度旋转图形

将图 2-34 所示的椅子向右侧旋转 45°，基点为点 1。

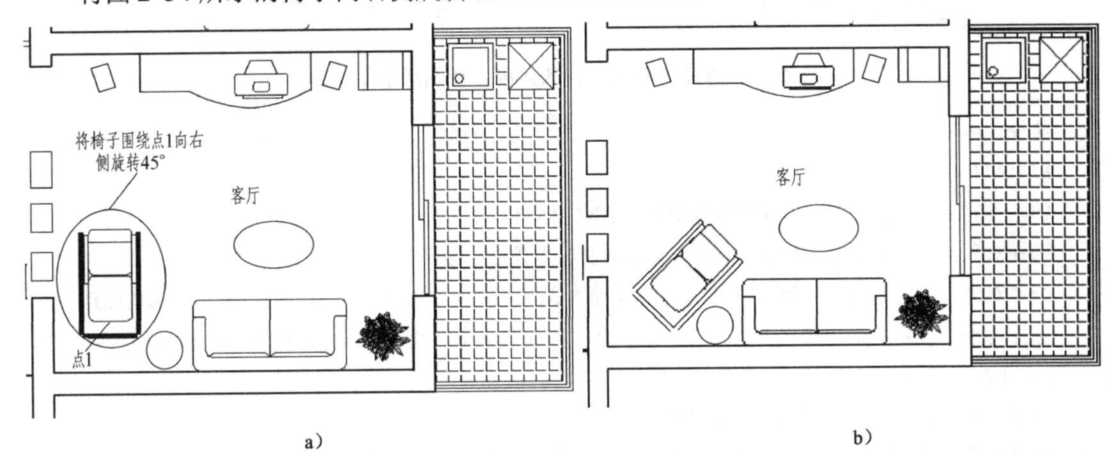

图 2-34　将椅子围绕点 1 向右侧旋转 45°

a）旋转对象和基点　b）顺时针旋转 45°

命令：ro

ROTATE

UCS 当前的正角方向： ANGDIR=逆时针 ANGBASE=0

选择对象：指定对角点：找到 302 个（使用窗选方式选择椅子）

选择对象：↙（选择完成后按“Enter”键）

指定基点：<对象捕捉 开>（打开对象捕捉，捕捉点 1）

指定旋转角度或 [复制(C)/参照(R)] <0>：-45↙（逆时针旋转为正值，顺时针旋转为负值）

3．使用参照（R）旋转图形

将图 2-35 所示的图形旋转一定的角度，使图形水平放置，但旋转的角度未知，因此本案例将通过使用参照（R）的方式来旋转图形。

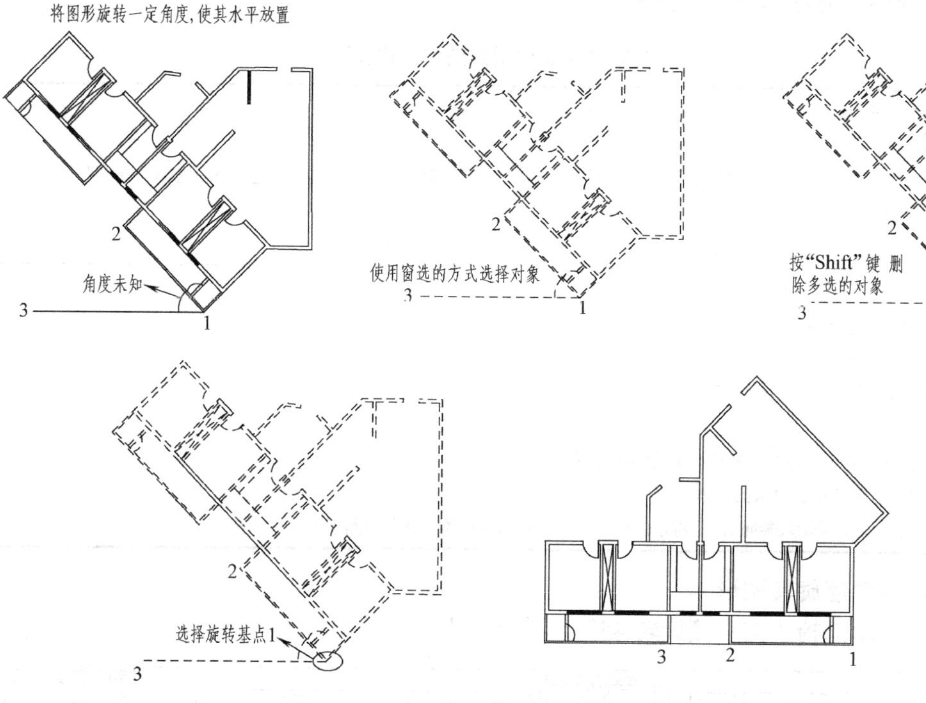

图 2-35 将图形旋转一定的角度，使图形水平放置

命令：ro

ROTATE

UCS 当前的正角方向：ANGDIR=逆时针 ANGBASE=0

选择对象：指定对角点：找到 168 个（使用窗选方式选择图形）

选择对象：指定对角点：找到 1 个，删除 1 个，总计 167 个（按住“Shift”键，删除多选的图形）

选择对象：找到 1 个，删除 1 个，总计 163 个（按住“Shift”键，删除多选的图形，依次删除数字 1、2、3、水平线及弧线）

选择对象：↙（直接按“Enter”键即可）

指定基点：<对象捕捉 开>（打开对象捕捉，选择点 1）

指定旋转角度或 [复制(C)/参照(R)] <315>：r（输入字母 R，选择参照方式旋转对象）

指定参照角 <0>：选择点 1
指定第二点：选择点 2
指定新角度或 [点(P)] <0>：选择点 3↙

2.2.7　镜像

镜像命令可以生成与所选对象对称的图形，即镜像操作。所以，镜像命令对创建对称的图形非常有帮助，在绘图时可以先绘制半个对象，然后进行镜像命令的操作，以节省绘图时间，提高绘图效率。

1. 镜像的基本方法

镜像的命令调用方法和操作步骤见表 2-24。

表 2-24　镜像的命令调用方法和操作步骤

命令调用方法	单击工具栏：修改 单击菜单：修改（M）→镜像（I） 输入命令条目：mi（mirror） （3 种任选其一，建议常用命令采用键盘输入，mi 是镜像命令的快捷键）
操作步骤	1）输入命令条目：mi（mirror） 2）选择要镜像的对象 3）指定镜像直线的第一点 4）指定第二点 5）按“Enter”键保留原始对象，或者输入 y 将其删除

2. 镜像命令的操作

根据图 2-36a，试用镜像命令生成图 2-36b。

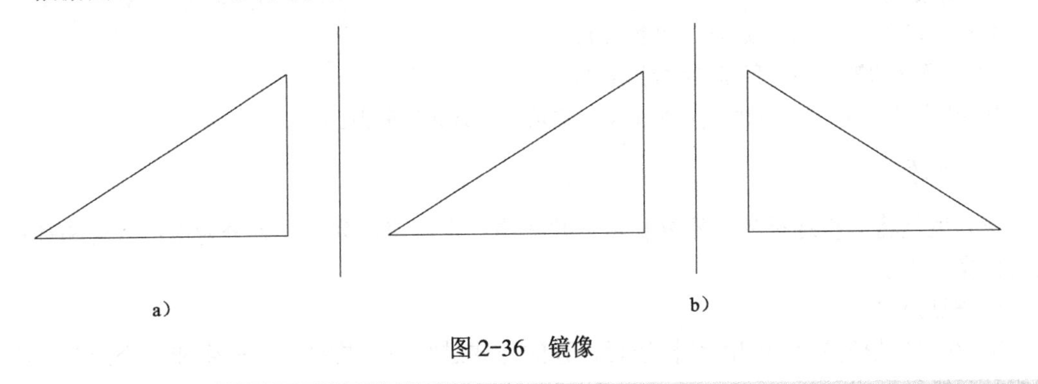

a）　　b）

图 2-36　镜像

命令：mi
MIRROR
选择对象：（使用交叉窗口选择方式选择三角形）
选择对象：↙
指定镜像线的第一点：（使用鼠标指定直线的上端点）
指定镜像线的第二点：（使用鼠标指定直线的下端点）
要删除源对象吗？[是(Y)/否(N)] <N>：↙（直接按“Enter”键）

3．将建筑平面图进行镜像操作

建筑平面图的镜像操作如图 2-37 所示。

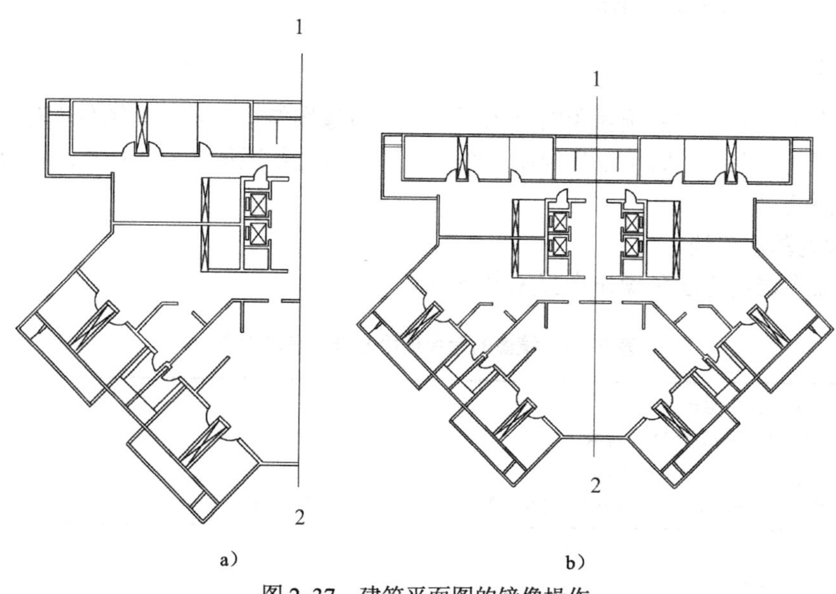

图 2-37 建筑平面图的镜像操作
a）镜像前 b）镜像后

命令：mi
MIRROR
选择对象：指定对角点：找到 283 个（使用窗选方式选择图形）
选择对象：↙
指定镜像线的第一点：（鼠标定点捕捉点 1）
指定镜像线的第二点：（鼠标定点捕捉点 2）
要删除源对象吗？[是(Y)/否(N)] <N>：↙（直接按“Enter”键即可）

2.2.8 阵列

阵列就是将一次选择的对象复制多个并按照一定规律排列。阵列分为矩形阵列和环形阵列两种操作方法。

1．矩形阵列

矩形阵列是指多个相同的结构按行、列的方式进行有序排列，从而生成一个或者一组实体的多个拷贝形式。

（1）矩形阵列的命令调用和操作步骤（表 2-25）

表 2-25 矩形阵列的命令调用和操作步骤

命令调用	单击工具栏：修改 单击菜单：修改（M）→阵列（A）→矩形阵列 键入命令条目：ar（array） （3 种任选其一，建议常用命令采用键盘输入，ar 是阵列命令的快捷键）

（续）

操作步骤

1）执行矩形阵列命令

2）选择对象。在绘图区中选择要进行阵列复制的对象

3）选择要添加到阵列中的对象并按 ENTER 键

4）为项目数指定对角点或[基点（B）/角度（A）/计数（C）]<计数>：

基点（B）：指定阵列的基点

角度（A）：指定矩形阵列时的倾斜角度，所选择对象沿指定的方向进行矩形阵列

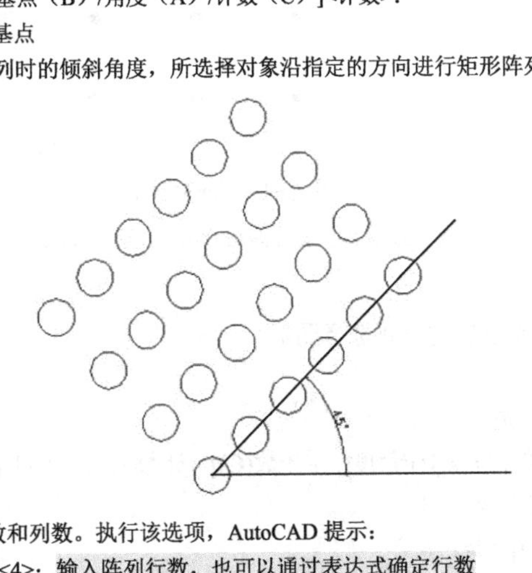

计数（C）：指定阵列的行数和列数。执行该选项，AutoCAD 提示：

输入行数或 [表达式（E）]<4>：输入阵列行数，也可以通过表达式确定行数

输入列数或 [表达式（E）]<4>：输入阵列列数，也可以通过表达式确定列数

注：一般以直接回车选择计数的方式进行阵列

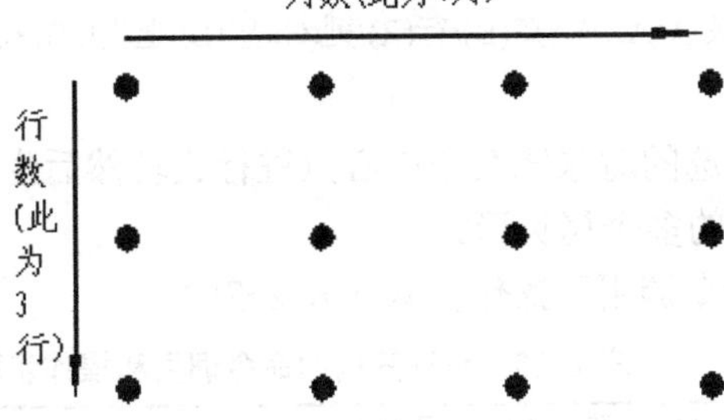

5）指定对角点以间隔项目或 [间距（S）] <间距>：

“间距（S）”选项用于确定行间距和列间距。执行该选项，AutoCAD 提示：

指定行之间的距离或 [表达式（E）]：输入阵列的行间距，也可以通过表达式确定

注：若行偏移值为负数，则在源对象的下方进行矩形阵列

指定列之间的距离或 [表达式（E）]：输入阵列的列间距，也可以通过表达式确定

注：若列偏移值为负数，则在源对象的左边进行矩形阵列

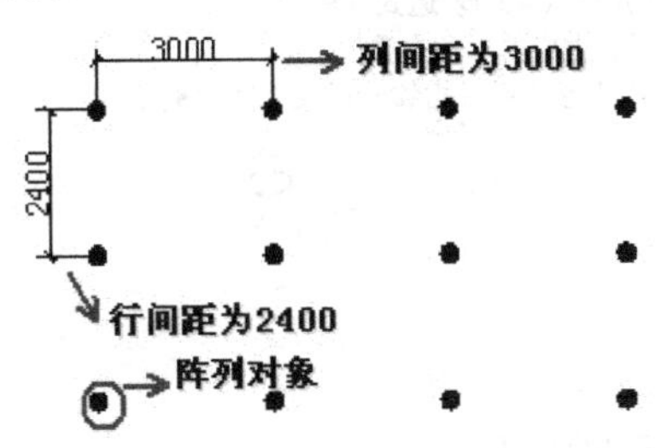

6）按 Enter 键接受或 [关联（AS）/基点（B）/行（R）/列（C）/层（L）/退出（X）]<退出>：↙（回车）

（2）使用矩形阵列命令阵列圆柱（图 2-38）

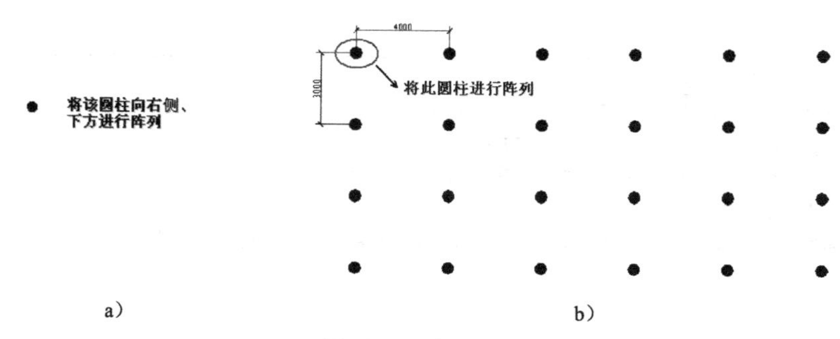

图 2-38　阵列圆柱

a）圆柱　b）阵列的间距、行数、列数

命令：点击工具按钮
选择对象：（使用窗选或单选的方式选择图形）
选择对象：↙（回车）
类型 = 矩形　关联 = 是
为项目数指定对角点或 [基点(B)/角度(A)/计数(C)] <计数>：↙（回车）
输入行数或 [表达式(E)] <4>：4
输入列数或 [表达式(E)] <4>：6
指定对角点以间隔项目或 [间距(S)] <间距>：↙（回车）
指定行之间的距离或 [表达式(E)] <225>：-3000
指定列之间的距离或 [表达式(E)] <225>：4000
按 Enter 键接受或 [关联(AS)/基点(B)/行(R)/列(C)/层(L)/退出(X)] <退出>：↙（回车）

2. 环形阵列

环形阵列是指将所选的对象绕某个中心点进行旋转然后生成一个环形结构的图形，从而生成一个或者一组实体的多个拷贝形式。

（1）环行阵列的命令调用和操作步骤（表 2-26）

表 2-26　环形阵列的命令调用和操作步骤

命令调用	单击菜单：修改（M）→阵列（A）→环形阵列 键入命令条目：ar（array） （2 种任选其一，建议常用命令采用键盘输入，ar 是阵列命令的快捷键）
操作步骤	1）执行环形阵列命令 2）选择对象。在绘图区中选择要进行阵列复制的对象，并回车 3）指定阵列的中心点或[基点（B）/旋转轴（A）]： 指定阵列的中心点：选择环形阵列的中心点 4）输入项目数或[项目间角度（A）/表达式（E）]： “输入项目数”：环形阵列后生成的对象个数 “项目间角度（A）”：设置环形阵列后相邻两对象之间的夹角 “表达式（E）”：通过表达式进行设置 5）指定填充角度（+=逆时针、－=顺时针）或[表达式（EX）]<360>： “指定填充角度”：可指定环形阵列围绕中心点进行旋转复制的角度，如要环形阵列一周，则填充角度为 360° 6）按 Enter 键接受或[关联（AS）/基点（B）/项目（I）/项目间角度（A）/填充角度（F）/行（ROW）/层（L）/旋转项目（ROT）/退出（X）]<退出>：↙（回车）

（2）使用环形阵列命令阵列餐椅

将图 2-39a 所示的餐椅进行环行阵列，阵列成为图 2-39b 的形式。

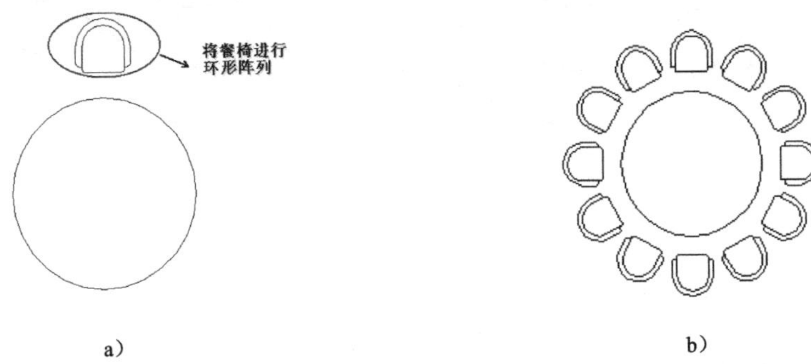

图 2-39　环形阵列

a）阵列餐椅　b）阵列的个数、角度

命令：_arraypolar（点击修改(M) → 阵列(A) → 环形阵列）

选择对象：（使用窗选选择椅子）

选择对象：↙（回车）

类型 = 极轴　关联 = 是

指定阵列的中心点或 [基点(B)/旋转轴(A)]：（捕捉餐桌的圆心）

输入项目数或 [项目间角度(A)/表达式(E)] <4>：12

指定填充角度(+=逆时针、-=顺时针)或 [表达式(EX)] <360>：↙（回车）

按 Enter 键接受或 [关联(AS)/基点(B)/项目(I)/项目间角度(A)/填充角度(F)/行(ROW)/层(L)/旋转项目(ROT)/退出(X)]：↙（回车）

3．路径阵列

路径阵列是指按照所给定的路径进行阵列，包括椭圆、样条曲线等。命令调用和操作步骤见表 2-27。

（1）路径阵列的命令调用和操作步骤

表 2-27　路径阵列的命令调用和操作步骤

命令调用	单击菜单：修改（M）→阵列（A）→路径阵列 键入命令条目：ar（array） （2 种任选其一，建议常用命令采用键盘输入，ar 是阵列命令的快捷键）
操作步骤	1）执行路径阵列命令 2）选择对象。在绘图区中选择要进行阵列复制的对象，并回车 3）选择路径曲线，选择阵列的路径 4）输入沿路径的项数或[方向（O）/表达式（E）] <方向> ： “输入沿路径的项数”：路径阵列后生成的对象个数 “表达式（E）”：通过表达式进行设置 5）指定沿路径的项目之间的距离或 [定数等分（D）/总距离（T）/表达式（E）] <沿路径平均定数等分（D）>: 6）按 Enter 键接受或[关联（AS）/基点（B）/项目（I）/行（R）/层（L）/对齐项目（A）/Z 方向（Z）/退出（X）] <退出>：↙（回车）

（2）使用路径阵列命令阵列椅子

将图 2-40a 所示的椅子进行路径阵列，阵列成为图 2-40b 的形式。

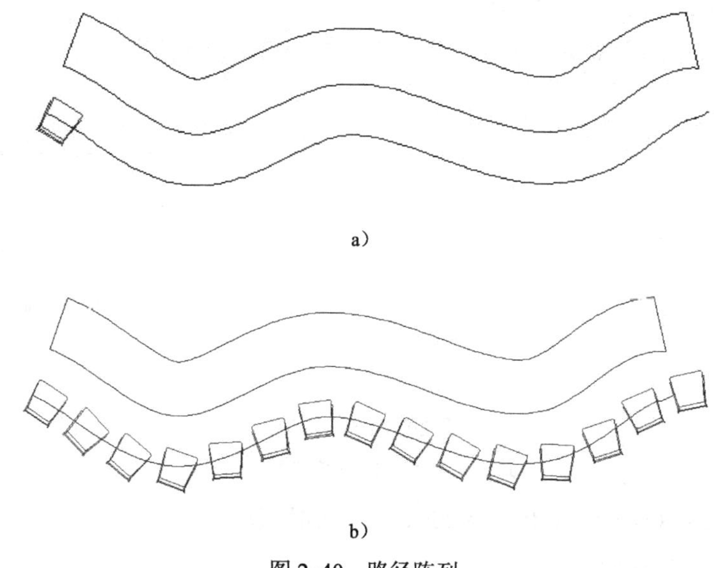

a）

b）

图 2-40 路径阵列

a）阵列对象和路径 b）阵列的项目数

命令：_arraypath

选择对象：（使用窗选选择对象）

选择对象：↙（回车）

类型 = 路径 关联 = 是

选择路径曲线：（点击选择阵列的路径）

输入沿路径的项数或 [方向(O)/表达式(E)] <方向>：15

指定沿路径的项目之间的距离或 [定数等分(D)/总距离(T)/表达式(E)] <沿路径平均定数等分(D)>：↙（回车）

按 Enter 键接受或 [关联(AS)/基点(B)/项目(I)/行(R)/层(L)/对齐项目(A)/Z 方向(Z)/退出(X)] <退出>：↙（回车）

2.2.9 修剪

使用修剪命令可以修剪超出边界的线条，被修剪的对象可以是直线、圆、弧、多段线、样条曲线或射线等。

1. 修剪的基本方法

修剪的命令调用方法和操作步骤见表 2-28。

表 2-28 修剪的命令调用方法和操作步骤

命令调用方法	单击工具栏：修改 单击菜单：修改（M）→修剪（T） 输入命令条目：tr（trim） （3 种任选其一，建议常用命令采用键盘输入，tr 是修剪命令的快捷键）
操作步骤	1）输入命令条目：tr（trim） 2）选择作为剪切边的对象（选择修剪的边界） 3）选择所有显示的对象作为可剪切边界，按“Enter”键表示边界选择完毕 4）选择要修剪的对象

2. 修剪室外台阶

在学习偏移命令时，图 2-41e 所示的偏移完成的曲线台阶有一部分伸到边缘线之外，因此应使用修剪命令将多余的部分剪切掉，具体过程如图 2-41 所示。

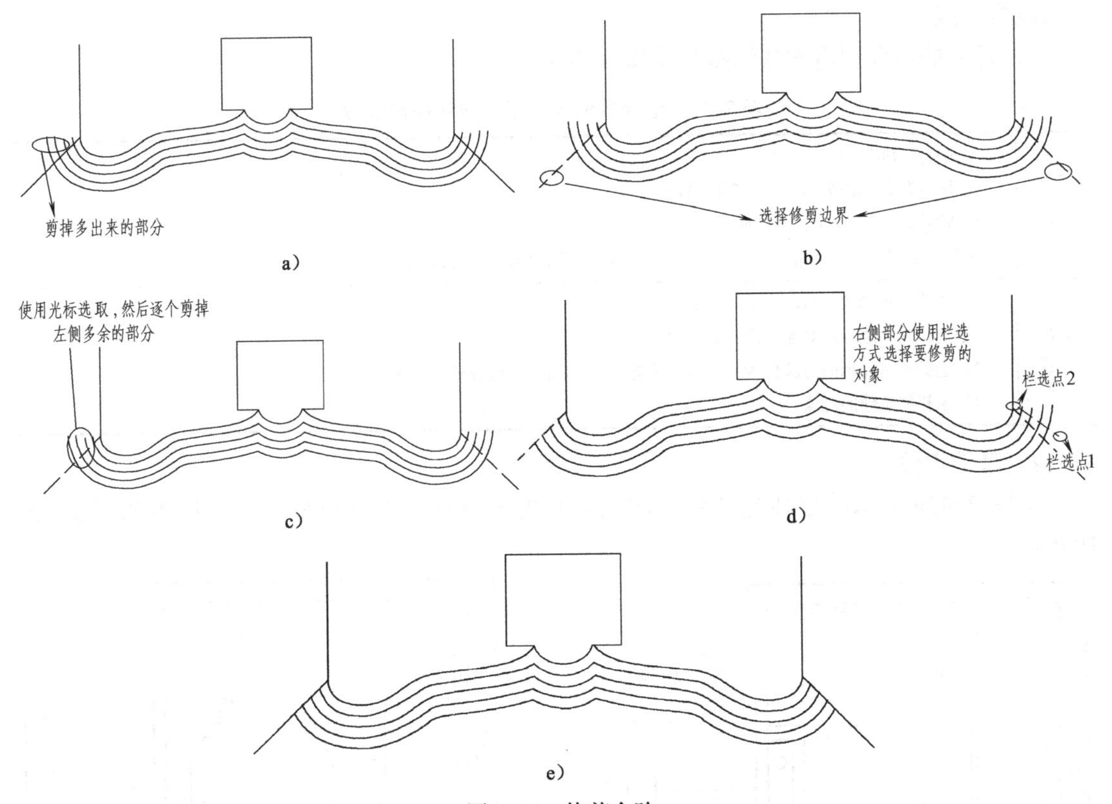

图 2-41　修剪台阶

a）修剪伸出边缘线的台阶　b）选择两侧的修剪边界　c）修剪左侧的修剪对象　d）使用栏选方式选择右侧的修剪对象　e）完成修剪

命令：tr

TRIM

当前设置：投影=UCS，边=无

选择剪切边...

选择对象或 <全部选择>：找到 1 个（使用单选方式选择左侧修剪边界）

选择对象：找到 1 个，总计 2 个（使用单选方式选择右侧修剪边界）

选择对象：↙（选择完毕后，按“Enter”键）

选择要修剪的对象，或按住“Shift”键选择要延伸的对象，或[栏选(F)/窗交(C)/投影(P)/边(E)/删除(R)/放弃(U)]：（使用单选方式依次剪掉左侧要修剪的对象）

选择要修剪的对象，或按住“Shift”键选择要延伸的对象，或[栏选(F)/窗交(C)/投影(P)/边(E)/删除(R)/放弃(U)]：f（输入 f，使用栏选方式剪掉右侧要修剪的对象）

指定第一个栏选点：（选择点 1，图 2-41d）

指定下一个栏选点或 [放弃(U)]：（选择点 2，图 2-41d）

选择要修剪的对象，或按住“Shift”键选择要延伸的对象，或[栏选(F)/窗交(C)/投影(P)/边(E)/删除(R)/放弃(U)]：↙（修剪完毕后，按“Enter”键）

2.2.10 延伸

延伸命令用于把直线、弧和多段线等的端点延长到指定的边界，这些边界可以是直线、圆弧或多段线。

1. 延伸的命令调用方法和操作步骤（表 2-29）

表 2-29 延伸的命令调用方法和操作步骤

命令调用方法	单击工具栏： 单击菜单：修改（M）→延伸（D） 输入命令条目：ex（extend） （3 种任选其一，建议常用命令采用键盘输入，ex 是延伸命令的快捷键）
操作步骤	1）依次单击修改（M）→延伸（D） 2）选择作为边界的对象（选择延伸的边界） 3）选择所有显示的对象作为可延伸的边界，按"Enter"键表示边界选择完毕 4）选择要延伸的对象

2. 延伸墙体

将图 2-42a 所示的墙体延伸到下侧的水平方向墙体，使两部分相交，结果如图 2-42d 所示。

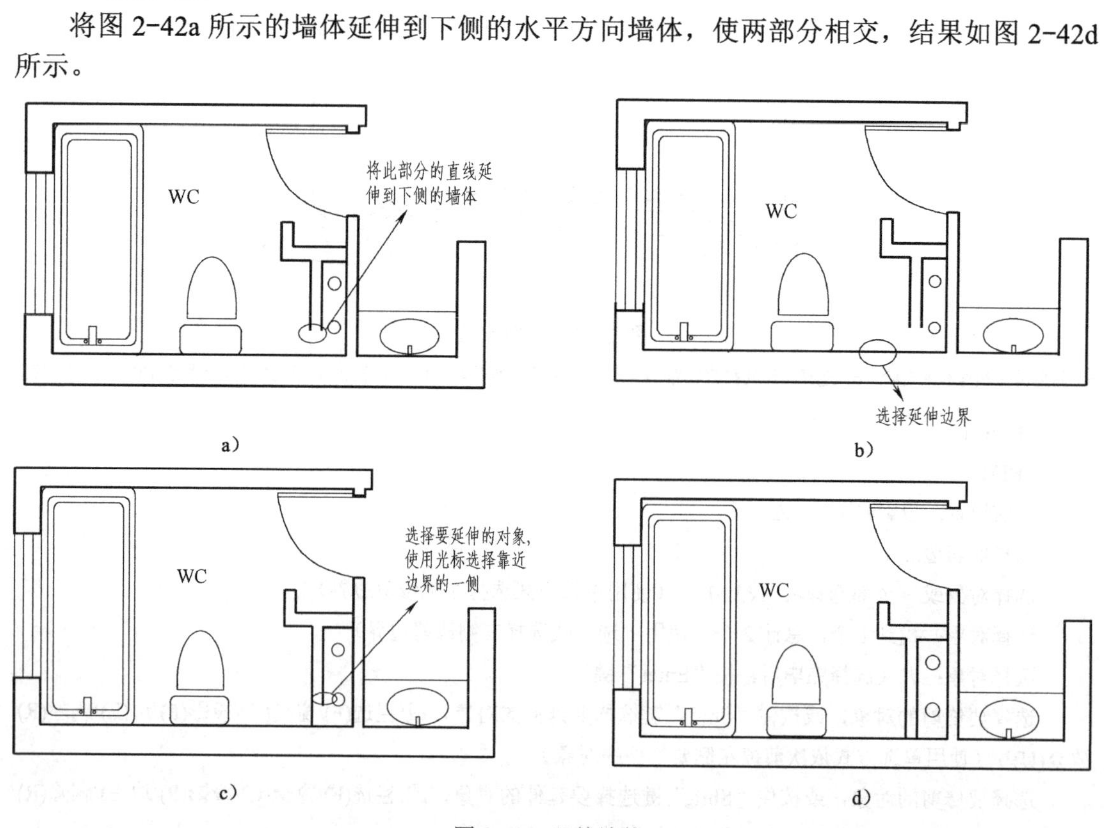

图 2-42 延伸墙体

a）需要延伸的墙体 b）选择延伸边界 c）选择要延伸的对象 d）完成延伸

命令：ex
EXTEND
当前设置：投影=UCS，边=无

选择边界的边...

选择对象或 <全部选择>：找到 1 个（使用单选方式选择延伸的边界）

选择对象：↙（选择完毕后，按“Enter”键）

选择要延伸的对象，或按住“Shift”键选择要修剪的对象，或[栏选(F)/窗交(C)/投影(P)/边(E)/放弃(U)]：（使用单选方式依次选择要延伸的对象，选择时光标靠近延伸边界的一侧，如图 2-42c 所示）

选择要延伸的对象，或按住“Shift”键选择要修剪的对象，或[栏选(F)/窗交(C)/投影(P)/边(E)/放弃(U)]：↙（延伸完毕后，按“Enter”键）

2.2.11　比例缩放

比例缩放命令可以改变实体的尺寸大小，可以把整个对象或对象的一部分使用相同的比例放大或缩小。

1. 比例缩放的基本方法

比例缩放的命令调用方法和操作步骤见表 2-30。

表 2-30　比例缩放的命令调用方法和操作步骤

命令调用方法	单击工具栏： 单击菜单：修改（M）→缩放（L） 输入命令条目：sc（scale） （3 种任选其一，建议常用命令采用键盘输入，sc 是比例缩放命令的快捷键）
操作步骤	1）使用上述方法启动比例缩放命令 2）选择要进行比例缩放的对象 3）确定比例缩放的基点 4）输入比例因子或使用参照（R）进行比例缩放

2. 指定比例缩放对象

指定比例缩放对象，是指通过输入比例因子的方式来控制图形的大小。当使用该方法缩放对象时：若比例因子大于 1，则放大对象；若比例因子小于 1 且大于 0，则缩小对象。注意，比例因子必须为大于 0 的数值。

将图 2-43a 所示的图形缩放到现在的一半，即 0.5，如图 2-43b 所示。

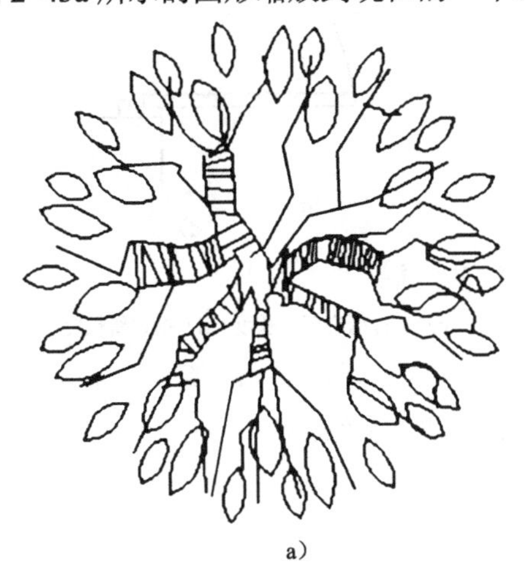

a)

b)

图 2-43　指定比例缩放对象

a）缩放前　b）缩放 0.5 后

3．根据参照对象缩放

如果在缩放对象时不能准确地知道缩放比例，只知道缩放后的物体大小，则可使用参照（R）方式缩放。以参照方式缩放对象，是将当前的测量值作为新尺寸的基础。以参照方式缩放对象，需指定当前测量的尺寸及对象的新尺寸，如果新长度大于参照长度，则将对象放大。

将图 2-44a 所示楼梯间的门缩放到门洞的位置，如图 2-44d 所示。

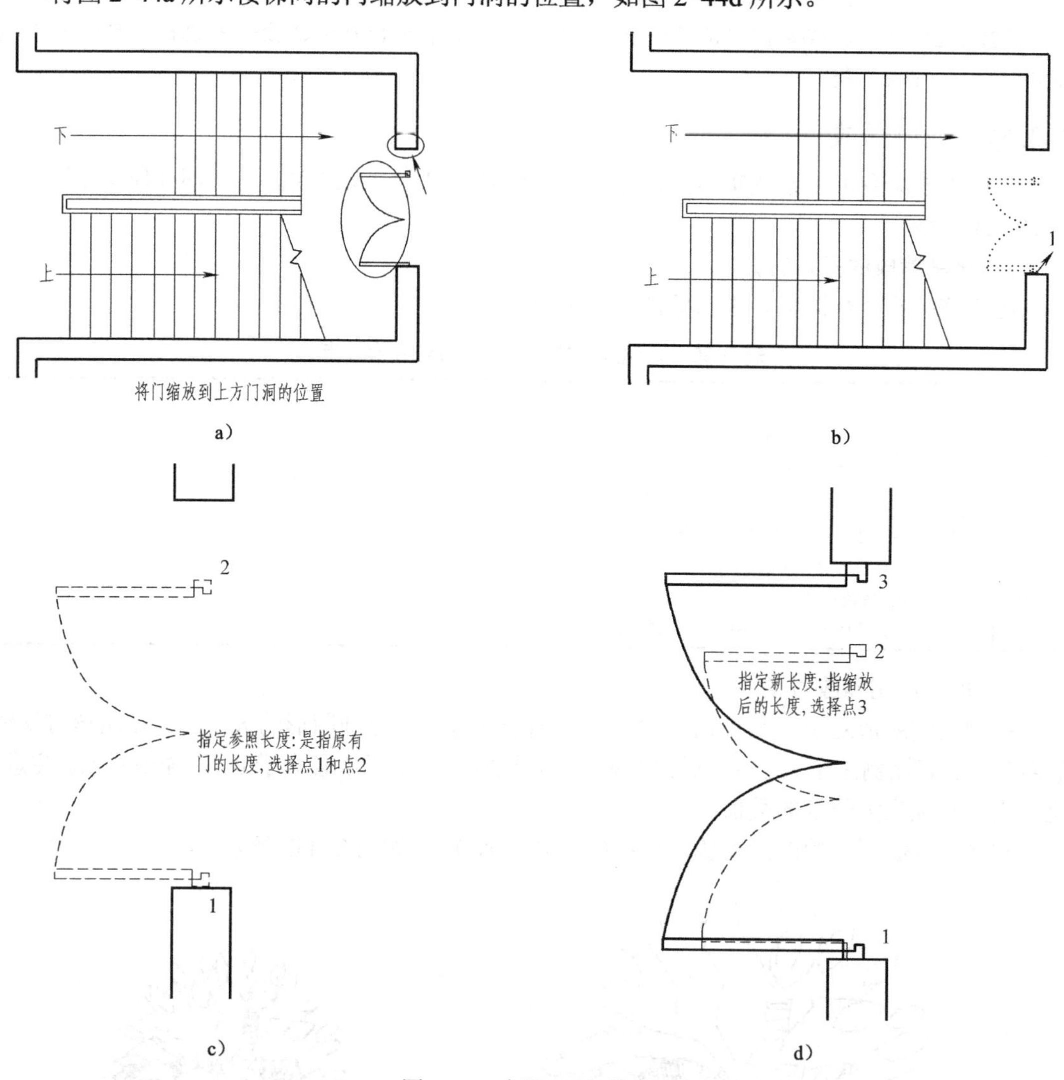

图 2-44　参照（R）缩放

a）将门缩放到上方门洞的位置　b）选择门并指定点 1 为基点　c）选择原有门的长度　d）指定新长度，完成缩放

命令：sc

选择对象：指定对角点：找到 22 个（使用窗选方式选择延伸的边界）

选择对象：↙（选择完毕后，按“Enter”键）

指定基点：（使用对象捕捉选择点 1）

指定比例因子或 [复制(C)/参照(R)] <1.2500>：r（输入字母 r）

指定参照长度 <1200.0000>：（参照长度是指图形的原有长度，使用对象捕捉选择点 1）

指定第二点：(参照长度是指图形的原有长度，使用对象捕捉选择点 2)
指定新的长度或 [点(P)] <1500.0000>：(新的长度是指缩放后的长度，使用对象捕捉选择点 3)

2.2.12　拉伸

使用拉伸命令可以按指定的方向和角度拉伸或缩短对象，从而可以拉长、缩短或改变对象的形状。

在选择拉伸对象时，只能使用交叉窗口方式，与窗口相交的实体将被拉伸，窗口内的实体将随之移动。如果新选择的对象全部在选择窗口内，AutoCAD 会将选择的对象从基点移动到终点。

1. 拉伸的基本方法

拉伸的命令调用方法和操作步骤见表 2-31。

表 2-31　拉伸的命令调用方法和操作步骤

命令调用方法	单击工具栏： 单击菜单：修改（M）→ 拉伸（H） 输入命令条目：s（stretch） （3 种任选其一，建议常用命令采用键盘输入，s 是拉伸命令的快捷键）
操作步骤	1）使用上述方法启动拉伸命令 2）使用交叉窗口方式选择对象 3）确定拉伸的基点 4）确定拉伸的终点，可以用十字光标或坐标参数的方式来确定终点位置

2. 使用拉伸命令改变电视机的形状

将图 2-45a 所示的电视机的上半部分向上拉伸 100 的距离。

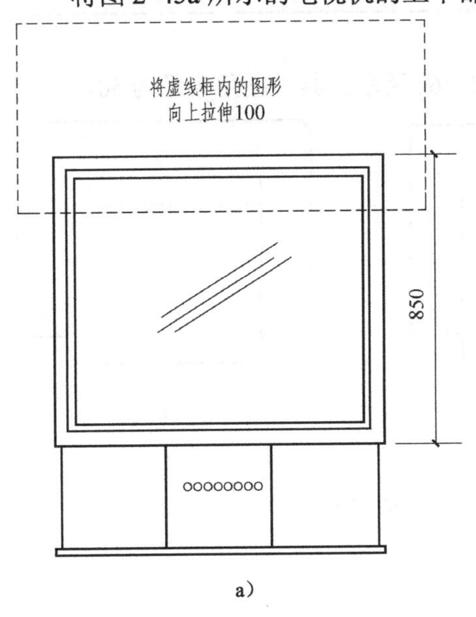

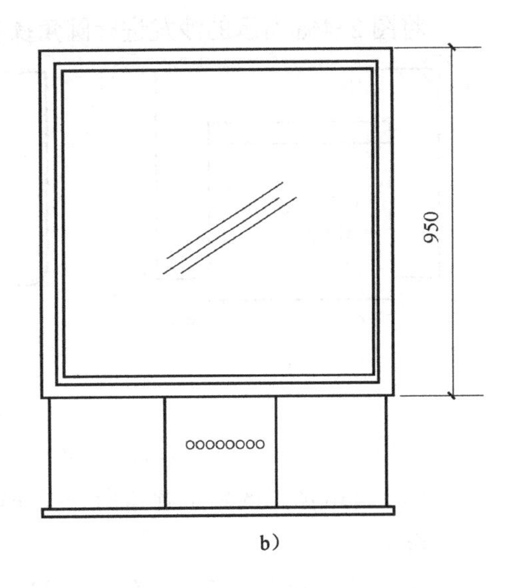

a）　　b）

图 2-45　拉伸

a）拉伸前　b）拉伸后

命令：s
以交叉窗口或交叉多边形选择要拉伸的对象...
选择对象：指定对角点：找到 9 个（使用交叉窗口方式选择对象，窗口大小如图 2-45a 中虚线框所示）

选择对象：↙（选择完毕后，按“Enter”键）

指定基点或 [位移(D)] <位移>：（使用鼠标在虚线框右侧定点）

指定第二个点或 <使用第一个点作为位移>：100（打开正交，输入拉伸长度）↙

2.2.13 圆角

用与对象相切并且具有指定半径的圆弧连接两个对象，除了可对两个对象进行圆弧连接外，还能对多段线的多个顶点进行一次性圆角。在使用该命令圆角对象时，应先设置圆角半径，然后再进行圆角。

1. 圆角的基本方法

圆角的命令调用方法和操作步骤见表 2-32。

表 2-32 圆角的命令调用方法和操作步骤

命令调用方法	单击工具栏： 单击菜单：修改（M）→圆角（F） 输入命令条目：f（fillet） （3 种任选其一，建议常用命令采用键盘输入，f 是圆角命令的快捷键）
操作步骤	1）命令条目：f（fillet） 2）输入 r（半径） 3）输入圆角半径 4）选择要进行圆角的对象 ● 选择第一条直线 ● 选择第二条直线 提示：若圆角半径不需要修改，则可省略步骤 2）和步骤 3）；若需要对多段线的每个角都进行圆角操作，则可在步骤 4）输入命令 p，然后选择多段线

2. 圆角沙发

将图 2-46a 所示的沙发进行圆角操作，形式如图 2-46c 所示，其中圆角半径为 50。

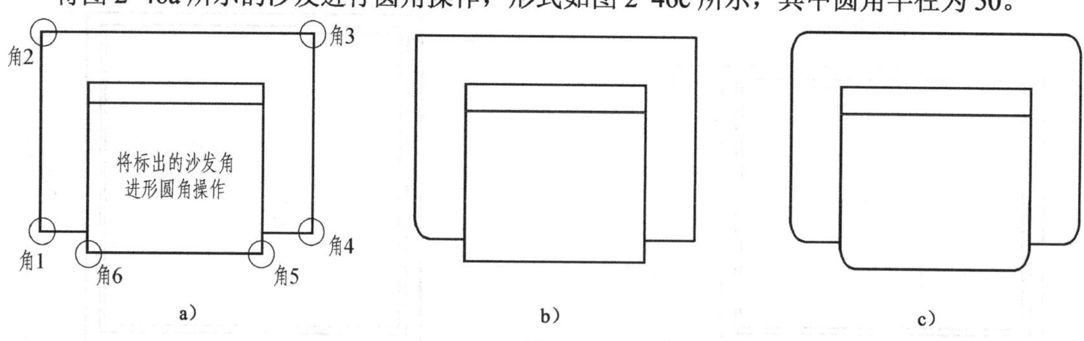

图 2-46 圆角沙发

a）圆角前沙发 b）单个圆角后沙发 c）多个圆角后沙发

图 2-46b 所示的单个圆角命令操作如下：

命令：f

当前设置：模式 = 修剪，半径 = 0.0000

选择第一个对象或 [放弃(U)/多段线(P)/半径(R)/修剪(T)/多个(M)]：r

指定圆角半径 <0.0000>：50（设定圆角半径）↙

选择第一个对象或 [放弃(U)/多段线(P)/半径(R)/修剪(T)/多个(M)]：（使用鼠标选取沙发角 1 的垂直线条）

选择第二个对象，或按住“Shift”键选择要应用角点的对象：（使用鼠标选取沙发角 1 的水平线条）↙

特别提示

使用圆角命令缺省操作时，一次只能圆角一个沙发角，如果每个沙发角都采用这种方式操作，会浪费很多时间，降低绘图效率，因此后面的 5 个沙发角可以使用多个（M）的圆角方式。

图 2-46c 所示的多个（M）的圆角命令操作如下：

命令：f
当前设置：模式 = 修剪，半径 = 50.0000
选择第一个对象或 [放弃(U)/多段线(P)/半径(R)/修剪(T)/多个(M)]：m（选择一次多个的圆角方式）
选择第一个对象或 [放弃(U)/多段线(P)/半径(R)/修剪(T)/多个(M)]：(使用鼠标选取沙发角 2 的垂直线条）
选择第二个对象，或按住“Shift”键选择要应用角点的对象：（使用鼠标选取沙发角 2 的水平线条）
……
选择第一个对象或 [放弃(U)/多段线(P)/半径(R)/修剪(T)/多个(M)]：(使用鼠标选取沙发角 6 的水平线条）
选择第二个对象，或按住“Shift”键选择要应用角点的对象：（使用鼠标选取沙发角 6 的垂直线条）

2.2.14　倒角

使用倒角命令可连接两个对象，使它们以平角或倒角方式相接。倒角的命令调用方法和操作步骤见表 2-33。

表 2-33　倒角的命令调用方法和操作步骤

命令调用方法	单击工具栏： 单击菜单：修改（M）→ 倒角（C） 输入命令条目：cha（chamfer） （3 种任选其一）
操作步骤	1）输入命令条目：chamfer 2）输入 d（距离） 3）输入第一个倒角距离 4）输入第二个倒角距离 5）选择倒角直线，并选择第一条直线，与设定的第一个倒角距离对应 6）选择第二条直线，与设定的第二个倒角距离对应 提示：当不需要修改倒角距离时，可省略步骤 2）～4）

“倒角”命令的应用如图 2-47 所示。

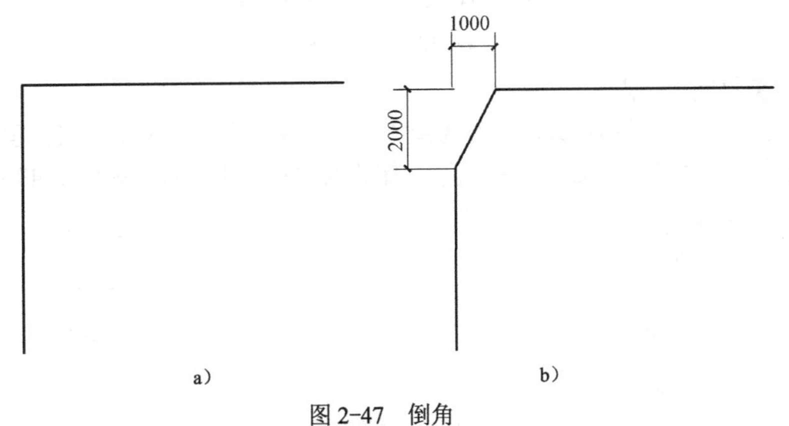

图 2-47　倒角

a）倒角前　b）倒角后

2.2.15 打断

使用打断命令可把已有的线条分离为两段，被分离的线段只能是单独的线条，不能是任何组合形体，如图块、编组等。打断命令分为以两点方式打断对象和将对象打断于一点两种方式。

1. 打断的基本方法

打断的命令调用方法和操作步骤见表2-34。

表2-34 打断的命令调用方法和操作步骤

命令调用方法	单击工具栏：或 单击菜单：修改（M）→打断（K） 输入命令条目：br（break） （3种任选其一）
操作步骤	1）输入命令条目：br（break） 2）选择需要打断的对象 3）指定第二个打断点或[第一点（F）]：选择要打断部分的第二点，如果选择此种方式，则上一操作中选择对象的点被默认为第一点。此种方式打断部分的准确度不高，如果需要准确打断，则选择下面的方式 4）指定第二个打断点或[第一点（F）]：选择第一点，重新选择打断部分的第一点和第二点 ① 指定第一个打断点 ② 指定第二个打断点

2. 以两点方式打断对象

以两点方式打断对象是指在对象上创建两个打断点，使对象断开一定的距离，如图2-48所示。操作步骤见表2-34。

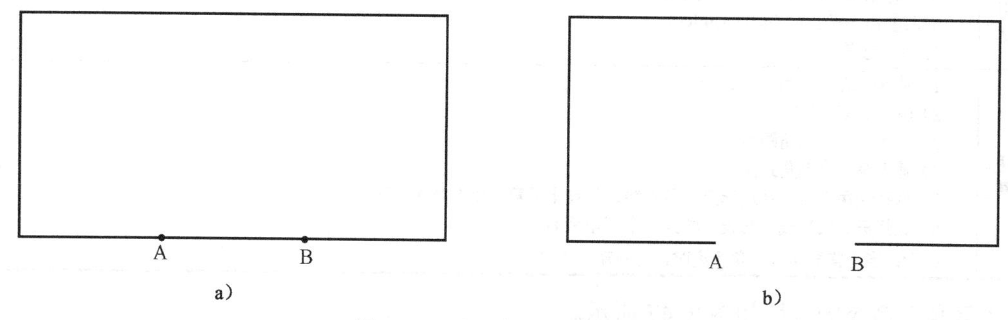

图2-48 以两点方式打断对象

a）打断前 b）打断后

3. 将对象打断于一点

将对象打断于一点是指将线段进行无缝断开，分离成两条独立的线段，但线段之间没有空隙。可通过单击“修改”工具栏中的按钮将对象打断于一点，如图2-49所示。

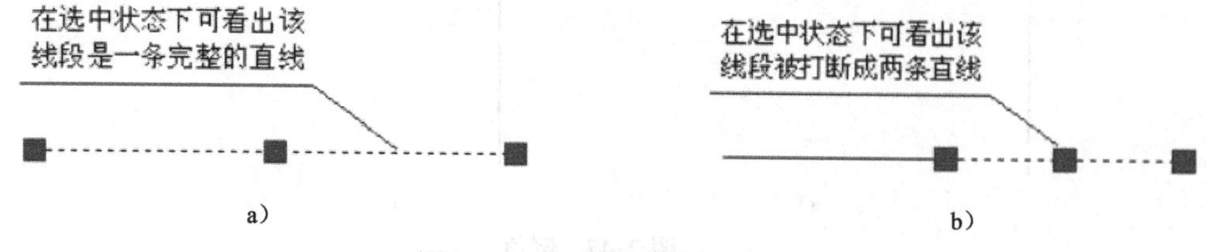

图2-49 将对象打断于一点

a）打断前 b）打断后

2.2.16　分解

使用分解命令可将合成对象分解为单体，也可将块分解为单个部件，还可以炸开图块、多段线、填充图案、矩形、正多边形、标注、文本、多线、三维实体等。

分解的命令调用方法和操作步骤见表 2-35。

表 2-35　分解的命令调用方法和操作步骤

命令调用方法	单击工具栏： 单击菜单：修改（M）→分解（X） 输入命令条目：x（explode） （3 种任选其一）
操作步骤	1）输入命令条目：x（explode） 2）选择对象：使用对象选择方法并在完成时按“Enter”键

对象分解前后的对比如图 2-50 所示。

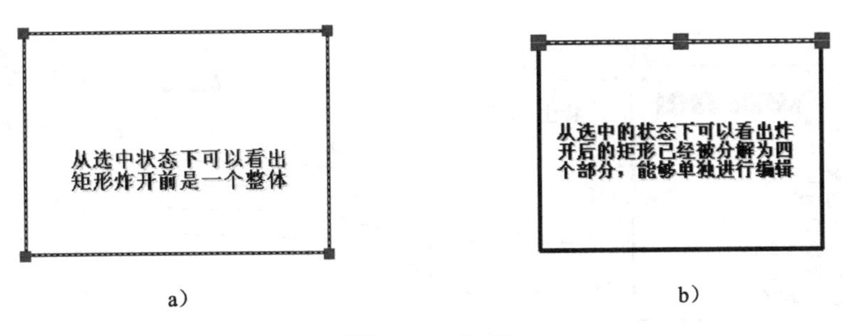

图 2-50　分解

a）分解前　b）分解后

2.2.17　对象编辑

1. 夹点命令

在 AutoCAD 中选择对象后有一些小方框出现在指定对象的关键点上，这就是夹点。通过拖动这些夹点可以执行拉伸、移动、旋转、缩放或镜像等操作，夹点可以将命令和对象选择结合起来，从而提高编辑速度。

选择[工具]→[选项]菜单命令，在打开的“选项”对话框中单击“选择”选项卡，在该选项卡中可对夹点的开/关状态、是否在图块中启用夹点、选择及未选择夹点的颜色、夹点的大小等状态进行设置。

当对象处于夹点状态且用户再次选择某个已选定的夹点时，系统会提示“指定拉伸点或[基点（B）/复制（C）/放弃（U）/退出（X）]：”，在该提示下键入各选项的命令，即可对所选对象进行拉伸、移动、旋转、缩放和镜像操作（图 2-51）。

2. 修改对象属性

（1）工具栏修改对象属性（图 2-52）

通过对象特性工具栏可以设置对象的颜色、线宽、线型和打印样式等。

（2）快捷特性面板修改对象属性（图 2-53）

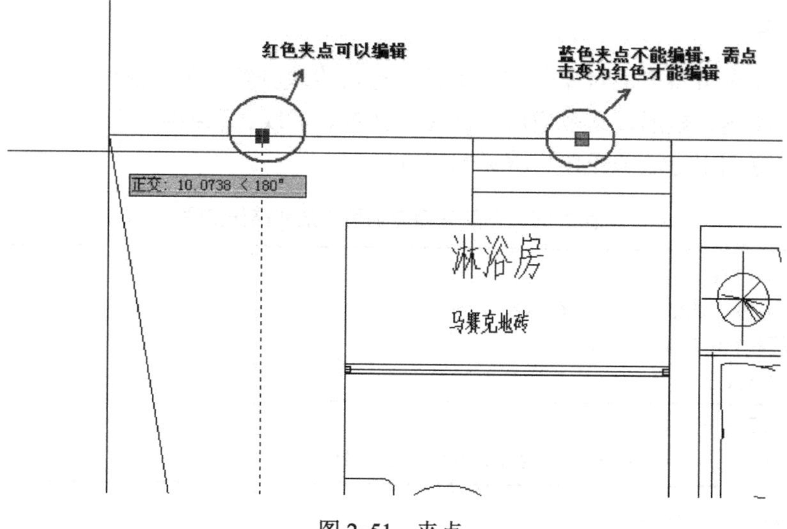

图 2-51　夹点

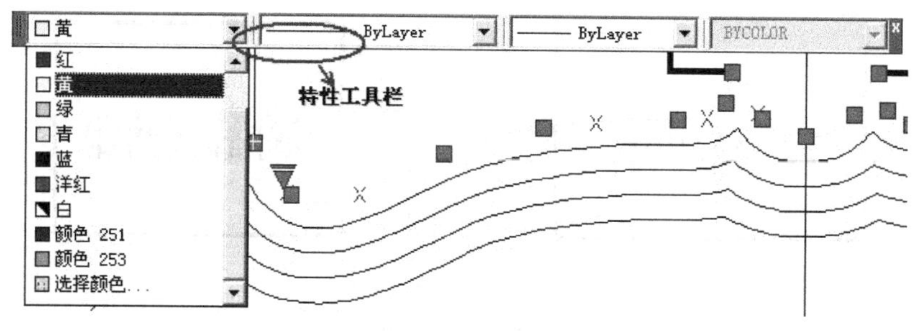

图 2-52　对象特性工具栏

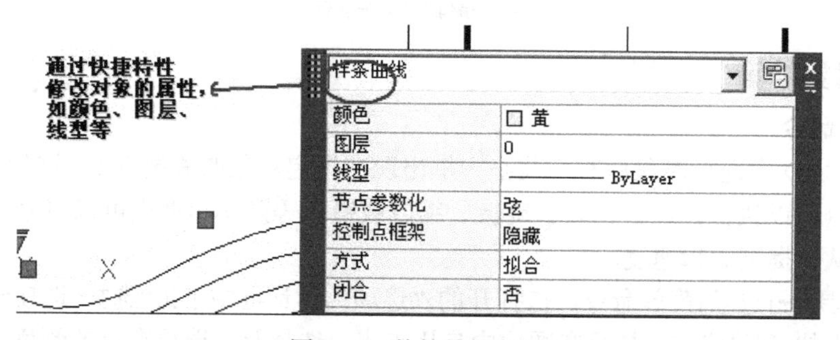

图 2-53　快捷特性面板

3. 特性匹配

特性匹配是将一个对象的特性赋予另外一个对象，使目标对象的特性与源对象的特性相同。特性匹配的命令调用和操作步骤见表 2-36。

表 2-36　特性匹配的命令调用和操作步骤

命令调用	单击工具栏：特性匹配 键入命令条目：matchprop （2 种任选其一，一般常用工具按钮）

（续）

操作步骤	1）单击工具栏：特性匹配 2）选择源对象：选择对象 1 选择目标对象或[设置（S）]：选择对象 2 选择目标对象或[设置（S）]：↙ 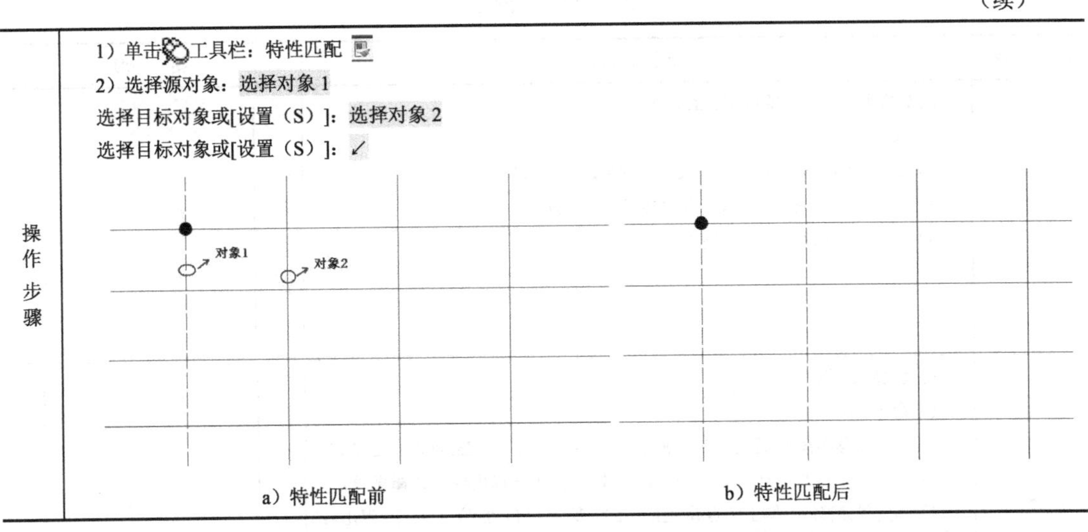 a）特性匹配前　　b）特性匹配后

任务实施

1. 绘制餐桌和餐椅

（1）绘制餐桌

绘制餐桌的步骤见表 2-37。

表 2-37　绘制餐桌

步　骤	命令行操作	图　形
1	1）命令：c↙ 2）指定圆的圆心或 [三点（3P）/两点（2P）/相切、相切、半径（T）]：（使用鼠标在屏幕上选取一点） 3）指定圆的半径或 [直径（D）]：315↙	
2	1）命令：o↙ 当前设置：删除源=否　图层=源　OFFSETGAPTYPE=0 2）指定偏移距离或[通过（T）/删除（E）/图层（L）]<通过>：25 3）选择要偏移的对象或[退出（E）/放弃（U）]<退出>：（使用鼠标选取步骤 1 中绘制的圆） 4）指定要偏移的一侧上的点或[退出（E）/多个（M）/放弃（U）]<退出>：（用鼠标单击圆的外侧方向） 5）选择要偏移的对象或[退出（E）/放弃（U）] <退出>：↙	

（2）绘制餐椅

绘制餐椅的步骤见表 2-38。

表 2-38　绘制餐椅

步　骤	命令行操作	图　形
1	绘制椅座，绘制一条长 415 的直线 1）命令：l↙ 2）LINE 指定第一点：（在餐桌右侧附件选取一点） 3）指定下一点或[放弃（U）]：415（正交打开） 4）指定下一点或[放弃（U）]：↙	
2	将直线向右偏移 375 1）命令：o↙ 2）指定偏移距离或[通过（T）/删除（E）/图层（L）]<25.0000>：375 ↙ 3）选择要偏移的对象，或[退出（E）/放弃（U）]<退出>：（选择直线） 4）指定要偏移的一侧上的点或[退出（E）/多个（M）/放弃（U）] <退出>：（用鼠标单击直线的右侧方向） 5）选择要偏移的对象或[退出（E）/放弃（U）]<退出>：↙	
3	绘制两条直线连接上两条线段 1）命令：l↙ 2）LINE 指定第一点：（使用对象捕捉选取点 1） 3）指定下一点或 [放弃（U）]：（使用对象捕捉选取点 2） 4）指定下一点或 [放弃（U）]：↙ 5）使用同样的方法绘制第二条连接线段	1　2
4	将步骤 3 中绘制的两条直线旋转 7° 1）命令：ro↙ 2）选择对象：找到 1 个（选取步骤 3 中由点 1 和点 2 组成的直线） 3）选择对象：↙ 4）指定基点：（选取点 1） 5）指定旋转角度或[复制（C）/参照（R）]<0>：-7 （逆时针为正值，顺时针为负值） 6）使用同样的方法旋转第二条连接线段	1
5	将 4 条线段的顶点分别圆角，圆角半径为 26 1）命令：f↙ 2）选择第一个对象或[放弃（U）/多段线（P）/半径（R）/修剪（T）/多个（M）]：r↙ 3）指定圆角半径 <0.0000>：26↙ 4）选择第一个对象或[放弃（U）/多段线（P）/半径（R）/修剪（T）/多个（M）]：m↙ 5）选择第一个对象或[放弃（U）/多段线（P）/半径（R）/修剪（T）/多个（M）]：（选择角 1 的水平线段） 6）选择第二个对象，或按住“Shift”键选择要应用角点的对象：（选择角 1 的垂直线段） 7）用同样的方式完成角 2、角 3、角 4 的圆角	角1　角2　角3　角4

（续）

步　骤	命令行操作	图　形
6	绘制扶手，将椅座上侧的直线往上偏移 15 1）命令：o↙ 2）指定偏移距离或 [通过（T）/删除（E）/图层（L）]<375.0000>：15↙ 3）选择要偏移的对象或[退出（E）/放弃（U）]<退出>：（选择椅座上侧的直线） 4）指定要偏移的一侧上的点或[退出（E）/多个（M）/放弃（U）]<退出>：（用鼠标单击直线的上侧方向） 5）选择要偏移的对象或[退出（E）/放弃（U）] <退出>：↙	
7	绘制一条直线，长度为 100，角度为 14° 1）命令：l↙ 2）LINE 指定第一点：（选择点 3） 3）指定下一点或 [放弃（U）]：@100<14（输入极坐标） 4）指定下一点或 [放弃（U）]：↙	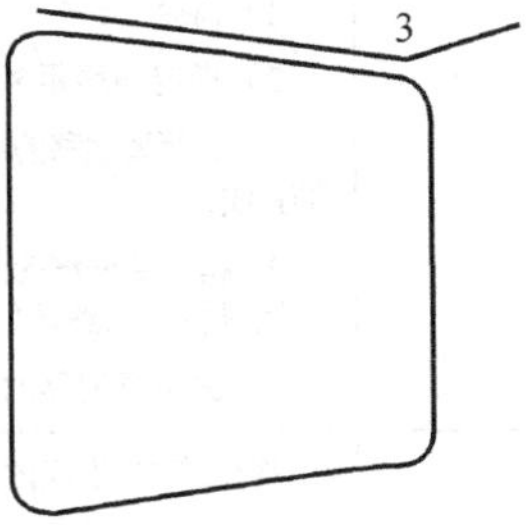 3
8	将步骤 7 中的直线往下偏移 15 1）命令：o↙ 2）指定偏移距离或[通过（T）/删除（E）/图层（L）]<15.0000>：15↙ 3）选择要偏移的对象，或[退出（E）/放弃（U）]<退出>：（选择步骤 7 中绘制的线段） 4）指定要偏移的一侧上的点或[退出（E）/多个（M）/放弃（U）] <退出>：（用鼠标单击选中线段的下侧方向） 5）选择要偏移的对象或 [退出（E）/放弃（U）] <退出>：↙	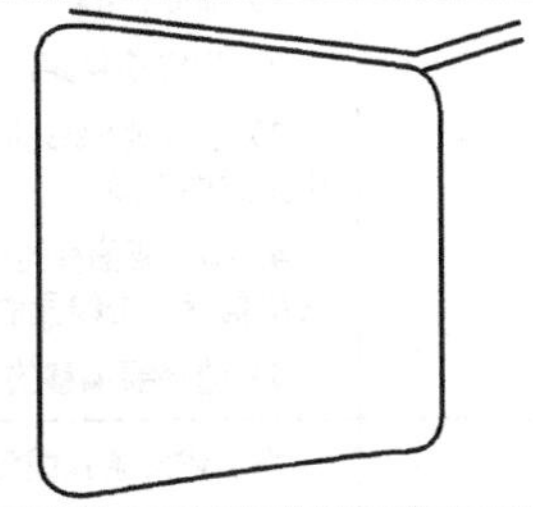
9	将步骤 8 中偏移的直线与椅座上一侧的直线圆角，圆角半径为 0 1）命令：f↙ 2）选择第一个对象或 [放弃（U）/多段线（P）/半径（R）/修剪（T）/多个（M）]：r↙ 3）指定圆角半径 <34.0000>：0↙ 4）选择第一个对象或 [放弃（U）/多段线（P）/半径（R）/修剪（T）/多个（M）]：（选择直线 A） 5）选择第二个对象，或按住“Shift”键选择要应用角点的对象：（选择直线 B）↙	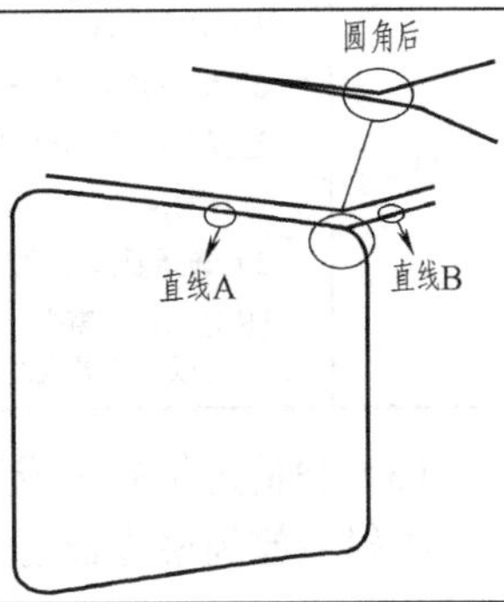 圆角后 直线A 直线B
10	绘制两条直线，将扶手的两侧封住 1）命令：l↙ 2）LINE 指定第一点：（选择点 6） 3）指定下一点或[放弃（U）]：（捕捉右图所示的垂足点 7） 4）指定下一点或[放弃（U）]：↙ 5）使用同样的方法绘制由点 4、点 5 组成的直线	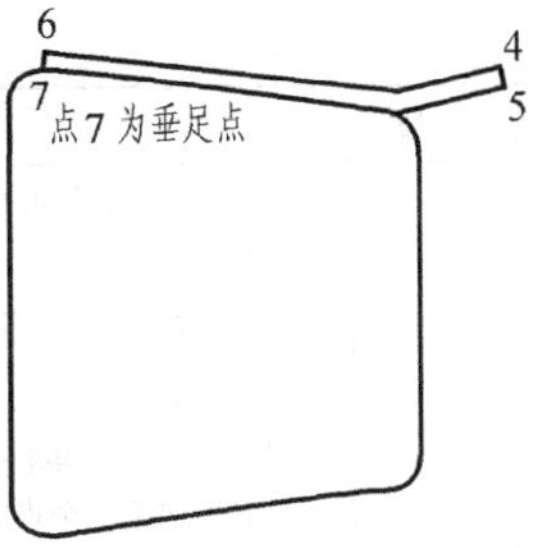 6 4 7 点7为垂足点 5

（续）

步　骤	命令行操作	图　形
11	将绘制的扶手镜像 1）命令：mi↙ 2）选择对象：指定对角点：找到 6 个（选择扶手） 3）选择对象：↙ 4）指定镜像线的第一点：（选择右图所示的中点 8） 5）指定镜像线的第二点：（选择右图所示的中点 9） 6）要删除源对象吗？[是（Y）/否（N）] <N>：↙	中点8 中点9
12	绘制靠背，将椅座右侧的直线往右偏移 40 1）命令：o↙ 2）指定偏移距离或[通过（T）/删除（E）/图层（L）] <15.0000>：40 3）选择要偏移的对象或[退出（E）/放弃（U）] <退出>：（选择右图中标出的直线） 4）指定要偏移的一侧上的点或[退出（E）/多个（M）/放弃（U）] <退出>：（用鼠标单击线段的右侧方向） 5）选择要偏移的对象或[退出（E）/放弃（U）] <退出>：↙	向右侧偏移40
13	将步骤 12 生成的直线向右偏移 15 1）命令：o↙ 2）指定偏移距离或[通过（T）/删除（E）/图层（L）] <40.0000>：15 3）选择要偏移的对象或 [退出（E）/放弃（U）] <退出>：（选择步骤 12 中生成的直线） 4）指定要偏移的一侧上的点或[退出（E）/多个（M）/放弃（U）] <退出>：（用鼠标单击线段的右侧方向） 5）选择要偏移的对象或 [退出（E）/放弃（U）] <退出>：↙	
14	将上述两条直线延伸到扶手，餐椅绘制完成 1）命令：ex↙ 2）选择边界的边… 选择对象或<全部选择>：（选择右图中的边界 1、边界 2） 选择对象：↙ 3）选择要延伸的对象，或按住“Shift”键选择要修剪的对象，或 [栏选（F）/窗交（C）/投影（P）/边（E）/放弃（U）]：（选择步骤 12、13 中生成的两条直线的 4 个端部进行延伸）↙	边界1 边界2

（3）餐椅定位并生成其他餐椅

将餐椅放到桌边合适的位置，并用阵列命令生成另外 3 个餐椅，见表 2-39。

表 2-39　餐椅定位并生成其他餐椅

步　骤	命令行操作	图　形
1	将餐椅定位到餐桌右侧 1）命令：m↙ 2）选择对象：指定对角点：找到 21 个（选择餐椅） 3）选择对象：↙ 4）指定基点或[位移（D）] <位移>：（选择餐椅左侧椅座的中点） 5）指定第二个点或 <使用第一个点作为位移>：（选择餐桌右侧的象限点）↙	

（续）

步　骤	命令行操作	图　形
2	1）命令：m↙ 2）选择对象：指定对角点：找到 21 个（选择餐椅） 3）选择对象：↙ 4）指定基点或[位移（D）] <位移>：(使用鼠标在餐椅附近选取一点) 5）指定第二个点或<使用第一个点作为位移>：100↙（正交打开）	
3	1）命令：_arraypolar ↙ 2）选择对象：（选择餐椅） 选择对象：↙ 3）指定阵列的中心点或 [基点（B）/旋转轴（A）]：（选择餐桌的圆心） 4）输入项目数或[项目间角度（A）/表达式（E）] <4>：4↙ 5）指定填充角度（+=逆时针、-=顺时针）或 [表达式（EX）]<360>：↙ 6）按 Enter 键接受或[关联（AS）/基点（B）/项目（I）/项目间角度（A）/填充角度（F）/行（ROW）/层（L）/旋转项目（ROT）/退出（X）]<退出>：↙	

2．绘制卧室中的家具

（1）绘制床

绘制床的步骤见表 2-40。

表 2-40　绘制床

步　骤	命令行操作	图　形
1	绘制矩形，尺寸为 1600×2100 1）命令：rec↙ 2）指定第一个角点或 [倒角（C）/标高（E）/圆角（F）/厚度（T）/宽度（W）]： （使用鼠标在屏幕上选取一点） 3)指定另一个角点或 [面积(A)/尺寸(D)/旋转(R)] ：@1600,2100↙	2100 1600
2	绘制矩形，尺寸为 1660×520 1）命令：rec↙ 2）指定第一个角点或[倒角（C）/标高（E）/圆角（F）/厚度（T）/宽度（W）]： （在步骤 1 绘制的矩形的上方选取一点） 3）指定另一个角点或[面积（A）/尺寸（D）/旋转（R）]：@1660,520↙	
3	将上述两个矩形进行定位 1）命令：m↙ 2）选择对象：找到 1 个（选择步骤 2 中绘制的矩形） 3）选择对象：↙ 4）指定基点或[位移（D）]<位移>：（选择步骤 2 中绘制的矩形的中点） 5）指定第二个点或<使用第一个点作为位移>：（选择步骤 1 中绘制的矩形的中点）	

（续）

步骤	命令行操作	图形
4	将步骤2中绘制的矩形向下移动100 1）命令：m↙ 2）选择对象：找到 1 个（选择步骤2中绘制的矩形） 3）选择对象：↙ 4）指定基点或 [位移(D)] <位移>：（使用鼠标任意选取一点） 5）指定第二个点或 <使用第一个点作为位移>：↙100（正交打开）	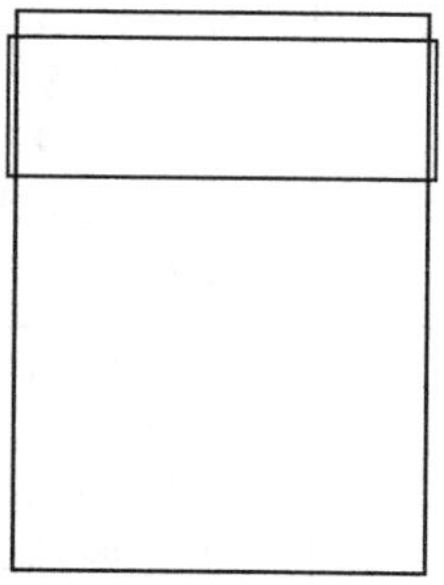
5	将步骤2中绘制的矩形进行圆角，圆角半径为50 1）命令：f↙ 2）选择第一个对象或 [放弃(U)/多段线(P)/半径(R)/修剪(T)/多个(M)]：r↙ 3）指定圆角半径 <0.0000>：50↙ 4）选择第一个对象或 [放弃(U)/多段线(P)/半径(R)/修剪(T)/多个(M)]：p↙ 5）选择二维多段线：（选择步骤2中绘制的矩形）↙	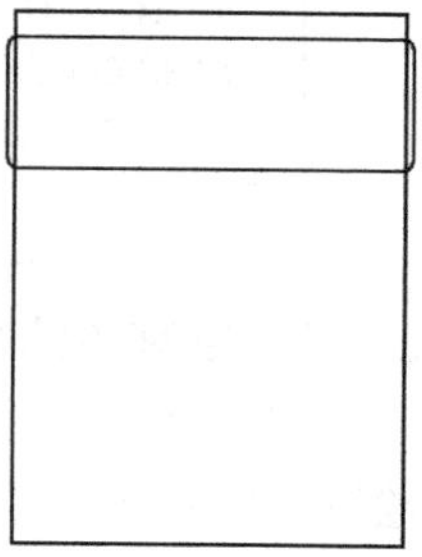
6	修剪多余的线段 1）命令：tr↙ 选择剪切边… 2）选择对象或 <全部选择>：（选择步骤2中绘制的矩形） 3）选择对象：↙ 4）选择要修剪的对象，或按住“Shift”键选择要延伸的对象，或 [栏选(F)/窗交(C)/投影(P)/边(E)/删除(R)/放弃(U)]：（选择两个矩形相交的线段）↙	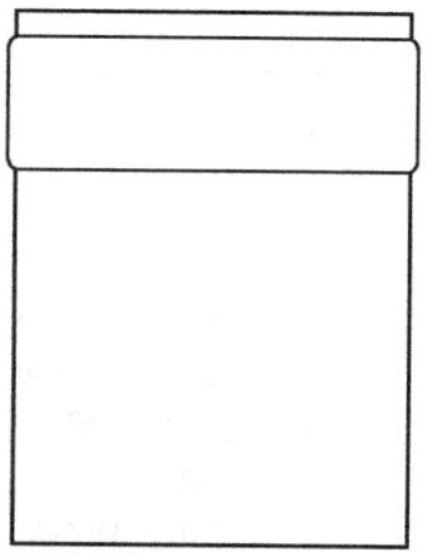
7	将步骤1中绘制的矩形的底边往上偏移200 1）命令：x↙ 选择对象：（选择步骤1中绘制的矩形） 选择对象： 2）命令：o↙ 指定偏移距离或 [通过(T)/删除(E)/图层(L)] <40.0000>：200↙ 选择要偏移的对象或 [退出(E)/放弃(U)] <退出>：（选择步骤1中绘制的矩形的底边） 指定要偏移的一侧上的点或 [退出(E)/多个(M)/放弃(U)] <退出>：（用鼠标单击所选底边的上侧方向）↙	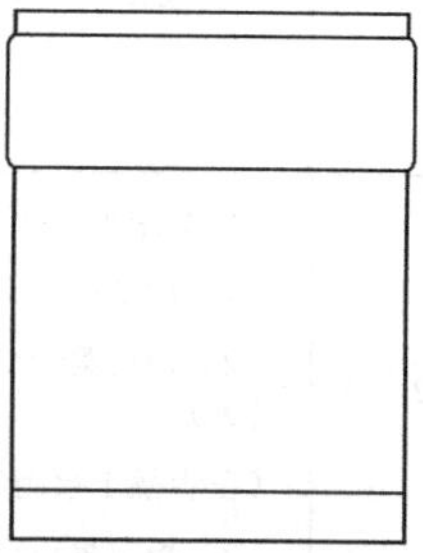
8	将步骤7生成的直线进行阵列，5行，1列，行间距为50 1）命令：_arrayrect ↙ 2）选择对象：（选择步骤7生成的直线） 选择对象：↙ 3）项目数指定对角点或 [基点(B)/角度(A)/计数(C)] <计数>：↙ 4）输入行数或 [表达式(E)] <4>：5↙ 5）输入列数或 [表达式(E)] <4>：1↙ 6）指定对角点以间隔项目或 [间距(S)] <间距>：50↙ 7）按Enter键接受或 [关联(AS)/基点(B)/行(R)/列(C)/层(L)/退出(X)] <退出>：↙	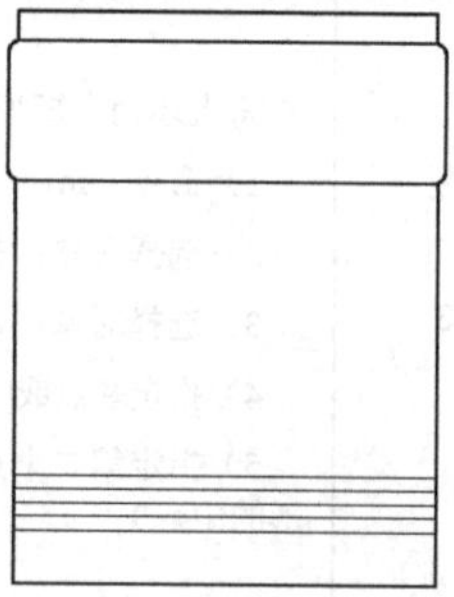

（续）

步　　骤	命令行操作	图　　形
9	将步骤 1 中绘制的矩形的底边进行圆角，圆角半径为 50 1）命令：f↙ 当前设置：模式=修剪，半径=50.0000 2）选择第一个对象或 [放弃（U）/多段线（P）/半径（R）/修剪（T）/多个（M）]：m↙ 3）选择第一个对象或[放弃（U）/多段线（P）/半径（R）/修剪（T）/多个（M）]：（选择角 1 的垂直线） 4）选择第二个对象，或按住“Shift”键选择要应用角点的对象：（选择角 1 的水平线） 5）选择第一个对象或[放弃（U）/多段线（P）/半径（R）/修剪（T）/多个（M）]：（选择角 2 的垂直线） 6）选择第二个对象，或按住“Shift”键选择要应用角点的对象：（选择角 2 的水平线）↙	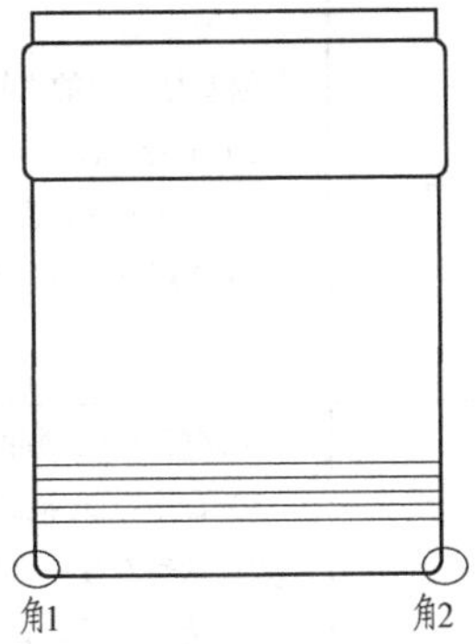 角1　角2

（2）绘制床头柜

绘制床头柜的步骤见表 2-41。

表 2-41　绘制床头柜

步　　骤	命令行操作	图　　形
1	绘制矩形，尺寸为 500×500，带圆角，半径为 50 1）命令：rec↙ 2）指定第一个角点或[倒角（C）/标高（E）/圆角（F）/厚度（T）/宽度（W）]：f↙ 3）指定矩形的圆角半径<0.0000>：50↙ 4）指定第一个角点或 [倒角（C）/标高（E）/圆角（F）/厚度（T）/宽度（W）]： （使用鼠标定点） 5）指定另一个角点或[面积（A）/尺寸（D）/旋转（R）]：@500,500	
2	绘制床头柜上的灯具，直径为 150 1）命令：C↙ 2）指定圆的圆心或 [三点（3P）/两点（2P）/相切、相切、半径（T）]： <对象捕捉追踪开>（使用对象捕捉追踪床头柜的中心位置，如右图所示） 3）指定圆的半径或 [直径（D）]：d↙ 4）指定圆的直径： 150↙	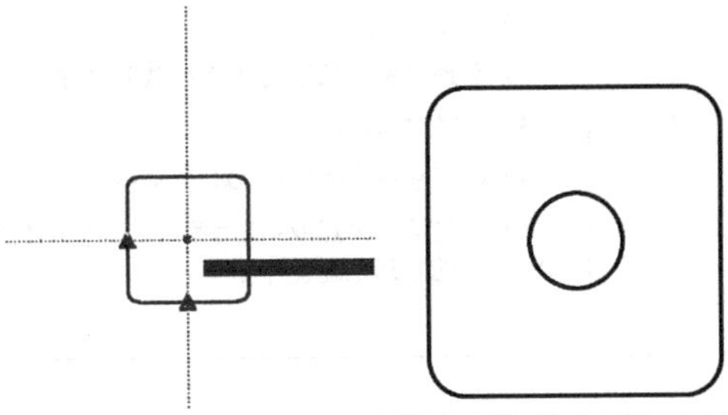
3	使用偏移命令将圆向外偏移 25 1）命令：o↙ 2）指定偏移距离或[通过（T）/删除（E）/图层（L）]<200.0000>：25↙ 3）选择要偏移的对象或[退出（E）/放弃（U）]<退出>：（选择圆） 4）指定要偏移的一侧上的点或 [退出（E）/多个（M）/放弃（U）]<退出>：（用鼠标单击圆的外侧方向）↙	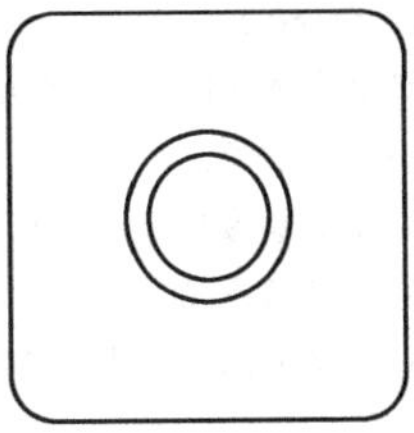

（续）

步　骤	命令行操作	图　形
4	绘制灯具上的直线 1）命令：l↙ 2）LINE 指定第一点：（对象捕捉圆的圆心） 3）指定下一点或[放弃（U）]：150（正交打开）↙	
5	将步骤 4 中绘制的直线阵列 1）命令：arraypolar↙ 2）选择对象：（选择步骤 4 中的直线） 选择对象：↙ 3）指定阵列的中心点或[基点（B）/旋转轴（A）]：（选取灯具圆心） 4）输入项目数或[项目间角度（A）/表达式（E）]<3>：4↙ 5）指定填充角度（+=逆时针、-=顺时针）或[表达式（EX）]<360>：↙ 6）按 Enter 键接受或[关联（AS）/基点（B）/项目（I）/项目间角度（A）/填充角度（F）/行（ROW）/层（L）/旋转项目（ROT）/退出（X）]<退出>：↙	

（3）床头柜定位并生成另一个床头柜

将床头柜放到床边合适的位置，并用镜像命令生成另一个床头柜，见表 2-42。

表 2-42　床头柜定位并生成另一个床头柜

步　骤	命令行操作	图　形
1	将床头柜定位到床边左侧 1）命令：m↙ 2）选择对象：指定对角点：找到 7 个（选择床头柜） 3）选择对象：↙ 4）指定基点或[位移（D）]<位移>：（选择床头柜右侧线段的中点） 5）指定第二个点或<使用第一个点作为位移>：（选择表 2-40 的步骤 2 中绘制的矩形的左侧中点）↙	
2	使用镜像命令生成另一个床头柜 1）命令：mi↙ 2）选择对象：指定对角点：找到 7 个（选择床头柜） 3）选择对象：↙ 4）指定镜像线的第一点：（选择右图中的中点 1） 5）指定镜像线的第二点：（选择右图中的中点 2） 6）要删除源对象吗？[是（Y）/否（N）]<N>：↙	中点1 中点2

本章小结

通过绘制家具，掌握基本的绘图命令和编辑命令的操作。通过本章的学习和练习，能够准确、快速地绘制图形。

上机训练

绘制如图 2-54～图 2-57 所示的家具图形，并将其保存到桌面上的“CAD 文件”文件夹中。

本章上机训练将练习绘制房间的门窗，通过练习可以进一步掌握基本的绘图命令和修改命令的使用，对于上机训练中未练习的内容，读者应自行练习。

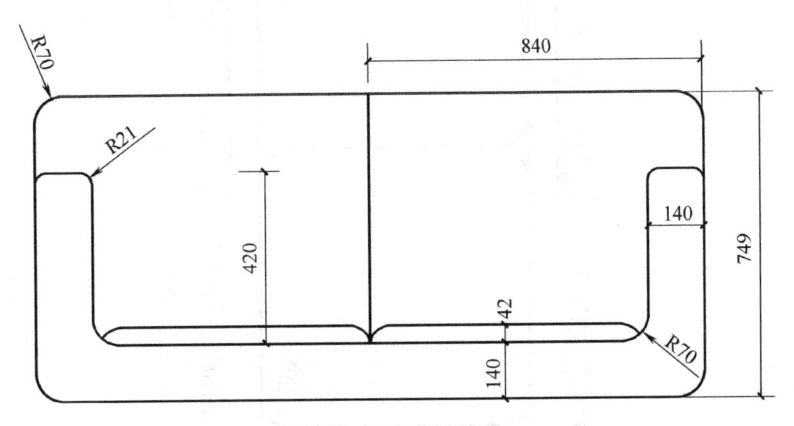

图 2-54　沙发平面图

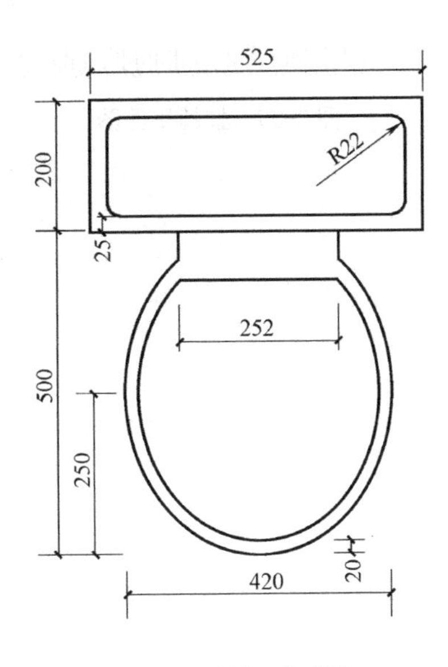

图 2-55　马桶平面图

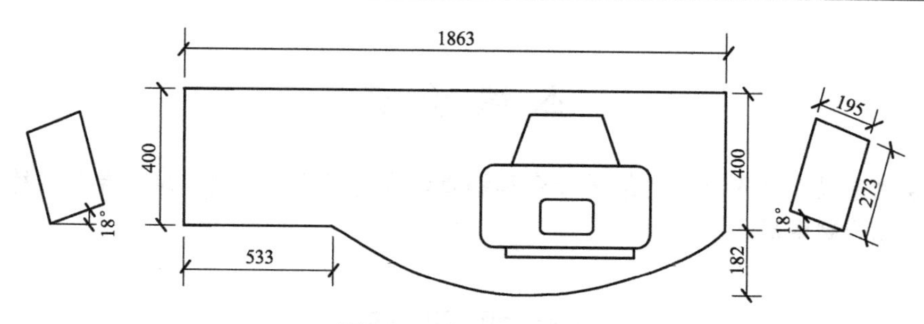

图2-56 电视柜平面图

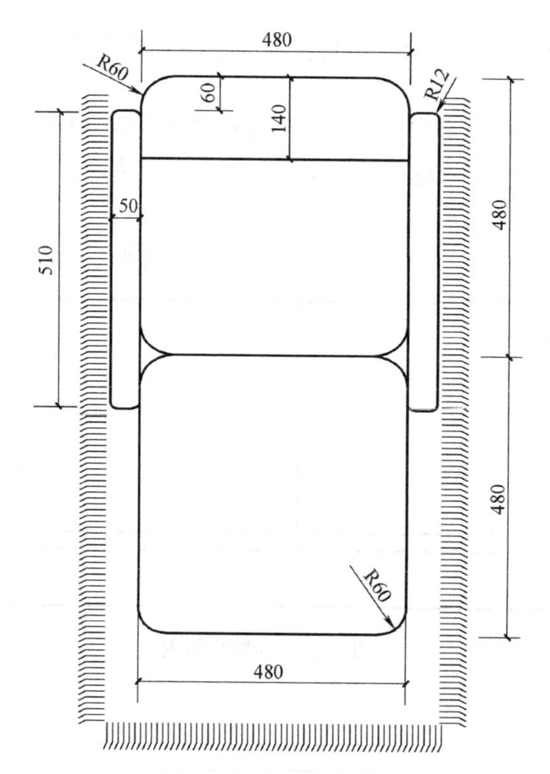

图2-57 摇椅平面图

第3章 绘制住宅空间设计方案图

教学目标

通过学习绘制住宅室内空间装饰施工图，了解图层、线型、线宽、多线样式、多线编辑、定义块、插入块、填充、标注样式、文字样式等多个命令；进一步熟悉基本绘图和编辑命令，掌握CAD中高级绘图、编辑和住宅装饰施工图的绘制程序和绘图技巧。

教学任务

能力目标	操作要点
掌握图层、线型、线宽的操作方法	创建图层、设置线型、线宽
掌握多线、块、填充等命令的操作方法	设置和编辑多线、定义块、插入块、设置填充样式等
掌握文字样式、标注样式等命令的操作方法	设置文字样式、标注样式，书写文字说明，标注尺寸

3.1 绘制住宅平面布局图

绘图命令是使用CAD软件绘制建筑图形的基础，因此掌握基本的绘制命令对于绘制建筑装饰图形是非常重要的，是绘制建筑图形的基础。

任务描述

使用CAD软件绘制住宅平面布局图，如图3-1所示。

本任务分5个步骤完成，如图3-2所示。由于图形复杂，要掌握图层、图块、文本标注等知识点和操作技巧。

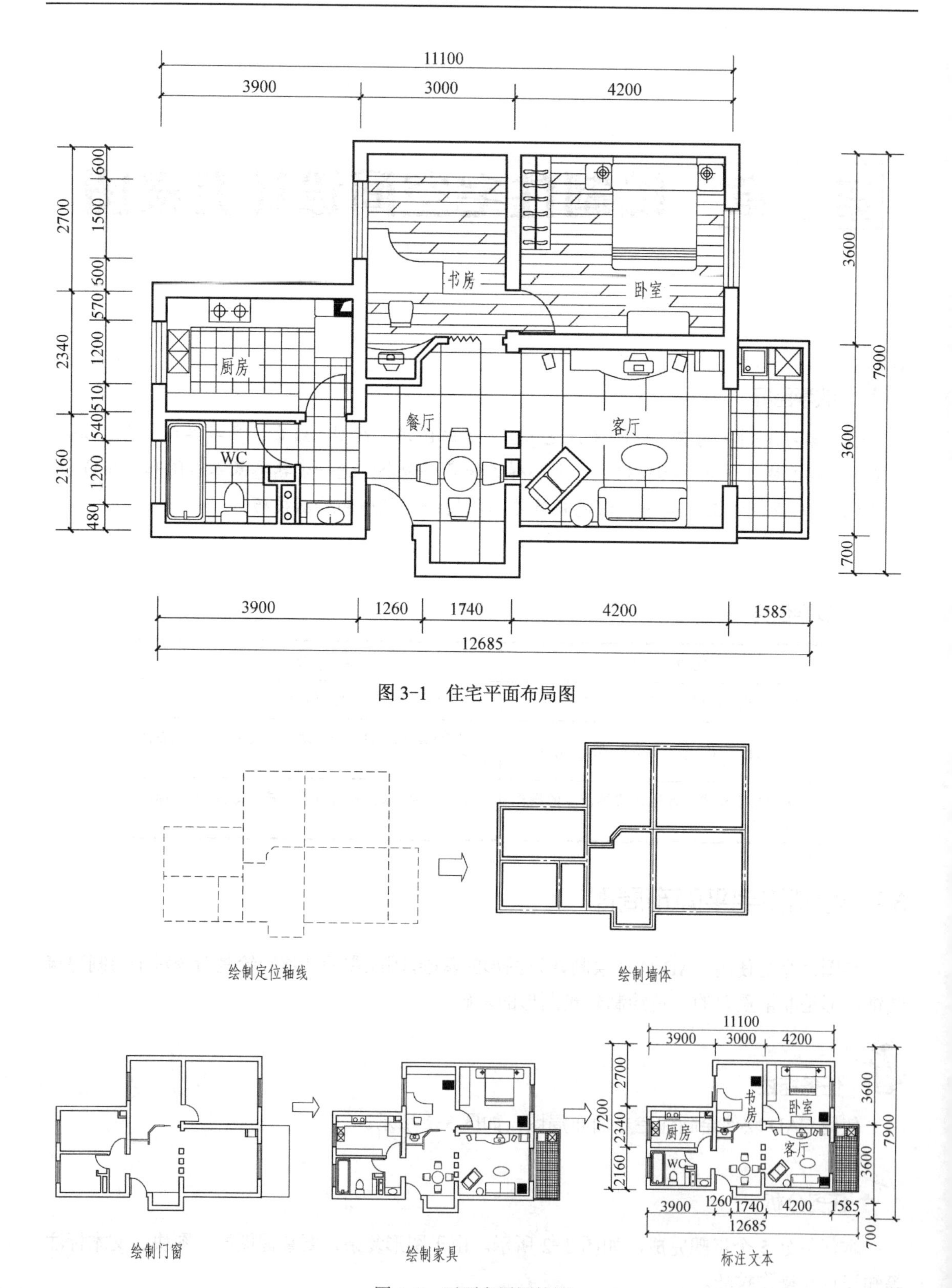

图 3-1 住宅平面布局图

图 3-2 平面布置图绘图

相关知识

3.1.1　设置图层

在传统动画制作中，在不同的透明玻璃纸上作画，透过上面的玻璃纸可以看到叠放在下面的纸上的内容。由于不同层，因此在上一层纸上修改画面不会影响到下面玻璃纸上画的内容。最终，将所有玻璃纸叠加起来，通过移动各层玻璃纸的相对位置或者添加更多的玻璃纸即可改变最后的合成效果。其中，这些玻璃纸就是分隔动画不同部分的层。

在计算机 AutoCAD 软件中，图层类似动画中的玻璃纸。它是计算机绘制图样时使用的重叠图纸。例如，按图 3-3 所示绘制某个部件，可以将轮廓线、机构中心线和尺寸标注放在不同的层上，而将这些层叠放在一起便是一幅完整的机械平面图。图层是图形中使用的主要组织工具。可以使用图层将信息按功能编组，以及执行线型、颜色及其他标准。

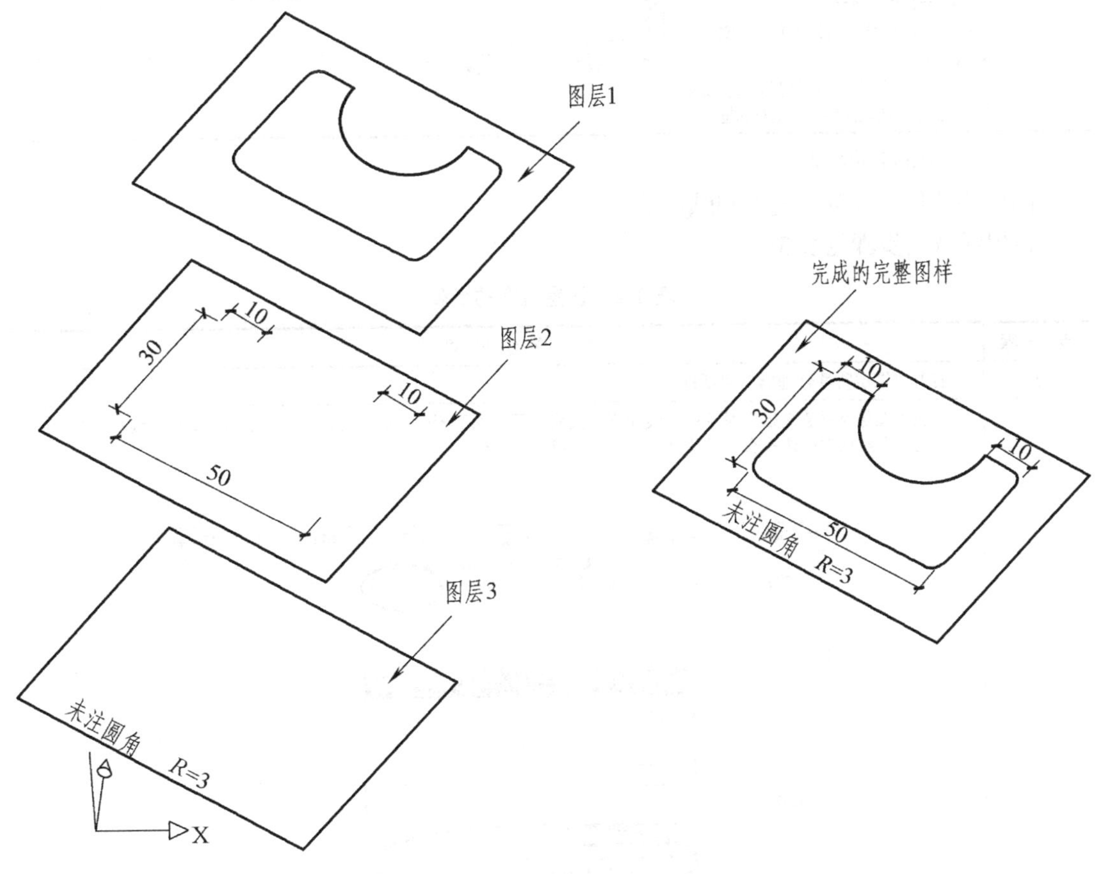

图 3-3　图层示意

通过创建图层，可以将类型相似的对象指定给同一个图层使其相关联。例如，可以将构造线、文字、标注和标题栏置于不同的图层上。然后可以控制其可见性、线型、线宽、颜色、可编辑性和打印样式等。

1．创建和删除图层

（1）创建新图层

创建新图层的命令调用方法和操作步骤见表 3-1。

表 3-1　创建新图层的命令调用方法和操作步骤

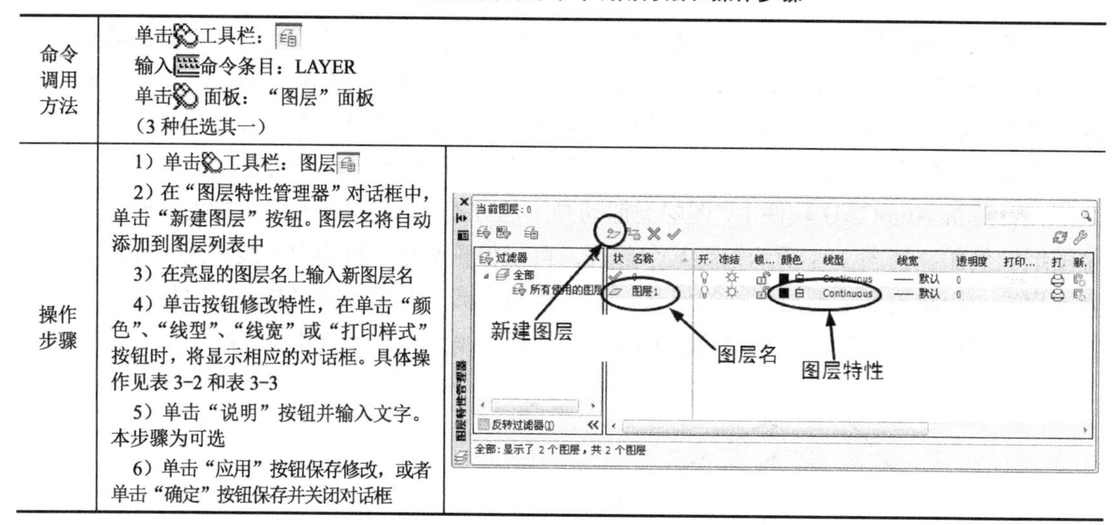

命令调用方法	单击工具栏： 输入命令条目：LAYER 单击面板：“图层”面板 （3 种任选其一）	
操作步骤	1）单击工具栏：图层 2）在“图层特性管理器”对话框中，单击“新建图层”按钮。图层名将自动添加到图层列表中 3）在亮显的图层名上输入新图层名 4）单击按钮修改特性，在单击“颜色”、“线型”、“线宽”或“打印样式”按钮时，将显示相应的对话框。具体操作见表 3-2 和表 3-3 5）单击“说明”按钮并输入文字。本步骤为可选 6）单击“应用”按钮保存修改，或者单击“确定”按钮保存并关闭对话框	

（2）图层特性的控制

图层特性包含线宽、线型和颜色等。

设置线宽的步骤见表 3-2。

表 3-2　设置线宽的步骤

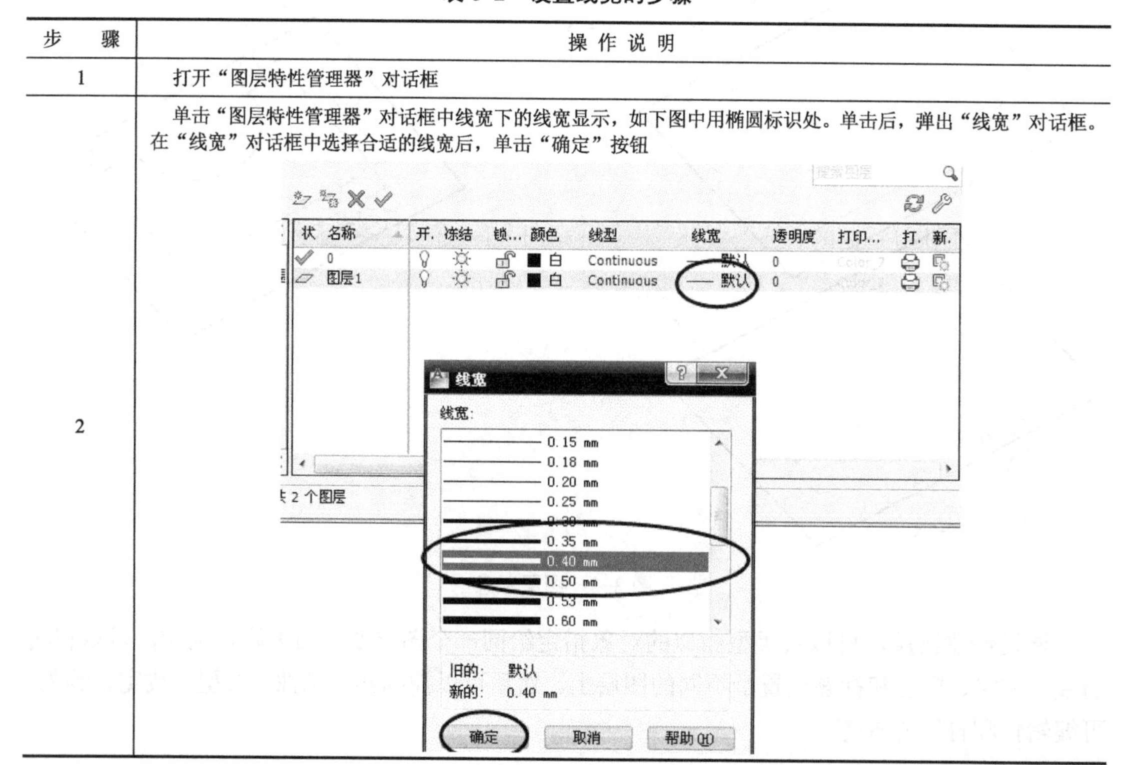

步　骤	操 作 说 明
1	打开“图层特性管理器”对话框
2	单击“图层特性管理器”对话框中线宽下的线宽显示，如下图中用椭圆标识处。单击后，弹出“线宽”对话框。在“线宽”对话框中选择合适的线宽后，单击“确定”按钮

（3）设置线型

设置线型的步骤见表3-3。

表3-3　设置线型的步骤

步　骤	操作说明
1	打开“图层特性管理器”对话框
2	单击“图层特性管理器”对话框中线型下的线型显示，如下图中用椭圆标识处。单击后，弹出“选择线型”对话框。在“选择线型”对话框中选择合适的线型后，单击“确定”按钮 如果没有需要的线型，则可以选择加载新线型。在“选择线型”对话框中单击“加载”按钮，弹出“加载或重载线型”对话框，如下图所示。在该对话框中选择需要的线型后，单击“确定”按钮 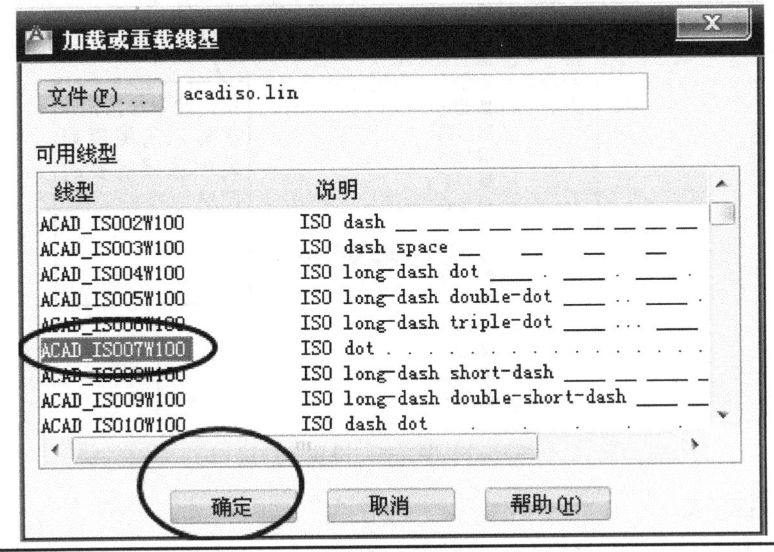

练习：创建如图3-4所示的图层，并设置线型和线宽。

状	名称	开.	冻结	锁...	颜色	线型	线宽	透明度	打印...
✓	0				白	Continuous	—— 默认	0	Color_7
	Defpoints				白	Continuous	—— 默认	0	Color_7
	标注				蓝	Continuous	—— 默认	0	Color_5
	窗				8	Continuous	—— 默认	0	Color_8
	隔断				187	Continuous	—— 0.40 ...	0	Color_...
	家具				红	Continuous	—— 默认	0	Color_1
	门				洋...	Continuous	—— 默认	0	Color_6
	墙				255	Continuous	—— 0.80 ...	0	Color_...
	填充				145	Continuous	—— 默认	0	Color_...
	文字				白	Continuous	—— 默认	0	Color_7
	材质说明				红	Continuous	—— 默认	0	Color_1
	粗线				白	Continuous	—— 0.80 ...	0	Color_7
	灯具				洋...	Continuous	—— 默认	0	Color_6
	辅助				红	Continuous	—— 默认	0	Color_1
	细线				青	Continuous	—— 0.20 ...	0	Color_4
	中线				蓝	Continuous	—— 0.40 ...	0	Color_5
	阳台				绿	Continuous	—— 0.40 ...	0	Color_7
	轴线				12	CENTER	—— 0.25 ...	0	Color_7

图 3-4　图层练习

2. 设置当前层

设置当前层是指将选定图层设置为当前图层。设置当前层的方法有两种：一种是在绘图区，用“图层”工具栏设置，即在“图层”工具栏上单击“图层特性管理器”下拉按钮，如图 3-5 所示；另一种是在“图层特性管理器”对话框中，先选中图层，然后单击☑按钮将该图层确定为当前图层。

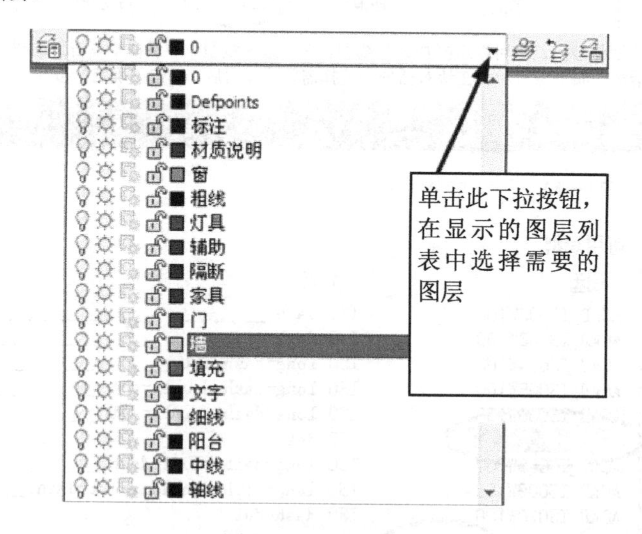

图 3-5　设置当前层

3. 管理图层

管理图层包括对图层的锁定、冻结、关闭、设定图层颜色、设定线型和线宽等，通常用图层特性管理器来管理图层。图层特性管理器中的主要按钮见表 3-4。

表 3-4　图层特性管理器中的主要按钮

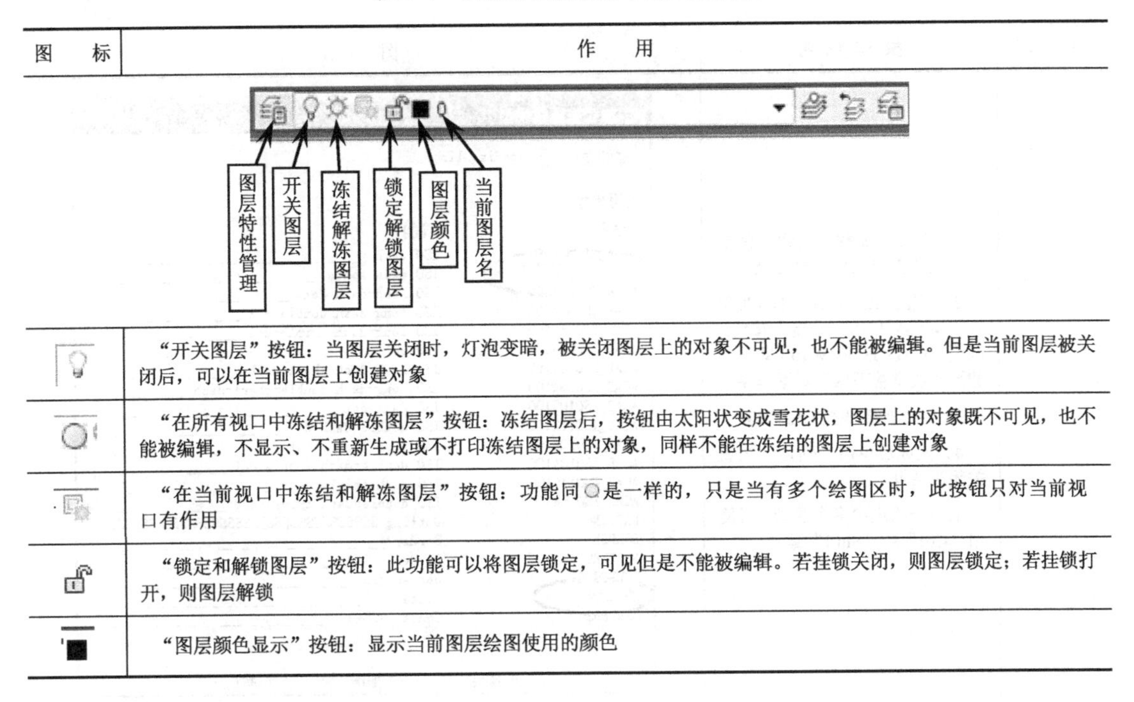

图　标	作　用
(开关图层图标)	“开关图层”按钮：当图层关闭时，灯泡变暗，被关闭图层上的对象不可见，也不能被编辑。但是当前图层被关闭后，可以在当前图层上创建对象
(冻结图标)	“在所有视口中冻结和解冻图层”按钮：冻结图层后，按钮由太阳状变成雪花状，图层上的对象既不可见，也不能被编辑，不显示、不重新生成或不打印冻结图层上的对象，同样不能在冻结的图层上创建对象
(当前视口冻结图标)	“在当前视口中冻结和解冻图层”按钮：功能同○是一样的，只是当有多个绘图区时，此按钮只对当前视口有作用
(锁图标)	“锁定和解锁图层”按钮：此功能可以将图层锁定，可见但是不能被编辑。若挂锁关闭，则图层锁定；若挂锁打开，则图层解锁
(颜色图标)	“图层颜色显示”按钮：显示当前图层绘图使用的颜色

3.1.2　绘制定位轴线

1．线型的设定

对于 AutoCAD 绘制的图形，如果不单独为其指定线型，它所使用的线型即为其所在图层的线型。AutoCAD 的线型文件提供了丰富的线型，如实线、虚线、点画线和中点线等。

下面以加载 ACAD_ISO03W100 和 CENTER 线型为例介绍线型的加载方法，见表 3-5。

表 3-5　线型的加载方法

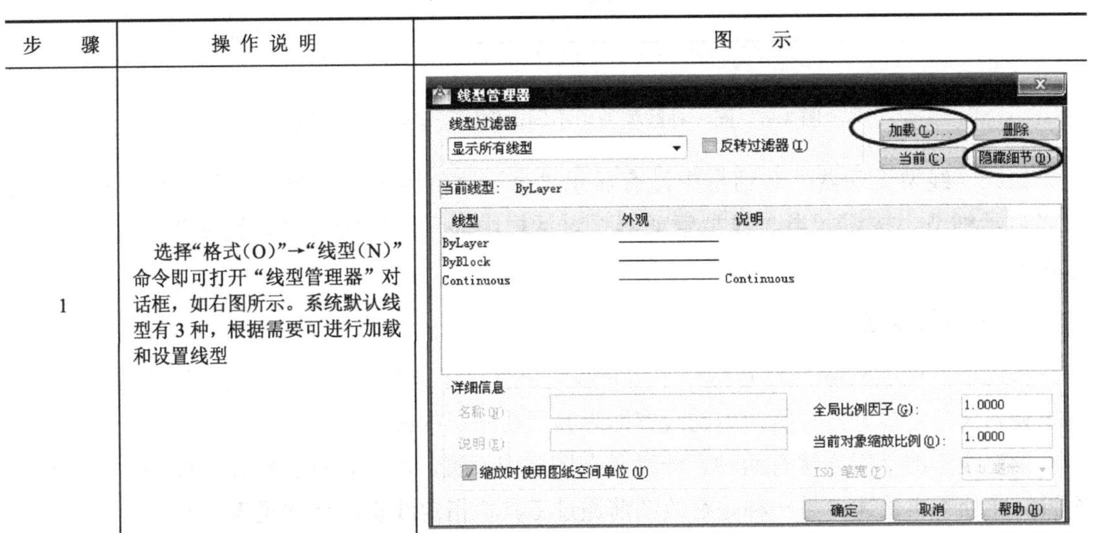

步　骤	操 作 说 明	图　示
1	选择“格式(O)”→“线型(N)”命令即可打开“线型管理器”对话框，如右图所示。系统默认线型有 3 种，根据需要可进行加载和设置线型	(线型管理器对话框)

（续）

步　骤	操作说明	图　示
2	1）单击“加载”按钮，弹出“加载或重载线型”对话框 2）选择线型 ACAD_ISO03W100，然后单击“确定”按钮，线型 ACAD_ISO03W100 即被加载至“线型管理器”对话框中 3）继续加载线型 CENTER 4）完成后单击“确定”按钮关闭对话框 若要一次选中多个线型，可使用“Ctrl”或“Shift”键	加载或重载线型 文件(F)... acadiso.lin 可用线型 线型 说明 ACAD_ISO02W100 ISO dash ACAD_ISO03W100 ISO dash space ACAD_ISO04W100 ISO long-dash dot ACAD_ISO05W100 ISO long-dash double-dot ACAD_ISO06W100 ISO long-dash triple-dot ACAD_ISO07W100 ISO dot ACAD_ISO08W100 ISO long-dash short-dash ACAD_ISO09W100 ISO long-dash double-short-dash ACAD_ISO10W100 ISO dash dot ACAD_ISO11W100 ISO double-dash dot ACAD_ISO12W100 ISO dash double-dot ACAD_ISO13W100 ISO double-dash double-dot ACAD_ISO14W100 ISO dash triple-dot ACAD_ISO15W100 ISO double-dash triple-dot BATTING Batting SSSSSSSSSSSSSSSSSSSSSSSSSSSSSSSSS BORDER Border BORDER2 Border (.5x) BORDERX2 Border (2x) CENTER Center CENTER2 Center (.5x) 确定 取消 帮助(H)

“线型管理器”对话框中的“全局比例因子”参数用于设置当前图形中所有对象的线型比例，“当前对象缩放比例”参数只对新绘制的图形起作用。设置不同的“全局比例因子”参数，图形显示的效果不同。图3-6所示为同一种线型使用不同比例因子参数的显示效果。

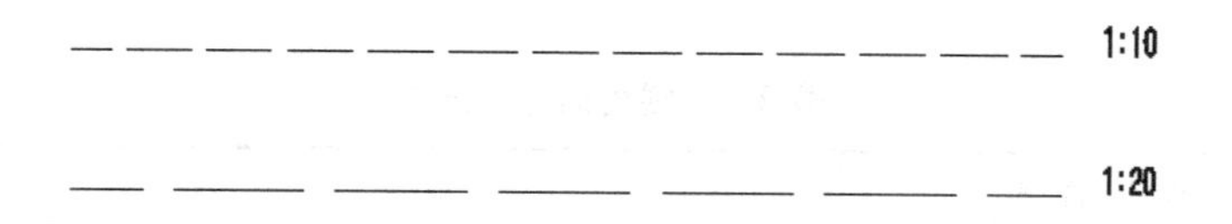

图3-6　同一种线型使用不同比例因子参数的显示效果

如果“线型管理器”对话框中没有显示“全局比例因子”参数，可单击对话框右上角的“显示细节”按钮（当“线型管理器”对话框中显示线型细节时，则变为“隐藏细节”按钮）。

2. 线宽的设定

和线型一样，AutoCAD也提供了多种线宽供使用者选择。同样，所有绘制的图形，如果不单独为其指定线宽，它所使用的线宽即为其所在图层的线宽。

设定线宽的常用方法有两种。一种是在图层中设置，具体过程已经在“图层”工具栏介绍过，此处不再赘述；另一种是在绘图前通过工具栏指定线宽，步骤见表3-6。

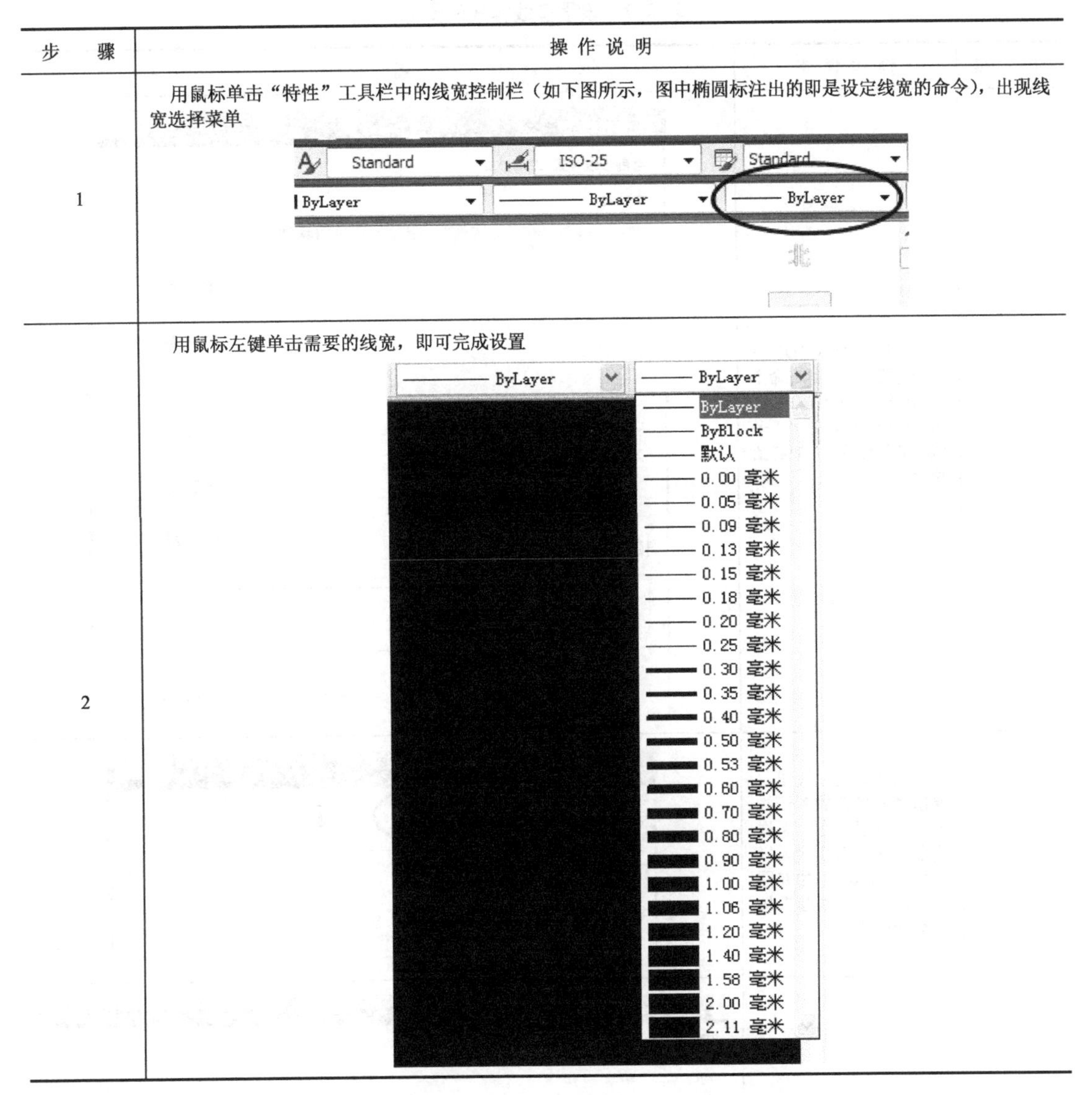

表 3-6　设定线宽的步骤

步　骤	操 作 说 明
1	用鼠标单击“特性”工具栏中的线宽控制栏（如下图所示，图中椭圆标注出的即是设定线宽的命令），出现线宽选择菜单
2	用鼠标左键单击需要的线宽，即可完成设置

当线宽设置完成后，绘图时线宽并没有表现出来，这是因为状态栏中的“线宽”按钮为关闭状态，所以图中不显示线宽，单击状态栏中的“线宽”按钮，则绘图区显示线宽。

注：也可以通过选择格式（O）→线宽（W）命令设置当前线宽、线宽显示选项和线宽单位，选定后，弹出“线宽设置”对话框，学生可自行练习设置线宽。

3.1.3　绘制和编辑墙体

1．多线的绘制

多线主要用于绘制墙体。为表示不同厚度的墙体，需要设置多种多线元素的间距，并将各种设置保存为多线样式，方便以后使用。设置多线样式的步骤见表 3-7。

表 3-7 设置多线样式的步骤

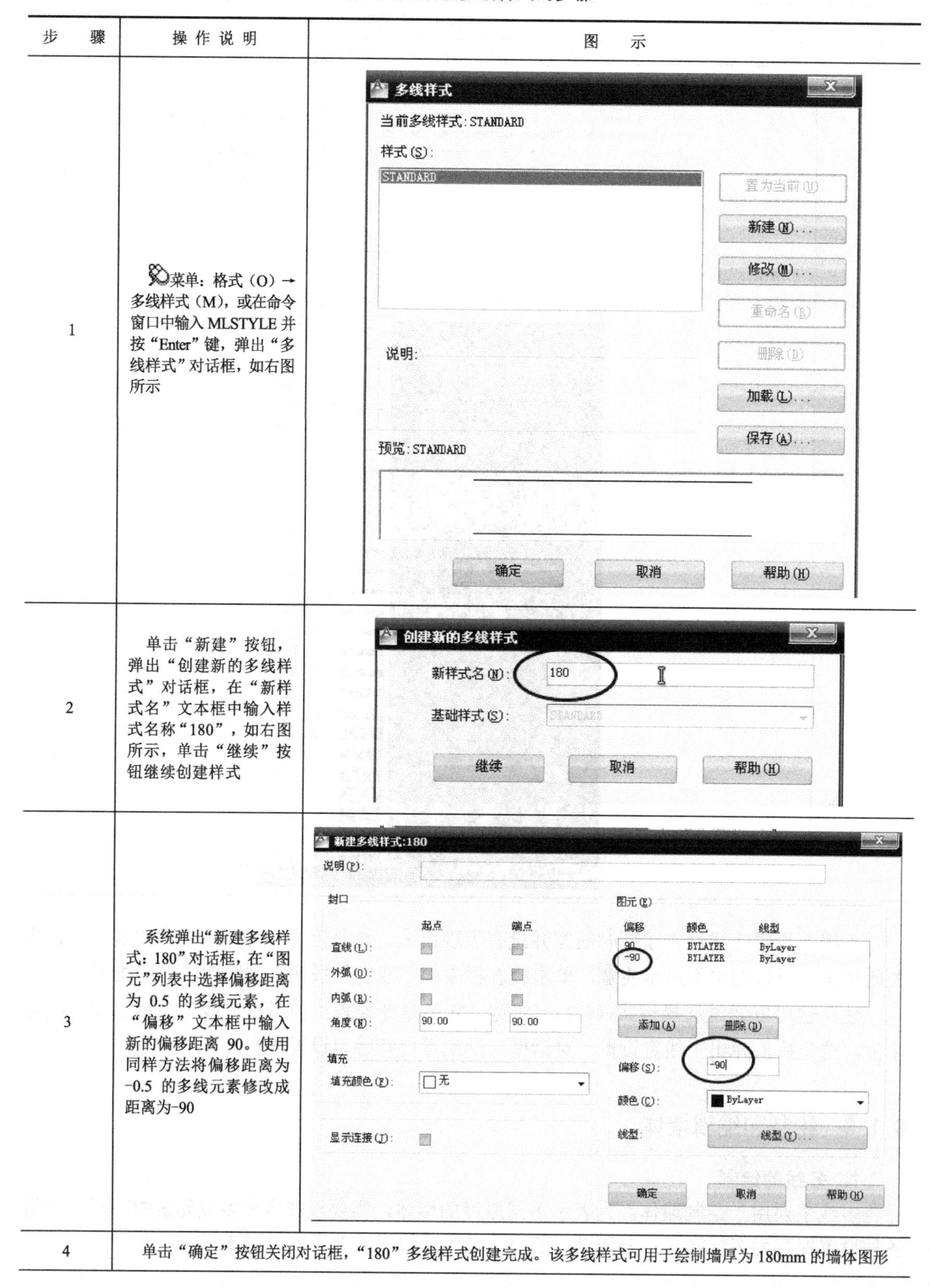

步　骤	操 作 说 明	图　示
1	菜单：格式（O）→多线样式（M），或在命令窗口中输入 MLSTYLE 并按“Enter”键，弹出“多线样式”对话框，如右图所示	
2	单击“新建”按钮，弹出“创建新的多线样式”对话框，在“新样式名”文本框中输入样式名称“180”，如右图所示，单击“继续”按钮继续创建样式	
3	系统弹出“新建多线样式：180”对话框，在“图元”列表中选择偏移距离为 0.5 的多线元素，在“偏移”文本框中输入新的偏移距离 90。使用同样方法将偏移距离为-0.5 的多线元素修改成距离为-90	
4	单击“确定”按钮关闭对话框，“180”多线样式创建完成。该多线样式可用于绘制墙厚为 180mm 的墙体图形	

（续）

步　骤	操 作 说 明	图　示
5	“新建多线样式：180”对话框中的“图元”列表列举了当前多线的样式特征，包括封口情况、各元素的偏移量、颜色和线型等，可酌情调整。例如，若需要增加元素，可单击“添加”按钮，此时在“图元”列表中将加入一个偏移量为 0 的新元素，然后修改该元素的偏移量、颜色和线型即可	

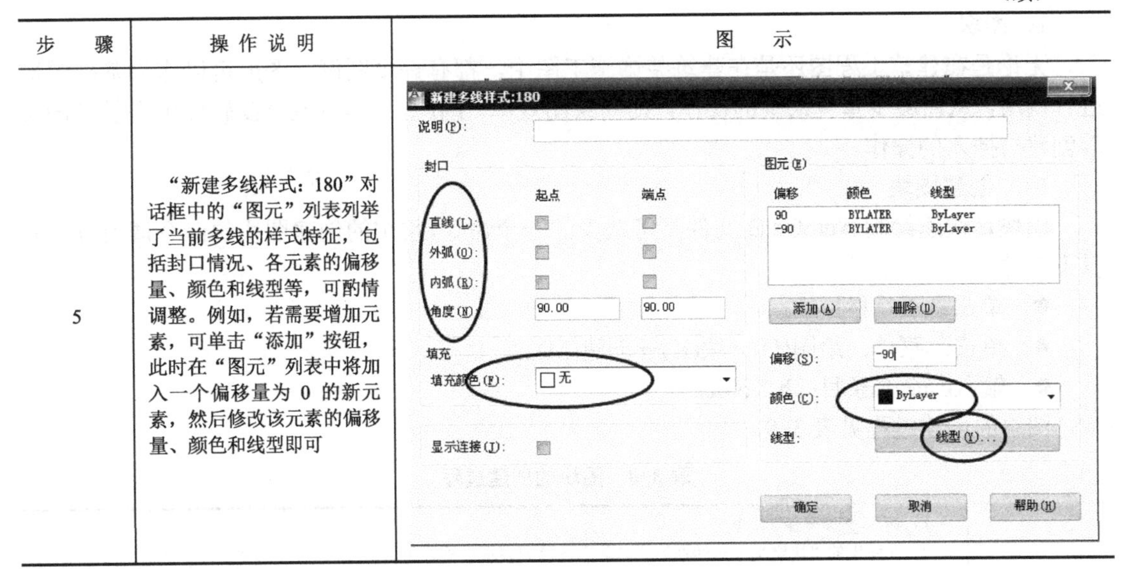

2. 多线的编辑

多线的编辑是能够快速进行多个多线同时编辑的命令，多线的编辑步骤见表 3-8。

表 3-8　多线编辑的命令调用方法和操作步骤

命令调用方法	单击菜单：修改(M)→对象(O)→多线(M)... 命令条目：mledit	
操 作 步 骤	（1）建立闭合的十字形交点 1）依次单击修改(M)→对象(O)→多线(M)，弹出“多线编辑工具”对话框 2）在“多线编辑工具”对话框中选择“十字闭合”选项 3）在绘图区选择相应多线，可多次选择，完成后，按“Enter”键 （2）从多线中删除顶点 1）依次单击修改(M)→对象(O)→多线(M)，弹出“多线编辑工具”对话框 2）在“多线编辑工具”对话框中选择“删除顶点”选项 在图形中指定要删除的顶点，然后按“Enter”键	
备　注	“多线编辑工具”对话框中有 4 列工具，第一列控制交叉的多线，第二列控制 T 形相交的多线，第三列控制角点结合和顶点，第四列控制多线中的打断	

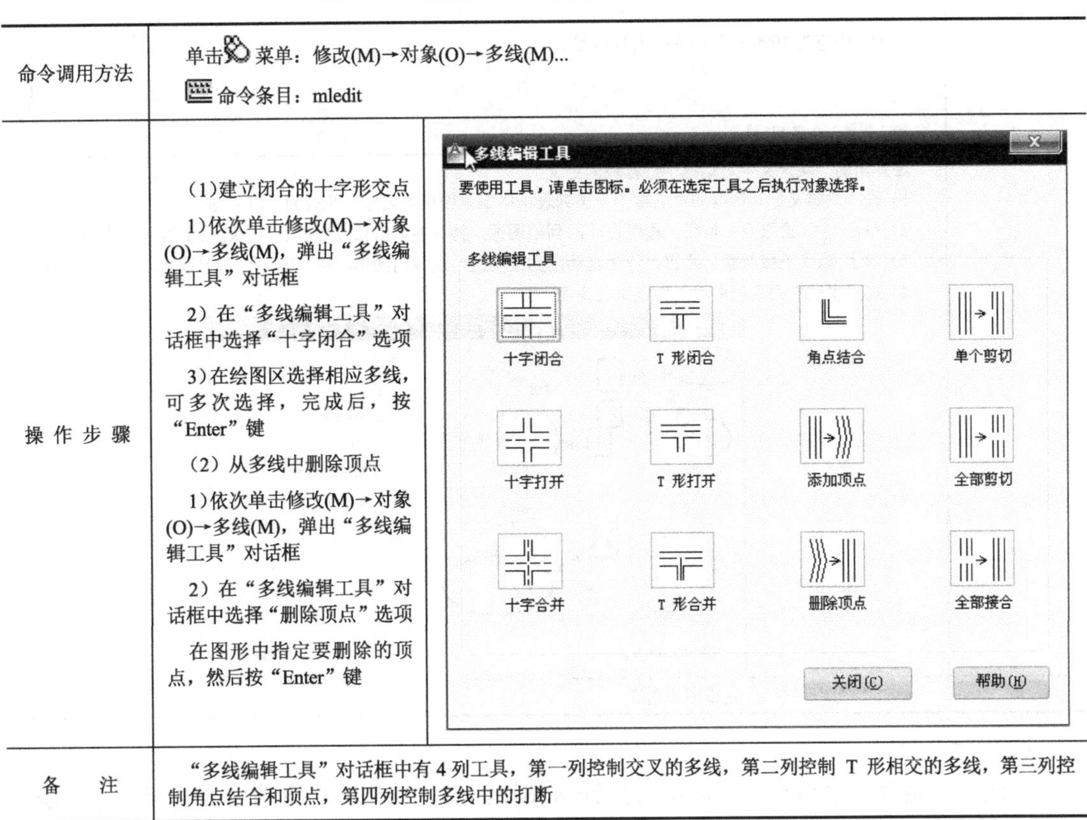

3.1.4　绘制门窗

1. 图块

无论是在建筑工程图还是在建筑装饰施工图中，都有许多图例、图形可以作为基础图形进行调用，从而减少重复绘制的操作，提高绘图效率。因此，在 AutoCAD 软件中提供了图块的创建与插入的操作。

（1）创建图块

图块是快速绘制 AutoCAD 文件不可缺少的一个命令。常用的创建图块的命令调用方法有以下 3 种：

- 单击工具栏：
- 单击菜单：绘图(D)→块(K)→创建(M)...
- 输入命令条目：b（block）

图块的创建过程见表 3-9。

表 3-9　图块的创建过程

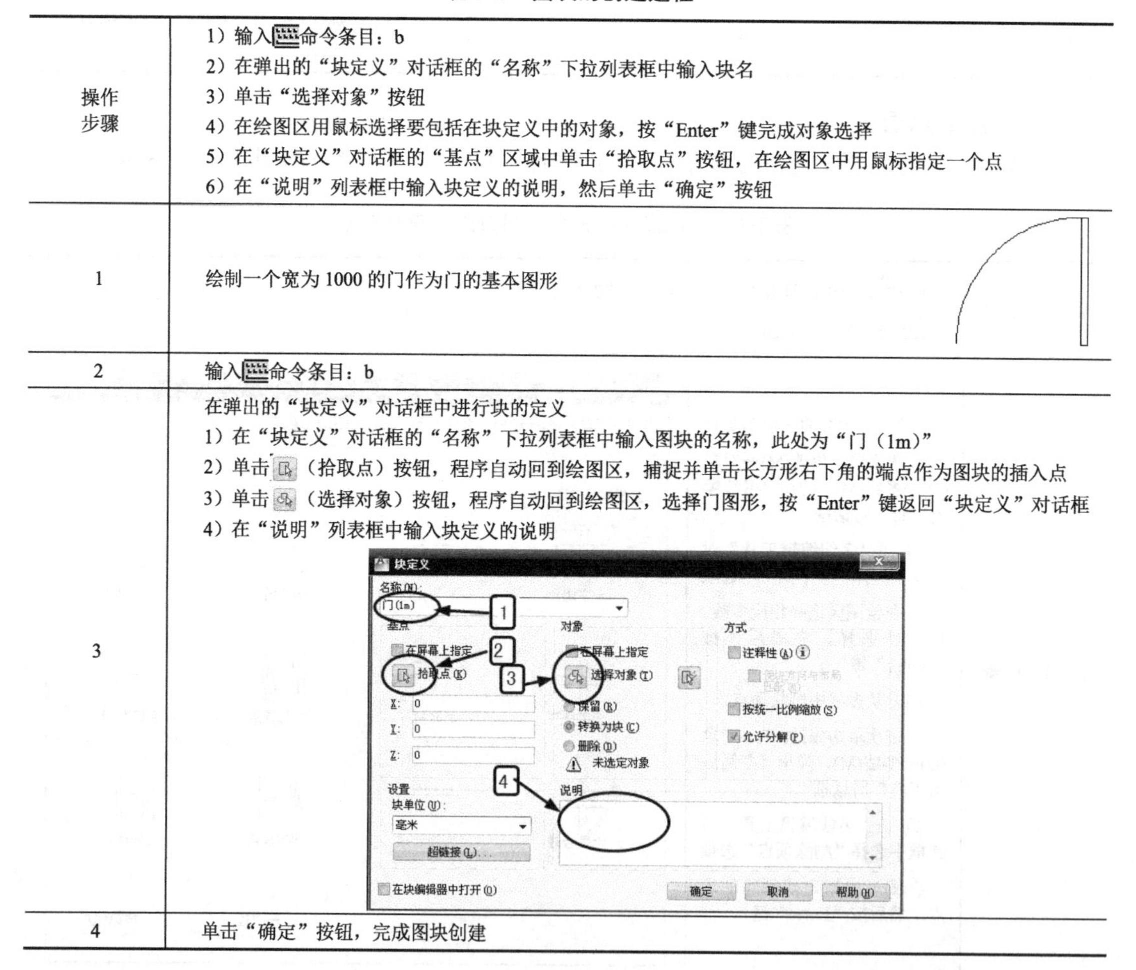

操作步骤	1）输入命令条目：b 2）在弹出的“块定义”对话框的“名称”下拉列表框中输入块名 3）单击“选择对象”按钮 4）在绘图区用鼠标选择要包括在块定义中的对象，按“Enter”键完成对象选择 5）在“块定义”对话框的“基点”区域中单击“拾取点”按钮，在绘图区中用鼠标指定一个点 6）在“说明”列表框中输入块定义的说明，然后单击“确定”按钮
1	绘制一个宽为 1000 的门作为门的基本图形
2	输入命令条目：b
3	在弹出的“块定义”对话框中进行块的定义 1）在“块定义”对话框的“名称”下拉列表框中输入图块的名称，此处为“门（1m）” 2）单击（拾取点）按钮，程序自动回到绘图区，捕捉并单击长方形右下角的端点作为图块的插入点 3）单击（选择对象）按钮，程序自动回到绘图区，选择门图形，按“Enter”键返回“块定义”对话框 4）在“说明”列表框中输入块定义的说明
4	单击“确定”按钮，完成图块创建

（2）插入图块

创建图块是为了以后绘图时能够直接插入图块，插入图块的命令调用方法和操作步骤见表 3-10。

表 3-10　插入图块的命令调用方法和操作步骤

命令调用方法	单击工具栏： 单击菜单：插入(I)→块(B)... 输入命令条目：i (insert) （3 种任选其一）
操作步骤	1）在“插入”对话框的“名称”下拉列表框中，从块定义列表中选择块名称 2）如果需要使用定点设备指定插入点、比例和旋转角度，选择“在屏幕上指定”复选框。否则，在“插入点”、“比例”和“旋转”框中分别输入值 3）如果要将块中的对象作为单独的对象而不是单个块插入，选择“分解”复选框 4）单击“确定”按钮

例：请分别按照以下要求插入门图块。

要求：① 比例为 1，角度为 0°

② x=0.5，y=0.5，角度为 0°

③ 比例为 1，角度为-45°

操作过程：

1）在“插入”对话框的“名称”下拉列表框中，从块定义列表中选择“门（1m)”。

2）如果在“块单位”区域下的“比例”文本框中输入 1，在“旋转”区域下的“角度”文本框中输入 0，然后单击“确定”按钮，则结果如图 3-7a 所示。

3）如果在“比例”区域下的 XY 文本框中输入 0.5，在 Z 文本框中输入 0；在“旋转”区域下的“角度”文本框中输入 0，然后单击“确定”按钮，则结果如图 3-7b 所示。

4）如果在“块单位”区域下的“比例”文本框中输入 1，在“旋转”区域下的“角度”文本框中输入–45，然后单击“确定”按钮，则结果如图 3-7c 所示。

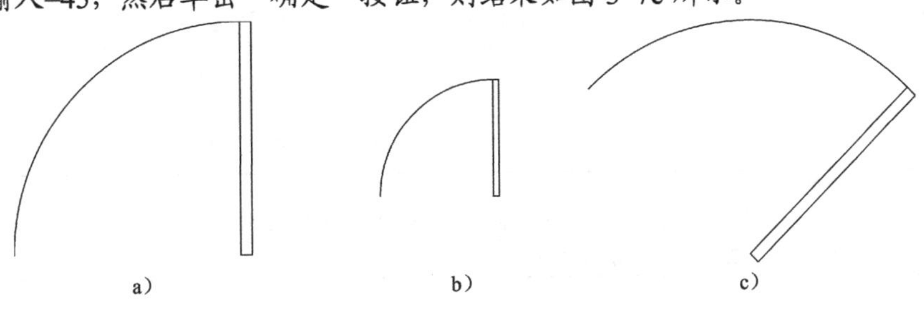

图 3-7　插入门图块

a）插入比例为 1，角度为 0°　b）插入比例 x=0.5，y=0.5，角度为 0°　c）插入比例为 1，角度为-45°

(3) 分解图块

将块对象分解为单个对象，如果一个块包含一个多段线或嵌套块，那么对该块的分解就首先显露出该多段线或嵌套块，然后再分别分解该块中的各个对象。分解图块的步骤见表 3-11。

表 3-11 分解图块的步骤

步骤	操作说明
1	单击工具栏： 单击菜单：修改(M)→分解(X) 输入命令条目：x（explode）
2	选择要分解的块（可多选）
3	按“Enter”键或空格键或单击鼠标右键结束命令

块参照已分解为其组成对象；但是，块定义仍存在于图形中，以后还可以继续插入此块。

2. 写块

写块用于将对象或块写成新图形文件。

由选定对象创建新图形文件的步骤见表 3-12。

表 3-12 写块的步骤

步骤	操作说明
1	打开现有图形或创建新图形 在命令提示下，输入 w(wblock)
2	(1) 选择基点 在“写块”对话框中单击“拾取点”按钮，自动回到绘图界面，用鼠标选择一点作为图形基点 (2) 选择图形对象 在“写块”对话框中选择“对象”单选按钮 单击“选择对象”按钮，程序回到绘图界面，用鼠标选择用于创建新图形的对象 注意，在选择对象时要确保未选择“从图形中删除”单选按钮。如果选择了该单选按钮，在命令结束后将从图形中删除所选对象。如果删除了，也可使用 OOPS 恢复 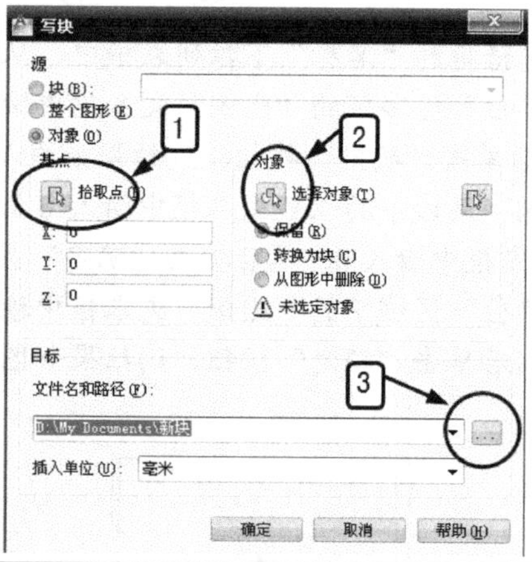
3	选择存储目录 在“写块”对话框中单击“...”按钮选择输入新图形的文件名称和路径
4	单击“确定”按钮，完成新图形的创建

3.1.5 绘制家具配景

填充的命令调用方法和操作步骤见表 3-13。

表 3-13　填充的命令调用方法和操作步骤

<table>
<tr><td>命令调用方法</td><td>单击 工具栏：
单击 菜单：绘图(D)→图案填充(H)
输入 命令条目：h（hatch）
（3 种任选其一）</td></tr>
<tr><td>操作步骤</td><td>1）命令：h
（可以调出“图案填充和渐变色”对话框）

2）选择填充区域。填充区域的选择有两种方式，一种是“添加点”，鼠标左键单击“添加点”后，在要填充的每个区域内指定一点，系统在所选点的周围自动寻找闭合的区域以划定填充范围；第二种是“填充对象”，单击“添加：选择对象”，选择需要填充的图形，则可以根据选择的二维闭合对象进行填充
注：无论添加点还是添加对象，填充的区域必须是闭合的，不然系统无法填充
3）选择图案类型。单击“样例”图框，则系统自动调出“填充图案选项板对话框”，可以选择合适的图案，在选择好图案后，单击确定，则回到“图案填充和渐变色”对话框

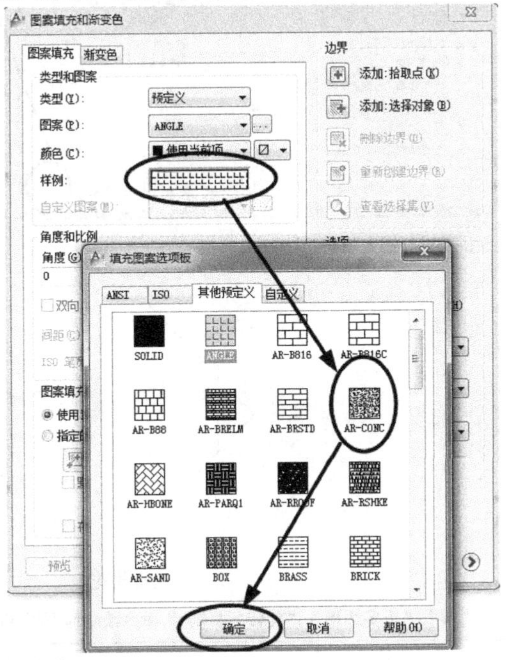

4）调整选择的图案比例、角度</td></tr>
</table>

（续）

操作步骤

角度是填充图案的填充角度，按逆时针方向为正角进行调整

比例是填充图案的大小，比例越大，则填充图案越大

5）如果需要，在“图案填充和渐变色”对话框中进行调整

6）图案填充原点的设置会影响图案填充的成果，如下图所示

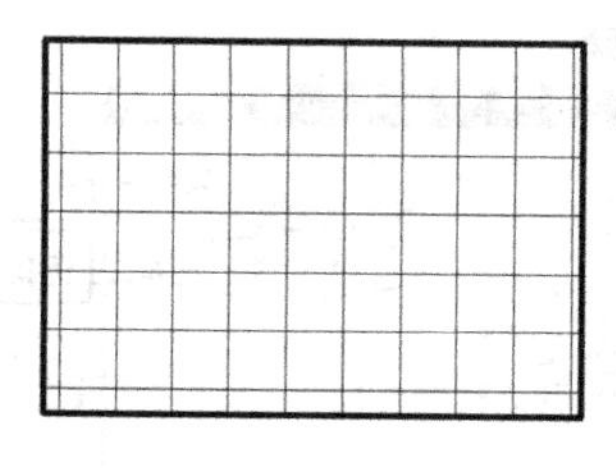

使用当前原点时填充的图案（注意边缘）

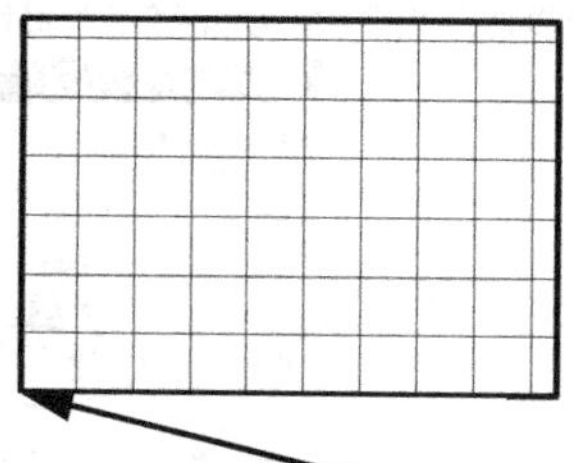

选定左下角为原点后填充的图案

当填充边界为多重时，可使用孤岛检测模式，选择合适的填充样式，如下图所示

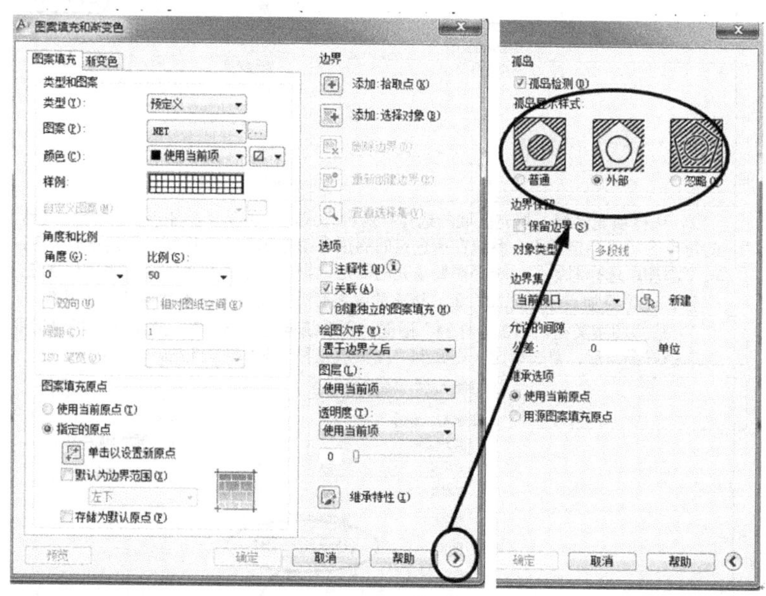

对下列地面拼花进行图案填充

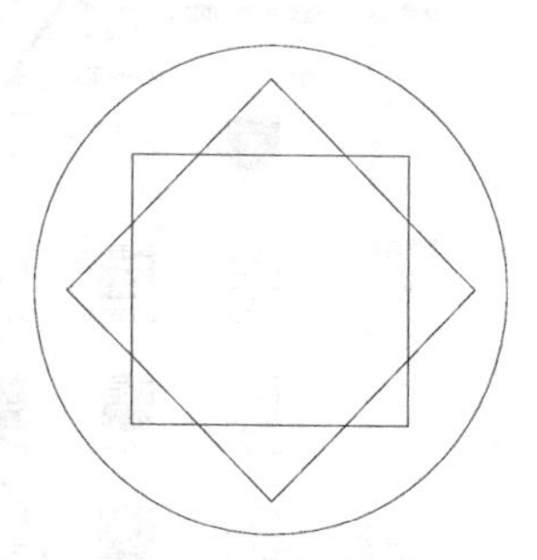

地面拼花

第一步，用“圆”、“正多边形”、“旋转（复制）”命令绘制地面拼花图形

（续）

操作步骤

命令：h

HATCH（出现“图案填充和渐变色”对话框，在对画框中选择图案和填充界限）

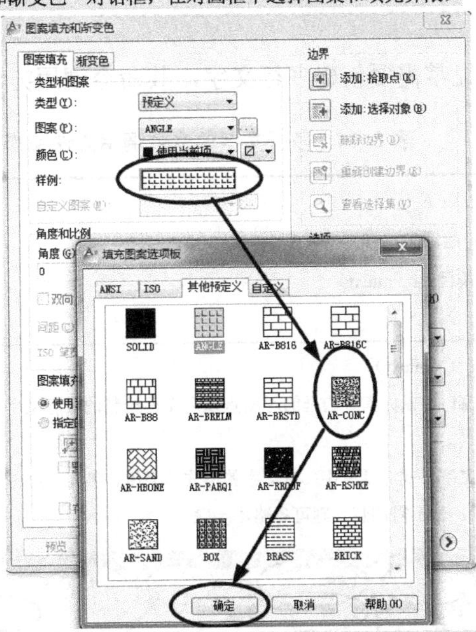

拾取内部点或[选择对象(S)/删除边界(B)]：（鼠标单击选择正多边形和圆形中间的区域任一点）

第二步，用“填充”命令填好外围

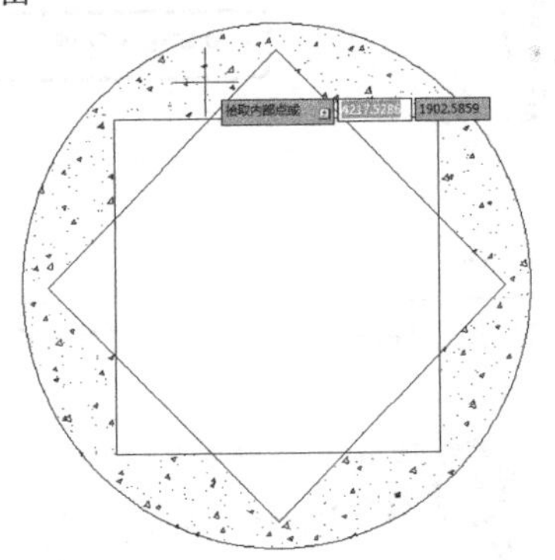

正在选择所有对象...

在选择所有可见对象...

正在分析所选数据...

正在分析内部孤岛...

拾取内部点或［选择对象(S)/删除边界(B)］：（单击鼠标右键结束选择）

第三步，用同样的方法绘制填充其他区域

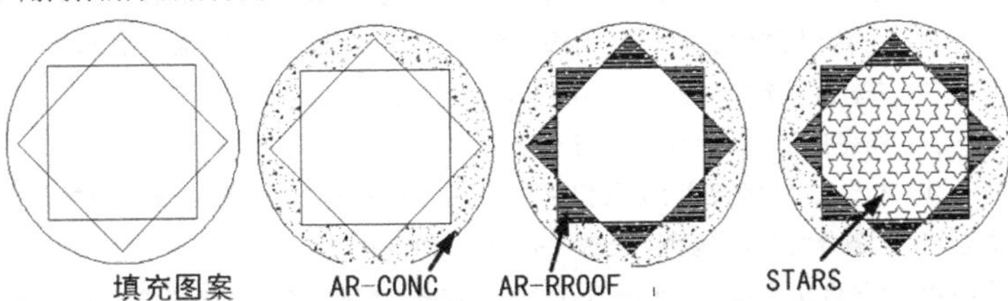

3.1.6 标注尺寸和文本

1. 多行文字

在绘制图形时，经常需要创建多行文字，其命令调用方法和操作步骤见表 3-14。

表 3-14 多行文字的命令调用方法和操作步骤

命令调用方法	单击工具栏：A 单击菜单：绘图(D)→文字(X)→多行文字(M) 输入命令条目：t（mtext） （3 种任选其一）
操作步骤	1）命令条目：t（mtext） 2）回到绘图窗口用鼠标指定边框的对角点以定义要绘制的多行文字对象的位置，如右图所示 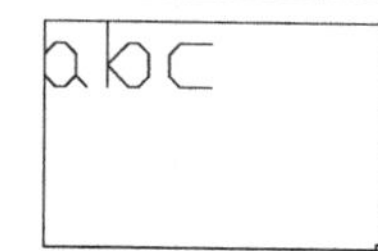 3）在出现的文字格式对话框中，对文字的样式、字体、字高、对齐方式等选项进行调整，如下图所示。若不需调整，则可省略本步骤 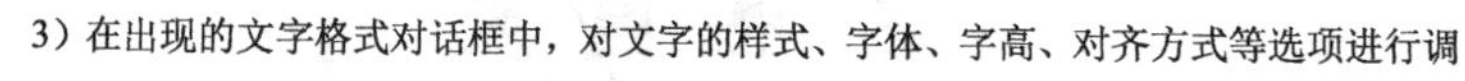 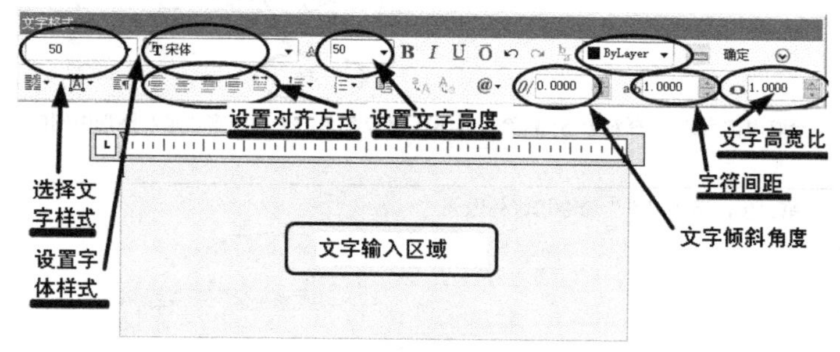 4）输入文字 5）单击“确定”按钮退出
	为文字输入方便，可设置文字样式，文字样式的设置命令可选择菜单栏中“格式—文字样式”或在工具栏中单击命令按钮，如下图所示： 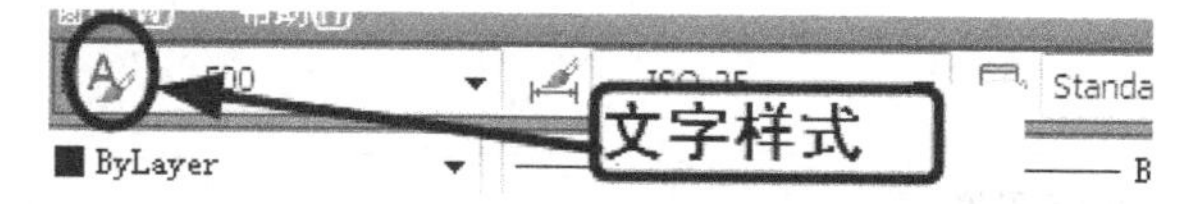 文字样式设置过程如下： 第一步：单击“新建”按钮，弹出“新建文字样式”对话框，如图中 1 所示 第二步：指定新的样式名称，一般可选择字体字高作为样式名称，如希望输出文字为仿宋体 300mm 高，则文字样式可命名为“仿宋 300”，如图中 2 所示 第三步：选定好字体后，单击确定，则界面跳转回到“文字样式”对话框，如图中 3 所示 第四步：在字体栏选定字体样式，可选宋体或仿宋、黑体、楷体等，如图中 4 所示 第五步：在样式栏选常规即可，不需改动，如图中 5 所示 第六步：在高度栏给出文字高度，可参考字体名称，如图中 6 所示 第七步：指定文字的宽度因子，比例为 1 时，文字比例正常，当比 1 小时，文字会变得瘦长，比 1 大时，文字变得矮宽；倾斜角度指文字倾斜，一般可不改动，如图中 7 所示 第八步：上述修改完成后，可单击“应用”命令按钮，则新文字样式保存并被设为当前文字样式，如图中 8 所示

（续）

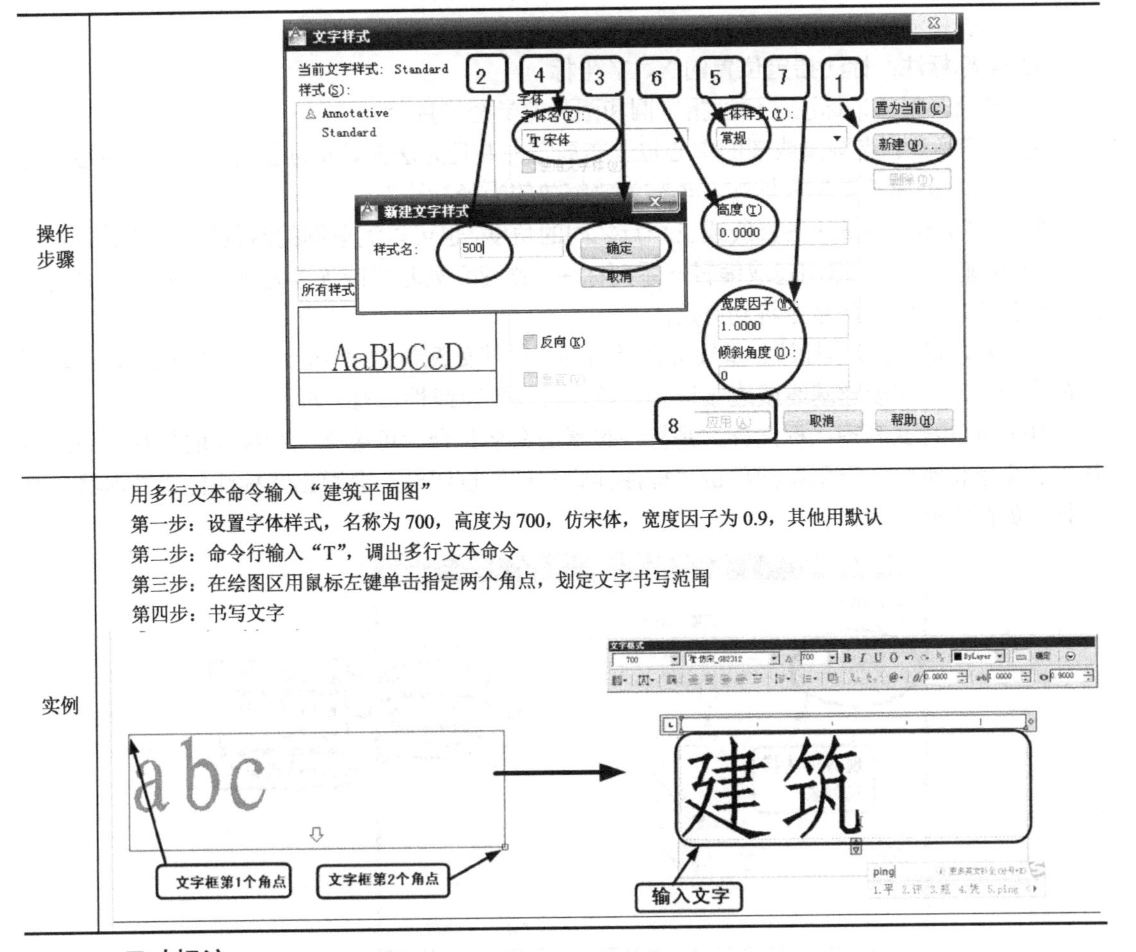

操作步骤	（图示：文字样式对话框）
实例	用多行文本命令输入“建筑平面图” 第一步：设置字体样式，名称为700，高度为700，仿宋体，宽度因子为0.9，其他用默认 第二步：命令行输入“T”，调出多行文本命令 第三步：在绘图区用鼠标左键单击指定两个角点，划定文字书写范围 第四步：书写文字

2. 尺寸标注

标注是指向图形中添加测量注释的过程。在进行标注时，可调用“标注”工具栏以提高标注速度。基本的标注类型包括：线性、半径（直径和折弯）、角度、坐标、弧长标注等。下面简要介绍不同标注类型的标注内容。

“标注”工具栏的调用方法：将光标放在命令按钮上，然后单击鼠标右键直到弹出工具栏，如图3-8所示。

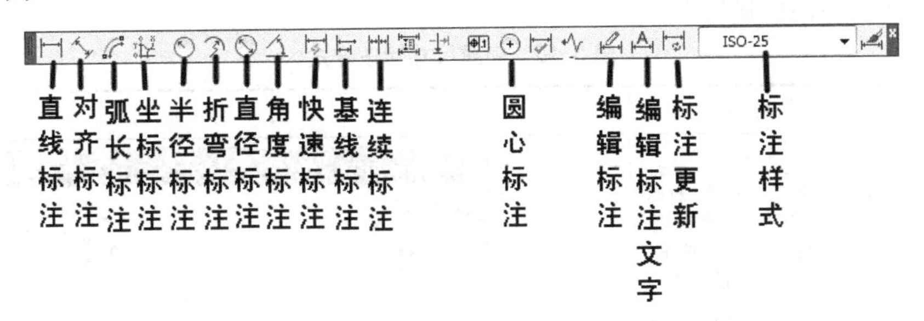

图3-8 “标注”工具栏

1）直线标注：用于创建指定位置或对象的水平或垂直距离标注。

2）对齐标注：用于创建与指定位置或对象平行的标注。

3）弧长标注：用于测量圆弧或多段线弧线段上的距离。

4）坐标标注：标注指定位置的 X、Y 坐标。

5）半径（直径）标注：标注指定圆和圆弧的半径（直径）。

6）折弯标注：当圆弧或圆的中心位于布局之外并且无法在其实际位置显示时，使用折弯标注命令可以创建折弯半径标注，也称为“缩放的半径标注”。

7）角度标注：测量两条直线或三个点之间的角度，也可以测量圆的两条半径之间的角度。

8）快速标注：快速创建或编辑一系列标注。创建系列基线或连续标注，或者为一系列圆或圆弧创建标注时，此命令特别有用。

9）基线标注与连续标注：基线标注是自同一基线处测量的多个标注。连续标注是首尾相连的多个标注。在创建基线或连续标注之前，必须创建线性、对齐或角度标注。

10）标注样式管理：标注样式是标注设置的命名集合，可用来控制标注的外观，如箭头样式、文字位置等。当用鼠标单击“标注样式管理”按钮时，会弹出“标注样式管理器”对话框，如图 3-9 所示。

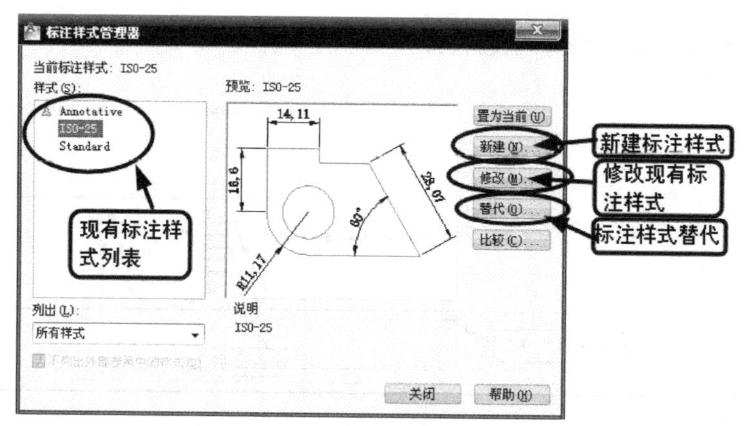

图 3-9 “标注样式管理器”对话框

创建标注时，标注将使用当前标注样式中的设置。如果要修改标注样式中的设置，则图形中的所有标注将自动使用更新后的样式。AutoCAD 2008 默认使用 ISO-25 样式作为标注样式，在用户未创建新的尺寸标注样式之前，图形中所有尺寸标注均使用该样式。为了说明新建标注和修改标注的操作过程，下面以样式名为“100”，标注文字高 100mm 为例，创建一个尺寸标注样式，具体步骤见表 3-15。

表 3-15 创建尺寸标注样式

步骤	操作说明	图示
1	单击“新建”按钮，在打开的“创建新标注样式”对话框中输入新样式的名称“100”，单击“继续”按钮，继续新样式“100”的创建 可以用标注文字的高度为名设置标注样式，如标注文字高为 350，则标注样式名为“350”	创建新标注样式 新样式名(N)：100 基础样式(S)：ISO-25 注释性(A) 用于(U)：所有标注 继续 取消 帮助(H)

（续）

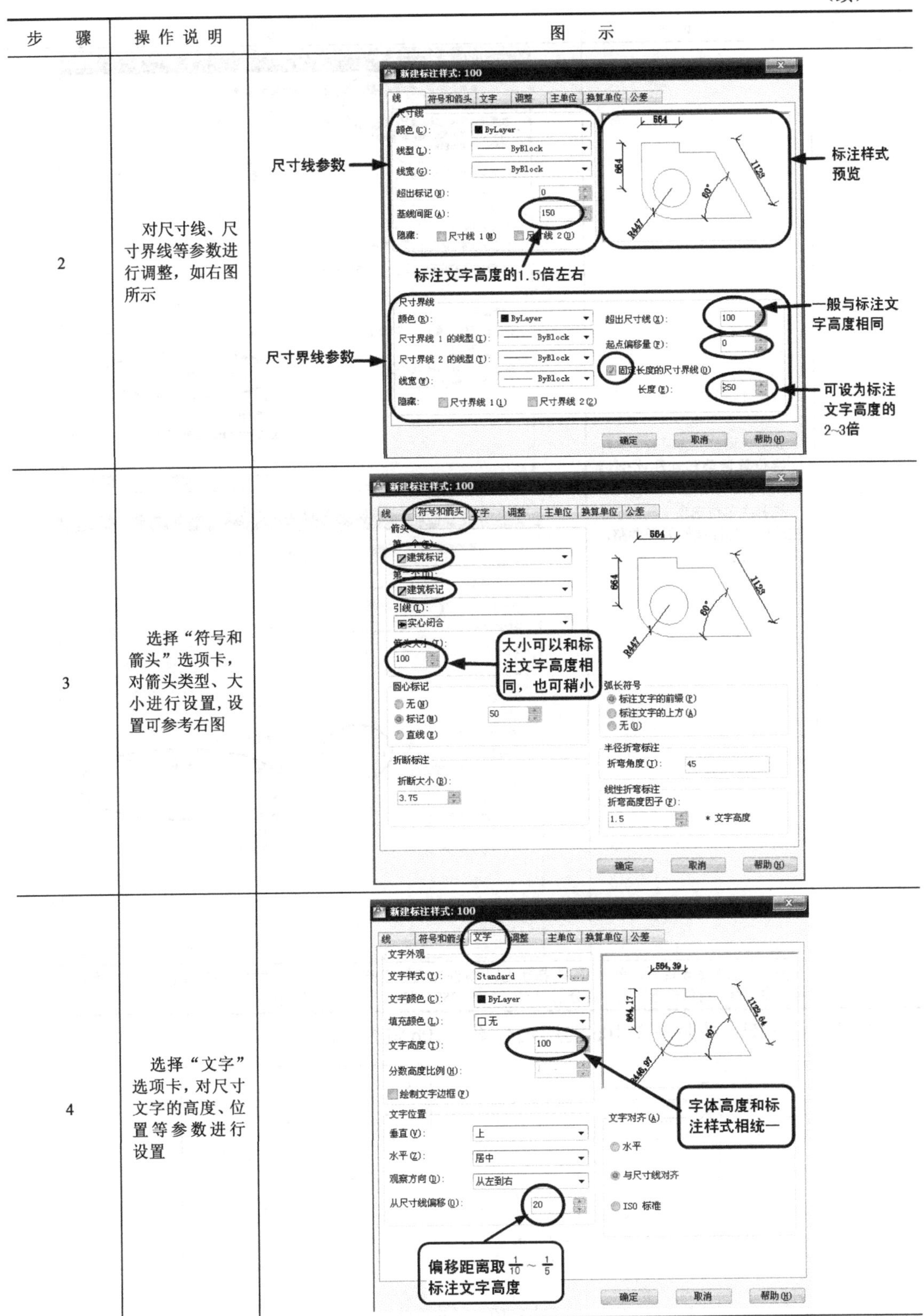

步　骤	操作说明	图　示
2	对尺寸线、尺寸界线等参数进行调整，如右图所示	
3	选择“符号和箭头”选项卡，对箭头类型、大小进行设置，设置可参考右图	
4	选择“文字”选项卡，对尺寸文字的高度、位置等参数进行设置	

（续）

步骤	操作说明	图示
5	选择“调整”选项卡，进行文字位置调整和标注比例调整，如右图所示。 选择主单位选项卡，进行标注单位和标注比例因子调整，如右图所示	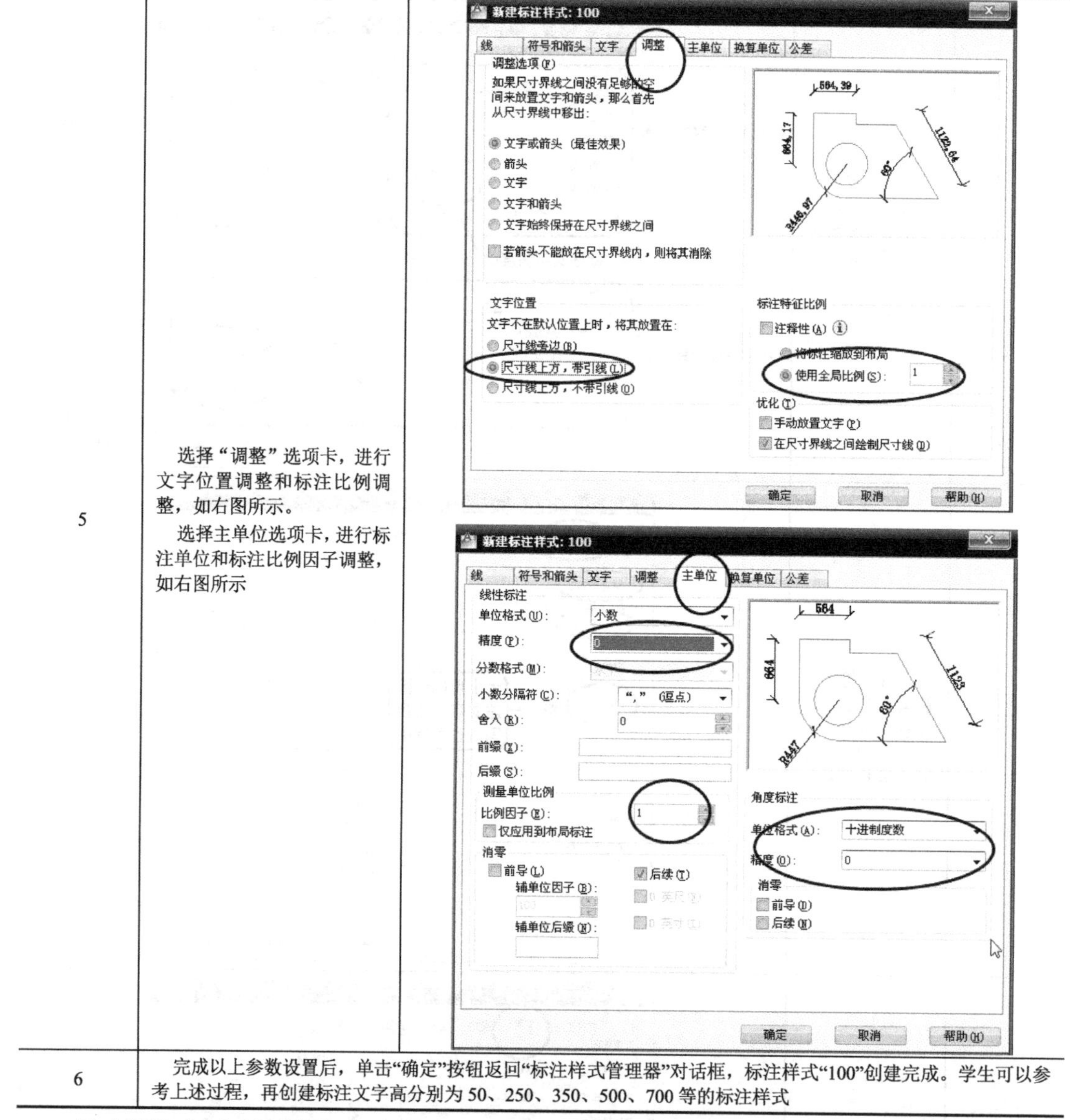
6	完成以上参数设置后，单击“确定”按钮返回“标注样式管理器”对话框，标注样式“100”创建完成。学生可以参考上述过程，再创建标注文字高分别为 50、250、350、500、700 等的标注样式	

尺寸标注实例：按照图 3-10a 的形式对图 3-10b 进行标注。

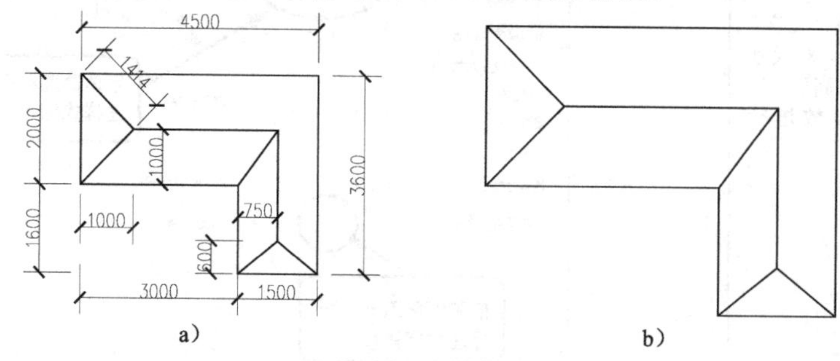

图 3-10　尺寸标注

第一步，先按尺寸绘制图形,并创建文字高度为 250 的标注样式备用。

第二步，调出标注工具栏。用“线性标注命令”标注水平方向尺寸，选择线性标注命令如图 3-11 所示。在绘制的图形中单击鼠标左键，选择标注点。然后移动鼠标，在合适的位置单击鼠标左键确定尺寸线的位置（线性标注要选择两个点，对两个点之间的距离进行标注，如图 3-11 中选择的两点）。用此方法可标注出其他水平线的尺寸。

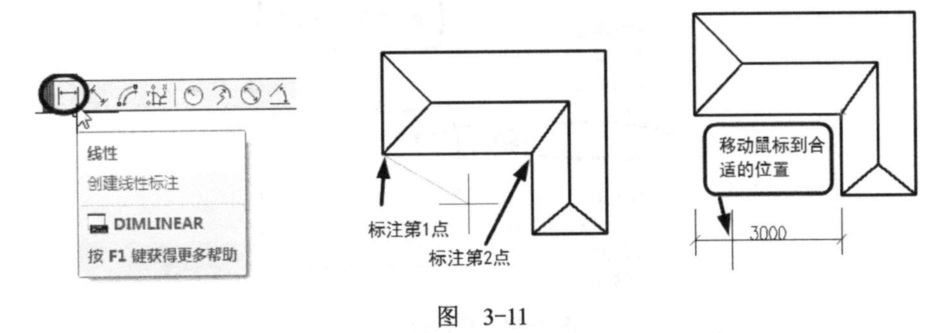

图　3-11

第三步，用“快速标注”命令，标注竖向直线长度（快速标注同样适用于水平直线和其他直线，可自行使用）。鼠标单击“快速标注”命令后，鼠标自动变为选择框，选择要标注的线，选择结束后，单击鼠标右键或空格键结束选择。移动鼠标到合适位置后，单击鼠标左键定位即可，如图 3-12 所示。

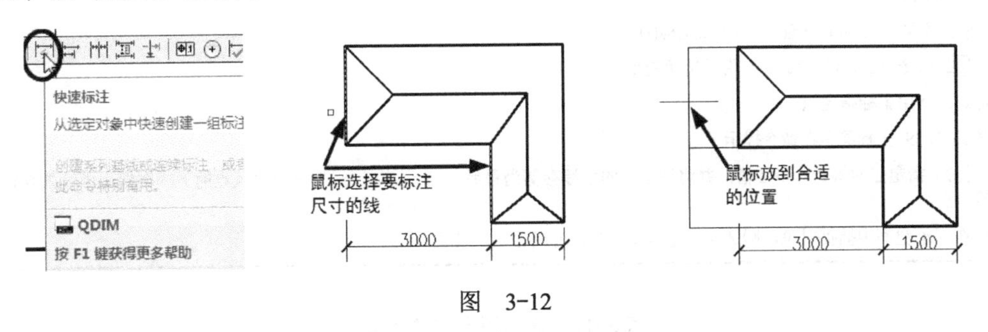

图　3-12

第四步，用“对齐标注”命令，标注斜线，如图 3-13 所示。

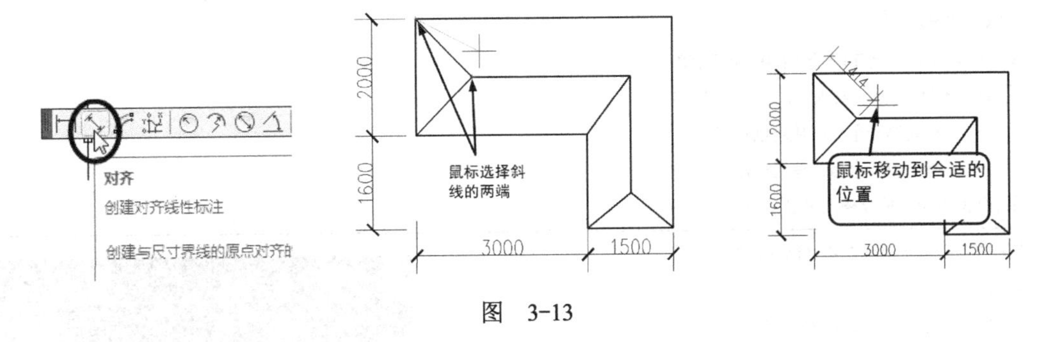

图　3-13

3．查询图形对象

查询图形对象可以查询两点之间的长度、图形面积、多边形的周长等。在“工具”菜单的“查询”子菜单中可选择各种查询命令，如图 3-14 所示。

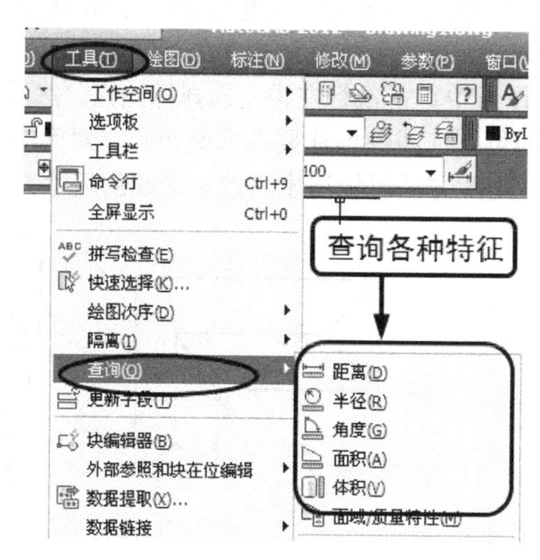

图 3-14 查询命令

查询步骤见表 3-16～表 3-18。

表 3-16 查询点坐标位置的步骤

显示位置的坐标
单击 菜单：工具(T)→查询(Q)→点坐标(I)
输入 命令条目：id（或 'id，用于透明使用）
指定点：使用鼠标指定点
位置的 UCS 坐标显示在命令提示下
ID 列出了指定点的 X、Y 和 Z 值，并将指定点的坐标存储为最后一点。可以通过在要求输入点的下一个提示中输入@来引用最后一点
如果在三维空间中捕捉对象，则 Z 坐标值与此对象选定特征的值相同

表 3-17 查询两点间的长度

测量两点之间的距离和角度	
单击 工具栏：	
单击 菜单：工具(T)→查询(Q)→距离(D)	
命令条目：dist（或 'dist，用于透明使用）	
指定第一个点：使用鼠标指定点	
指定第二个点：使用鼠标指定点	
系统会使用当前单位格式来显示距离	
查询右图所示 1 点和 2 点之间的距离 命令：di DIST 指定第一点：使用鼠标指定 1 点 指定第二点：使用鼠标指定 2 点 距离=1870.0000，XY 平面中的倾角=0.0，与 XY 平面的夹角 ＝0.0 X 增量 ＝1870.0000，Y 增量 ＝0.0000，Z 增量 ＝0.0000	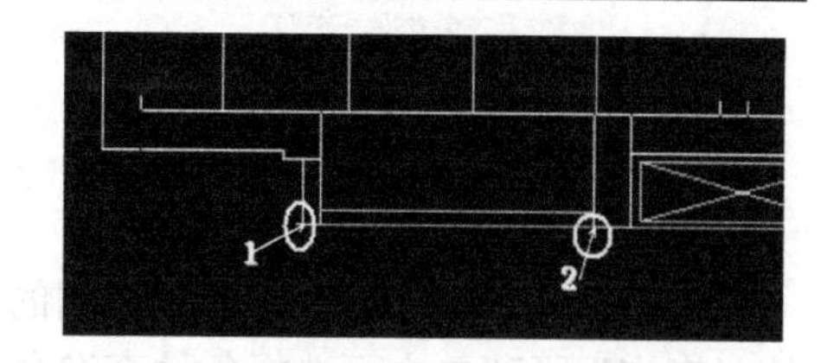

（续）

计算距离和角度的步骤 1）依次单击工具(T)→查询(Q)→距离(D) 2）用鼠标指定要计算距离的第一个点和第二个点 将在命令提示下显示简要报告

表 3-18　查询图形的周长与面积

计算所定义区域的面积的步骤 1）依次单击工具(T)→查询(Q)→面积(A)，或在命令提示下输入 area 2）在定义被测量区域周边的点序列中指定点，然后按“Enter”键 连接第一点和最后一点以形成一个闭合区域，然后用 UNITS 指定的设置显示面积和周长
计算对象面积的步骤 1）依次单击工具(T)→查询(Q)→面积(A)，或在命令提示下输入 area 2）在命令提示下，输入 o（对象） 3）选择对象 将显示选定对象的面积和周长

任务实施

本任务主要是绘制住宅平面布局图。

1. 设置图层

设置如图 3-4 所示的图层。

2. 设置文字样式

设置如图 3-15 所示的文字样式。

3. 设置标注样式

设置如图 3-16 所示的标注样式。

图 3-15　文字样式

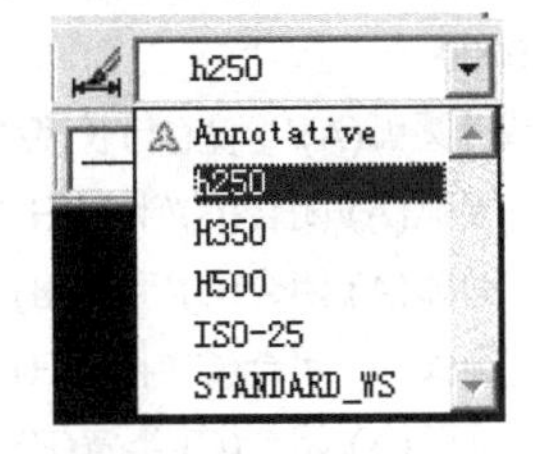

图 3-16　标注样式

4. 设置图形界限

图形界限设置成左下角点为（0，0），右上角点为（420000，297000）。

5. 绘制外墙轴线

绘制如图 3-17 所示的外墙轴线。

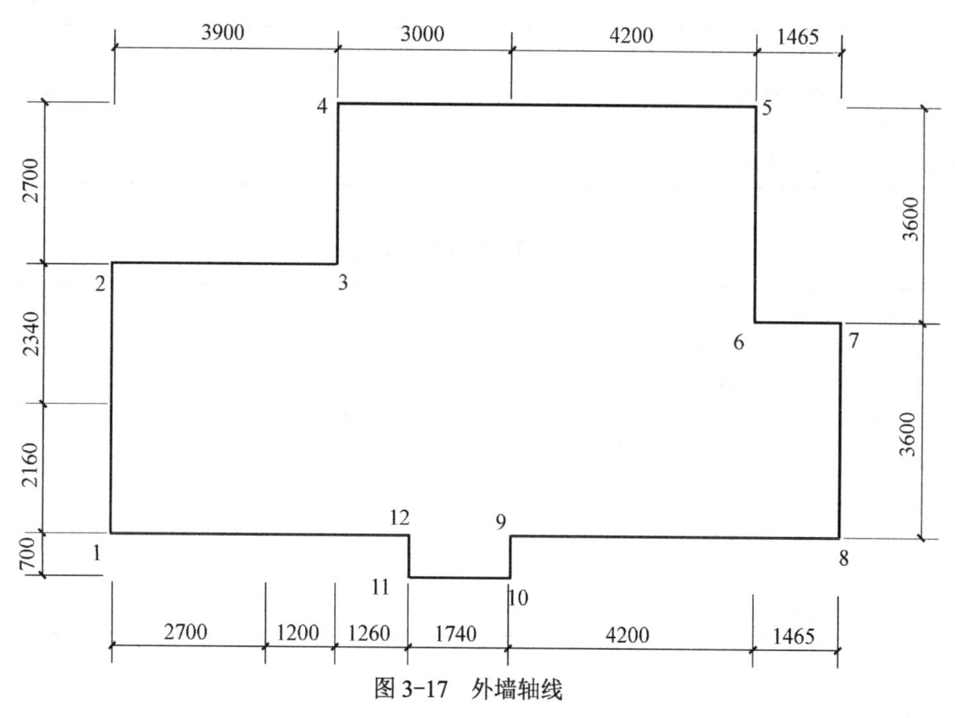

图 3-17 外墙轴线

正交的打开方式有两种：一种是按“F8”键；第二种是单击状态栏中的“正交”按钮，如图 3-18 所示。

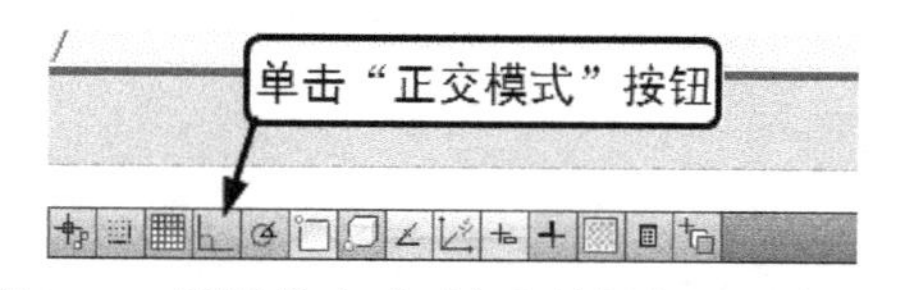

图 3-18 通过单击“正交”按钮打开正交方式

命令：pl↙
PLINE
指定起点：使用鼠标在绘图区左下角单击确定 1 点
当前线宽为 0.0000
指定下一个点或 [圆弧(A)/半宽(H)/长度(L)/放弃(U)/宽度(W)]：2160↙（鼠标置于 1 点正上方）
指定下一点或 [圆弧(A)/闭合(C)/半宽(H)/长度(L)/放弃(U)/宽度(W)]：2340↙（鼠标置于 1 点正上方）
指定下一点或 [圆弧(A)/闭合(C)/半宽(H)/长度(L)/放弃(U)/宽度(W)]：3900↙（鼠标置于 2 点正右方）
指定下一点或 [圆弧(A)/闭合(C)/半宽(H)/长度(L)/放弃(U)/宽度(W)]：2700↙（鼠标置于 3 点正上方）
指定下一点或 [圆弧(A)/闭合(C)/半宽(H)/长度(L)/放弃(U)/宽度(W)]：3000↙（鼠标置于 4 点正右方）
指定下一点或 [圆弧(A)/闭合(C)/半宽(H)/长度(L)/放弃(U)/宽度(W)]：4200↙（鼠标置于 4 点正右方）
指定下一点或 [圆弧(A)/闭合(C)/半宽(H)/长度(L)/放弃(U)/宽度(W)]：3600↙（鼠标置于 5 点正下方）
指定下一点或 [圆弧(A)/闭合(C)/半宽(H)/长度(L)/放弃(U)/宽度(W)]：1465↙（鼠标置于 6 点正右方）
指定下一点或 [圆弧(A)/闭合(C)/半宽(H)/长度(L)/放弃(U)/宽度(W)]：3600↙（鼠标置于 7 点正下方）
指定下一点或 [圆弧(A)/闭合(C)/半宽(H)/长度(L)/放弃(U)/宽度(W)]：1465↙（鼠标置于 8 点正左方）
指定下一点或 [圆弧(A)/闭合(C)/半宽(H)/长度(L)/放弃(U)/宽度(W)]：4200↙（鼠标置于 8 点正左方）
指定下一点或 [圆弧(A)/闭合(C)/半宽(H)/长度(L)/放弃(U)/宽度(W)]：700↙（鼠标置于 9 点正下方）

指定下一点或 [圆弧(A)/闭合(C)/半宽(H)/长度(L)/放弃(U)/宽度(W)]：1740↙（鼠标置于 10 点正左方）
指定下一点或 [圆弧(A)/闭合(C)/半宽(H)/长度(L)/放弃(U)/宽度(W)]：700↙（鼠标置于 11 点正上方）
指定下一点或 [圆弧(A)/闭合(C)/半宽(H)/长度(L)/放弃(U)/宽度(W)]：1260↙（鼠标置于 12 点正左方）
指定下一点或 [圆弧(A)/闭合(C)/半宽(H)/长度(L)/放弃(U)/宽度(W)]：1200↙（鼠标置于 12 点正左方）
指定下一点或 [圆弧(A)/闭合(C)/半宽(H)/长度(L)/放弃(U)/宽度(W)]：2700↙（鼠标置于 12 点正左方）
指定下一点或 [圆弧(A)/闭合(C)/半宽(H)/长度(L)/放弃(U)/宽度(W)]：↙（使用鼠标捕捉 1 点）

6. 绘制内墙轴线

内墙轴线如图 3-19 所示。

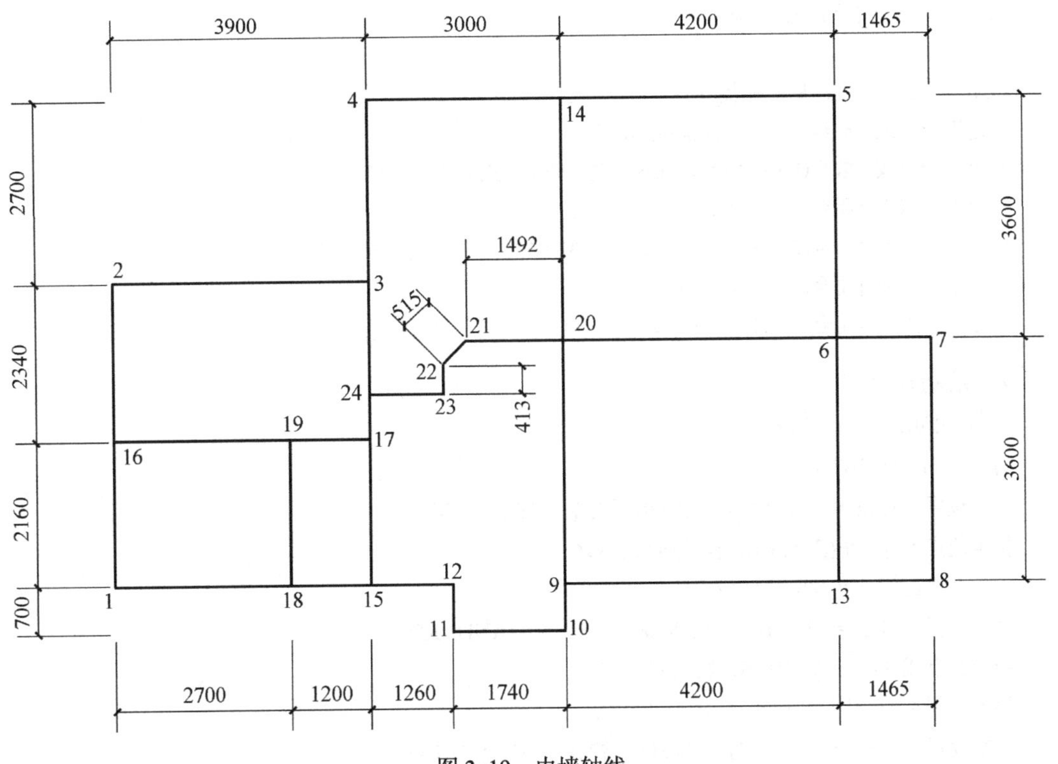

图 3-19　内墙轴线

按“F8”键关闭正交状态。

命令：l↙
LINE 指定第一点：鼠标捕捉 6 点
指定下一点或 [放弃(U)]：鼠标捕捉 13 点
指定下一点或 [放弃(U)]：↙
命令：↙
LINE 指定第一点：鼠标捕捉 14 点
指定下一点或 [放弃(U)]：鼠标捕捉 9 点
指定下一点或 [放弃(U)]：↙
命令：↙
LINE 指定第一点：鼠标捕捉 3 点

指定下一点或 [放弃(U)]：鼠标捕捉 15 点
指定下一点或 [放弃(U)]：
命令：↙
LINE 指定第一点：鼠标捕捉 16 点
指定下一点或 [放弃(U)]：鼠标捕捉 17 点
指定下一点或 [放弃(U)]：↙
命令：↙
LINE 指定第一点：
指定下一点或 [放弃(U)]：鼠标捕捉 19 点
指定下一点或 [放弃(U)]：↙
命令：l↙
LINE 指定第一点：鼠标捕捉 6 点
指定下一点或 [放弃(U)]：鼠标捕捉 20 点
指定下一点或 [放弃(U)]：1492↙（鼠标置于 20 点正右方）
指定下一点或 [闭合(C)/放弃(U)]：@515<225↙
指定下一点或 [闭合(C)/放弃(U)]：413↙（鼠标置于 22 点正下方）
指定下一点或 [闭合(C)/放弃(U)]：
指定下一点或 [闭合(C)/放弃(U)]：↙

7．绘制外墙线

外墙线如图 3-20 所示。

命令：ml（MLINE）↙
当前设置：对正 = 上，比例 = 20.00，样式 = STANDARD
指定起点或 [对正(J)/比例(S)/样式(ST)]：s↙
输入多线比例 <20.00>：240↙
当前设置：对正 = 上，比例 = 240.00，样式 = STANDARD
指定起点或 [对正(J)/比例(S)/样式(ST)]：j ↙
输入对正类型 [上(T)/无(Z)/下(B)] <上>：z
当前设置：对正 = 无，比例 = 240.00，样式 = STANDARD
指定起点或 [对正(J)/比例(S)/样式(ST)]：鼠标捕捉 1 点
指定下一点：鼠标捕捉 2 点
指定下一点或 [放弃(U)]：鼠标捕捉 3 点
指定下一点或 [闭合(C)/放弃(U)]：鼠标捕捉 4 点
指定下一点或 [闭合(C)/放弃(U)]：鼠标捕捉 5 点
指定下一点或 [闭合(C)/放弃(U)]：鼠标捕捉 6 点
指定下一点或 [闭合(C)/放弃(U)]：鼠标捕捉 13 点
指定下一点或 [闭合(C)/放弃(U)]：鼠标捕捉 9 点
指定下一点或 [闭合(C)/放弃(U)]：鼠标捕捉 10 点
指定下一点或 [闭合(C)/放弃(U)]：鼠标捕捉 11 点
指定下一点或 [闭合(C)/放弃(U)]：鼠标捕捉 12 点
指定下一点或 [闭合(C)/放弃(U)]：c↙

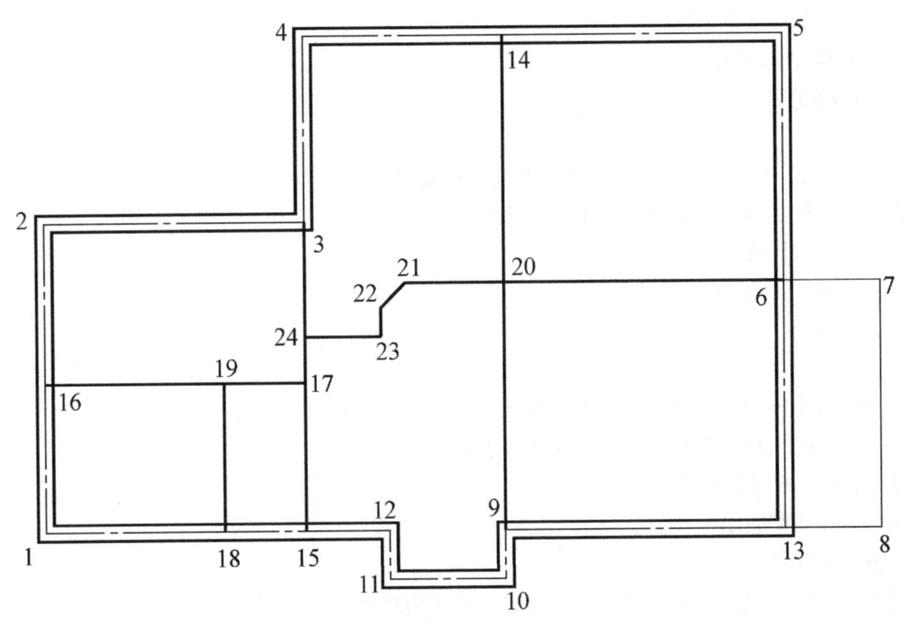

图 3-20　外墙线

8. 绘制内墙线

内墙线如图 3-21 所示。

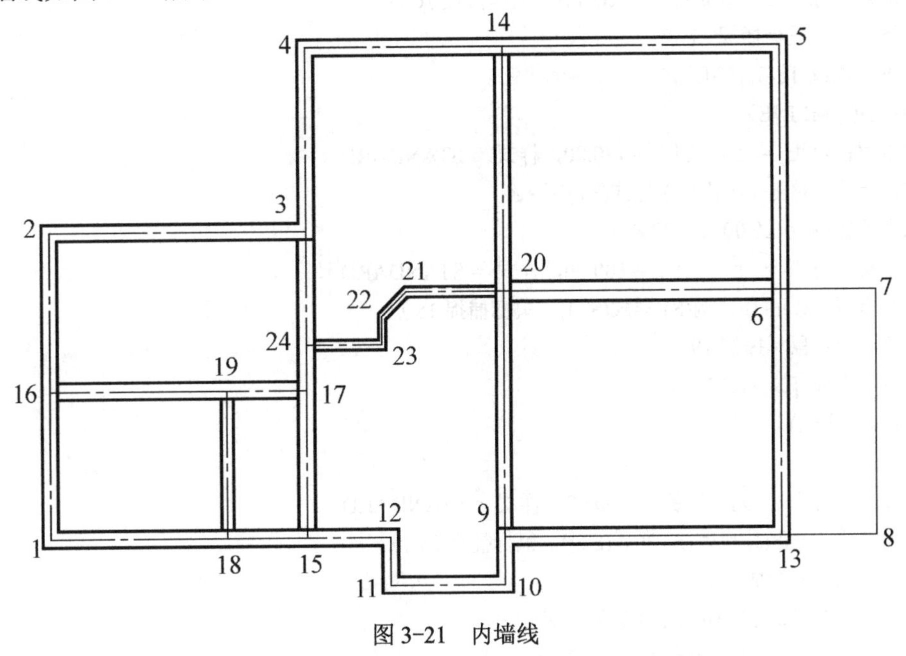

图 3-21　内墙线

命令：ml↙

MLINE

当前设置：对正 = 无，比例 = 240.00，样式 = STANDARD

指定起点或 [对正(J)/比例(S)/样式(ST)]：鼠标捕捉 3 点

指定下一点：鼠标捕捉 15 点

指定下一点或 [放弃(U)]：↙

命令：↙(或 ml)

MLINE

当前设置：对正 = 无，比例 = 240.00，样式 = STANDARD

指定起点或 [对正(J)/比例(S)/样式(ST)]：鼠标捕捉 14 点

指定下一点：鼠标捕捉 9 点

指定下一点或 [放弃(U)]：↙

命令：↙(或 ml)

MLINE

当前设置：对正 = 无，比例 = 240.00，样式 = STANDARD

指定起点或 [对正(J)/比例(S)/样式(ST)]：鼠标捕捉 20 点

指定下一点：鼠标捕捉 6 点

指定下一点或 [放弃(U)]：↙

命令：ml（MLINE）↙

当前设置：对正 = 上，比例 = 240.00，样式 = STANDARD

指定起点或 [对正(J)/比例(S)/样式(ST)]：s↙

输入多线比例 <240.00>：120↙

当前设置：对正 = 上，比例 = 120.00，样式 = STANDARD

指定起点或 [对正(J)/比例(S)/样式(ST)]：鼠标捕捉 16 点

指定下一点：鼠标捕捉 17 点

指定下一点或 [放弃(U)]：↙

命令：ml（MLINE）↙

当前设置：对正 = 上，比例 = 120.00，样式 = STANDARD

指定起点或 [对正(J)/比例(S)/样式(ST)]：s↙

输入多线比例 <120.00>：100↙

当前设置：对正 = 上，比例 = 100.00，样式 = STANDARD

指定起点或 [对正(J)/比例(S)/样式(ST)]：鼠标捕捉 18 点

指定下一点：鼠标捕捉 19 点

指定下一点或 [放弃(U)]：↙

命令：↙(或 ml)

MLINE

当前设置：对正 = 无，比例 = 100.00，样式 = STANDARD

指定起点或 [对正(J)/比例(S)/样式(ST)]：鼠标捕捉 24 点

指定下一点：鼠标捕捉 23 点

指定下一点或 [放弃(U)]：鼠标捕捉 22 点

指定下一点或 [闭合(C)/放弃(U)]：鼠标捕捉 21 点

指定下一点或 [闭合(C)/放弃(U)]：鼠标捕捉 20 点

指定下一点或 [闭合(C)/放弃(U)]：↙

9．绘制阳台、隔断及管道

阳台、隔断及管道如图 3-22 所示。

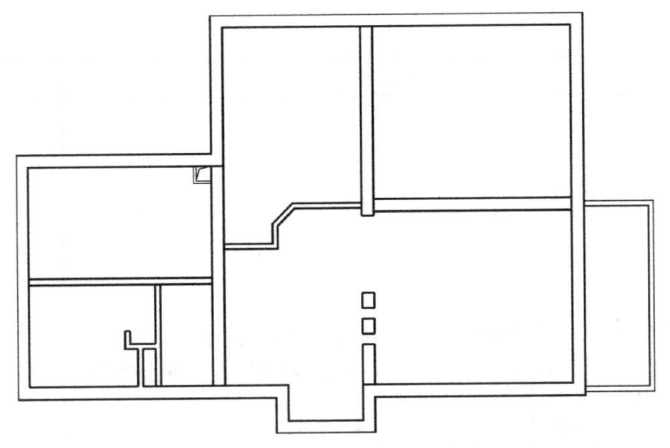

图 3-22　阳台、隔断及管道

注意，此图绘制完成后，需复制一份，以备绘制顶棚图时需要。

绘制阳台、隔断及管道的步骤见表 3-19。

表 3-19　绘制阳台、隔断及管道的步骤

部　位	绘 图 过 程	图　示
绘制阳台	命令：ml MLINE 当前设置：对正 = 无，比例 = 100.00，样式 = STANDARD 指定起点或 [对正(J)/比例(S)/样式(ST)]：鼠标捕捉 6 点 指定下一点：鼠标捕捉 7 点 指定下一点或 [放弃(U)]： 指定下一点或 [闭合(C)/放弃(U)]：鼠标捕捉 13 点 指定下一点或 [闭合(C)/放弃(U)]：↙	
绘制厨房通风井	命令：pl ↙ PLINE 指定起点：按住“Shift”键，并单击鼠标右键，在弹出的快捷菜单中选择“自”命令，如右图所示 _from 基点：鼠标捕捉①点<偏移>：（鼠标置于①点正左方），输入 300 ↙ 当前线宽为 0.0000 指定下一个点或 [圆弧(A)/半宽(H)/长度(L)/放弃(U)/宽度(W)]：（鼠标置于②点正下方），输入 280 ↙ 指定下一点或 [圆弧(A)/闭合(C)/半宽(H)/长度(L)/放弃(U)/宽度(W)]：鼠标捕捉④点 指定下一点或 [圆弧(A)/闭合(C)/半宽(H)/长度(L)/放弃(U)/宽度(W)]：↙ 命令：o ↙OFFSET 当前设置：删除源=否　图层=源　OFFSETGAPTYPE=0 指定偏移距离或 [通过(T)/删除(E)/图层(L)] <通过>：50↙ 选择要偏移的对象或 [退出(E)/放弃(U)] <退出>：用鼠标选择刚刚绘制的多段线 指定要偏移的一侧上的点或 [退出(E)/多个(M)/放弃(U)] <退出>：用鼠标单击刚刚绘制的多段线的左方或下方 选择要偏移的对象或 [退出(E)/放弃(U)] <退出>：↙ 最后在绘制好的管道井内绘制折线，步骤省略	

（续）

部　　位	绘图过程	图　　示
绘制卫生间管道井	命令：ml↙ MLINE 当前设置：对正 = 无，比例 = 100.00，样式 = STANDARD 指定起点或 [对正(J)/比例(S)/样式(ST)] ：按住“Shift”键，并单击鼠标右键，在弹出的快捷菜单中选择“自”命令 _from <偏移>：(鼠标置于①点正左方)，输入350↙ 指定下一点：(鼠标置于②点正上方)，输入920↙ 指定下一点或 [放弃(U)]：↙ 用同样的方法绘制多线③、④、⑤，步骤省略 对图形进行修剪编辑，最后结果如右图所示	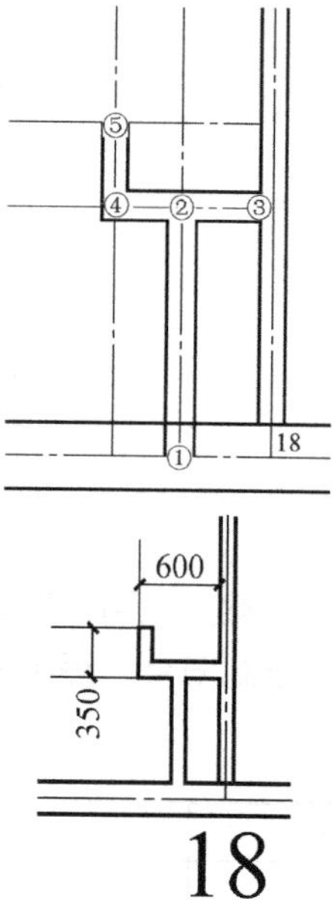 ⑤ ④ ② ③ ① 18 600 350 18
绘制客厅隔断	命令：pl↙PLINE 指定起点：利用临时追踪捕捉确定①点，方法同上 _from <偏移>：<正交 开>(鼠标置于①点正左方)，输入800↙ 当前线宽为 0.0000 指定下一个点或 [圆弧(A)/半宽(H)/长度(L)/放弃(U)/宽度(W)]：用鼠标确定③点，距离不限 指定下一点或 [圆弧(A)/闭合(C)/半宽(H)/长度(L)/放弃(U)/宽度(W)]：↙ 命令：co↙COPY 选择对象：用鼠标选择刚刚绘制的多段线②、③ 指定对角点：找到 1 个 选择对象：↙ 当前设置：复制模式 = 多个 指定基点或 [位移(D)/模式(O)] <位移>：用鼠标确定③点 指定第二个点或 <使用第一个点作为位移>：鼠标位于③点正上方，输入200↙ 指定第二个点或 [退出(E)/放弃(U)] <退出>：500↙ 指定第二个点或 [退出(E)/放弃(U)] <退出>：700↙ 指定第二个点或 [退出(E)/放弃(U)] <退出>：1000↙ 指定第二个点或 [退出(E)/放弃(U)] <退出>：2500↙ 指定第二个点或 [退出(E)/放弃(U)] <退出>：↙ 命令：tr↙TRIM 当前设置：投影=UCS，边=无 选择剪切边… 选择对象或 <全部选择>：用鼠标选择刚刚复制的多条线 指定对角点：找到 7 个 选择对象：↙ 选择要修剪的对象，或按住“Shift”键选择要延伸的对象，或[栏选(F)/窗交(C)/投影(P)/边(E)/删除(R)/放弃(U)]：用鼠标选择图中箭头所指部分的多线，选择结束后按“Enter”键或空格键 对图形进行修剪编辑，删除多余的线，步骤省略，最后结果如右图所示	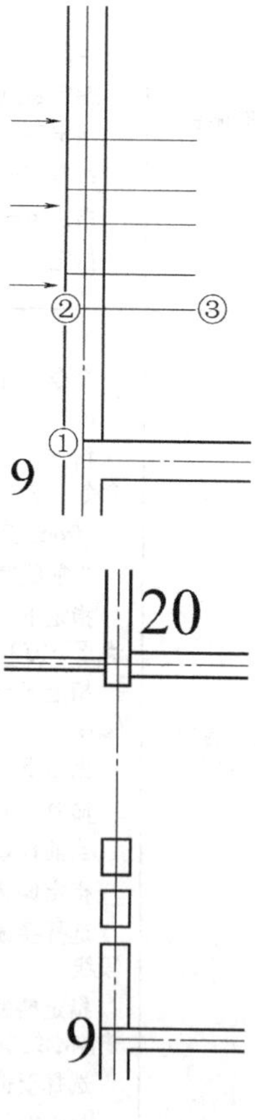 ② ③ ① 9 20 9

10. 绘制门窗洞

门窗洞如图 3-23 所示。

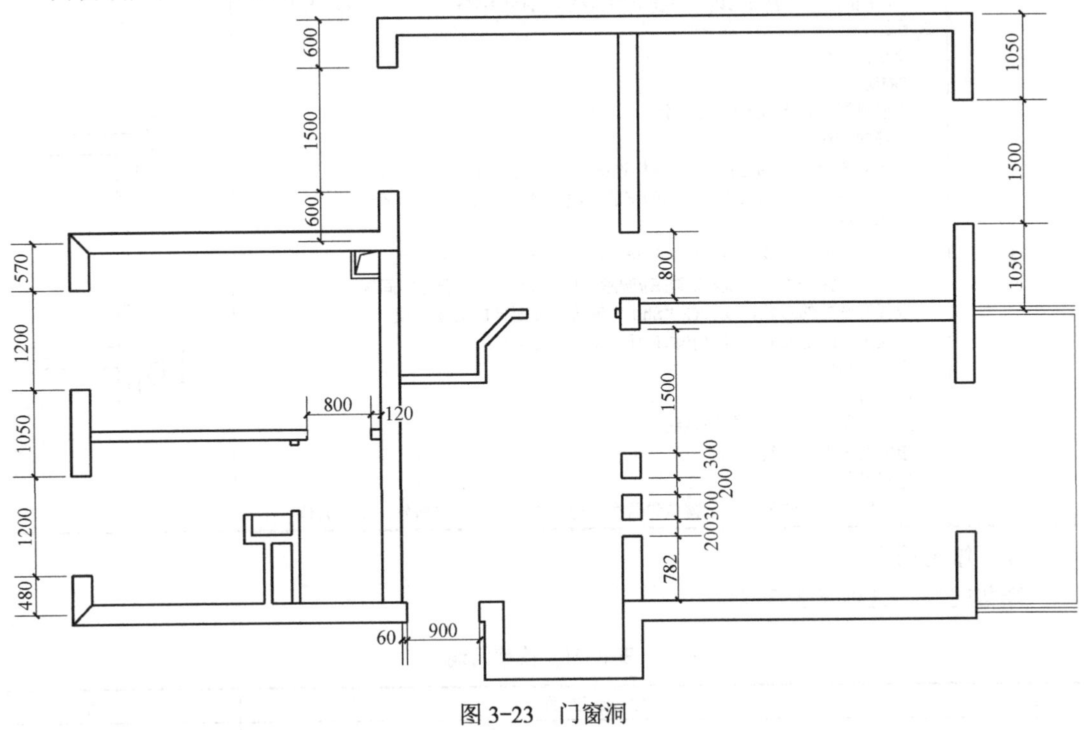

图 3-23　门窗洞

11. 剪切门窗的位置

在“墙”层上剪切出门窗的位置，过程见表 3-20。

表 3-20　剪切门窗的位置

步　骤	操 作 说 明	图　示
1	绘制如右图所示的直线 命令：l LINE 指定第一点：用鼠标捕捉图中 2 和 16 两点的轴线中点 指定下一点或 [放弃(U)]：用鼠标捕捉外墙线上的垂足点 指定下一点或 [放弃(U)]：↙ 用夹点编辑命令或延长命令将直线拉长至另一外墙线，步骤省略	2 16
2	命令：o↙ OFFSET 当前设置：删除源=否　图层=源　OFFSETGAPTYPE=0 指定偏移距离或 [通过(T)/删除(E)/图层(L)] <0.0000>：600↙ 选择要偏移的对象或 [退出(E)/放弃(U)] <退出>：用鼠标选择上一步绘制的直线 指定要偏移的一侧上的点或 [退出(E)/多个(M)/放弃(U)] <退出>：用鼠标单击直线上方 选择要偏移的对象或 [退出(E)/放弃(U)] <退出>：用鼠标选择上一步绘制的直线 指定要偏移的一侧上的点或 [退出(E)/多个(M)/放弃(U)] <退出>：用鼠标单击直线下方 选择要偏移的对象或 [退出(E)/放弃(U)] <退出>：↙	2 16

（续）

步　骤	操 作 说 明	图　示
3	以刚刚偏移出的直线为边界，修剪中间墙体，并删除步骤 1 中所画直线，结果如右图所示 命令：tr↙ TRIM 当前设置：投影=UCS，边=无 选择剪切边... 选择对象或 <全部选择>：用鼠标选择上一步偏移的直线找到 1 个 选择对象：用鼠标选择上一步偏移的直线找到 1 个，总计 2 个 选择对象：↙ 选择要修剪的对象，或按住“Shift”键选择要延伸的对象，或 [栏选(F)/窗交(C)/投影(P)/边(E)/删除(R)/放弃(U)]：选择中间部分外墙线 选择要修剪的对象，或按住“Shift”键选择要延伸的对象，或 [栏选(F)/窗交(C)/投影(P)/边(E)/删除(R)/放弃(U)]：↙ 命令：e↙ ERASE 选择对象：选择中间的短直线 指定对角点：找到 1 个 选择对象：↙ 用同样的方法将另外 3 个窗口和通往阳台的推拉门洞口修剪好，步骤省略	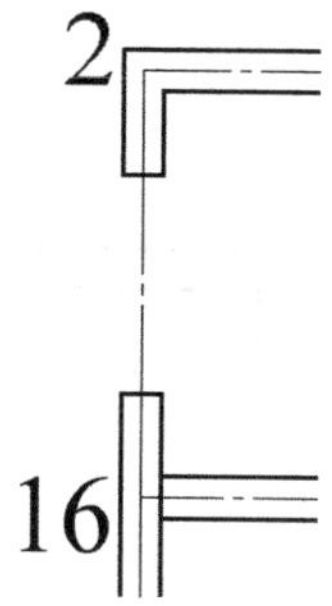

12. 修剪门洞

修剪门洞的过程见表 3-21。

表 3-21　修剪门洞

部　位	绘 制 过 程	图　示
绘制修剪边界	命令：l ↙ LINE 指定第一点：用鼠标捕捉①直线右端点 指定下一点或 [放弃(U)]：用鼠标捕捉①直线左端点 指定下一点或 [放弃(U)]：↙ 命令：co↙COPY 选择对象：找到 1 个 选择对象： 当前设置：复制模式 = 多个 指定基点或 [位移(D)/模式(O)] <位移>：指定第二个点或 <使用第一个点作为位移>：鼠标在①直线右端点正上方，或选择正交方式后输入 60 ↙ 指定第二个点或 [退出(E)/放弃(U)] <退出>：860↙ 指定第二个点或 [退出(E)/放弃(U)] <退出>：↙	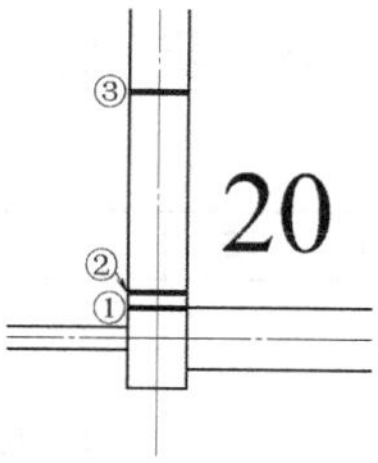
修剪门洞	命令：tr↙TRIM 当前设置：投影=UCS，边=无 选择剪切边... 选择对象或 <全部选择>：用鼠标选择②直线找到 1 个 选择对象：用鼠标选择③直线找到 1 个，总计 2 个 选择对象：↙ 选择要修剪的对象，或按住“Shift”键选择要延伸的对象，或[栏选(F)/窗交(C)/投影(P)/边(E)/删除(R)/放弃(U)]：用鼠标选择②、③直线之间的多线 选择要修剪的对象：↙ 命令：e ↙ERASE 选择对象：用鼠标选择①直线找到 1 个 选择对象：↙ 用同样的方法修剪好其他门洞，步骤省略	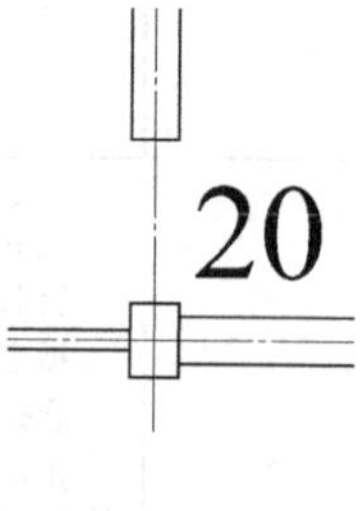

13. 绘制门窗

绘制门窗后的图形如图 3-24 所示。

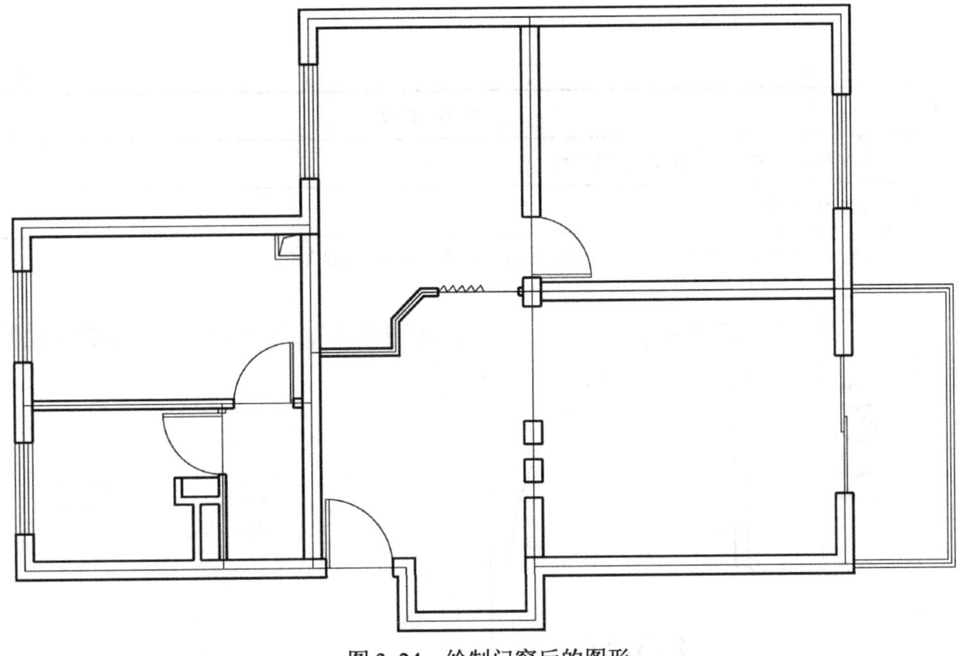

图 3-24　绘制门窗后的图形

绘制门窗的步骤见表 3-22。

表 3-22　绘制门窗

步　　骤	操 作 说 明
1	换图层，换到“窗子”图层
2	绘制一个长 1000mm 的窗子，并将其设为图块，命名为 win-1m，步骤省略
3	插入图块 win-1m，并调整插入比例，使之适合图形需要 命令：i↙INSERT 弹出“插入”对话框，在该对话框中设置相应变量，如下图所示 指定插入点或 [基点(B)/比例(S)/旋转(R)]：用鼠标指定插入点 注：1.5m 的窗子比例和 1.2m 的窗子比例不一样

（续）

步　骤	操 作 说 明
4	用同样的方法插入其他窗子，步骤省略
5	换到“门”图层
6	绘制一个长 1000mm 的门，并将其设为图块，命名为 door-1，步骤省略 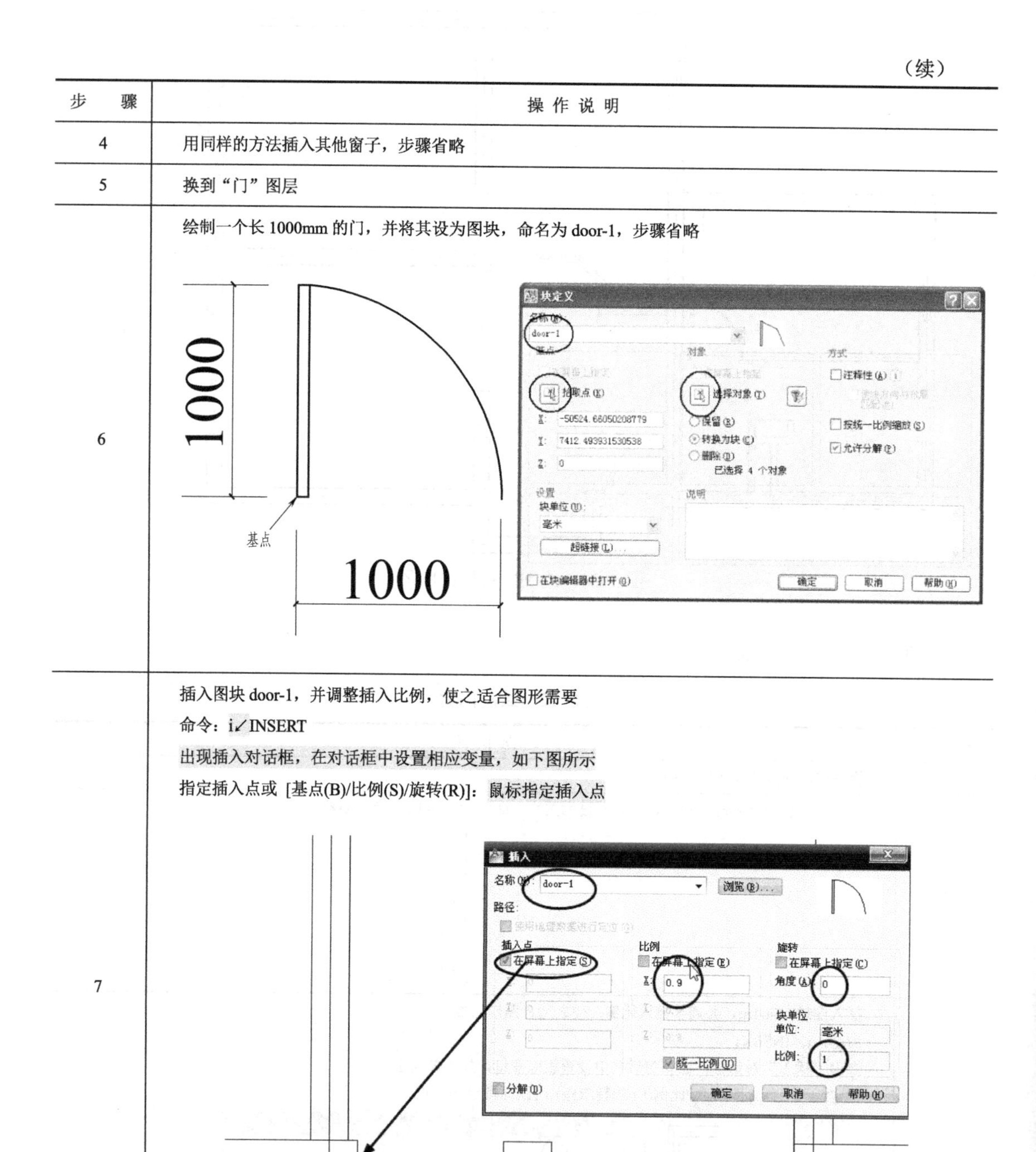
7	插入图块 door-1，并调整插入比例，使之适合图形需要 命令：i↙INSERT 出现插入对话框，在对话框中设置相应变量，如下图所示 指定插入点或 [基点(B)/比例(S)/旋转(R)]：鼠标指定插入点 注意：插入门时，XY 两方向的比例要统一
8	用同样的方法插入其他门，步骤省略 注意，插入时，因门的方向不定，需要及时调整角度和比例的正负值

（续）

<table>
<tr><th>步　骤</th><th>操 作 说 明</th></tr>
<tr><td>9</td><td>绘制阳台门和书房门
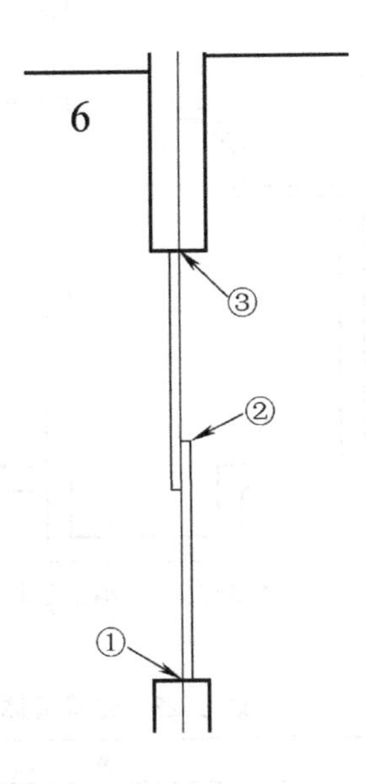

命令：rec↙RECTANG
指定第一个角点或 [倒角(C)/标高(E)/圆角(F)/厚度(T)/宽度(W)]:
指定另一个角点或 [面积(A)/尺寸(D)/旋转(R)]：@40，1000↙
命令：co↙COPY
选择对象：(用鼠标选择刚刚绘制的矩形）找到 1 个
选择对象：↙
当前设置：复制模式 = 多个
指定基点或 [位移(D)/模式(O)] <位移>：用鼠标捕捉②点
指定第二个点或 <使用第一个点作为位移>：用鼠标捕捉③点
指定第二个点或 [退出(E)/放弃(U)] <退出>：↙
书房门用 pl 命令绘制，尺寸无要求，合适即可，步骤省略</td></tr>
</table>

14. 修剪墙体

使用多线编辑命令对图中墙体进行修剪，修剪结果如图 3-25 所示。

注意，如果在绘图过程中将多线分解，则不能使用多线编辑命令，而只能使用修剪命令进行编辑。

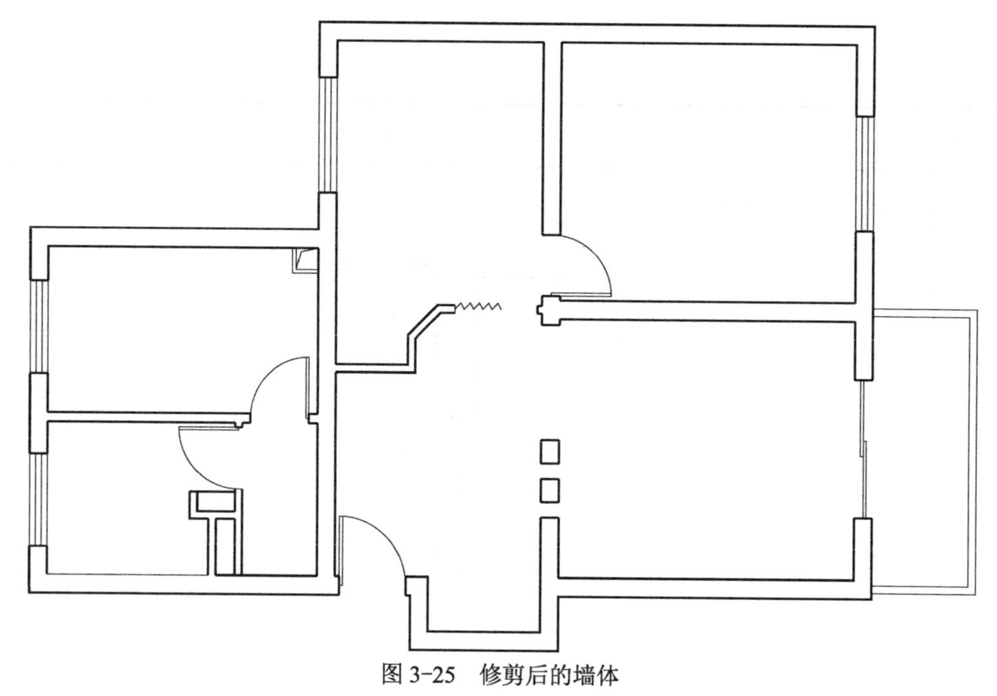

图 3-25 修剪后的墙体

修剪墙体的步骤见表 3-23。

表 3-23 修剪墙体

步 骤	操 作 说 明
1	命令： _mledit ↙ 在弹出的“多线编辑工具”对话框中选择“T 形打开”或“T 形合并”选项，如下图所示 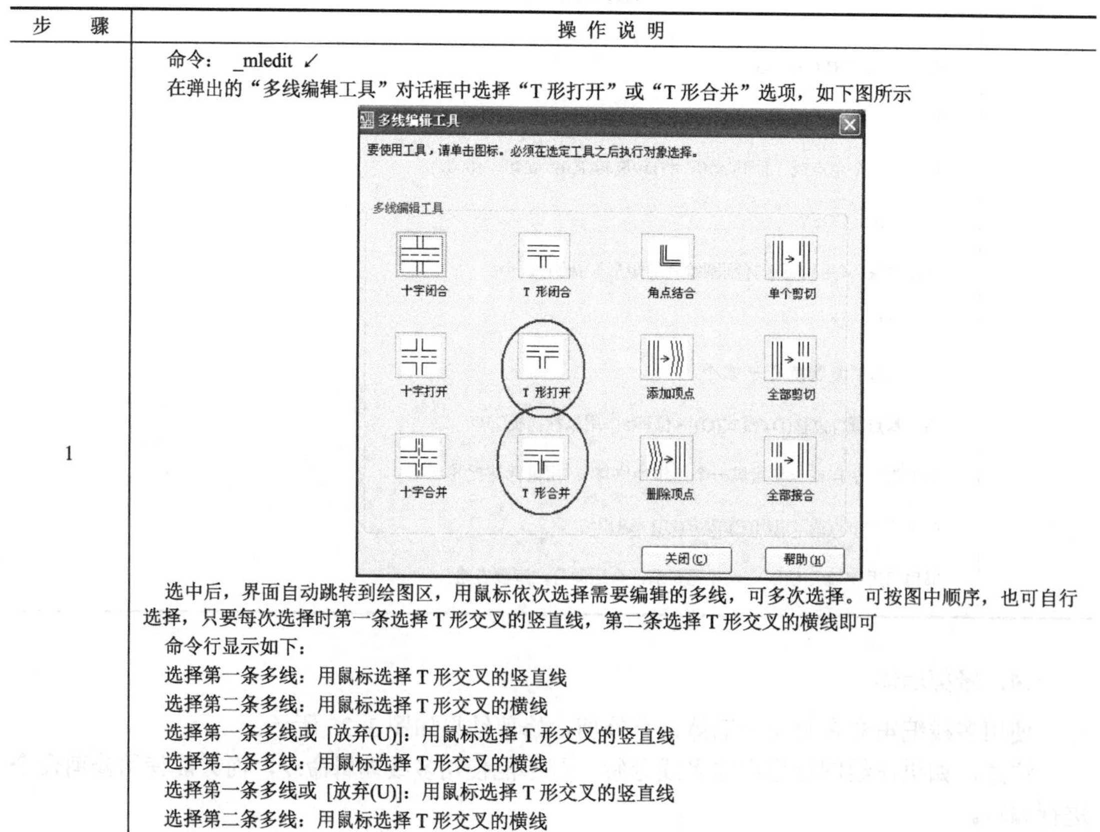 选中后，界面自动跳转到绘图区，用鼠标依次选择需要编辑的多线，可多次选择。可按图中顺序，也可自行选择，只要每次选择时第一条选择 T 形交叉的竖直线，第二条选择 T 形交叉的横线即可 命令行显示如下： 选择第一条多线：用鼠标选择 T 形交叉的竖直线 选择第二条多线：用鼠标选择 T 形交叉的横线 选择第一条多线或 [放弃(U)]：用鼠标选择 T 形交叉的竖直线 选择第二条多线：用鼠标选择 T 形交叉的横线 选择第一条多线或 [放弃(U)]：用鼠标选择 T 形交叉的竖直线 选择第二条多线：用鼠标选择 T 形交叉的横线 选择第一条多线或 [放弃(U)]：↙

（续）

步　骤	操作说明
2	依次修剪各多线，步骤省略 注：本步骤也可以在绘制完墙体后、修剪门窗洞口前进行

15．插入家具

家具的绘制在前面介绍基础命令时已经介绍了，此处不再赘述。只要把绘制好的家具命名为图块，即可在完成上述步骤后插入家具图块，对于没有设定的家具，如衣柜等，可以用基础命令完成绘制。

下面以插入卧室家具为例进行介绍，具体步骤见表3-24。

表3-24　插入家具

步　骤	操作说明
1	插入床的操作如下： 命令：i↙INSERT 在弹出的“插入”对话框中选择床图块，如下图所示 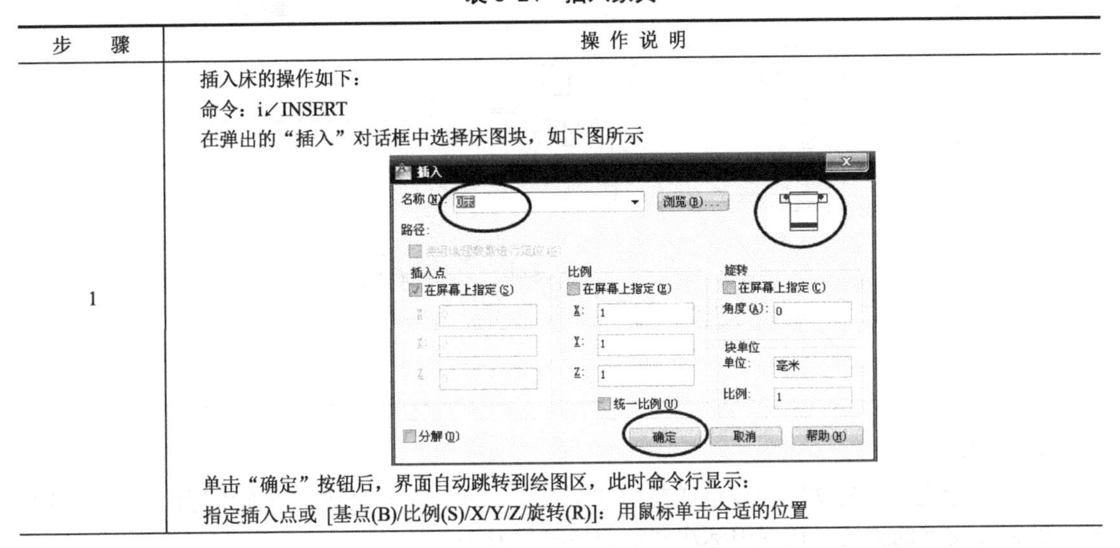 单击“确定”按钮后，界面自动跳转到绘图区，此时命令行显示： 指定插入点或 [基点(B)/比例(S)/X/Y/Z/旋转(R)]：用鼠标单击合适的位置

（续）

步　骤	操 作 说 明
2	插入衣柜的操作如下： 命令：i↙INSERT 在弹出的“插入”对话框中选择衣柜图块 单击“确定”按钮后，界面自动跳转到绘图区，此时命令行显示： 指定插入点或 [基点(B)/比例(S)/X/Y/Z/旋转(R)]：用鼠标单击合适的位置
3	绘制柜子的操作如下： 1）绘制矩形 命令：rec↙RECTANG 指定第一个角点或 [倒角(C)/标高(E)/圆角(F)/厚度(T)/宽度(W)]：用鼠标指定任意一点 指定另一个角点或 [面积(A)/尺寸(D)/旋转(R)]：@1200，450↙ 2）对矩形倒圆角 命令：f↙FILLET 当前设置：模式 = 修剪，半径 = 0.0000 选择第一个对象或 [放弃(U)/多段线(P)/半径(R)/修剪(T)/多个(M)]：r↙ 指定圆角半径 <0.0000>：30↙ 选择第一个对象或 [放弃(U)/多段线(P)/半径(R)/修剪(T)/多个(M)]：p↙ 选择二维多段线：选择刚刚绘制的矩形 4 条直线已被圆角 3）将柜子移动到合适的位置 命令：m↙MOVE 选择对象：选择刚刚倒圆角的矩形 指定对角点：找到 1 个 选择对象：↙ 指定基点或 [位移(D)] <位移>：指定第二个点或 <使用第一个点作为位移>：用鼠标指定合适的位置 用同样的方式插入或绘制其他房间的家具，步骤省略，最后结果如下图所示 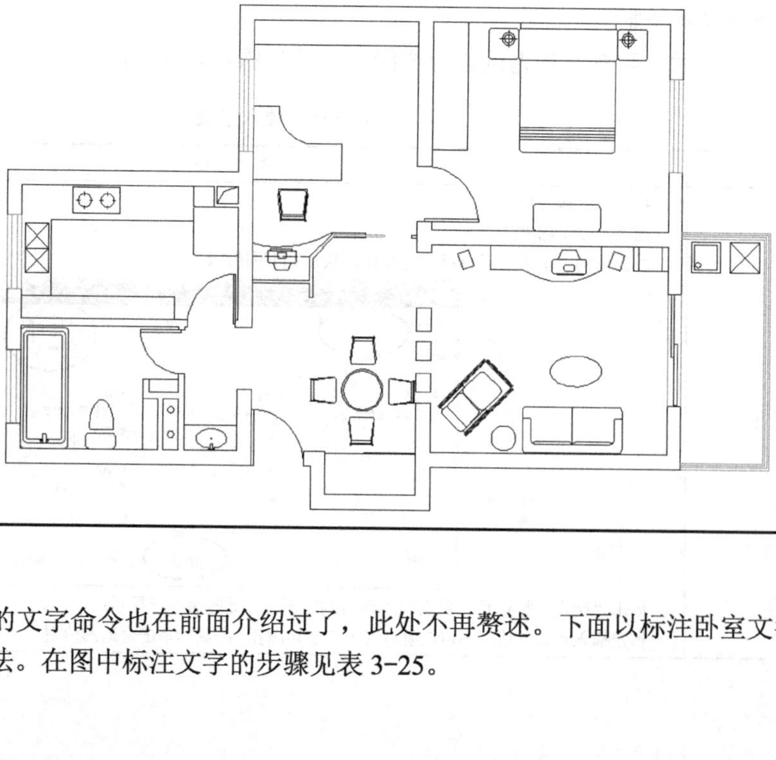

16. 标注文字

在图中标注文字的文字命令也在前面介绍过了，此处不再赘述。下面以标注卧室文字为例介绍标注文字的方法。在图中标注文字的步骤见表 3-25。

表 3-25　标注文字

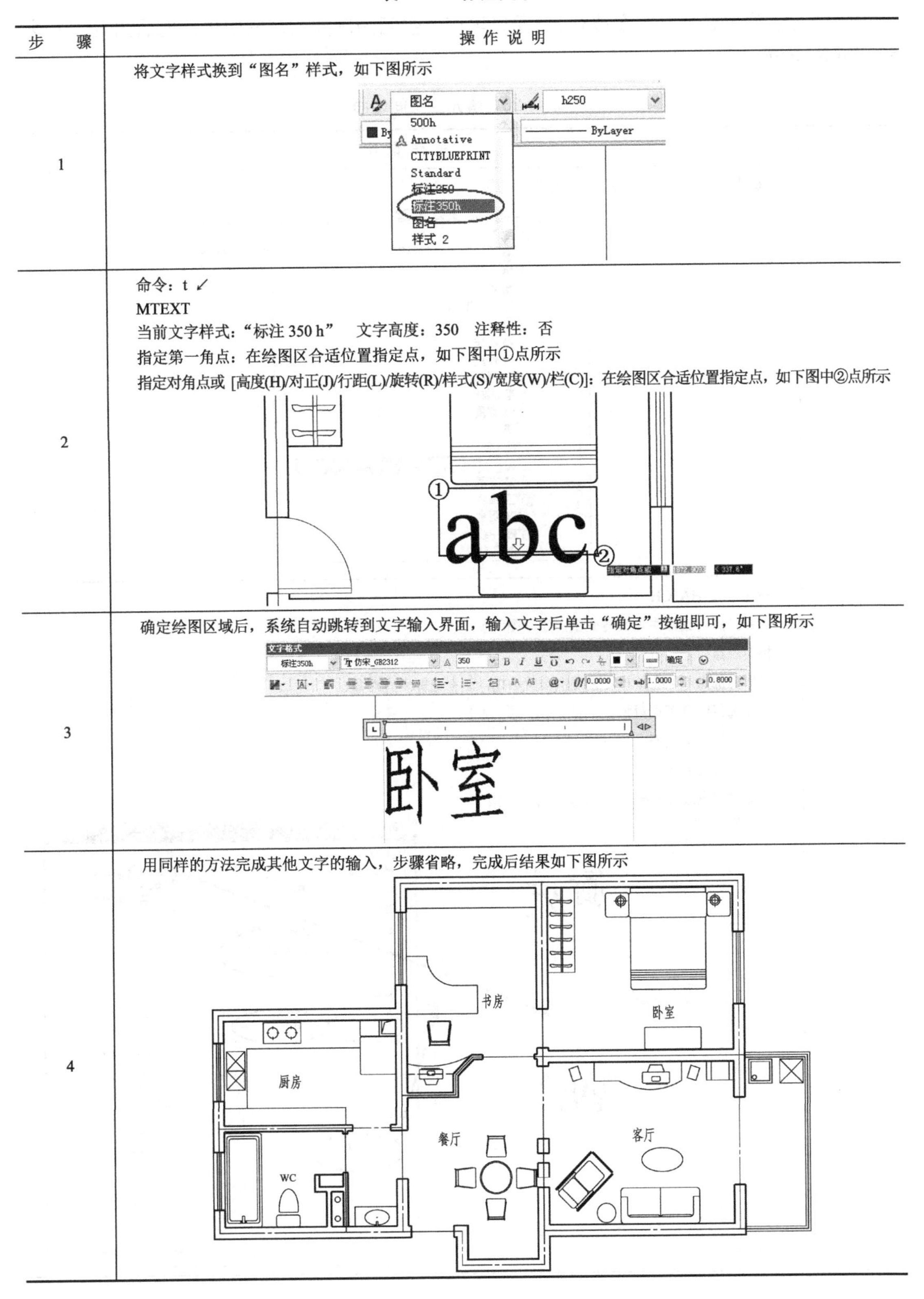

步　骤	操 作 说 明
1	将文字样式换到“图名”样式，如下图所示
2	命令：t ↙ MTEXT 当前文字样式：“标注 350 h”　文字高度：350　注释性：否 指定第一角点：在绘图区合适位置指定点，如下图中①点所示 指定对角点或 [高度(H)/对正(J)/行距(L)/旋转(R)/样式(S)/宽度(W)/栏(C)]：在绘图区合适位置指定点，如下图中②点所示
3	确定绘图区域后，系统自动跳转到文字输入界面，输入文字后单击“确定”按钮即可，如下图所示
4	用同样的方法完成其他文字的输入，步骤省略，完成后结果如下图所示

17. 图案填充

完成文字输入后进行图案填充。下面以填充卫生间为例介绍在图中填充地面图案的方法，步骤见表 3-26。

表 3-26 填充卫生间地面

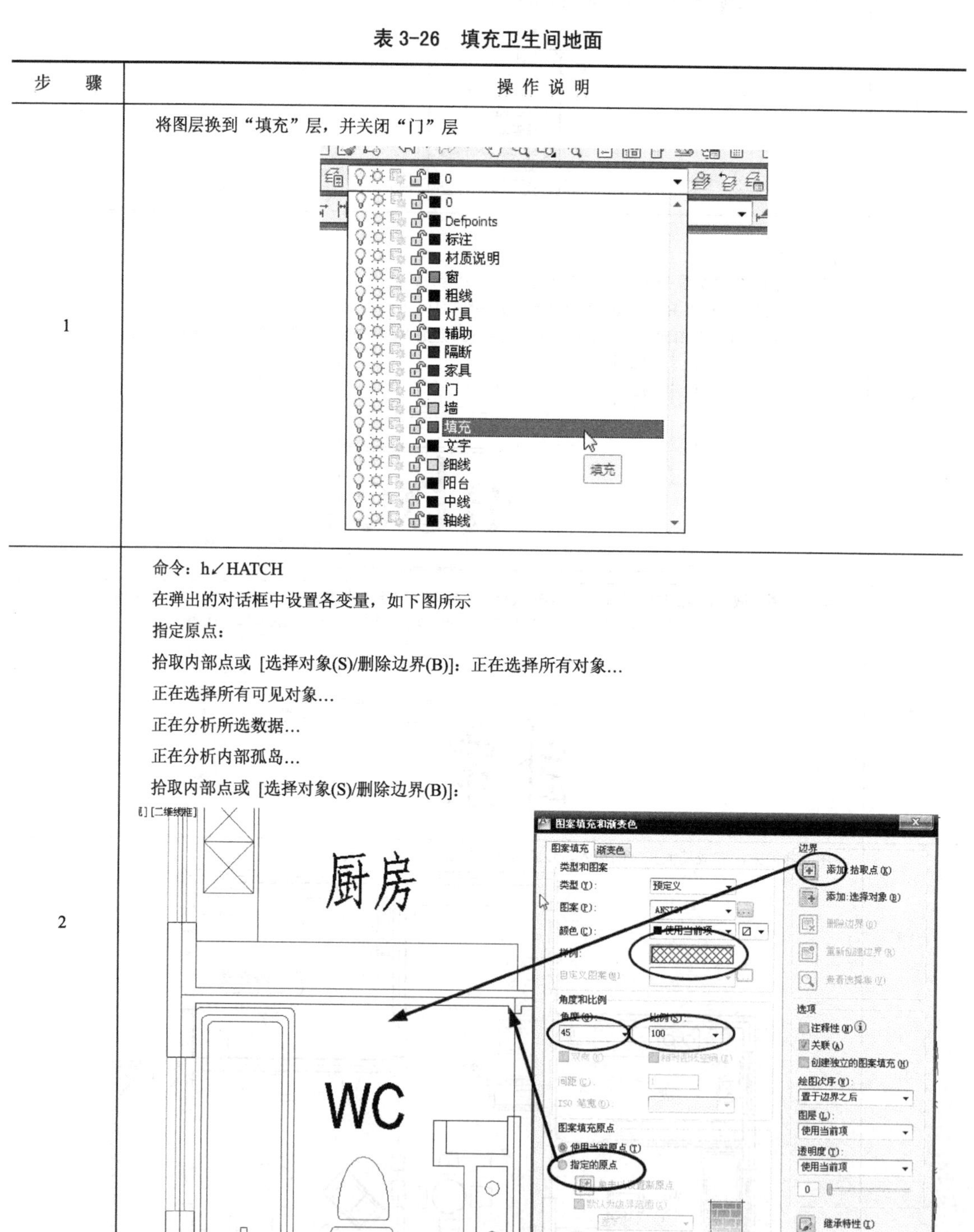

步　骤	操 作 说 明
1	将图层换到“填充”层，并关闭“门”层
2	命令：h↙HATCH 在弹出的对话框中设置各变量，如下图所示 指定原点： 拾取内部点或 [选择对象(S)/删除边界(B)]：正在选择所有对象... 正在选择所有可见对象... 正在分析所选数据... 正在分析内部孤岛... 拾取内部点或 [选择对象(S)/删除边界(B)]：

（续）

步 骤	操 作 说 明
3	用同样的方式填充其他房间，步骤省略，最终完成所有图案填充，结果如下图所示 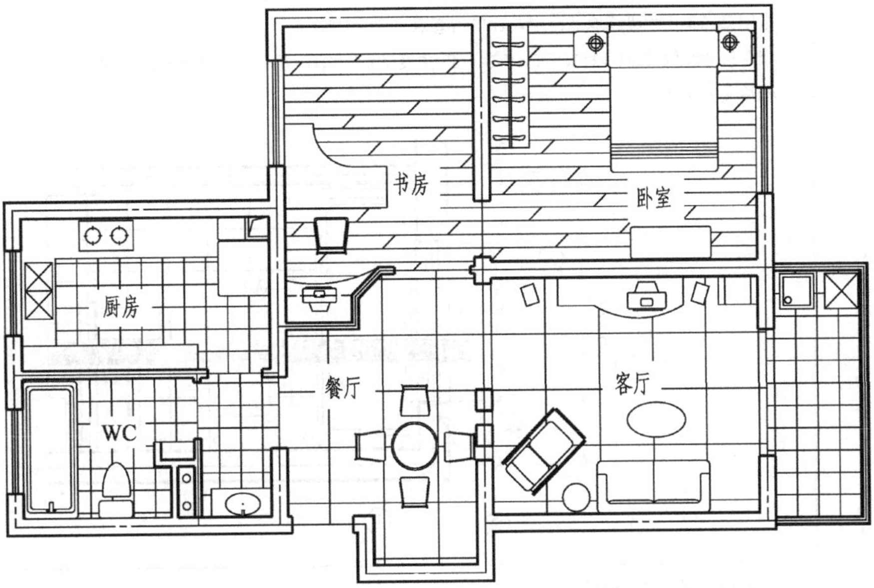 书房 卧室 厨房 餐厅 客厅 WC

18. 尺寸标注

下面以图 3-1 中左边第一个尺寸标注为例介绍对图形进行标注的方法，步骤见表 3-27。

表 3-27 尺寸标注

步 骤	操 作 说 明
1	首先将标注方式设为“h250”，如下左图所示 命令调用 方法 1：命令：dimlinear↙ 方法 2：使用 ⊢⊣ 按钮 方法 3：调用菜单，如下右图所示 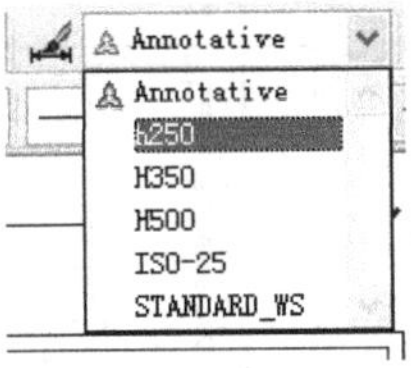 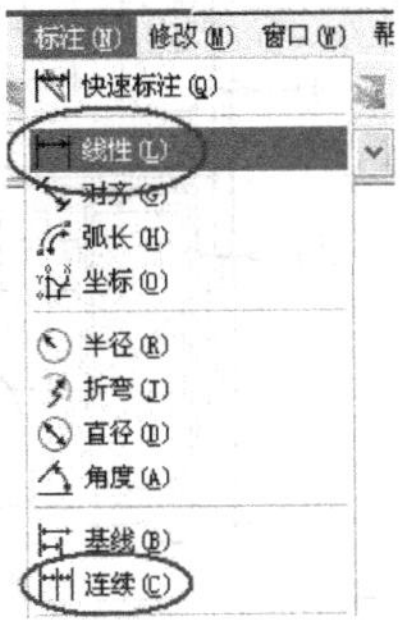 Annotative Annotative h250 H350 H500 ISO-25 STANDARD_WS 标注(N) 修改(M) 窗口(W) 帮 快速标注(Q) 线性(L) 对齐(G) 弧长(H) 坐标(O) 半径(R) 折弯(J) 直径(D) 角度(A) 基线(B) 连续(C)

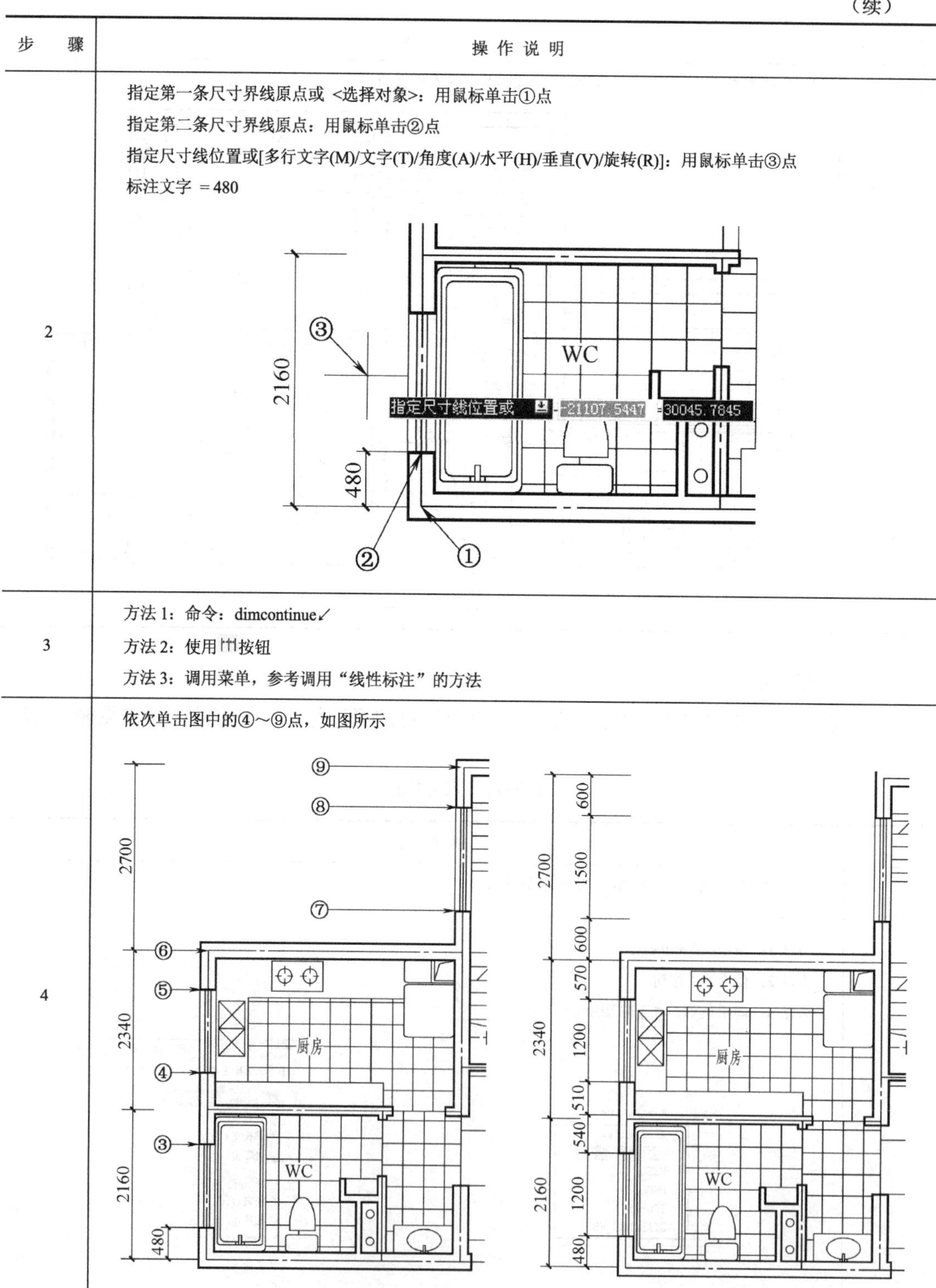

（续）

步　骤	操 作 说 明
2	指定第一条尺寸界线原点或 <选择对象>：用鼠标单击①点 指定第二条尺寸界线原点：用鼠标单击②点 指定尺寸线位置或[多行文字(M)/文字(T)/角度(A)/水平(H)/垂直(V)/旋转(R)]：用鼠标单击③点 标注文字 ＝480
3	方法1：命令：dimcontinue↙ 方法2：使用按钮 方法3：调用菜单，参考调用“线性标注”的方法
4	依次单击图中的④～⑨点，如图所示

（续）

步　骤	操 作 说 明
5	用同样的方法标注其他尺寸，标注后结果如下图所示 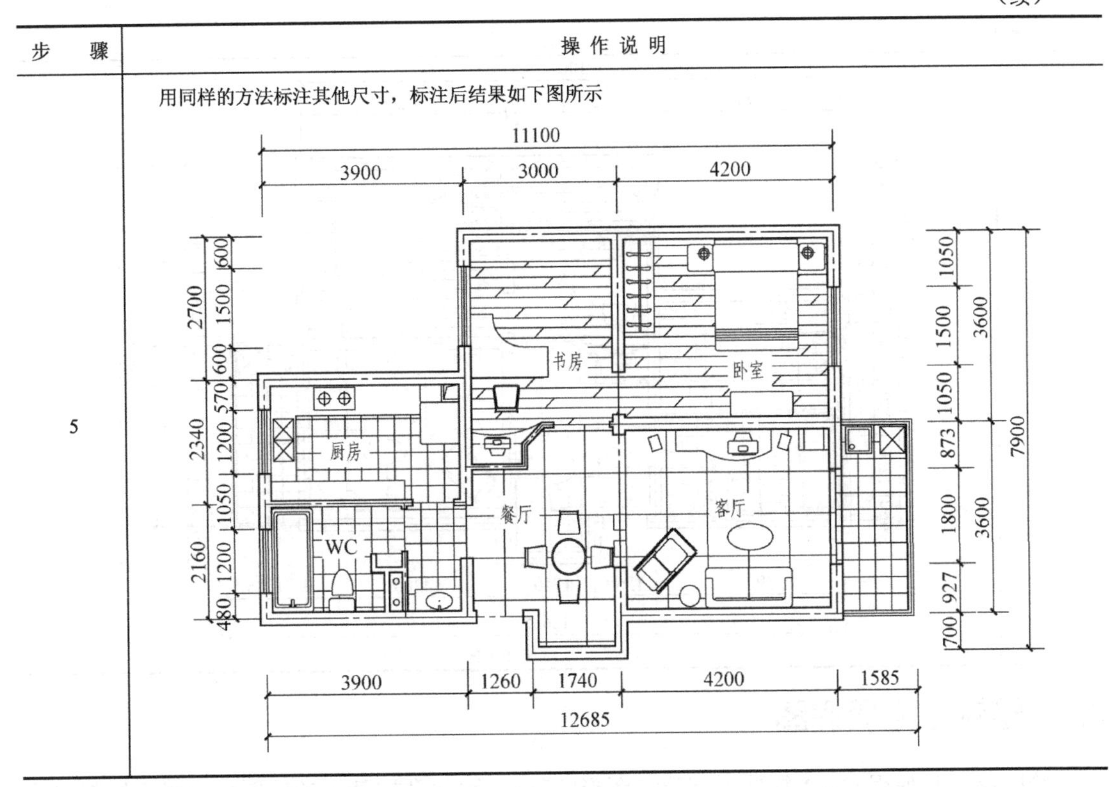

19. 注写图名

下面以注写“平面布置图”为例介绍注写步骤，见表 3-28。

表 3-28　注写图名

步　骤	操 作 说 明
1	将文字样式换成“图名”样式
2	命令：t↙ MTEXT 当前文字样式：“图名”　文字高度：800　注释性：否 指定第一角点：用鼠标在图下方的合适位置单击确定 指定对角点或 [高度(H)/对正(J)/行距(L)/旋转(R)/样式(S)/宽度(W)/栏(C)]：用鼠标在图下方的合适位置单击确定
3	输入文字，如下图所示 平面布置图 输入后单击“确定”按钮完成 完成后图形如下图所示

（续）

步　骤	操作说明
3	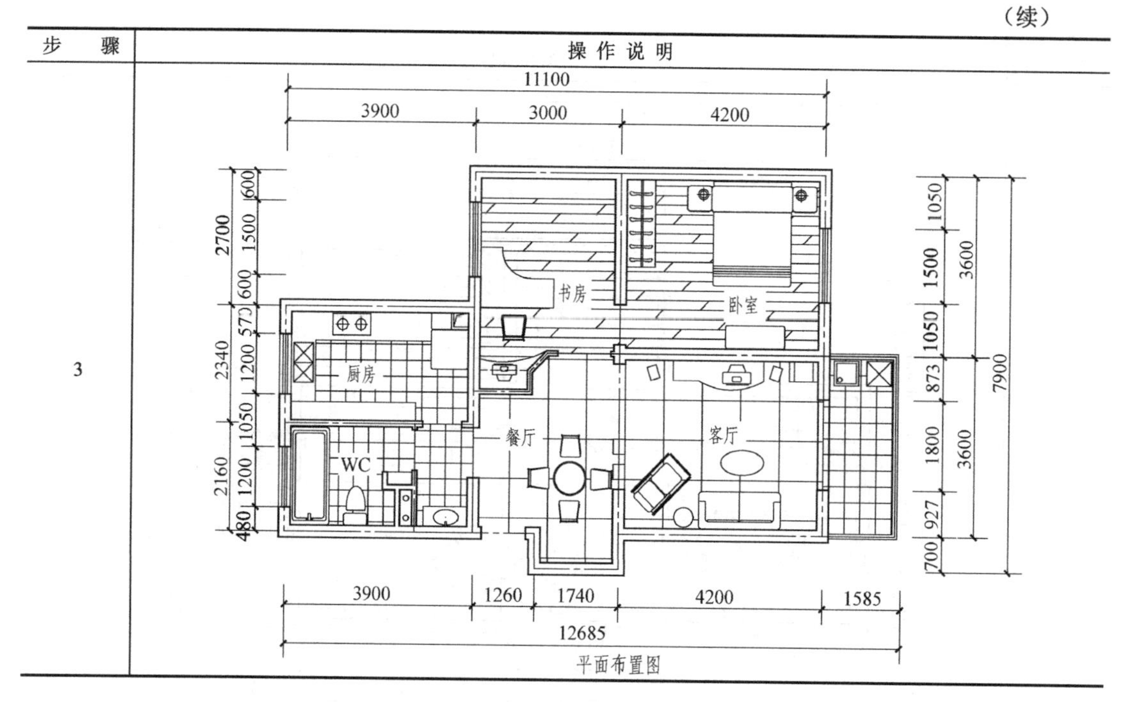 平面布置图

3.2　绘制住宅顶棚图

绘图命令是使用 CAD 软件绘制建筑图形的基础。因此掌握基本的绘图命令对于绘制建筑装饰图形是非常重要的。

任务描述

绘制如图 3-26 所示的住宅顶棚图。

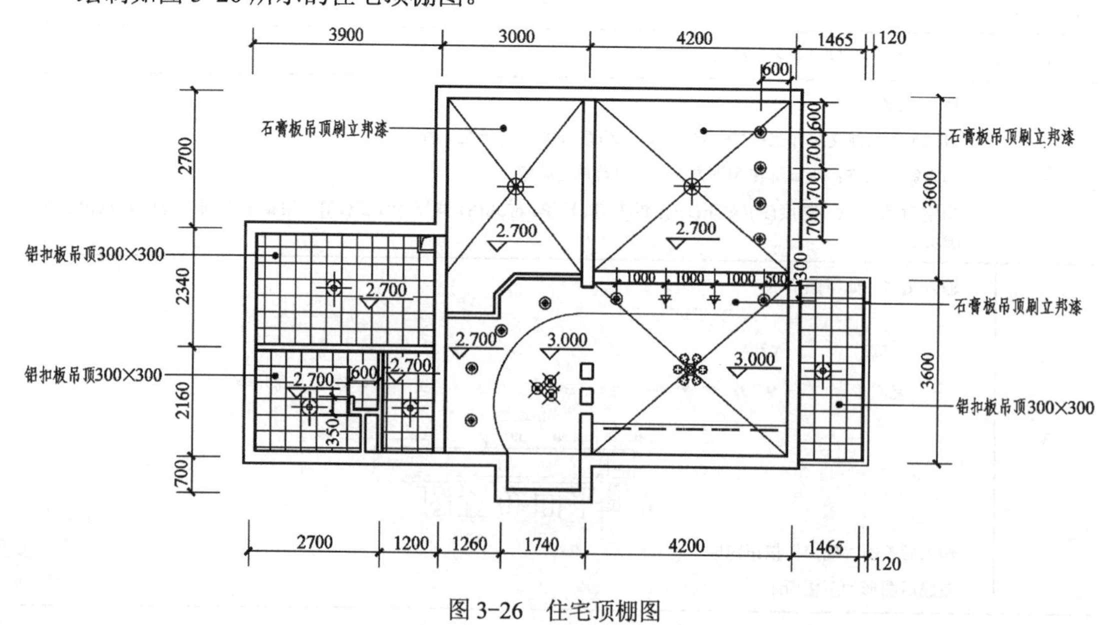

图 3-26　住宅顶棚图

任务分析

本任务可以在平面图的基础上绘制顶棚的造型、灯具等内容，并适当标注材质和尺寸。

相关知识

1．用工具栏修改对象特性

用工具栏修改对象特性的操作比较简单。首先选择对象，然后选择对象特性（如图层、颜色、线型、线宽等）即可完成。

2．对象特性命令

“标准”工具栏：。

菜单：修改(M) → 特性(P)。

快捷菜单：选择要查看或修改其特性的对象，在绘图区中单击鼠标右键，然后在弹出的快捷菜单中选择“特性”命令；或用鼠标双击大多数对象，选择后会出现对象特性显示，如图 3-27 所示。

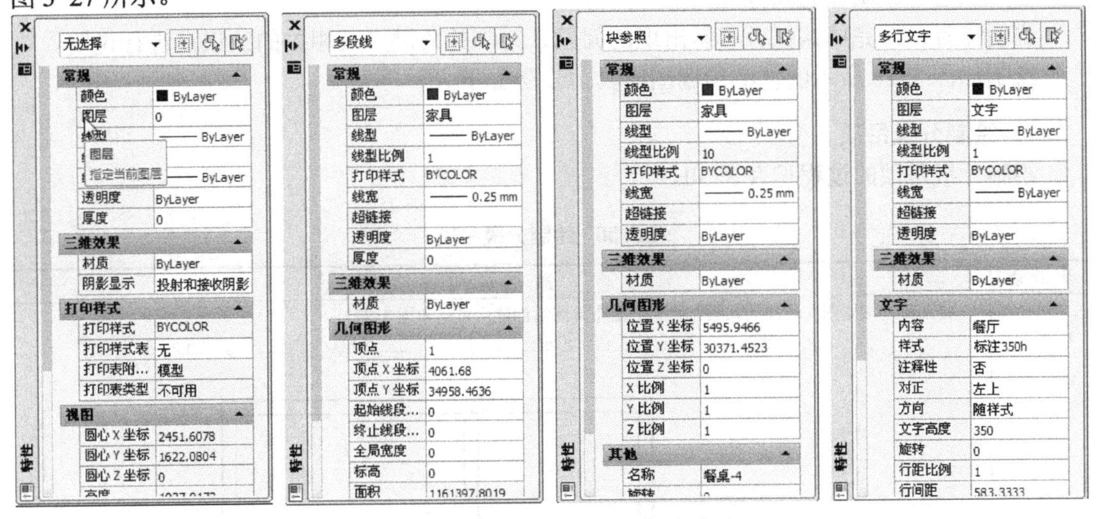

图 3-27　各种不同对象的特性显示

显示单个对象特性的方法：

1）选择对象。

2）在图形中单击鼠标右键，然后在弹出的快捷菜单中选择“特性”命令。

3）“特性”选项板上显示选定对象的特性。

或者双击任何一个对象显示“特性”选项板。

3．特性匹配

使用“特性匹配”命令，可以将一个对象的某些或所有特性复制到其他对象。

可以复制的特性类型包括（但不仅限于）：颜色、图层、线型、线型比例、线宽、打印样式、三维厚度等。

在默认情况下，所有可应用的特性都自动地从选定的第一个对象复制到其他对象。如果不希望复制特定的特性，可使用“设置”选项禁止复制该特性。可以在执行该命令的过程中随时选择“设置”选项。

将特性从一个对象复制到其他对象的步骤见表3-29。

表3-29　特性匹配步骤

步　骤	操作说明
1	单击“标准”工具栏： 菜单：修改(M)→特性匹配(M) 输入命令条目：ma（matchprop）或painter
2	选择源对象：选择要复制其特性的对象
3	当前活动设置：当前选定的特性匹配设置 选择目标对象或［设置(S)］：选择一个或多个要复制其特性的对象（或输入s）
4	按空格键或“Enter”键；或单击鼠标右键，在弹出的快捷菜单中选择“特性命令”

任务实施

任务实施：绘制住宅顶棚图。

说明注释：对完成该任务容易出现的问题、绘制的关键点及相关的知识点进行说明。

绘制如图3-26所示的住宅顶棚图，具体步骤如下。

1. 绘制分级吊顶

绘制分级吊顶的过程见表3-30。

表3-30　绘制分级吊顶

步　骤	操作说明
1	将图形“顶棚图”打开（此图在绘制平面布置图时创建，可参考图3-22） 3900　3000　4200　1465 2700　2340　2160　700　600　350　3600　3600 2700　1200　1260　1740　4200　1465

（续）

步　骤	操作说明
2	换到“分级吊顶”图层 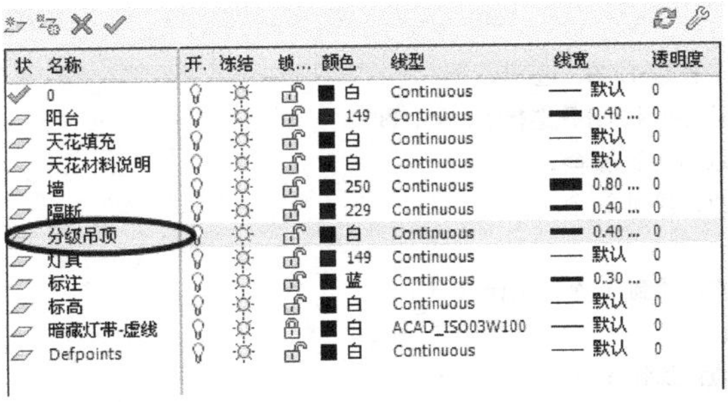
3	绘制客厅的分级吊顶 命令：pl↙ PLINE 指定起点：将鼠标置于④点，并向下移动，在虚线方向①点处停留，并输入600 当前线宽为 0.0000 指定下一个点或 [圆弧(A)/半宽(H)/长度(L)/放弃(U)/宽度(W)]：鼠标位于②点处 指定下一个点或 [圆弧(A)/半宽(H)/长度(L)/放弃(U)/宽度(W)]：↙ 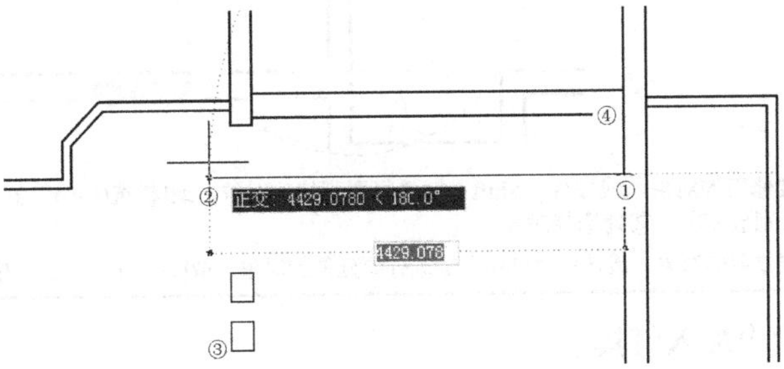
4	绘制餐厅分级吊顶 命令：c↙ CIRCLE 指定圆的圆心或 [三点(3P)/两点(2P)/相切、相切、半径(T)]：用鼠标指定①点 指定圆的半径或 [直径(D)]：用鼠标垂直捕捉②点 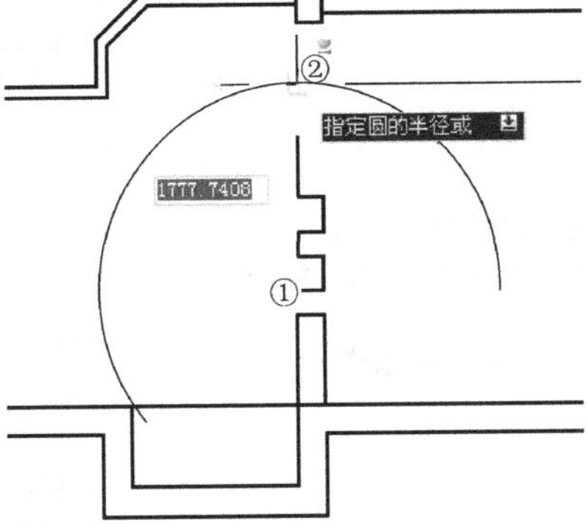

（续）

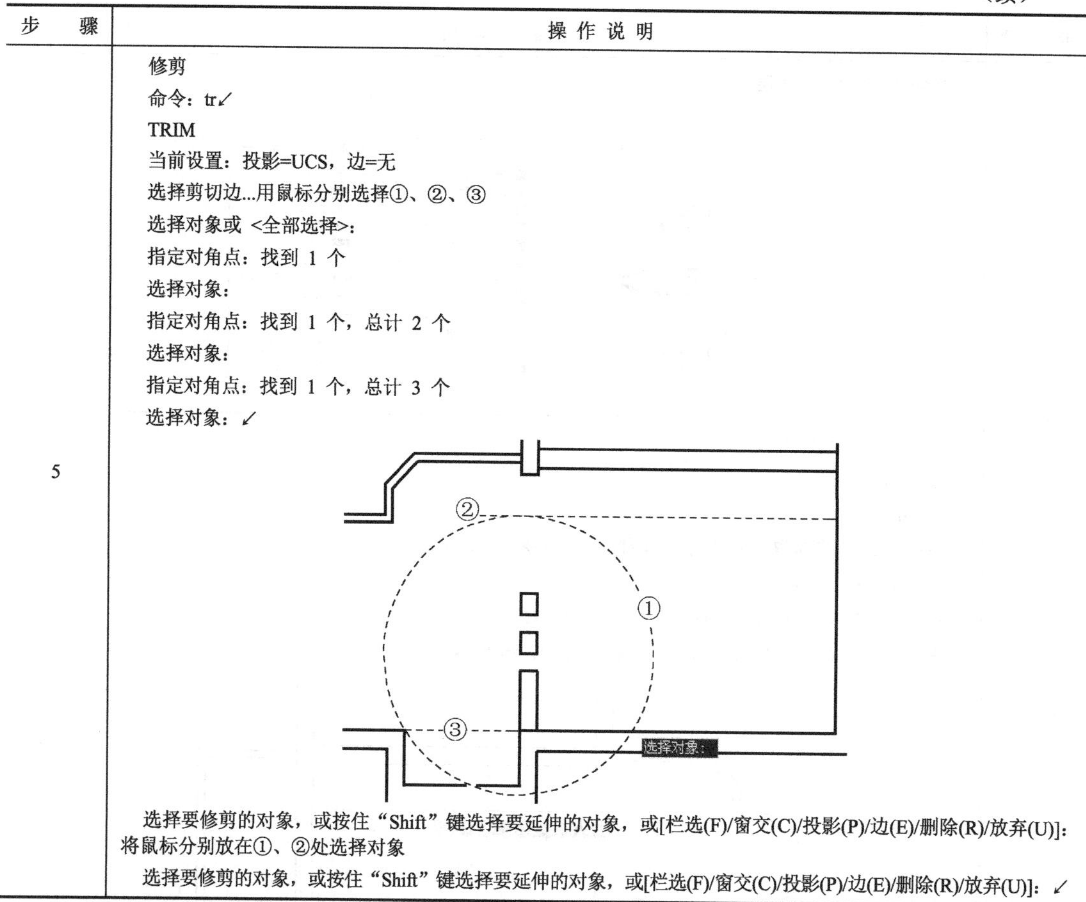

步　骤	操 作 说 明
5	修剪 命令：tr↙ TRIM 当前设置：投影=UCS，边=无 选择剪切边...用鼠标分别选择①、②、③ 选择对象或 <全部选择>： 指定对角点：找到 1 个 选择对象： 指定对角点：找到 1 个，总计 2 个 选择对象： 指定对角点：找到 1 个，总计 3 个 选择对象：↙ 选择要修剪的对象，或按住“Shift”键选择要延伸的对象，或[栏选(F)/窗交(C)/投影(P)/边(E)/删除(R)/放弃(U)]：将鼠标分别放在①、②处选择对象 选择要修剪的对象，或按住“Shift”键选择要延伸的对象，或[栏选(F)/窗交(C)/投影(P)/边(E)/删除(R)/放弃(U)]：↙

2. 在顶棚图中加入灯具

在顶棚图中加入灯具的过程见表3-31。

表3-31　加入灯具

步　骤	操 作 说 明
1	换到“灯具”图层
2	插入客厅灯具 绘制客厅对角线，步骤省略 插入吊灯（提前做好各种灯具图形，并命名为图块），步骤省略 插入筒灯和射灯③、④，步骤省略

（续）

步　骤	操 作 说 明
3	用同样的方法插入其他灯具，插入后结果如下图所示

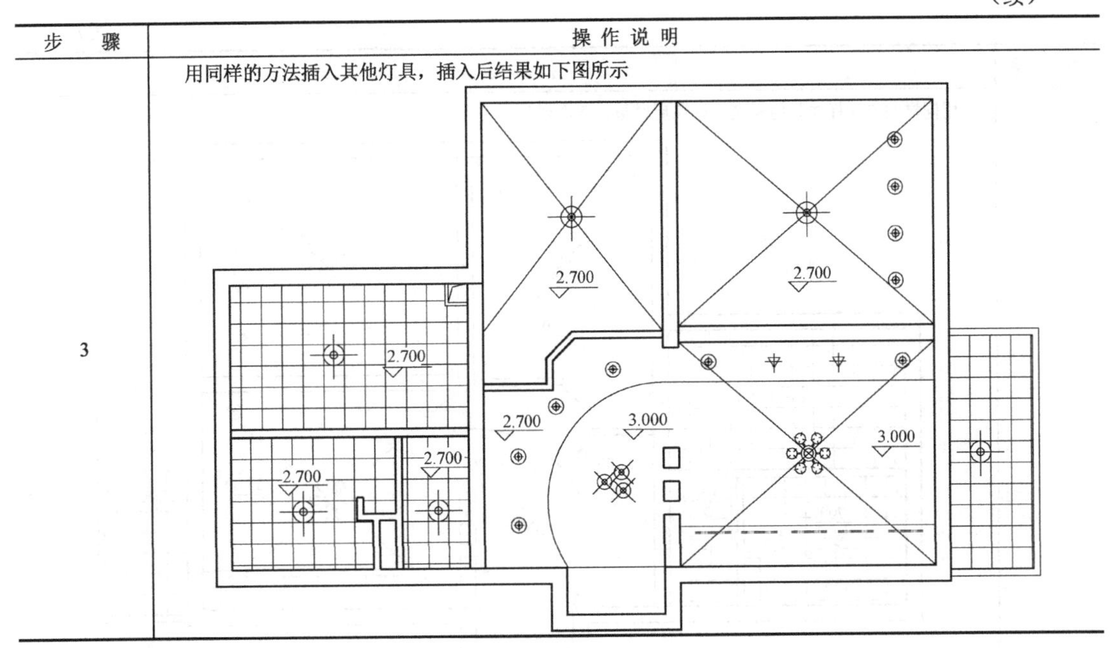

3. 标注标高

标注标高的过程见表3-32。

表3-32　标注标高

步　骤	操 作 说 明
1	换到“标高”图层
2	绘制标高符号，如下图所示，步骤如下 3,000 ① 命令：pl ↙ PLINE 指定起点：用鼠标指定①点 当前线宽为 0.0000 指定下一点或 [圆弧(A)/半宽(H)/长度(L)/放弃(U)/宽度(W)]: 指定下一点或 [圆弧(A)/闭合(C)/半宽(H)/长度(L)/放弃(U)/宽度(W)]：@150，–150 指定下一点或 [圆弧(A)/闭合(C)/半宽(H)/长度(L)/放弃(U)/宽度(W)]：@150，150 指定下一点或 [圆弧(A)/闭合(C)/半宽(H)/长度(L)/放弃(U)/宽度(W)]: 命令：t↙ MTEXT 当前文字样式：“标注 250”　文字高度：250　注释性：否 指定第一角点： 指定对角点或 [高度(H)/对正(J)/行距(L)/旋转(R)/样式(S)/宽度(W)/栏(C)]:

（续）

步　骤	操作说明
3	用同样的方法标注其他标高，标注后结果如下图所示 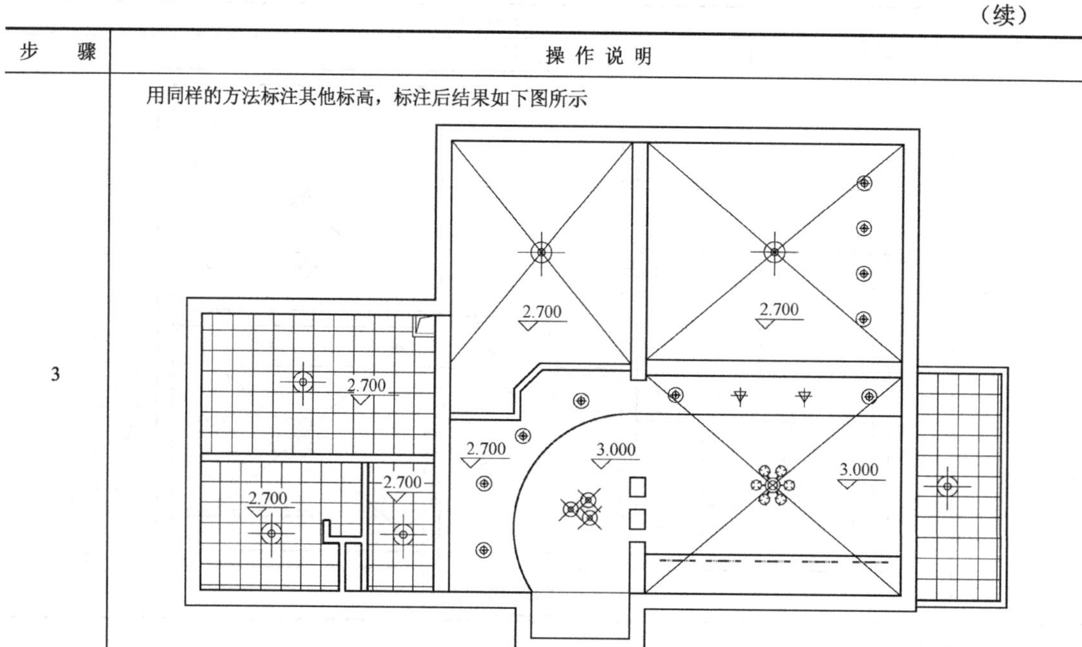

4. 填充吊顶材料

前面已经讲过填充命令，因此填充顶棚的步骤省略，结果如图 3-28 所示。

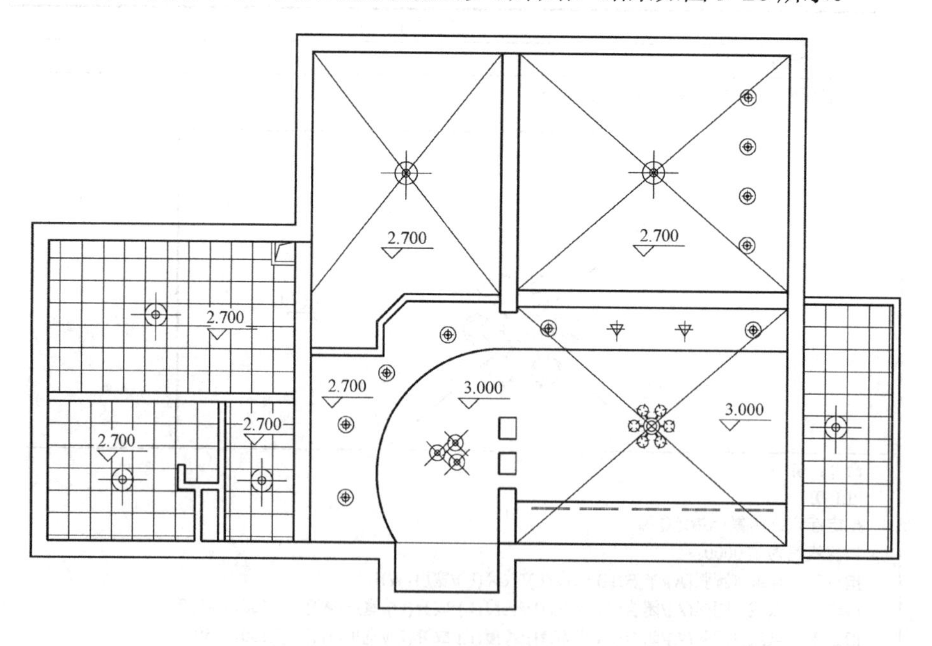

图 3-28　填充顶棚

5. 注写材质说明

为表达清晰，用文字命令注写材质说明，最后加上标高等标注，结果如图 3-29 所示。

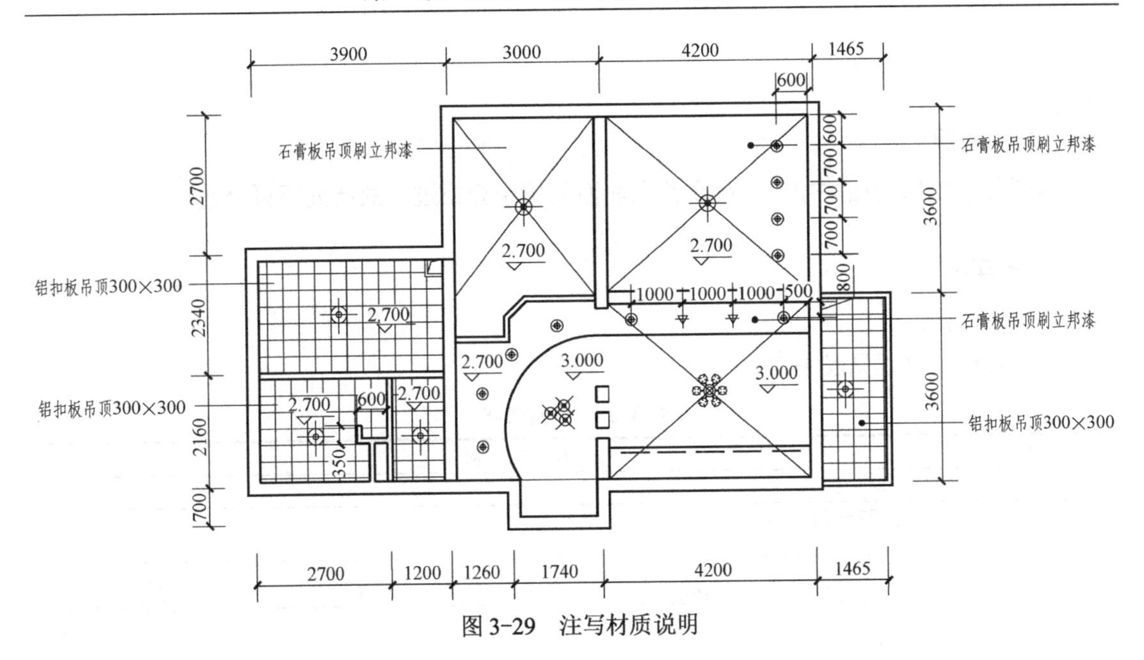

图 3-29　注写材质说明

3.3　绘制住宅立面图

任务描述

绘制如图 3-30 所示的住宅立面图。

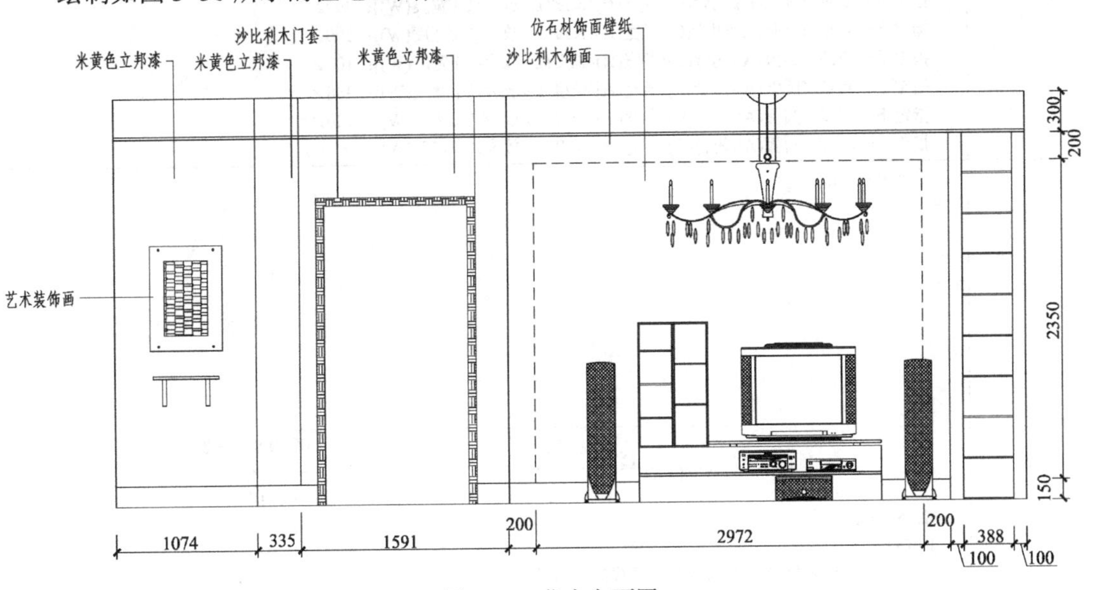

图 3-30　住宅立面图

任务分析

本任务主要是绘制如图 3-30 所示的立面图，要求绘制其轮廓、内部造型及家具陈设等，并适当标注材质和尺寸。

相关知识

本任务中使用的相关知识、命令都在前面篇幅中介绍过，故此处不再赘述。

任务实施

1．绘制轴线

绘制轴线的过程见表 3-33。

表 3-33　绘制轴线

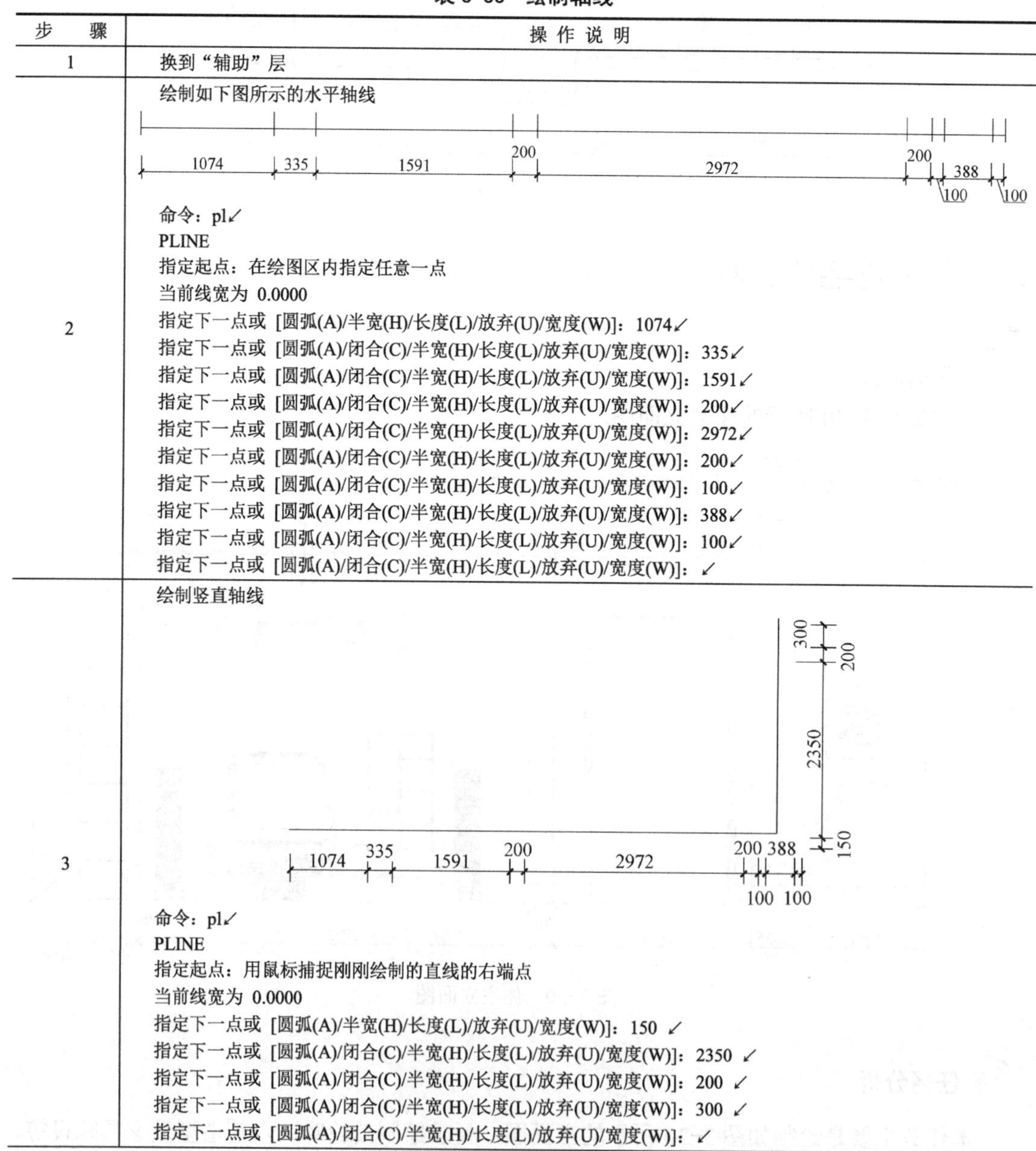

步　骤	操 作 说 明
1	换到“辅助”层
2	绘制如下图所示的水平轴线 1074 335 1591 200 2972 200 388 100 100 命令：pl↙ PLINE 指定起点：在绘图区内指定任意一点 当前线宽为 0.0000 指定下一点或 [圆弧(A)/半宽(H)/长度(L)/放弃(U)/宽度(W)]：1074↙ 指定下一点或 [圆弧(A)/闭合(C)/半宽(H)/长度(L)/放弃(U)/宽度(W)]：335↙ 指定下一点或 [圆弧(A)/闭合(C)/半宽(H)/长度(L)/放弃(U)/宽度(W)]：1591↙ 指定下一点或 [圆弧(A)/闭合(C)/半宽(H)/长度(L)/放弃(U)/宽度(W)]：200↙ 指定下一点或 [圆弧(A)/闭合(C)/半宽(H)/长度(L)/放弃(U)/宽度(W)]：2972↙ 指定下一点或 [圆弧(A)/闭合(C)/半宽(H)/长度(L)/放弃(U)/宽度(W)]：200↙ 指定下一点或 [圆弧(A)/闭合(C)/半宽(H)/长度(L)/放弃(U)/宽度(W)]：100↙ 指定下一点或 [圆弧(A)/闭合(C)/半宽(H)/长度(L)/放弃(U)/宽度(W)]：388↙ 指定下一点或 [圆弧(A)/闭合(C)/半宽(H)/长度(L)/放弃(U)/宽度(W)]：100↙ 指定下一点或 [圆弧(A)/闭合(C)/半宽(H)/长度(L)/放弃(U)/宽度(W)]：↙
3	绘制竖直轴线 1074 335 1591 200 2972 200 388 100 100 150 2350 200 300 命令：pl↙ PLINE 指定起点：用鼠标捕捉刚刚绘制的直线的右端点 当前线宽为 0.0000 指定下一点或 [圆弧(A)/半宽(H)/长度(L)/放弃(U)/宽度(W)]：150 ↙ 指定下一点或 [圆弧(A)/闭合(C)/半宽(H)/长度(L)/放弃(U)/宽度(W)]：2350 ↙ 指定下一点或 [圆弧(A)/闭合(C)/半宽(H)/长度(L)/放弃(U)/宽度(W)]：200 ↙ 指定下一点或 [圆弧(A)/闭合(C)/半宽(H)/长度(L)/放弃(U)/宽度(W)]：300 ↙ 指定下一点或 [圆弧(A)/闭合(C)/半宽(H)/长度(L)/放弃(U)/宽度(W)]：↙

（续）

步　骤	操 作 说 明
4	绘制如下图所示的轴线网格，可用复制或偏移命令 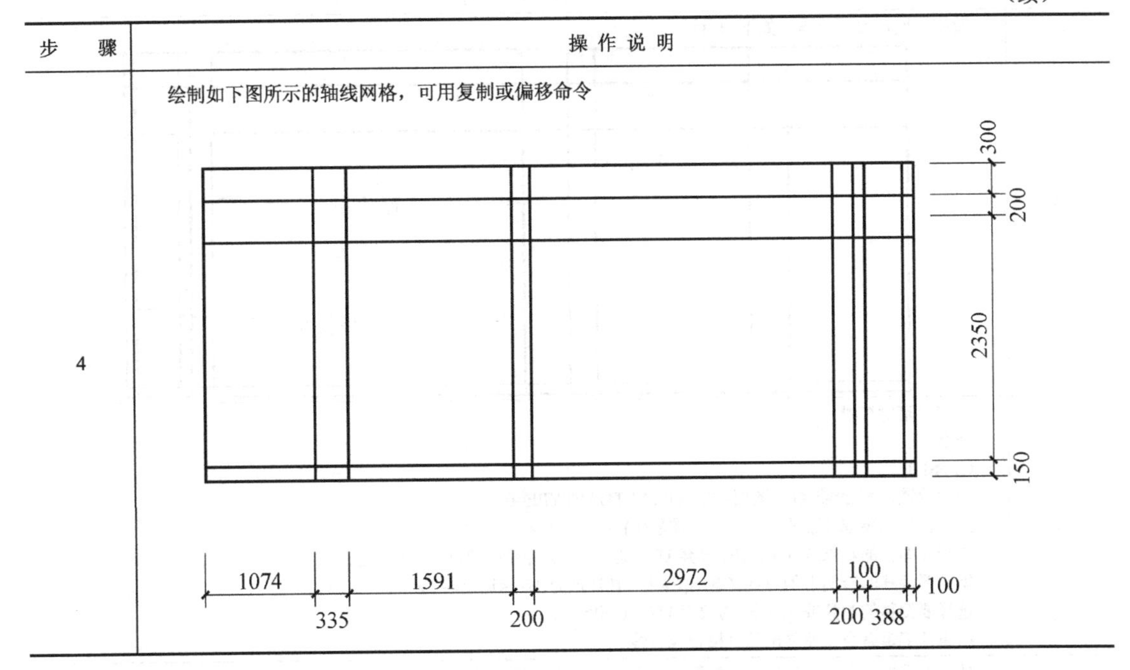

2. 绘制墙体及顶棚

绘制墙体及顶棚的过程见表 3-34。

表 3-34　绘制墙体及顶棚

步　骤	操 作 说 明
1	换到“墙”层
2	按照下图所示绘制墙体（图中加粗的线） 300 400 2150 150 1074　335　1351　240　400　2572　400　388 100　100

（续）

步　骤	操 作 说 明
3	绘制顶棚及墙面分隔，如下图所示 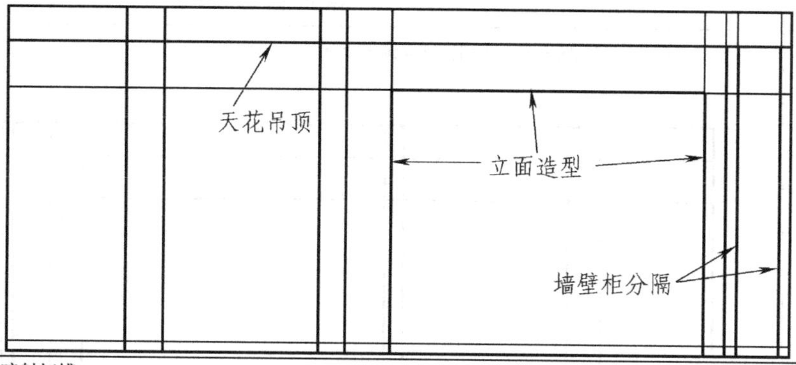
4	偏移出暗射灯槽 命令：o↙ OFFSET 当前设置：删除源=否　图层=源　OFFSETGAPTYPE=0 指定偏移距离或 [通过(T)/删除(E)/图层(L)] <60.0000>：100↙ 选择要偏移的对象或 [退出(E)/放弃(U)] <退出>：选择刚刚绘制的立面造型 指定要偏移的一侧上的点或 [退出(E)/多个(M)/放弃(U)] <退出>：↙ 选择要偏移的对象或 [退出(E)/放弃(U)] <退出>：↙ 用属性编辑命令将偏移出的灯槽设成虚线
5	插入电视柜、电视、音箱、吊灯等，步骤省略，插入后如下图所示 注意，电视柜和音箱插入时，底面要和地面平齐 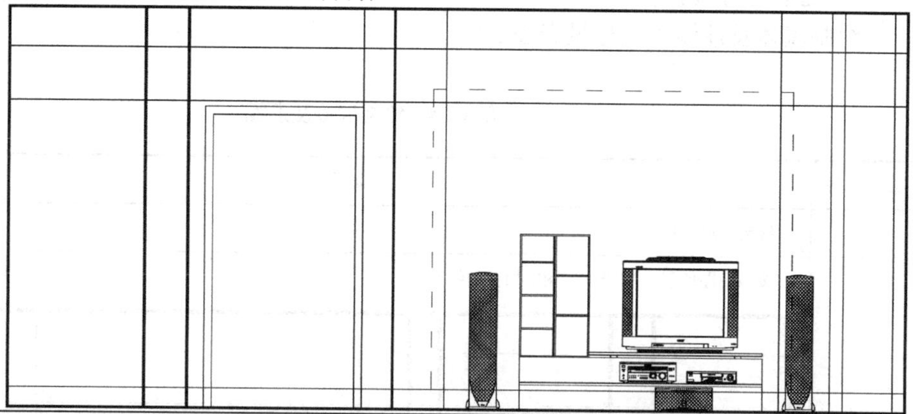
6	绘制客厅背景墙 LINE 命令：l↙ LINE 指定第一点：300 指定下一点或 [放弃(U)]: 指定下一点或 [放弃(U)]: 命令：co↙ COPY 选择对象：找到 1 个 选择对象： 当前设置：复制模式 = 多个 指定基点或 [位移(D)/模式(O)] <位移>：指定第二个点或 <使用第一个点作为位移>：20 指定第二个点或 [退出(E)/放弃(U)] <退出>: 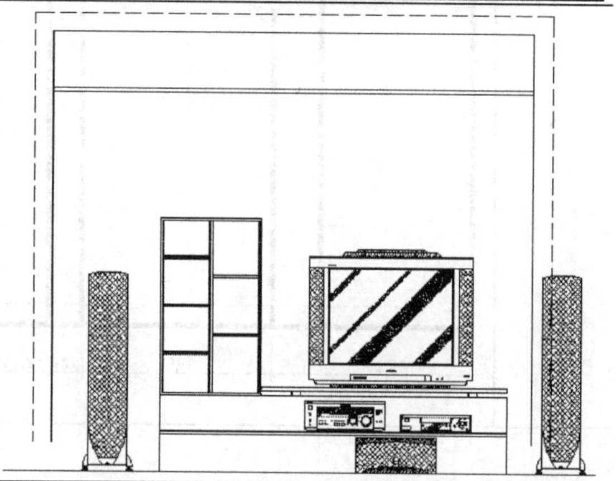

（续）

步　骤	操 作 说 明	
7	命令：co↙ COPY 选择对象： 指定对角点：找到 2 个 选择对象： 当前设置：复制模式 = 多个 指定基点或 [位移(D)/模式(O)] <位移>：指定第二个点或 <使用第一个点作为位移>：300 指定第二个点或 [退出(E)/放弃(U)] <退出>：300 指定第二个点或 [退出(E)/放弃(U)] <退出>：600 指定第二个点或 [退出(E)/放弃(U)] <退出>：900 指定第二个点或 [退出(E)/放弃(U)] <退出>：1200 指定第二个点或 [退出(E)/放弃(U)] <退出>：1500 指定第二个点或 [退出(E)/放弃(U)] <退出>：	
8	修剪多余的线	

3. 绘制门

绘制门的过程见表 3-35。

表 3-35　绘制门

步　骤	操 作 说 明	
1	命令：pl↙ PLINE 指定起点：_from <偏移>：60 当前线宽为 0.0000 指定下一点或 [圆弧(A)/半宽(H)/长度(L)/放弃(U)/宽度(W)]：2200 指定下一点或 [圆弧(A)/闭合(C)/半宽(H)/长度(L)/放弃(U)/宽度(W)]：1100 指定下一点或 [圆弧(A)/闭合(C)/半宽(H)/长度(L)/放弃(U)/宽度(W)]： 指定下一点或 [圆弧(A)/闭合(C)/半宽(H)/长度(L)/放弃(U)/宽度(W)]：	2200 60　60 1100 1351　240

（续）

步　骤	操 作 说 明
2	填充门并绘制踢脚板 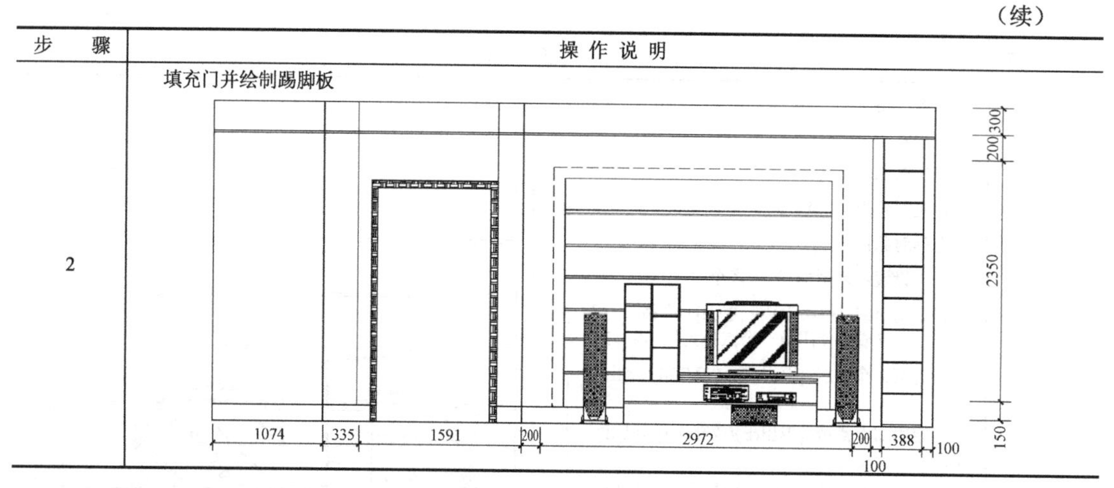

4. 插入吊顶及装饰画

将吊顶及装饰画插入到图 3-31 中椭圆标注的位置。

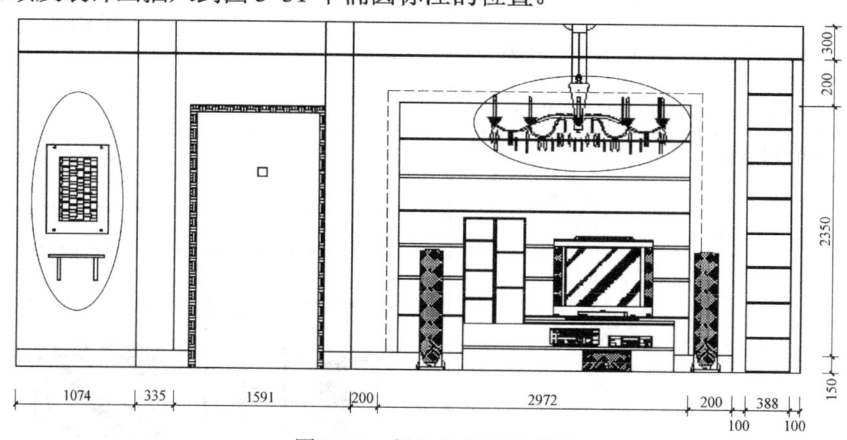

图 3-31　插入吊灯及装饰画

5. 标注材质、图名及尺寸

在图形中标注材质、图名及尺寸，如图 3-32 所示。

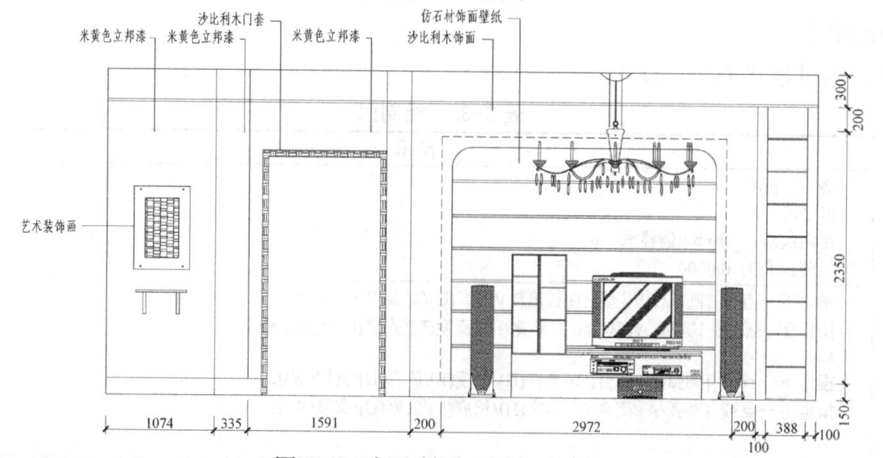

图 3-32　标注材质、图名及尺寸

本 章 小 结

本章通过讲解住宅平面和立面图形的绘制过程，介绍了图层、图块、多线、标注、标注样式、文字样式、线宽和线型等多个命令，并以住宅为载体介绍了建筑装饰平面图、立面图的绘制过程和绘制方法。

上 机 训 练

绘制如图 3-33 所示的建筑平面图，并将其保存到桌面上的“CAD 文件”文件夹中。

通过练习可以进一步掌握绘图命令和修改命令，对于上机训练中未练习的内容，学生应自行练习。

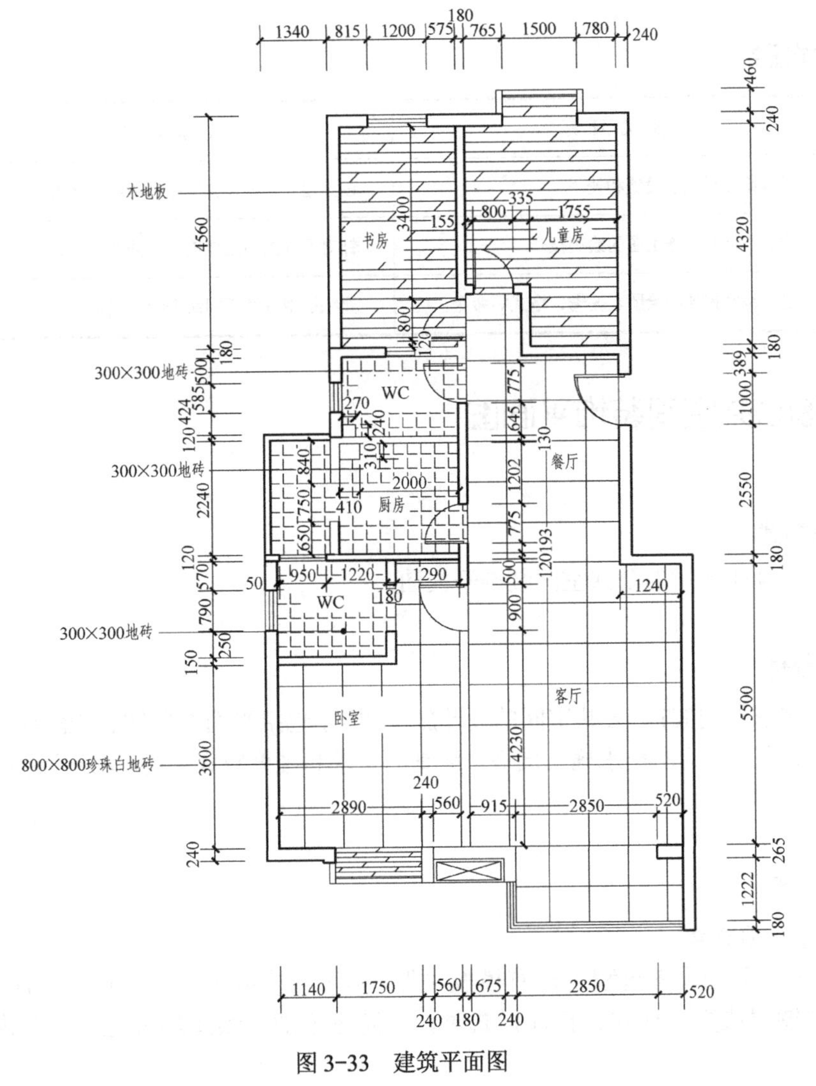

图 3-33　建筑平面图

第 4 章 绘制公共空间装饰施工图

教学目标

通过学习绘制装饰施工图样板及公共空间装饰施工图，了解绘制公装建筑施工图的操作方法，掌握绘图技巧、绘图要点等，同时熟悉各种命令、提高绘图速度。

教学任务

能 力 目 标	操 作 要 点
掌握绘图样板的设置和使用	创建绘图样板，并能够利用绘图样板绘图
掌握不同装饰施工图的绘制技巧	针对不同的施工图选择不同的绘制方法
进一步掌握各种绘图、编辑、格式等命令	熟练运用各种不同命令绘制图形

4.1 绘制公共空间装饰平面图

任务描述

绘制如图 4-1 所示的公共空间装饰平面图。

任务分析

本任务要求绘制 KTV 公共空间的设计施工图样，包括平面布置图、立面图、顶棚布置图、节点大样图、电器、给水排水施工图等，绘制的要求和难度较大，是 CAD 命令和绘制技巧的综合运用。

任务实施

1．设置绘图环境

注意，若在前期作图过程中已有模板文件，则可直接应用模板文件，不需要重新设置。当需要新的图层或文字样式、标注样式时，可随时增加。绘图环境包含下列内容：

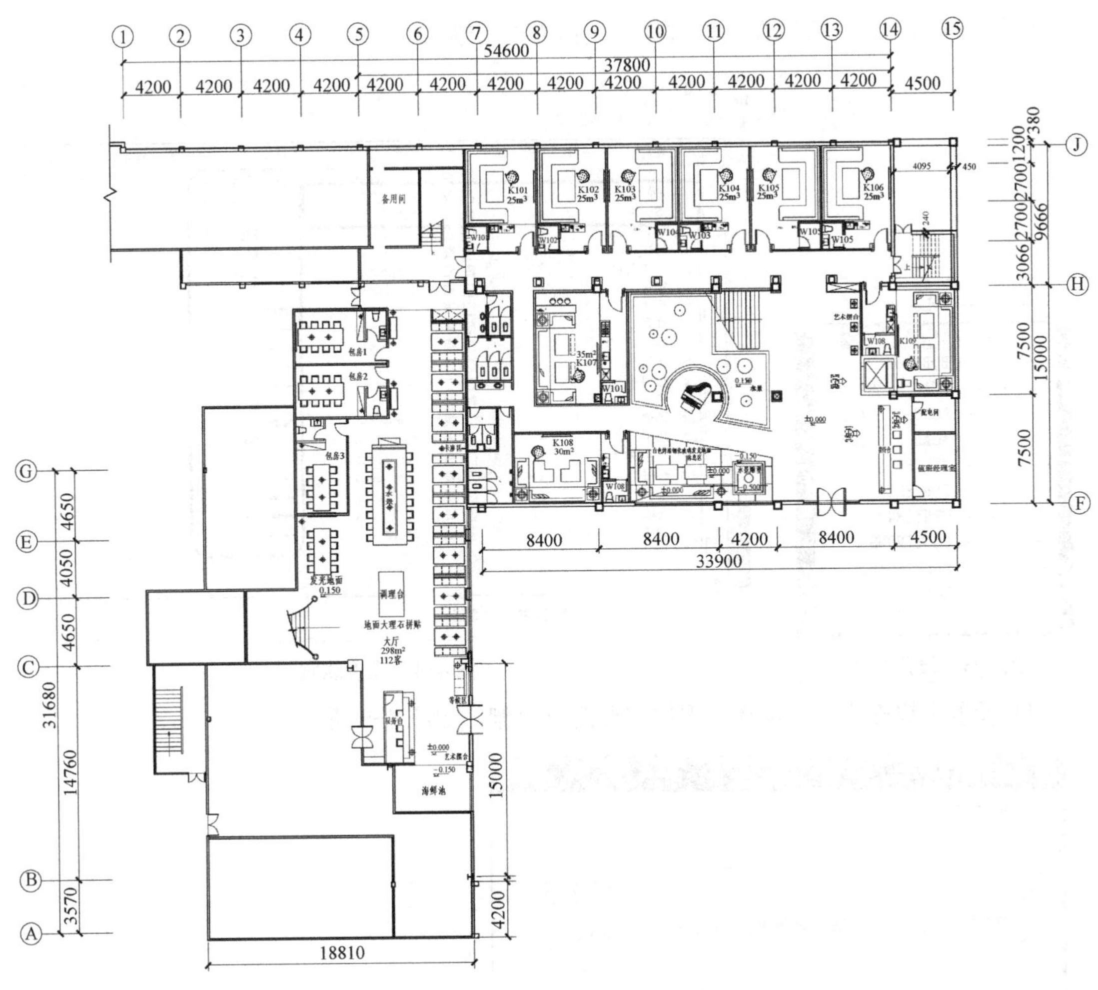

图4-1　公共空间装饰平面图

1）设置图层，依次设置“轴线、墙体、辅助、门、窗子、柱子、隔断、固定家具、家具、电器、标注、文字、图名、填充、图框、消防”等图层。可根据需要自行调整增删，如图4-2所示。

2）设置模型空间界限：指定左下角点<0 ,0 >，指定右上角点<150000.0000,150000.0000>。

步骤如下：

```
命令：LIMITS↙
重新设置模型空间界限：
指定左下角点或 [开(ON)/关(OFF)] <0.0000,0.0000>:
↙
指定右上角点 <42000.0000,29700.0000>:
150000,150000↙
```

3）设置线型、线宽。步骤省略，设置后如图

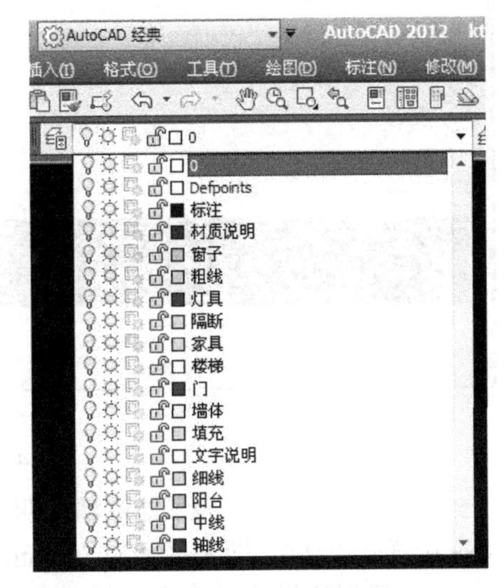

图4-2　设置图层

4-3 和图 4-4 所示，也可以在绘制过程中根据需要增删。

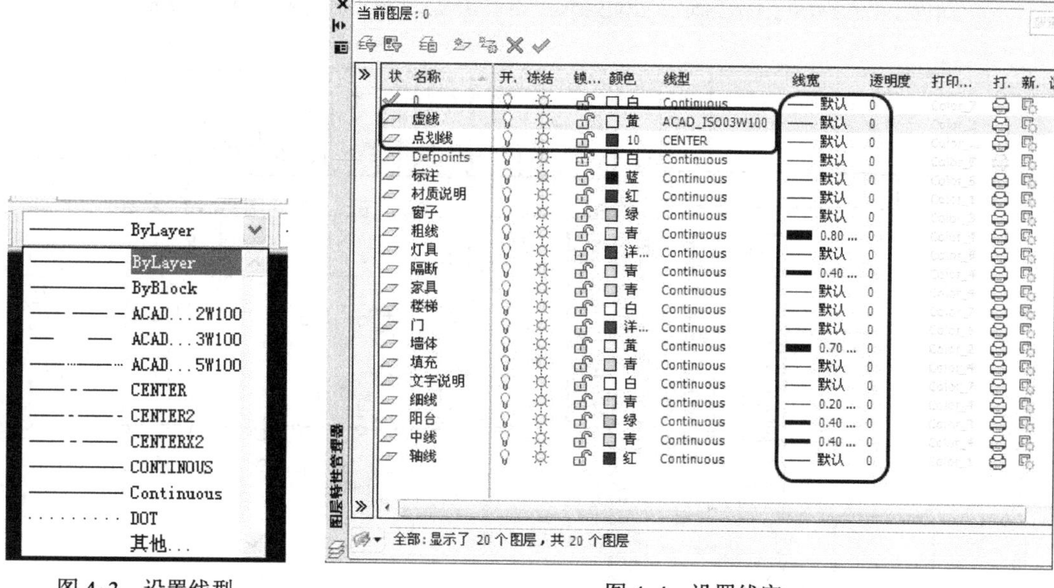

图 4-3　设置线型　　　　图 4-4　设置线宽

4）设置多线样式，本步骤可根据需要随时增删，如图 4-5 所示。

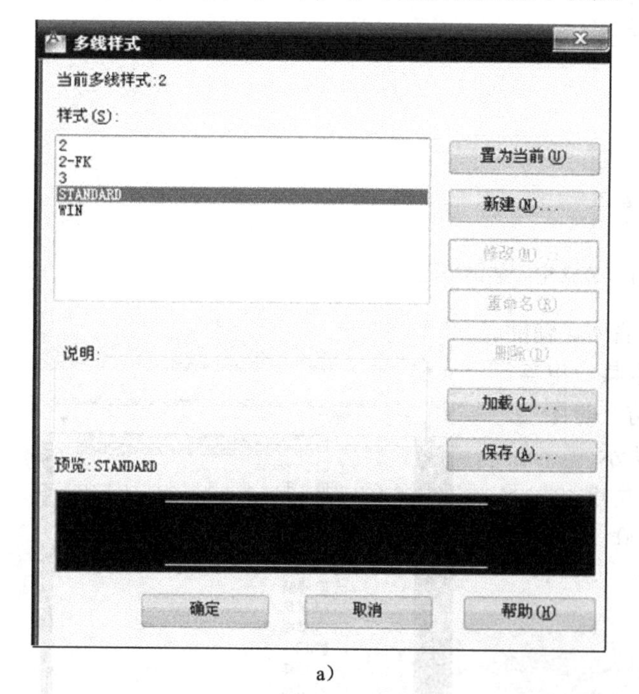

a)

样式:2　样式:2-FK　样式:3　样式:WIN

b)

图 4-5　设置多线样式

5）设置文字样式。为了能够清晰明了地了解文字的样式，可以用文字的高度作为样式，图 4-6 中样式“500”即是高度为 500mm 的字，依次类推，步骤省略。

6）设置标注样式。同文字样式一样，可以用标注文字的高度作为样式名，如图 4-7 所示，设置步骤省略。

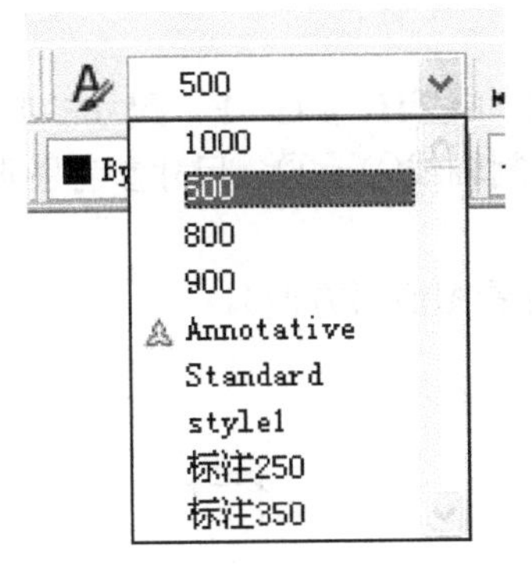

图 4-6　设置文字样式

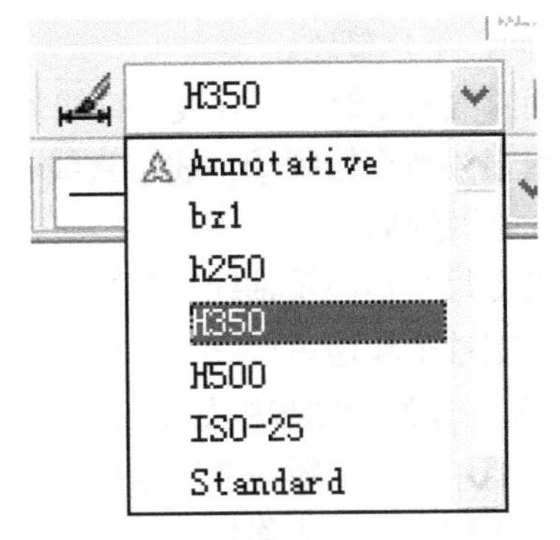

图 4-7　设置标注样式

2. 绘制轴线

绘制如图 4-8 所示的轴线，绘图步骤如下。

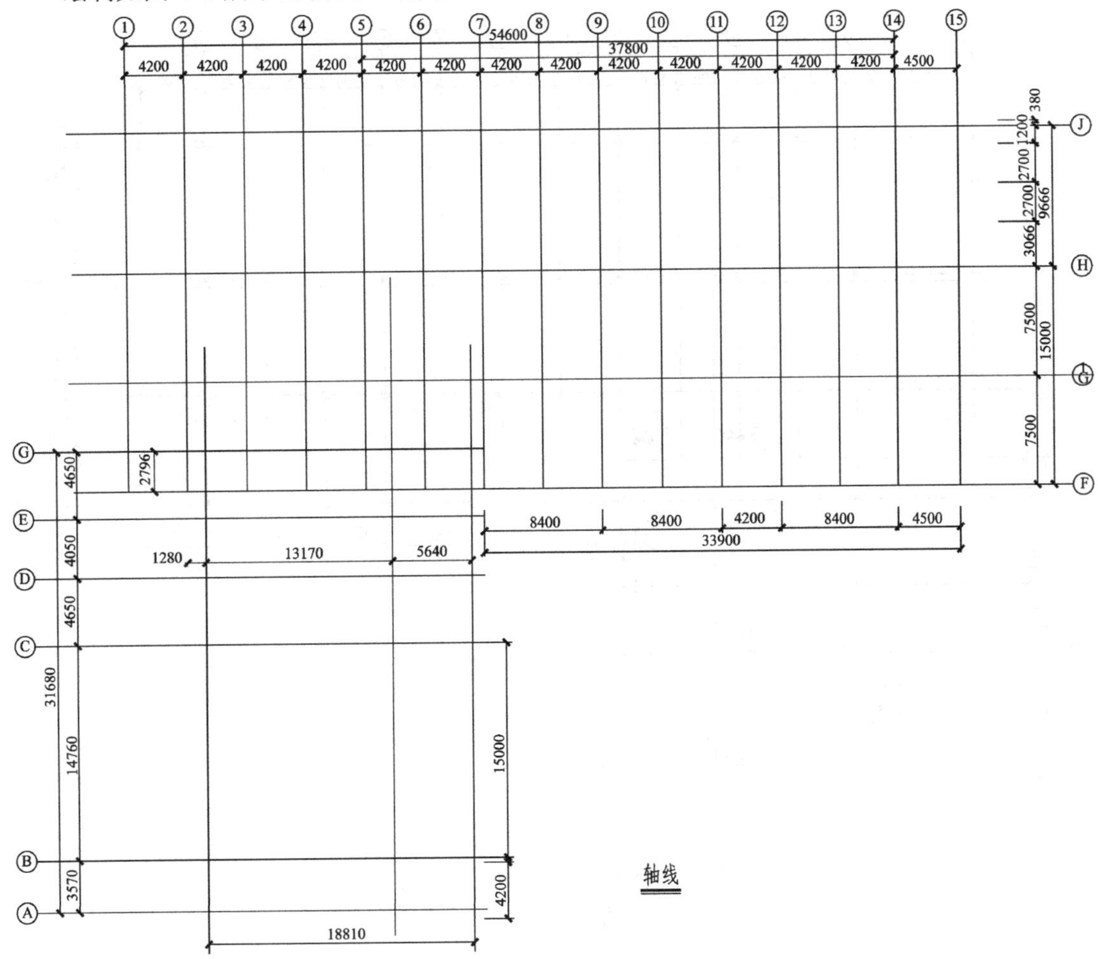

图 4-8　绘制轴线

1）使用直线命令绘制轴线①，直线长度为 27000。阵列出②～⑭轴线，列间距为 4200。复制轴线⑮，偏移距离是 4500。

注： 此过程中直线命令可用多段线命令替代，复制命令也可用偏移命令替代，不影响绘

图。以下同，不再赘述。

2）用直线命令绘制Ⓙ轴线，直线长度为 66000；复制轴线 H、1/G、F。尺寸参考图形。

3）用直线命令绘制Ⓖ轴线，直线长度为 27000；复制轴线Ⓐ～Ⓔ。尺寸参考图形。并完成其他轴线的绘制。

4）进行尺寸标注及轴线编号标注（为了以后作图时看图清晰方便）。

3．绘制柱子和墙体

柱子和墙体的绘图步骤如下。

1）绘制柱子，如图 4-9 所示。

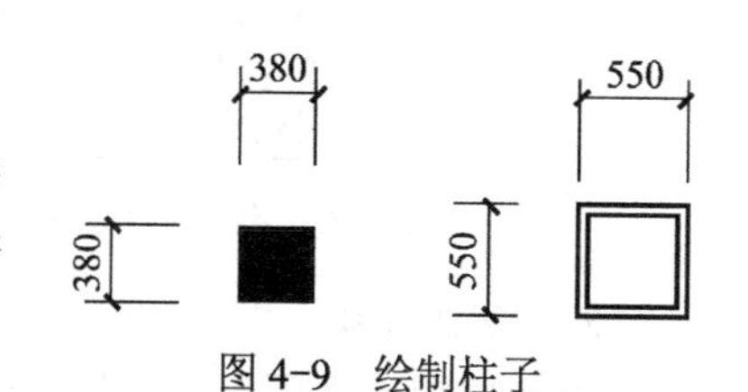

图 4-9　绘制柱子

2）插入柱子。可先将绘制好的柱子复制到一处，然后利用“复制”或“阵列”命令做出其他柱子，如图 4-10 所示。餐厅部分的柱子形状尺寸不尽相同，尺寸可参考图形，在此不一一介绍。

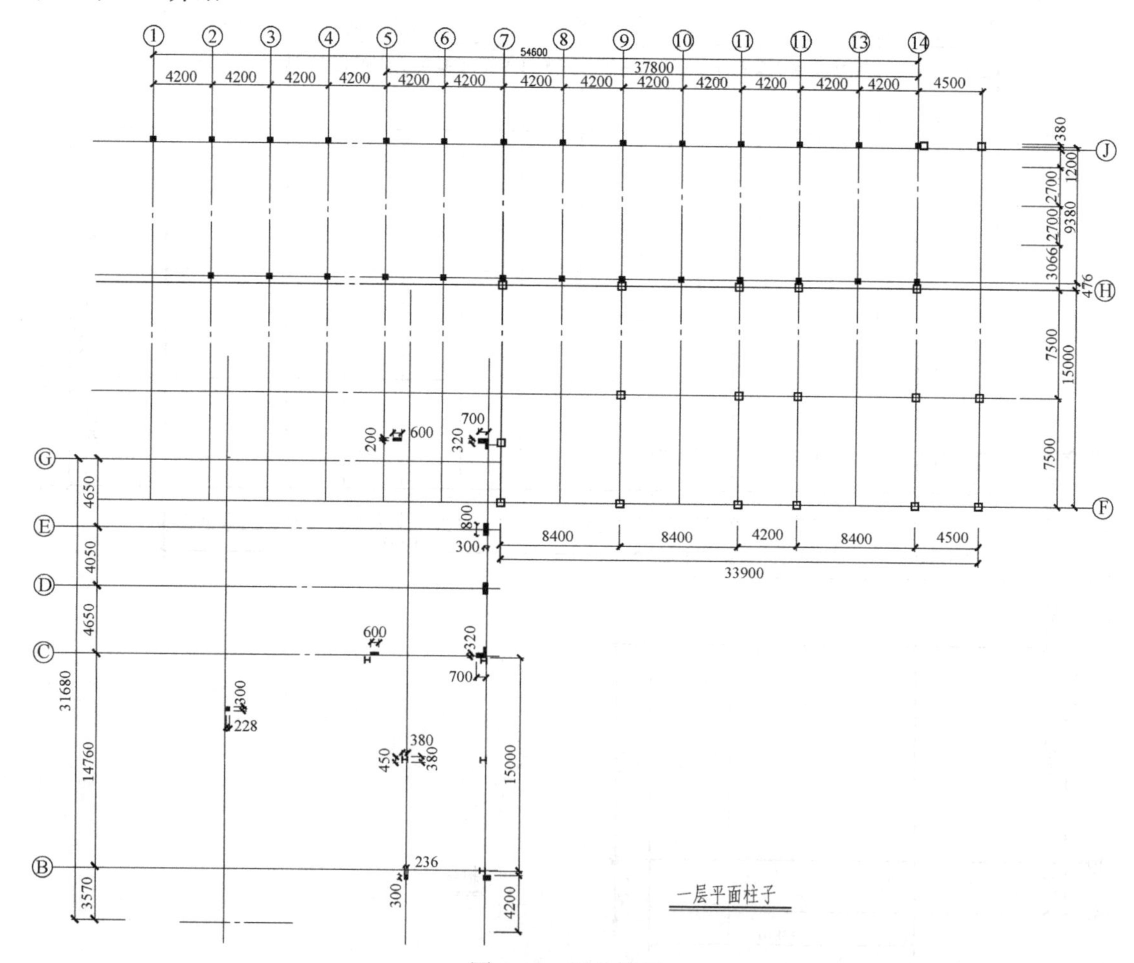

图 4-10　插入柱子

3）绘制并修剪墙体。先换到“墙”层，绘制墙体可用多线命令。对于 KTV 包间，可选用复制命令完成。绘制完成后，修剪墙体。选择修剪命令，进行墙体修剪。有些墙体可按尺寸直接绘制完成，不需要修剪。完成后如图 4-11 所示。

注：在修剪前可将图形保存一份副本，为以后进行地面铺装和设计顶棚打下基础。

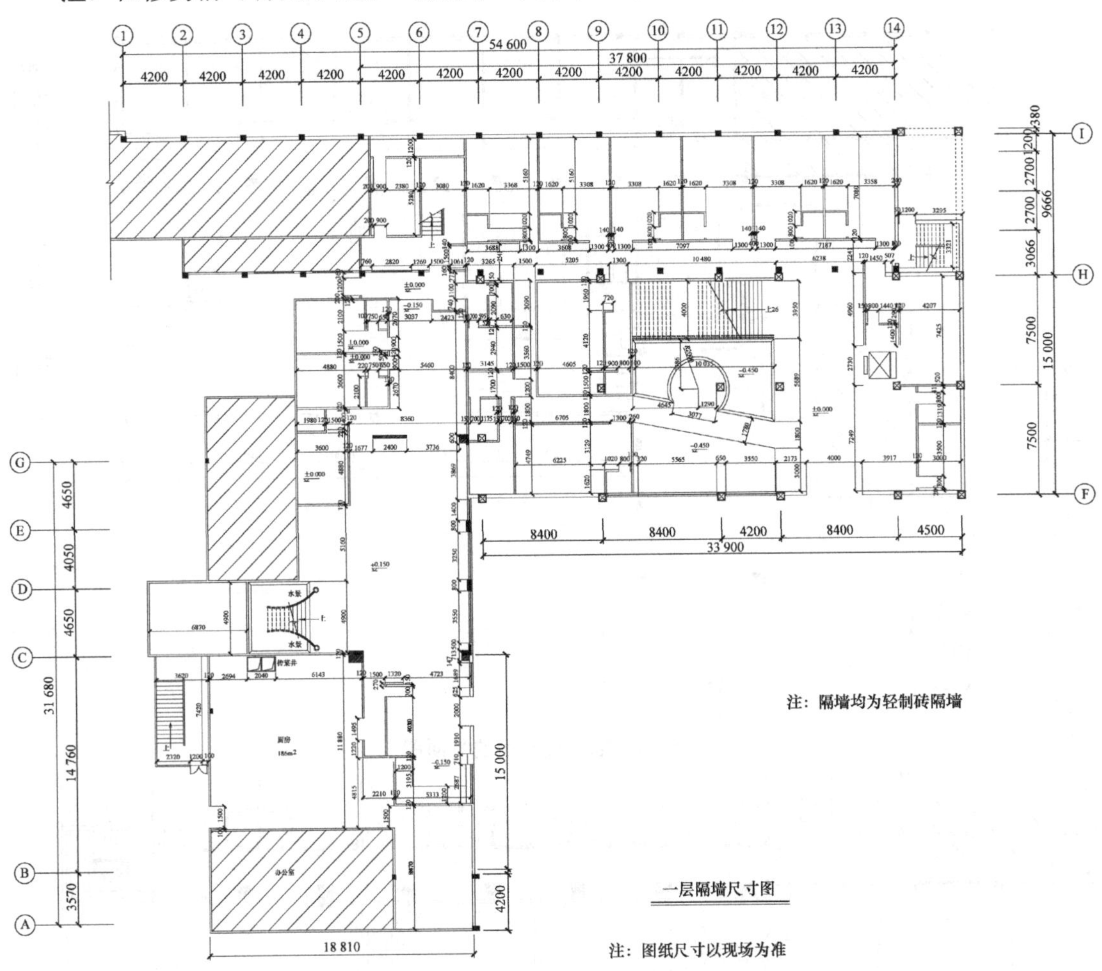

图 4-11　绘制修剪墙体

4. 包柱子、隔墙楼梯

1）将图层换到“隔断”层；以 KTV 包间为例，加入隔墙和柱子装修，装修尺寸如图 4-12 所示。完成后将隔断墙和柱子装修复制到合适位置，完成后如图 4-13 所示。

2）绘制楼梯。

5. 插入门窗

1）换到“门”层，做出门，并定义成块，在图中插入门。

2）换到“窗子”层，在图中加入窗子，可以用直线命令完成，完成后如图 4-14 所示。

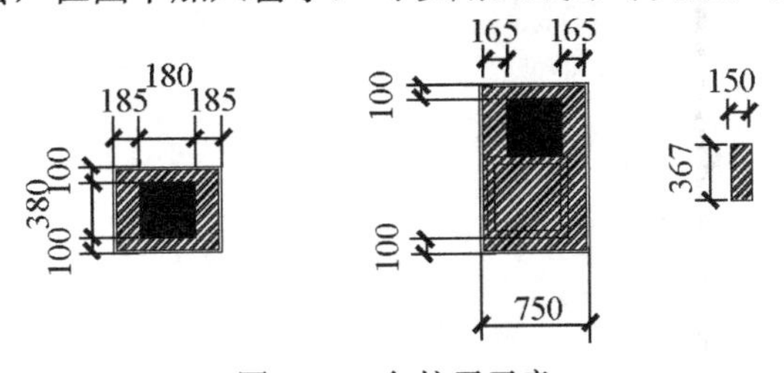

图 4-12　包柱子示意

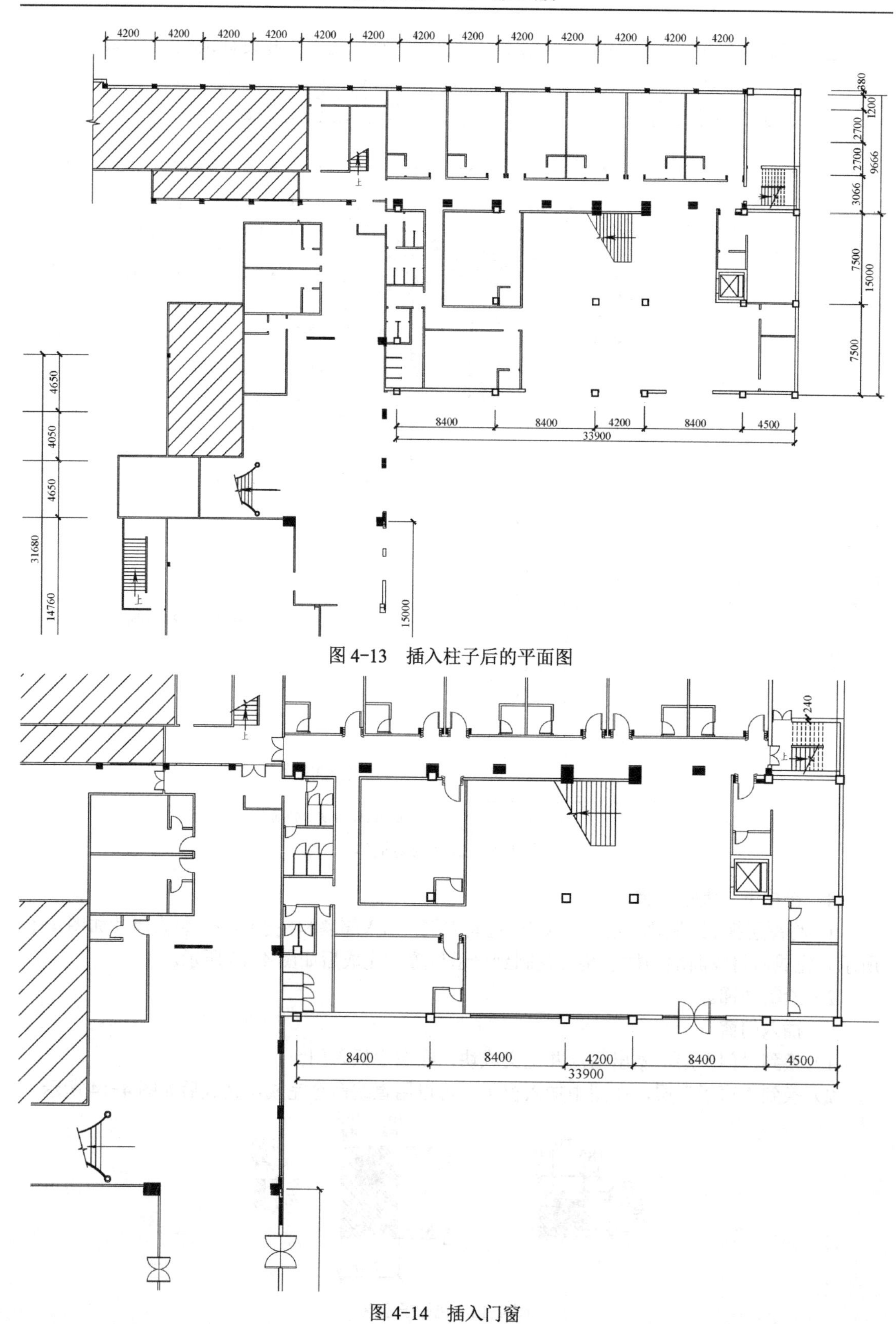

图 4-13　插入柱子后的平面图

图 4-14　插入门窗

6. 在KTV包间中插入家具及设备

1）换到“家具”层。

2）绘制家具。若有已经绘制好的家具，可设成图块后直接插入或复制，完成此步骤。若无绘制好的图块，则需要绘制沙发及茶几，沙发可用“多段线”命令绘制，也可以先绘制外轮廓，然后向内偏移出内轮廓。茶几可用矩形命令绘制，尺寸如图4-15所示。

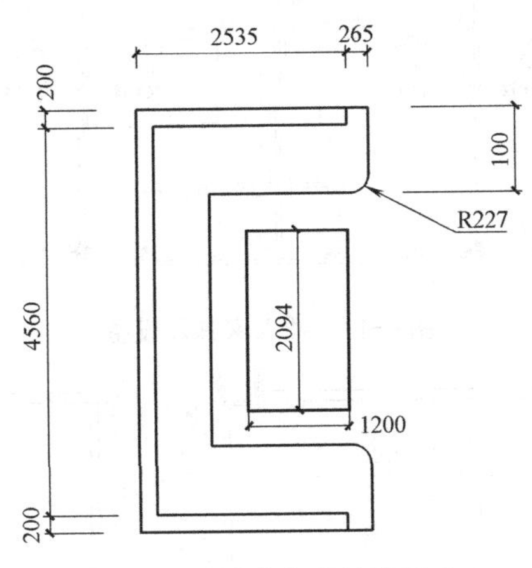

图4-15　沙发和茶几的尺寸

3）插入坐便器和洗手池等设备。此步骤可直接用图块插入，绘图过程在前面已经介绍过，此处不再赘述。插入后如图4-16所示。

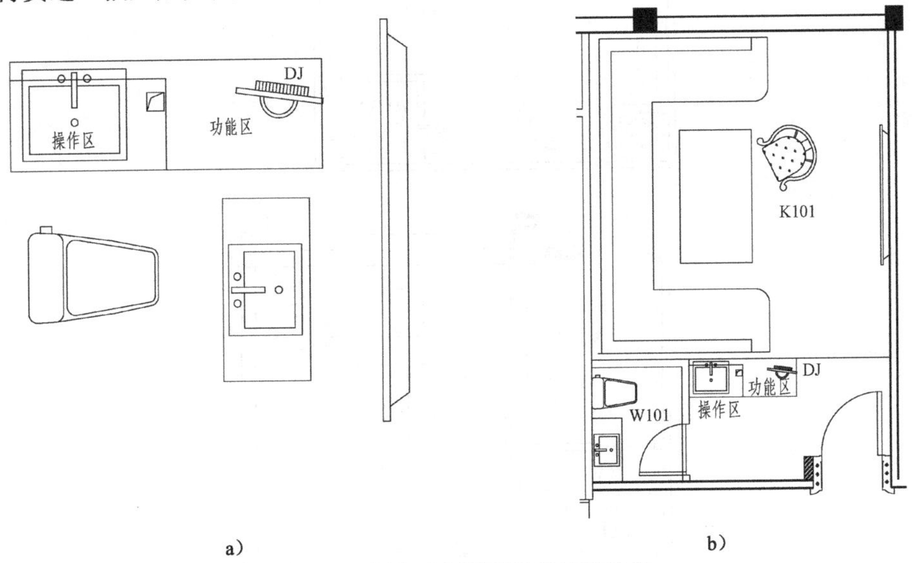

图4-16　插入坐便器和洗手池等设备
a）插入的设备和电器类型　b）插入后的图形

4）复制刚刚绘制的家具及设备到102、104、106包间。用镜像、复制命令插入103、105包间的家具和设备，如图4-17所示。

7. 插入107～109包间的家具及设备

这3个包间的家具和设备基本相同，因此本步骤只绘制其中的107包间，108、109包间由学生自行绘制。

绘制步骤如下：

1）绘制或插入沙发及茶几。

2）绘制或插入设备。

完成后如图 4-18 所示。

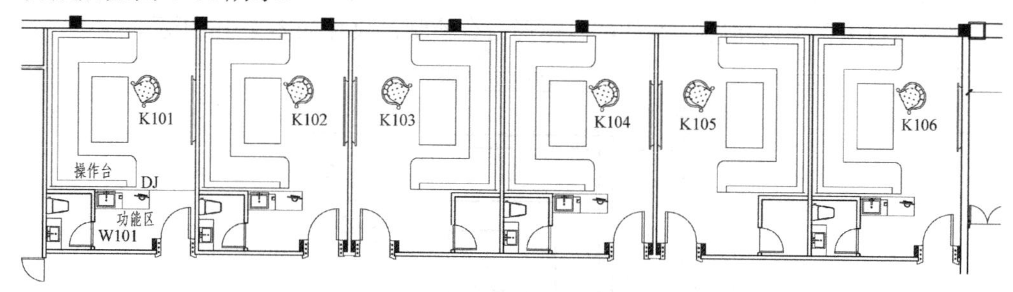

图 4-17　插入家具及设备

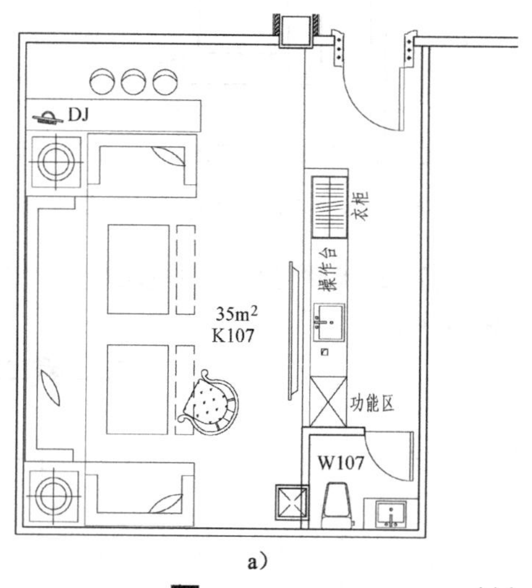

a）

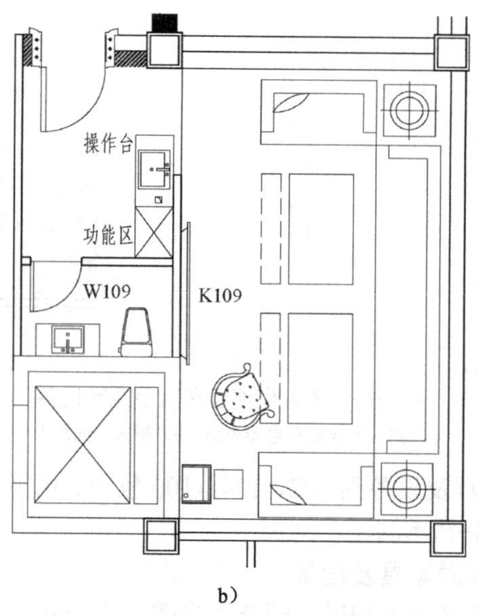

b）

图 4-18　包间 107、108、109 示例

a）107 包间　b）109 包间

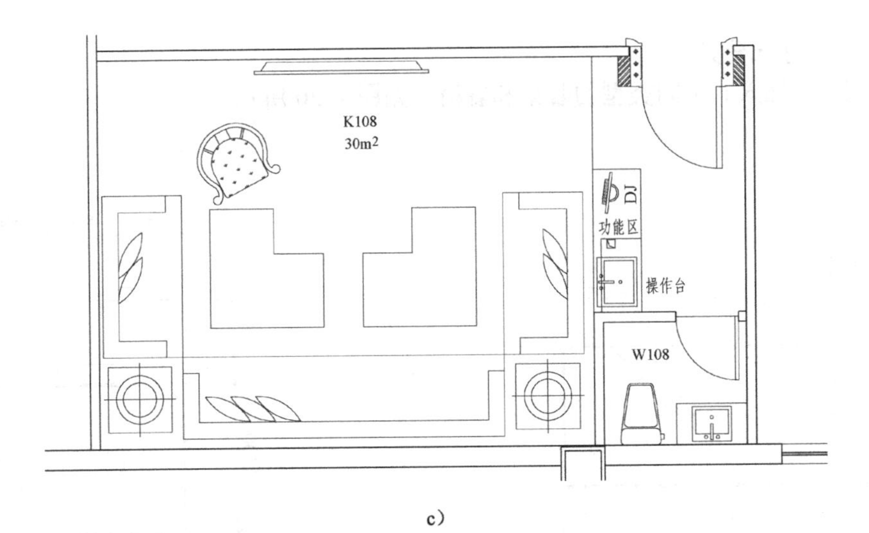

c）

图4-18　包间107、108、109示例（续）

c）108包间

8. 插入大堂和休息厅的家具及设备

插入大堂家具及设备，如图4-19所示。

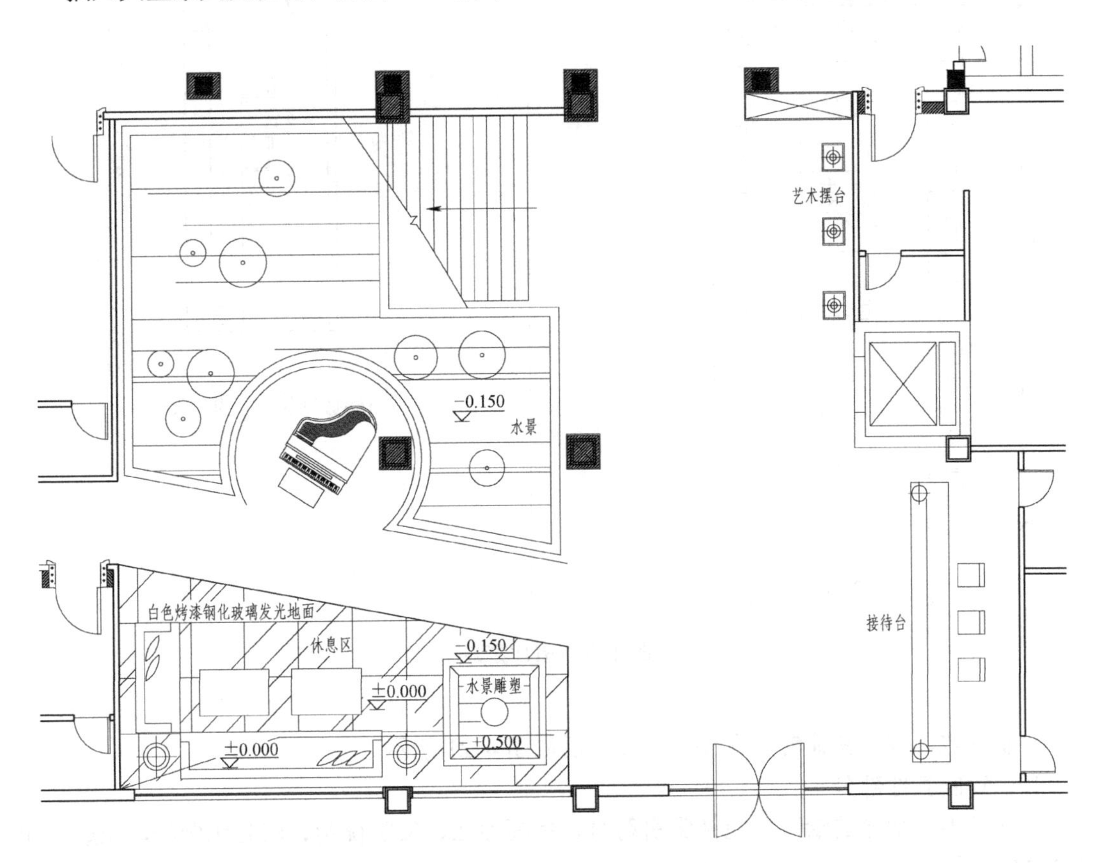

图4-19　插入大堂家具及设备

9. 插入餐厅部分家具

先绘制（或插入）不同类型的餐桌和餐椅，如图 4-20 所示。

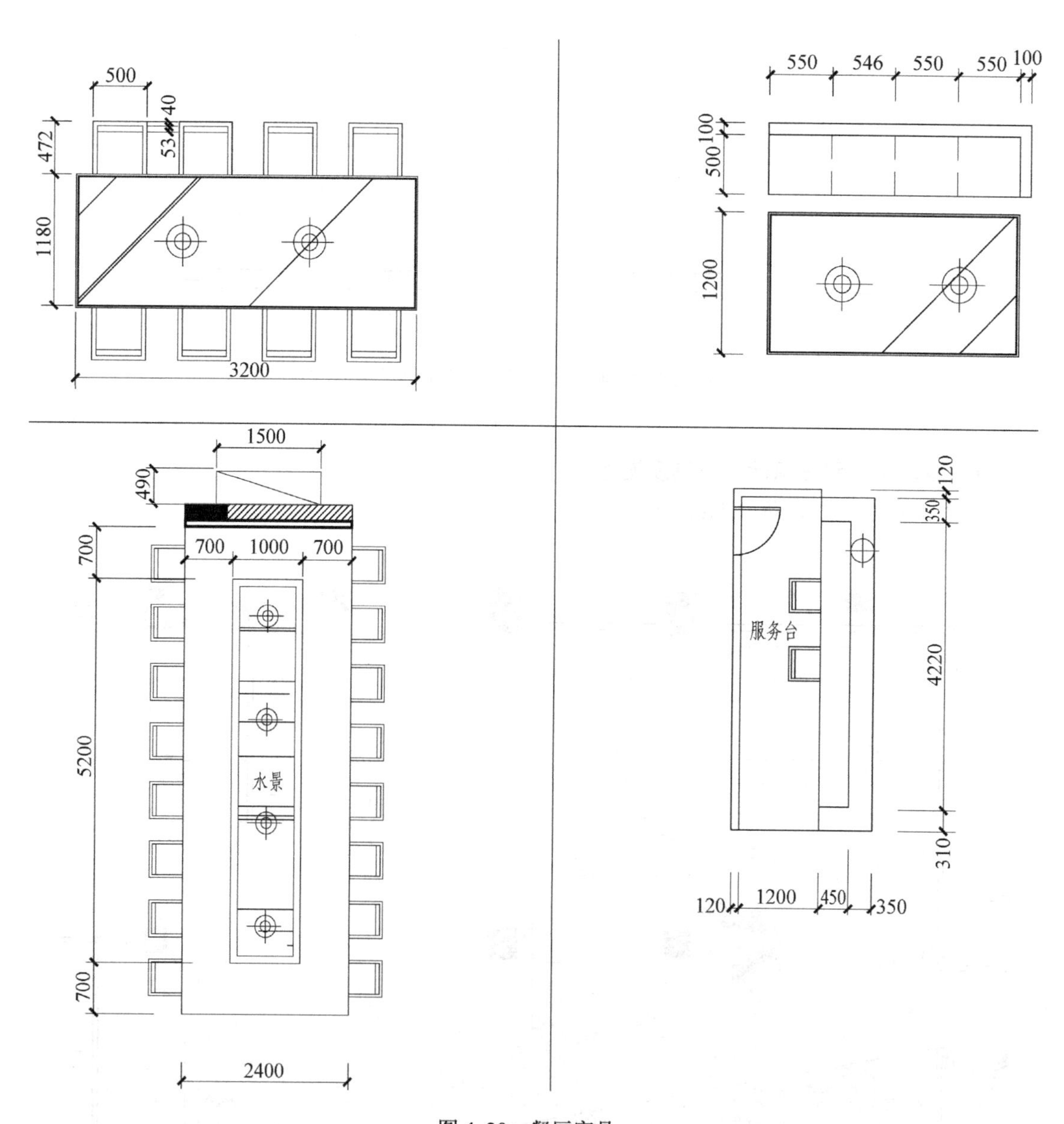

图 4-20　餐厅家具

复制（或阵列）其他餐桌和餐椅，完成后如图 4-21 所示。

10. 绘制其他部分

完成其他各部分的绘制，包括索引符号、标高标注、文字说明、图名比例等，完成后如图 4-22 所示。

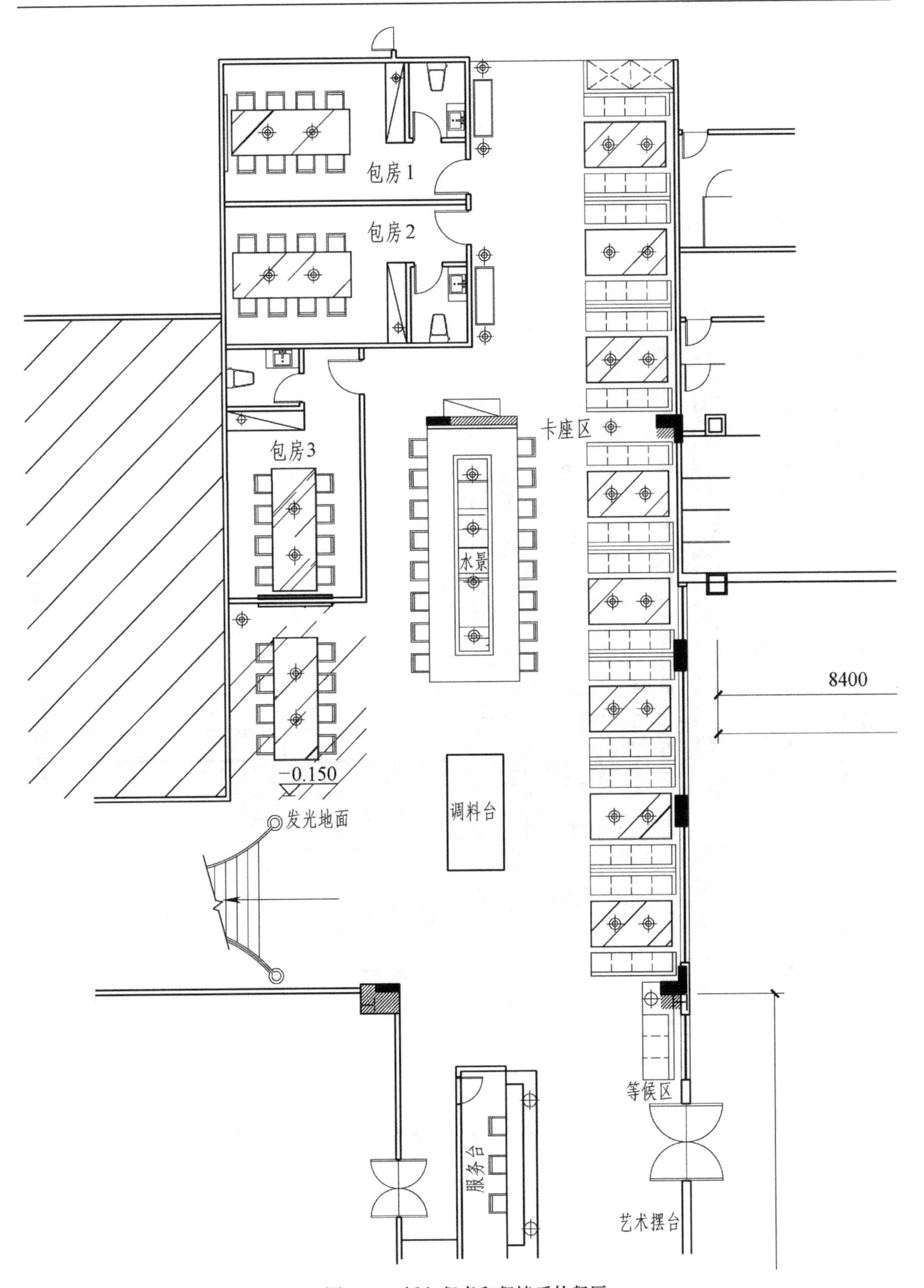

图4-21　插入餐桌和餐椅后的餐厅

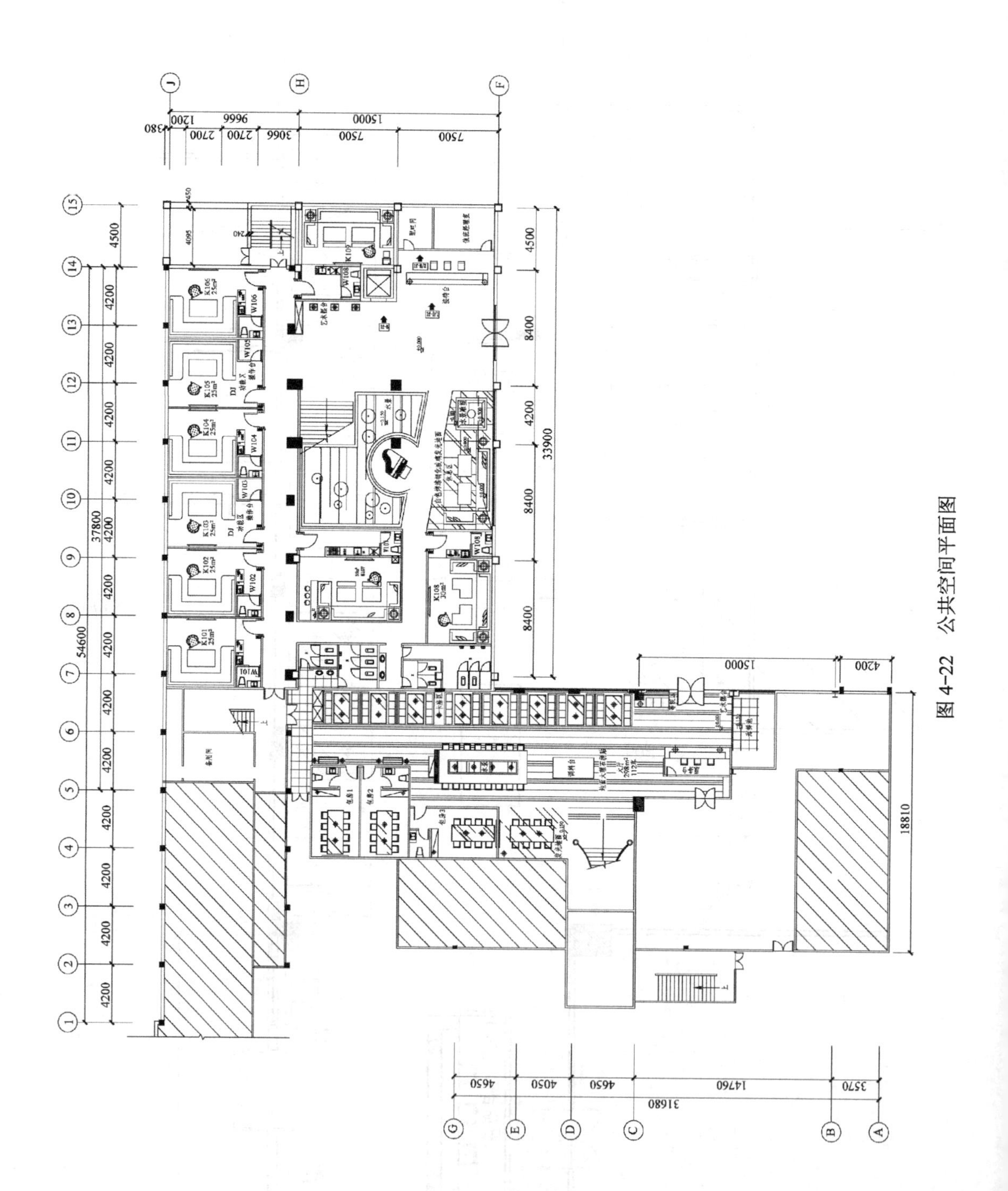

图 4-22　公共空间平面图

4.2　绘制地面铺装图

任务描述

绘制如图 4-23 所示的地面铺装图。

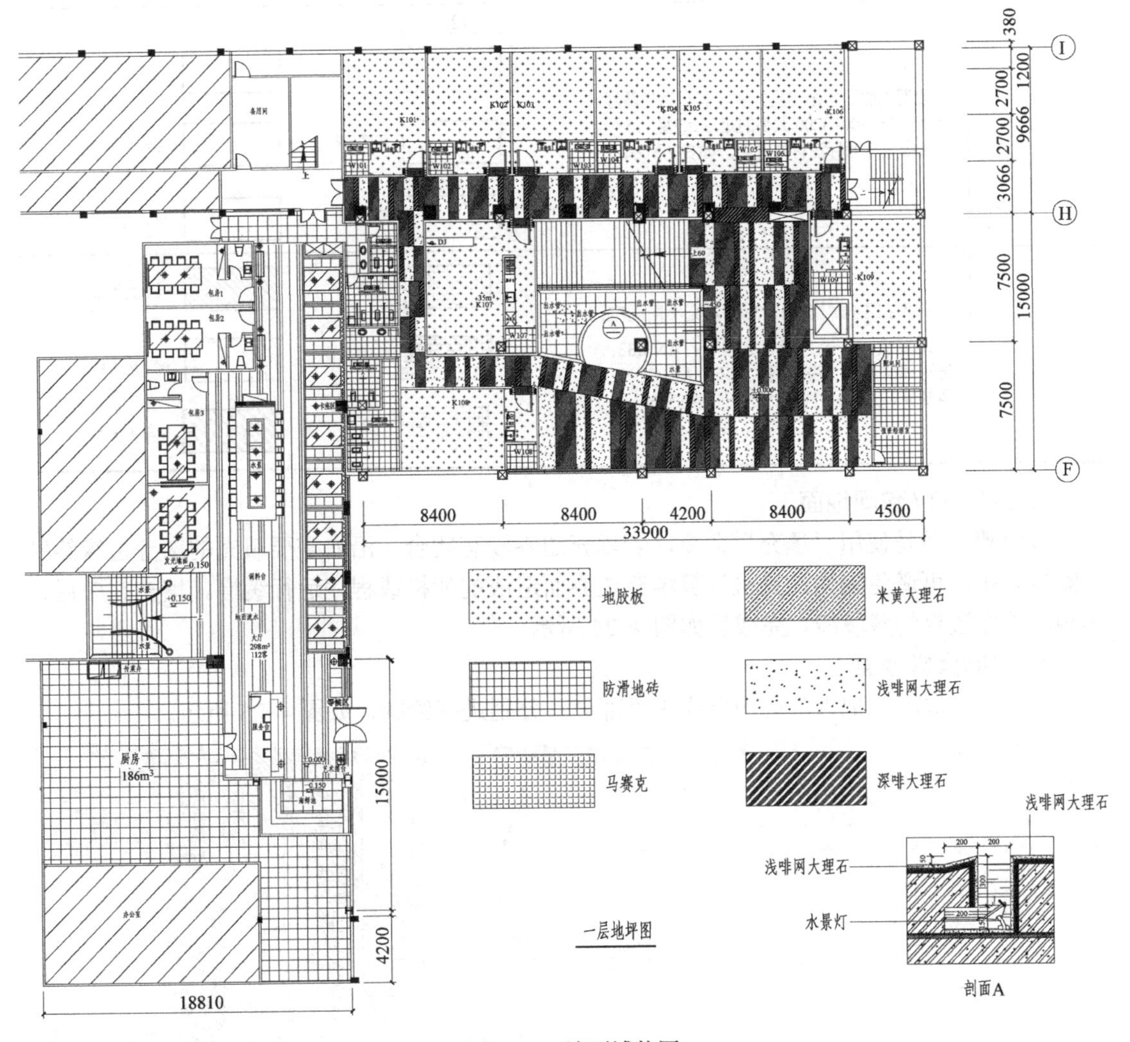

图 4-23　地面铺装图

任务分析

本任务主要应用的命令是填充命令。在完成 4.1 节要求绘制的公共空间装饰平面图任务后，将轴线、家具、设备、文字等隐藏，复制柱子、墙体、门窗、楼梯、电梯等，绘制地面铺装图。填充的图案应绘制图例。

任务实施

1. 绘制图例

绘制步骤及尺寸见表 4-1。

表 4-1 绘制地面材质图例

步　骤	操 作 说 明
1	设置“地面材质”图层，并将其设为当前层。绘制一个 7200×3200 大小的矩形，并复制 5 个。在相应矩形旁标注材质说明，如右图所示 7200　3200 地胶板　米黄大理石 防滑地砖　浅啡网大理石 马赛克　深啡大理石
2	分别在不同材质的矩形内填充不同图案。 地胶板：cross；米黄大理石：ANSI33；防滑地砖：net；浅啡网大理石：AR-CONC；马赛克：angle；深啡大理石：ANSI34 地胶板　米黄大理石 防滑地砖　浅啡网大理石 马赛克　深啡大理石

2. 绘制 KTV 包间地面

本步骤主要是使用“填充”命令，若填充边界没有闭合，沿着需要填充的部分边缘绘制一圈多段线，可避免因为计算机计算填充边界而造成的死机或程序运行缓慢。填充完毕后，再删除用作边界的多段线。完成后如图 4-24 所示。

3. 绘制大堂地面

为了表达清晰，把大堂地面分成 3 个部分，分别进行绘制，如图 4-25 所示。

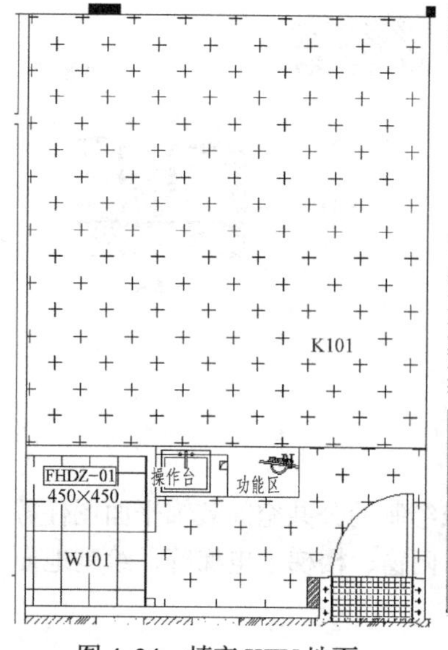

图 4-24 填充 KTV 地面

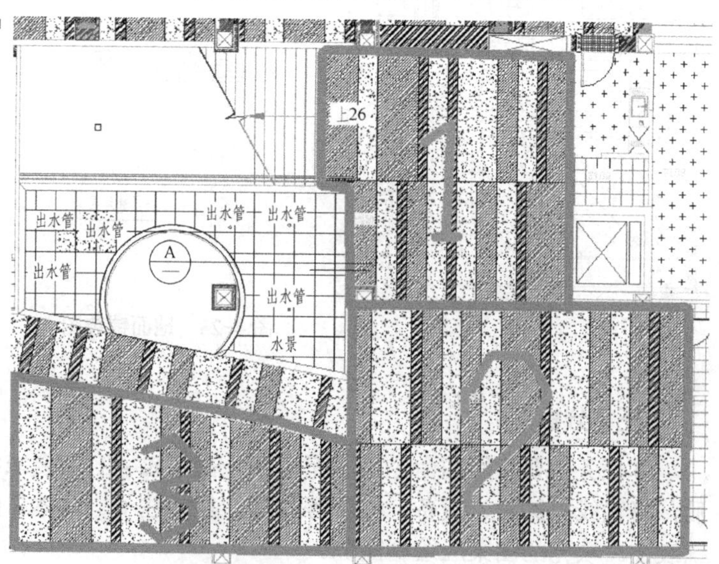

图 4-25 地面分区

绘制分区 1，过程见表 4-2。

表 4-2　绘制分区 1

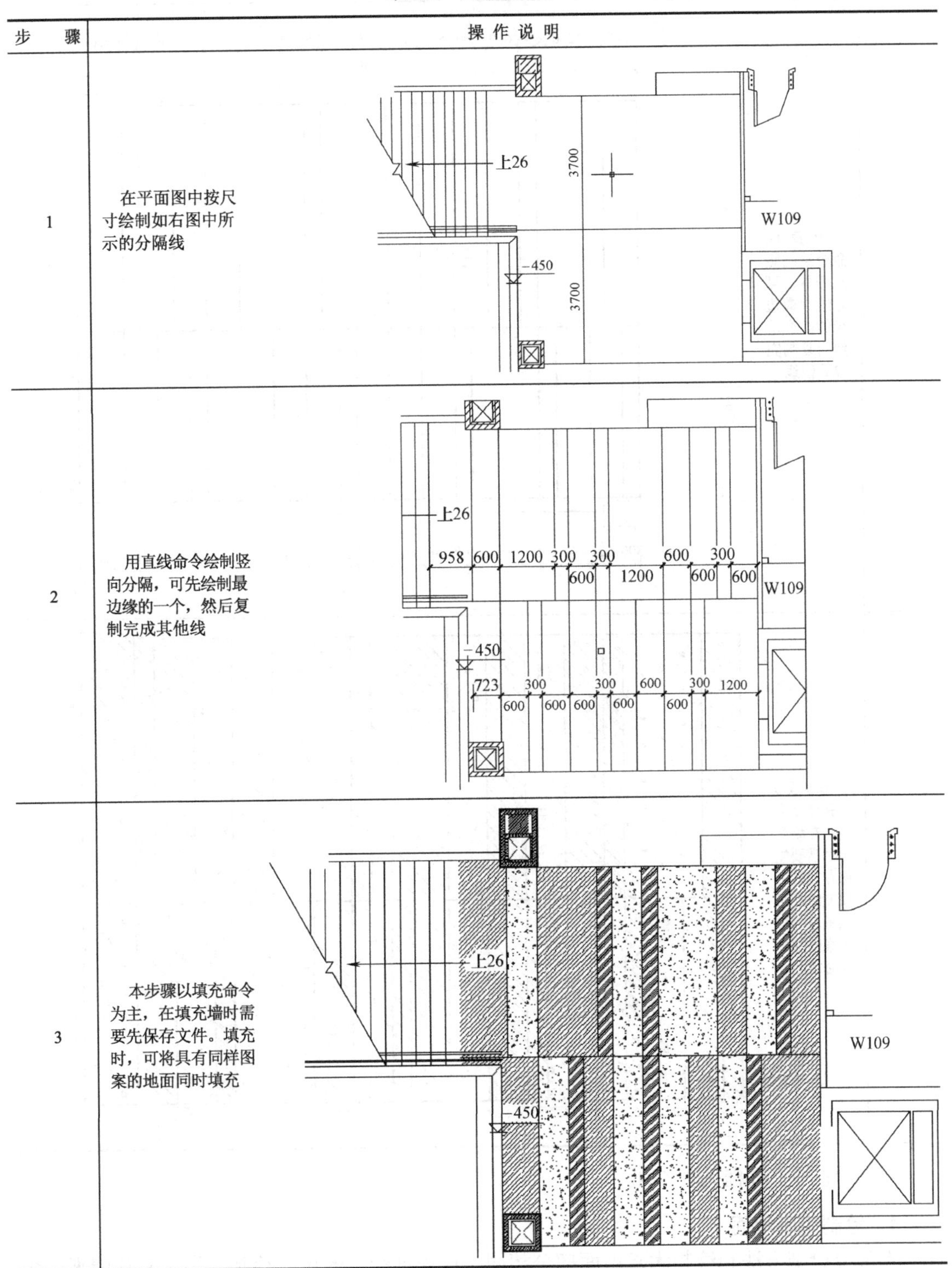

步　骤	操 作 说 明
1	在平面图中按尺寸绘制如右图中所示的分隔线
2	用直线命令绘制竖向分隔，可先绘制最边缘的一个，然后复制完成其他线
3	本步骤以填充命令为主，在填充墙时需要先保存文件。填充时，可将具有同样图案的地面同时填充

绘制分区 2，过程见表 4-3。

表 4-3　绘制分区 2

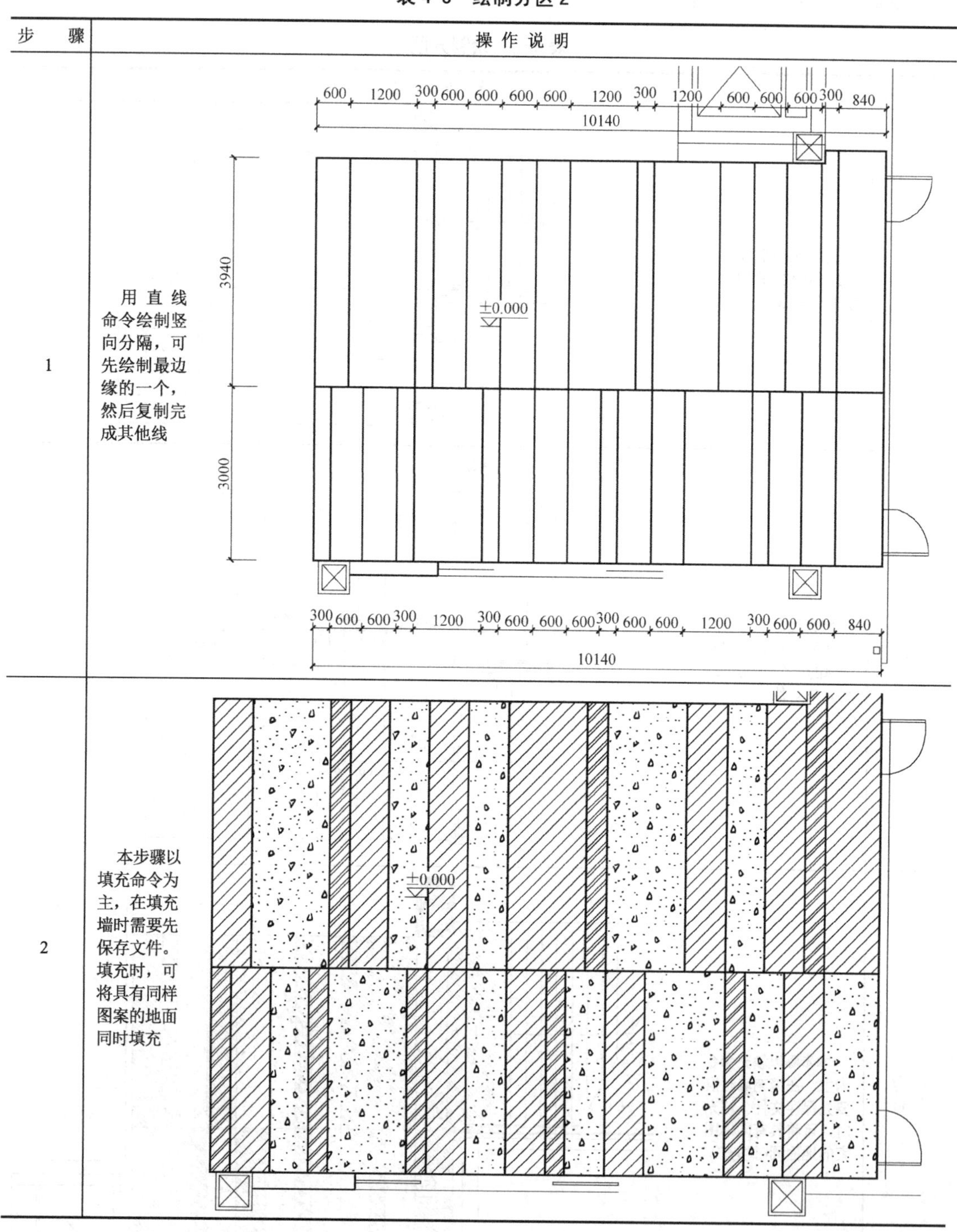

步　骤	操 作 说 明
1	用直线命令绘制竖向分隔，可先绘制最边缘的一个，然后复制完成其他线
2	本步骤以填充命令为主，在填充墙时需要先保存文件。填充时，可将具有同样图案的地面同时填充

绘制分区 3，过程见表 4-4。

4. 绘制走廊地面

本部分绘制方法和绘制大堂地面部分相同，可根据给定的尺寸绘制。为了表达清晰，先将走廊分成 5 个区域，分别给定尺寸，然后按照尺寸作图。各区域及其尺寸见表 4-5。

表 4-4　绘制分区 3

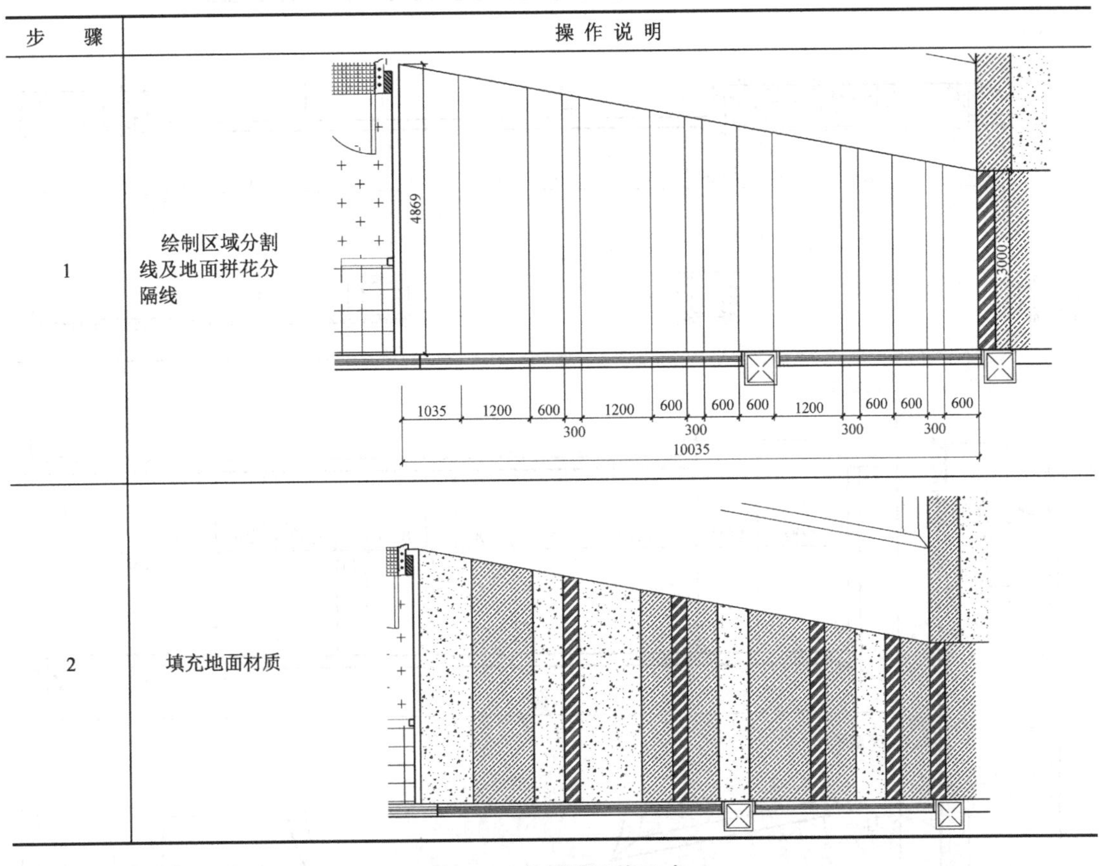

步　骤	操作说明
1	绘制区域分割线及地面拼花分隔线
2	填充地面材质

表 4-5　各区域及其尺寸

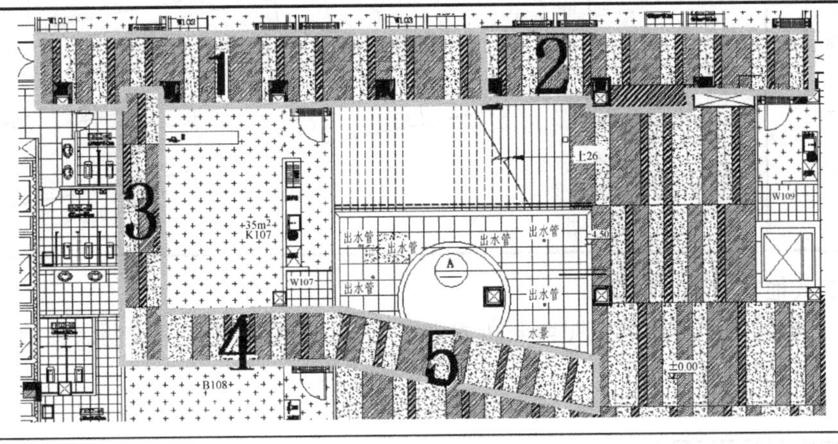

区域 1

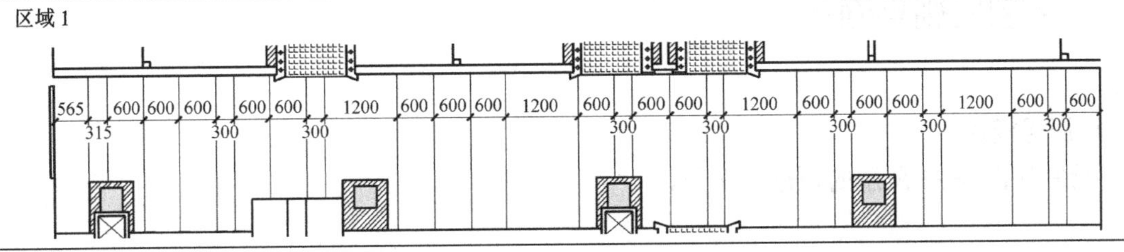

（续）

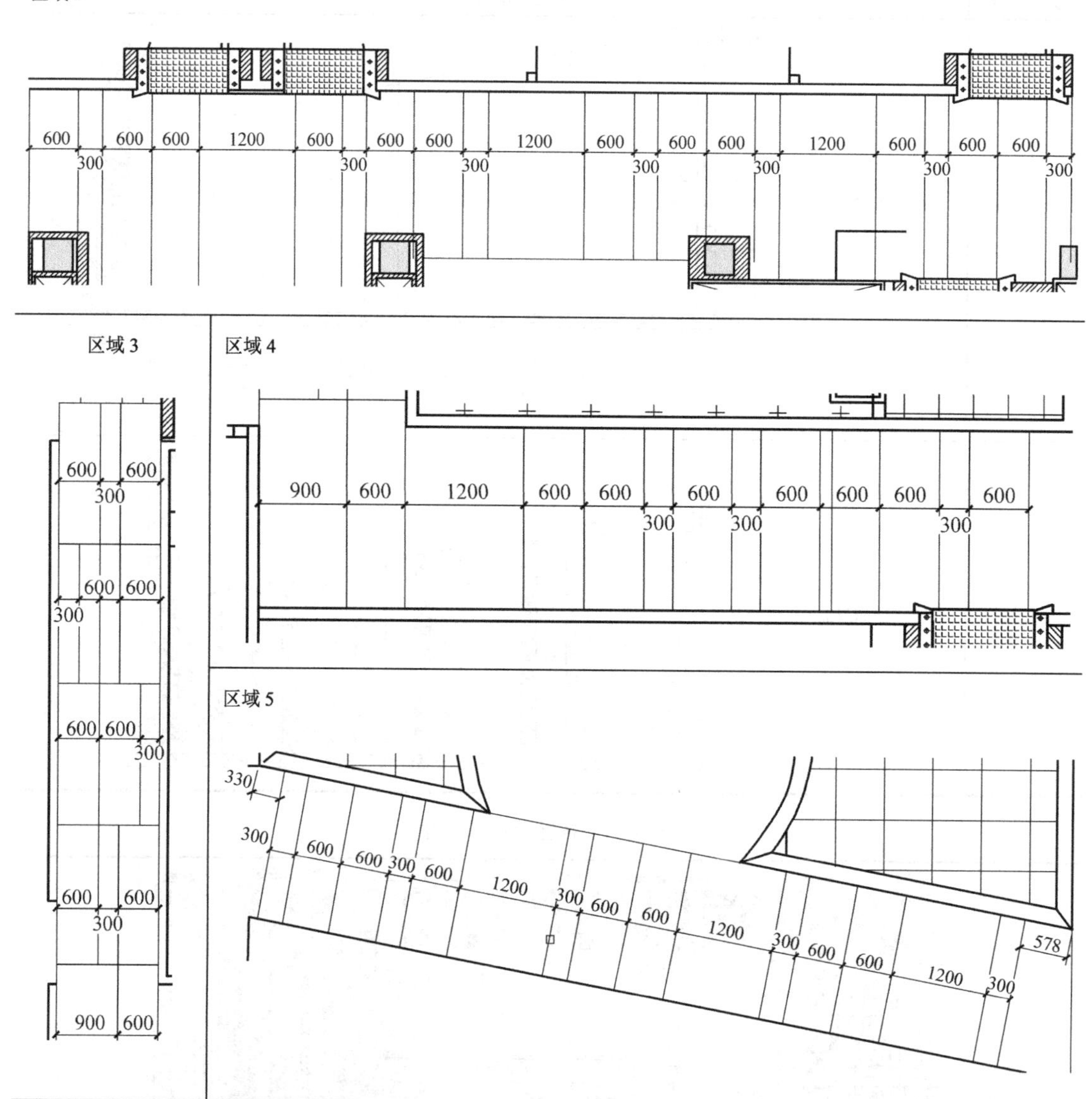

5. 绘制其他空间室内地面

其他各部分的地面材质可依照前面所述进行填充，这里不再一一说明。在填充的时候要注意填充比例和填充角度。

4.3 绘制顶棚平面图

任务描述

绘制如图4-26所示的顶棚平面图。

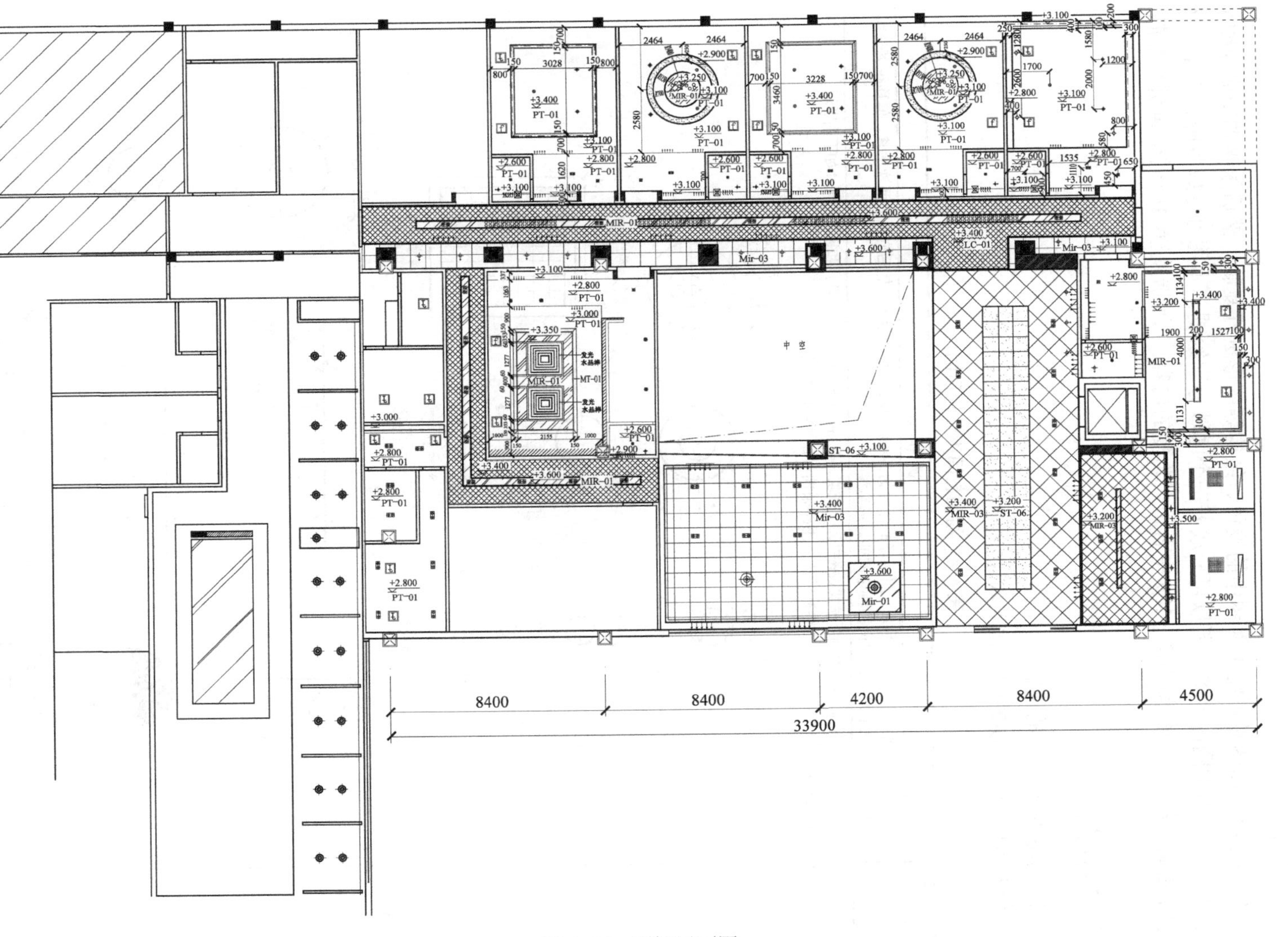

图 4-26　顶棚平面图

任务分析

绘制顶棚平面图时可将平面图中的墙体、结构等图形进行复制，然后编辑调整成顶棚结构。绘制时，因本图内容多，所以可分成若干个区域分别绘制，本图可分成包间、大堂、休息区、走廊 4 类。其中包间 102～109 中有很多重复的内容，可绘制好其中一个，再进行复制。

任务实施

1. 绘制包间 102 的顶棚

绘制包间 102 的顶棚的过程见表 4-6。

表 4-6　绘制包间 102 的顶棚

步　骤	操 作 说 明
1	先在包间内绘制中心方形吊顶。用矩形命令绘制 3460×3028 大小的矩形，然后向外分两次偏移，偏移距离分别为 30 和 150，从而绘制出包间顶棚中间的矩形造型
2	插入灯具和设备。可先绘制灯具和设备并定义成块，以后作图时插入即可。灯具和设备的尺寸如下图所示 作图提示：可用多段线命令绘制箭头，用样条曲线命令绘制换气口 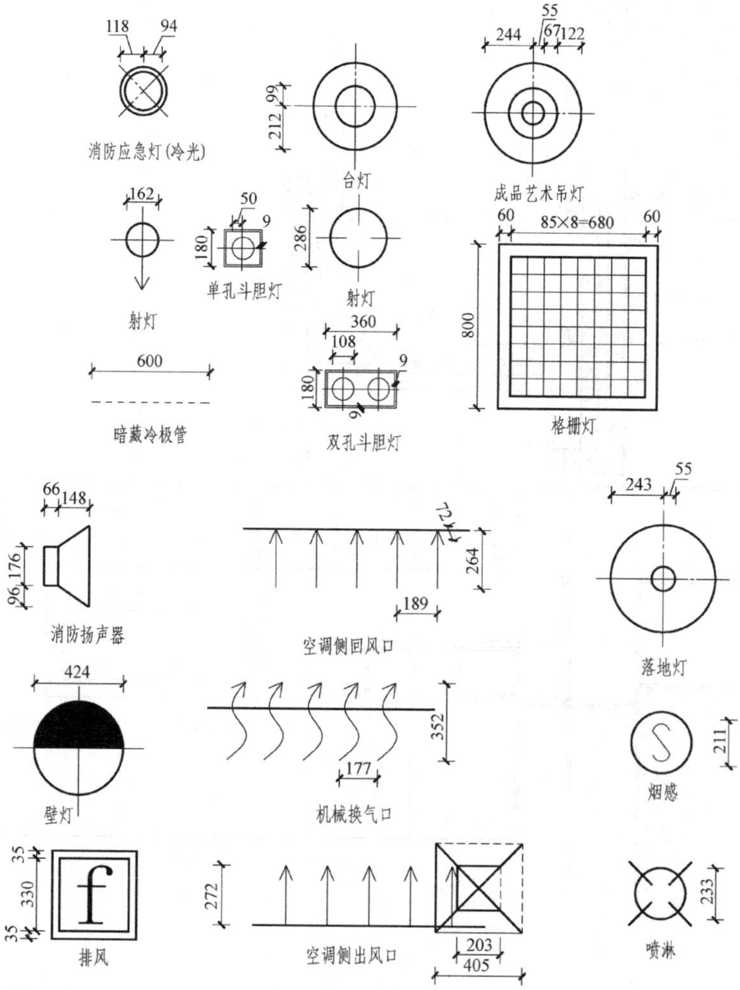 消防应急灯(冷光)　台灯　成品艺术吊灯 射灯　单孔斗胆灯　射灯　格栅灯 暗藏冷极管　双孔斗胆灯 消防扬声器　空调侧回风口　落地灯 壁灯　机械换气口　烟感 排风　空调侧出风口　喷淋

（续）

步　骤	操 作 说 明
3	最后加入尺寸标注和标高标注，作图过程省略

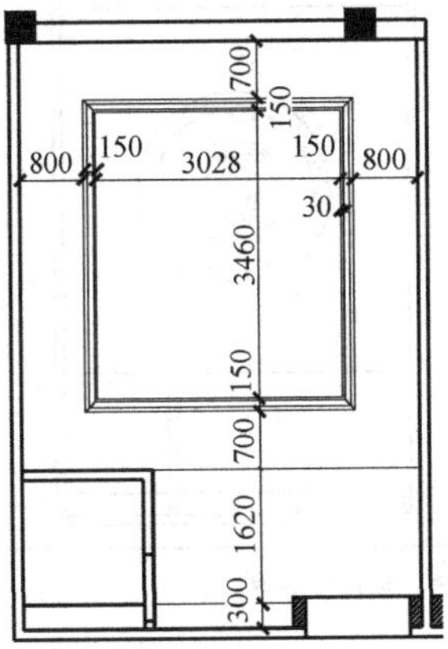

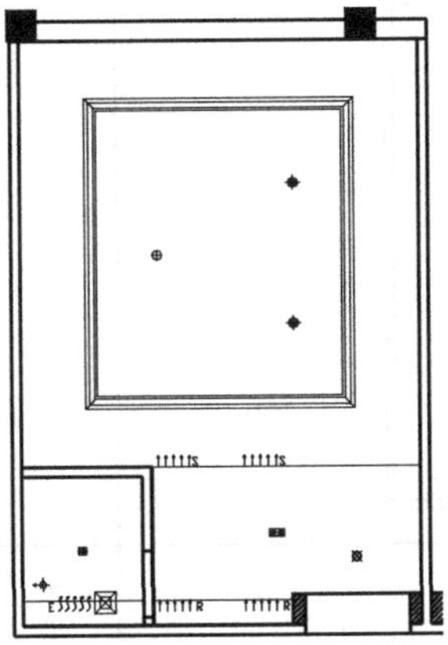

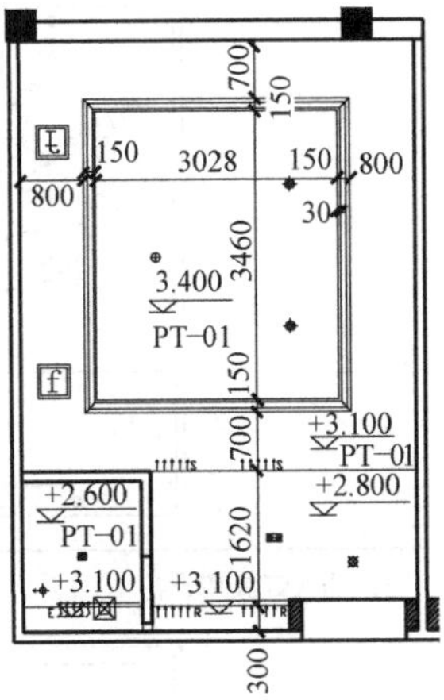

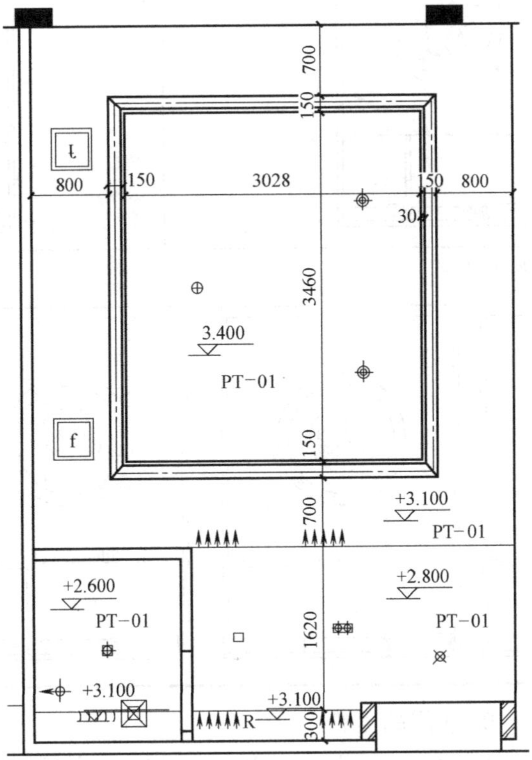

2．绘制包间 103 的顶棚（表 4-7）

表 4-7　绘制包间 103 的顶棚

1．在包间内绘制 R=700 的圆，并分别向外偏移 450 和 700，如图所示，也可直接绘制三个半径分别为 700、1150、1400 的同心圆	2．填充圆形吊顶。中间小圆填充样式需要绘制圆形然后复制
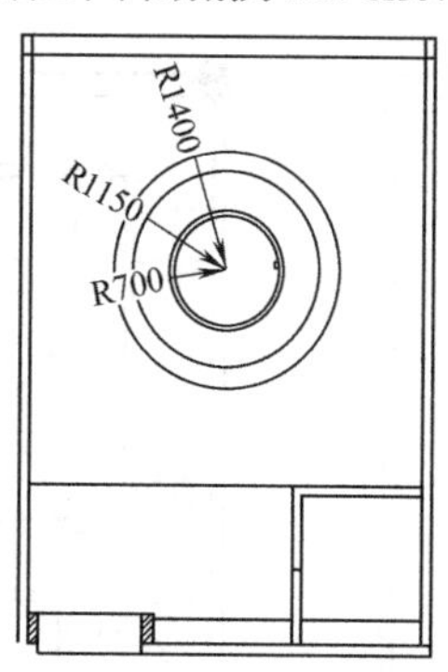	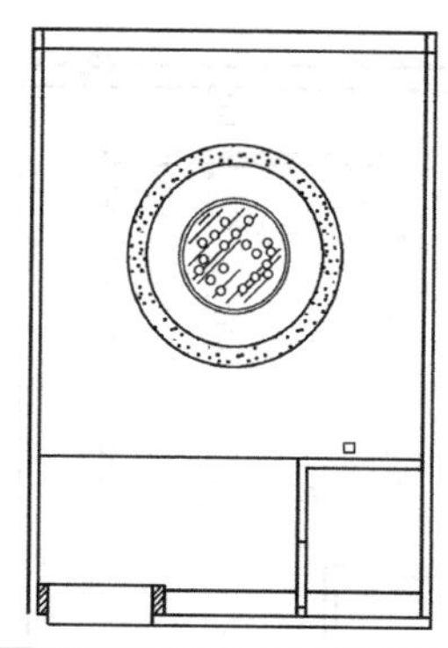
3．插入灯具和设备	4．加入文字、标注和标高
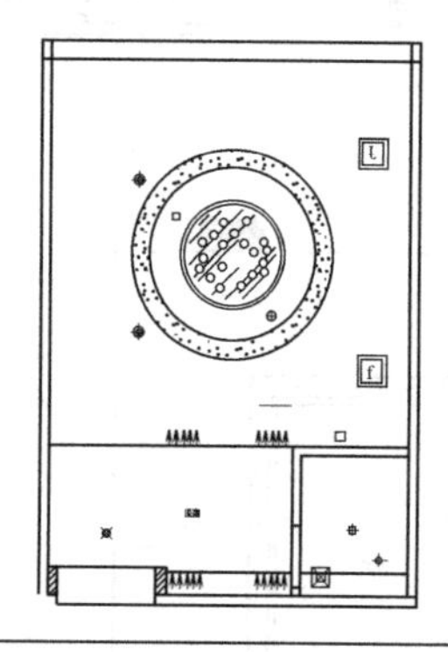	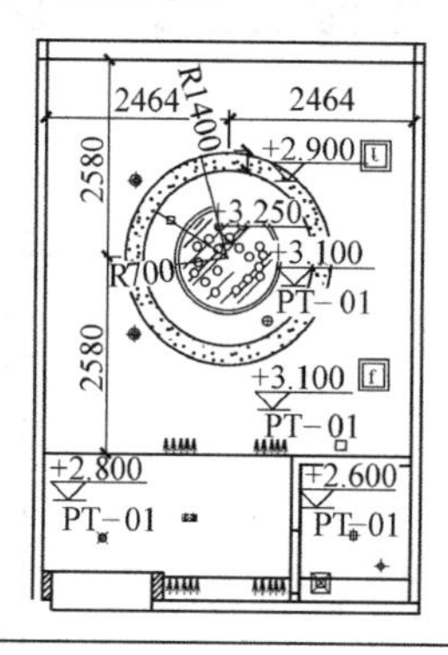
5．最后完成的图形如下图所示	
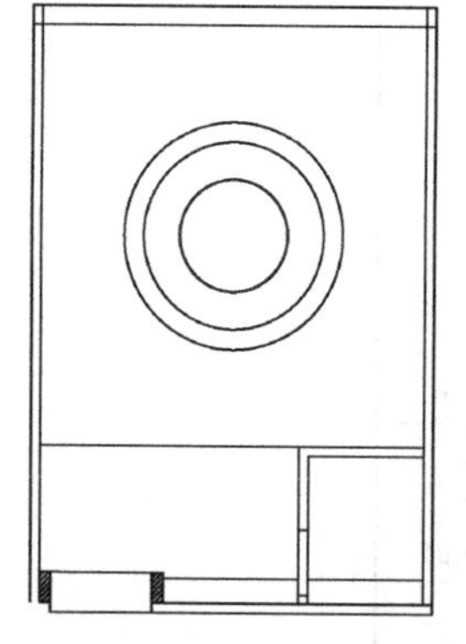 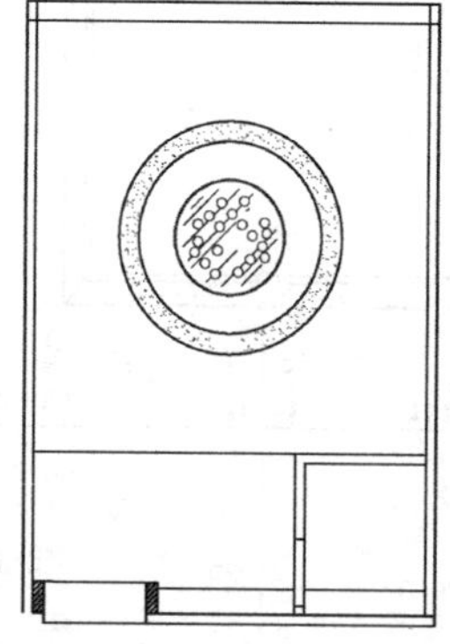 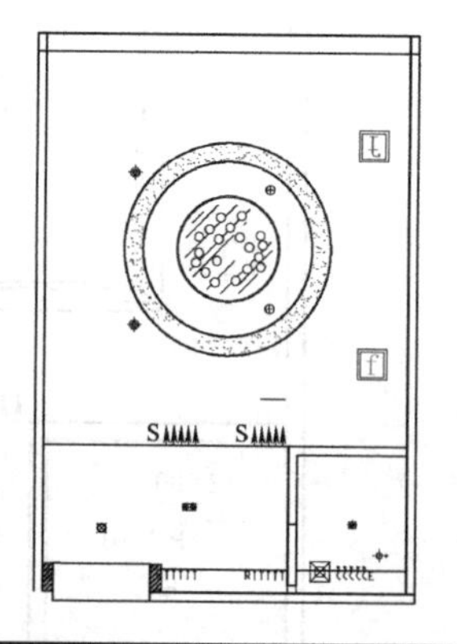 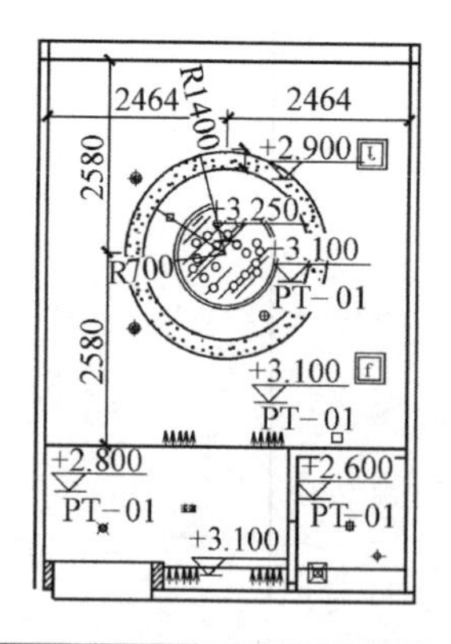	

3．生成 104～106 包间的顶棚

复制 102、103 吊顶到 104、105、106，并进行相应调整，如图 4-27 所示。

4．绘制包间 108 的顶棚

绘制包间 108 的顶棚的过程见表 4-8。

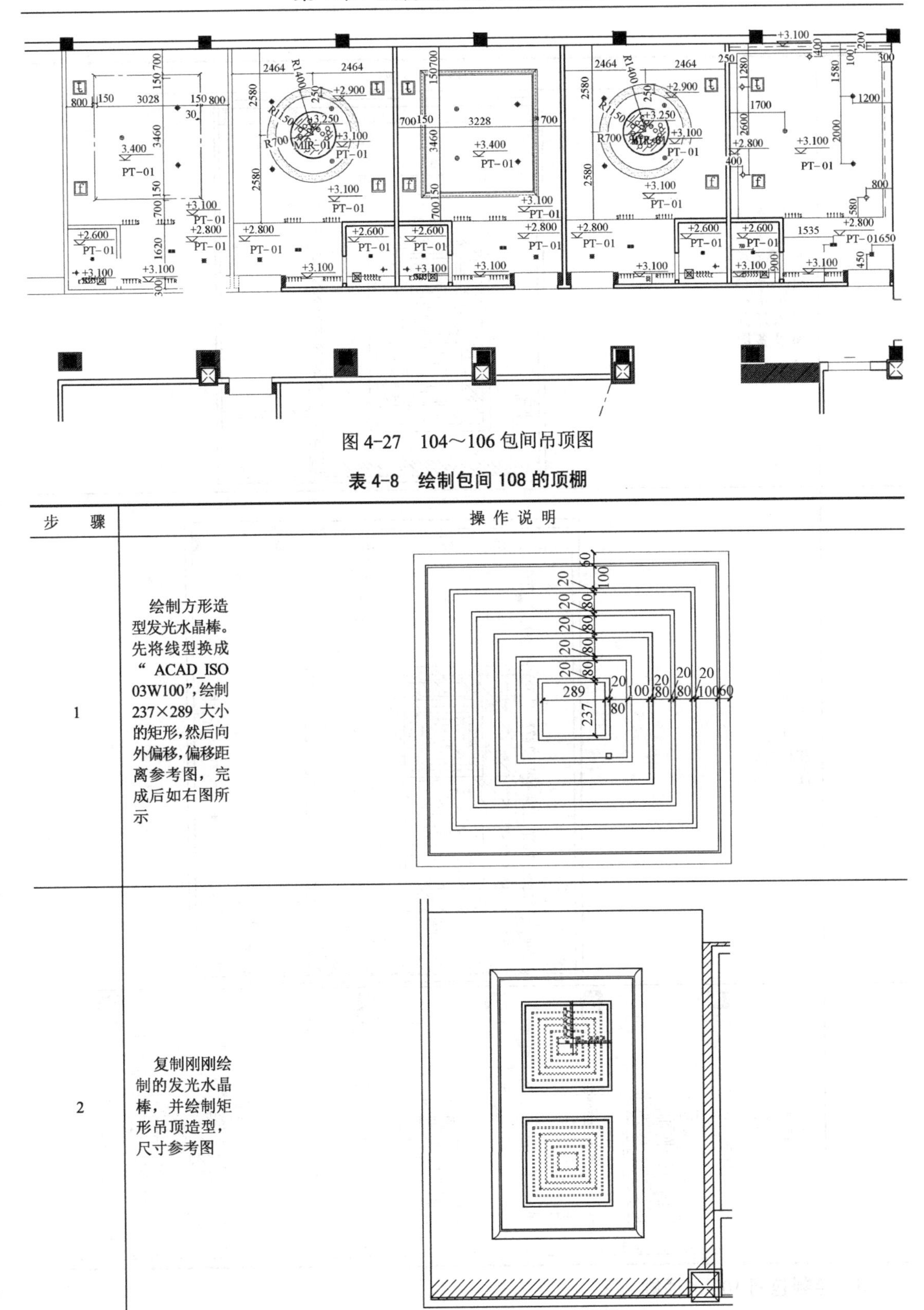

图 4-27　104～106 包间吊顶图

表 4-8　绘制包间 108 的顶棚

步　骤	操 作 说 明
1	绘制方形造型发光水晶棒。先将线型换成“ACAD_ISO03W100”，绘制 237×289 大小的矩形，然后向外偏移，偏移距离参考图，完成后如右图所示
2	复制刚刚绘制的发光水晶棒，并绘制矩形吊顶造型，尺寸参考图

（续）

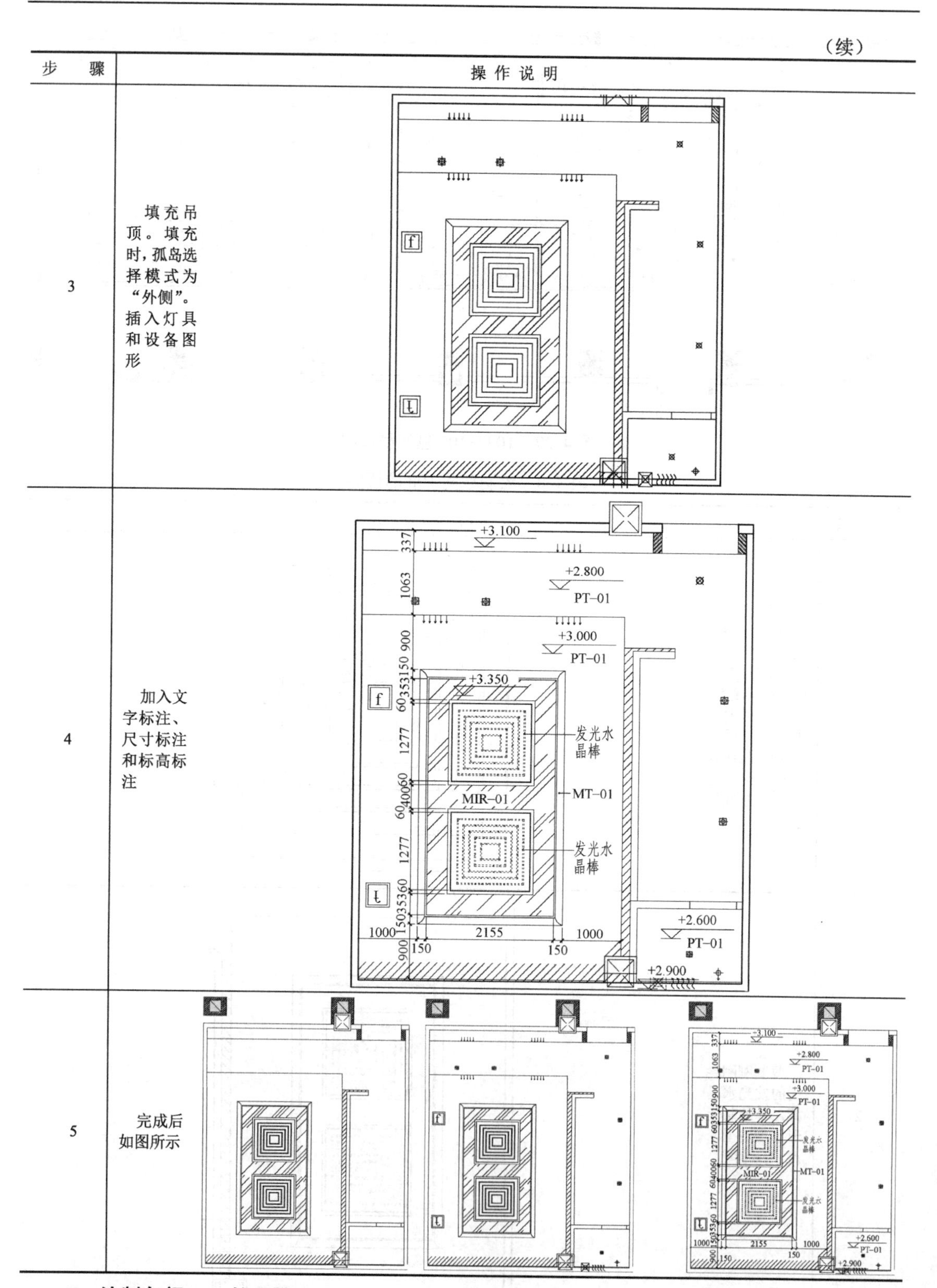

步　　骤	操作说明
3	填充吊顶。填充时，孤岛选择模式为“外侧”。插入灯具和设备图形
4	加入文字标注、尺寸标注和标高标注
5	完成后如图所示

5．绘制包间 109 的顶棚

绘图步骤参考步骤 1，此处不再赘述，绘图过程和尺寸见表 4-9。

表 4-9　绘制包间 109 的顶棚

步　骤	操作说明
1	根据尺寸绘制吊顶造型 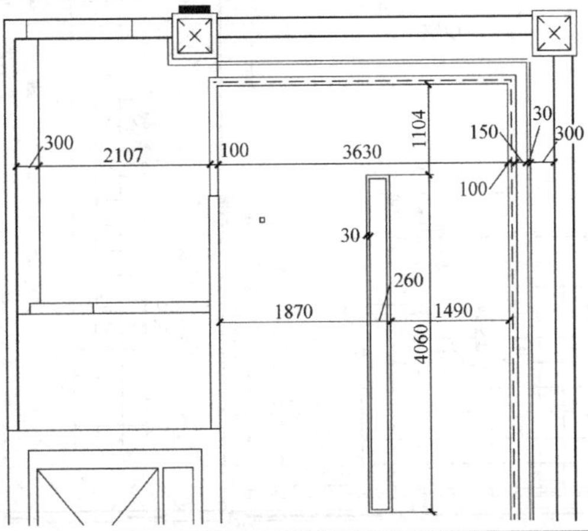
2	绘制设备并添加标注 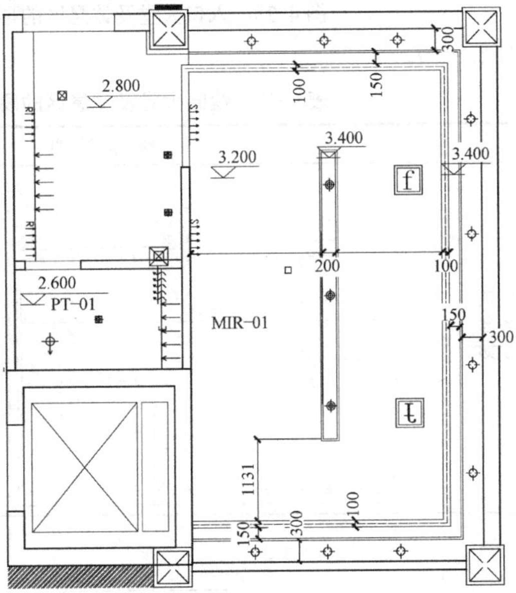
3	完成后如图所示 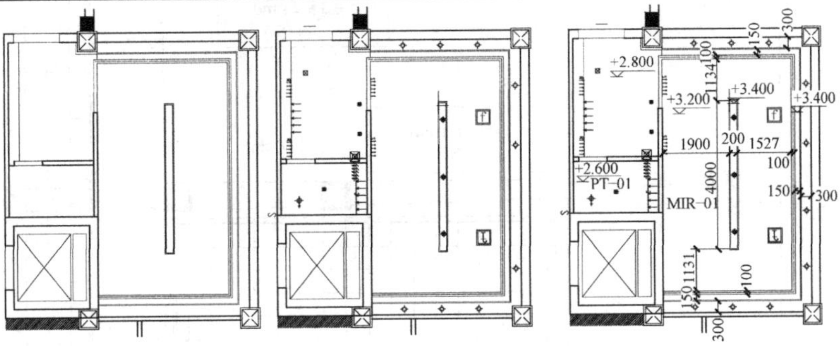

6. 绘制入口大堂及休息区的顶棚

作图提示：本步需要作的图相对比较简单，可分成 3 个区域，如图 4-28 所示。可用阵列和填充命令绘制，按照图示尺寸即可完成。

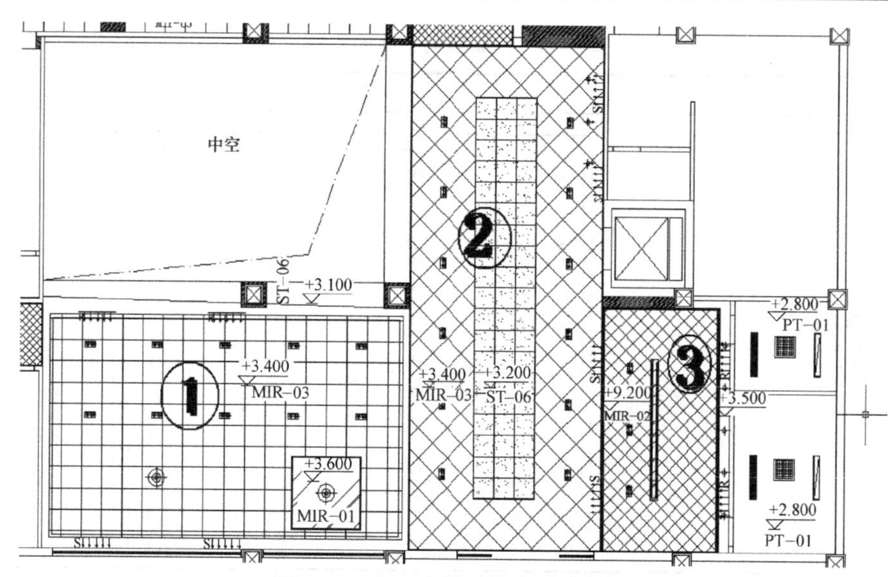

图 4-28　入口大堂及休息区的顶棚

绘图步骤见表 4-10。

表 4-10　绘制大堂及休息区的顶棚

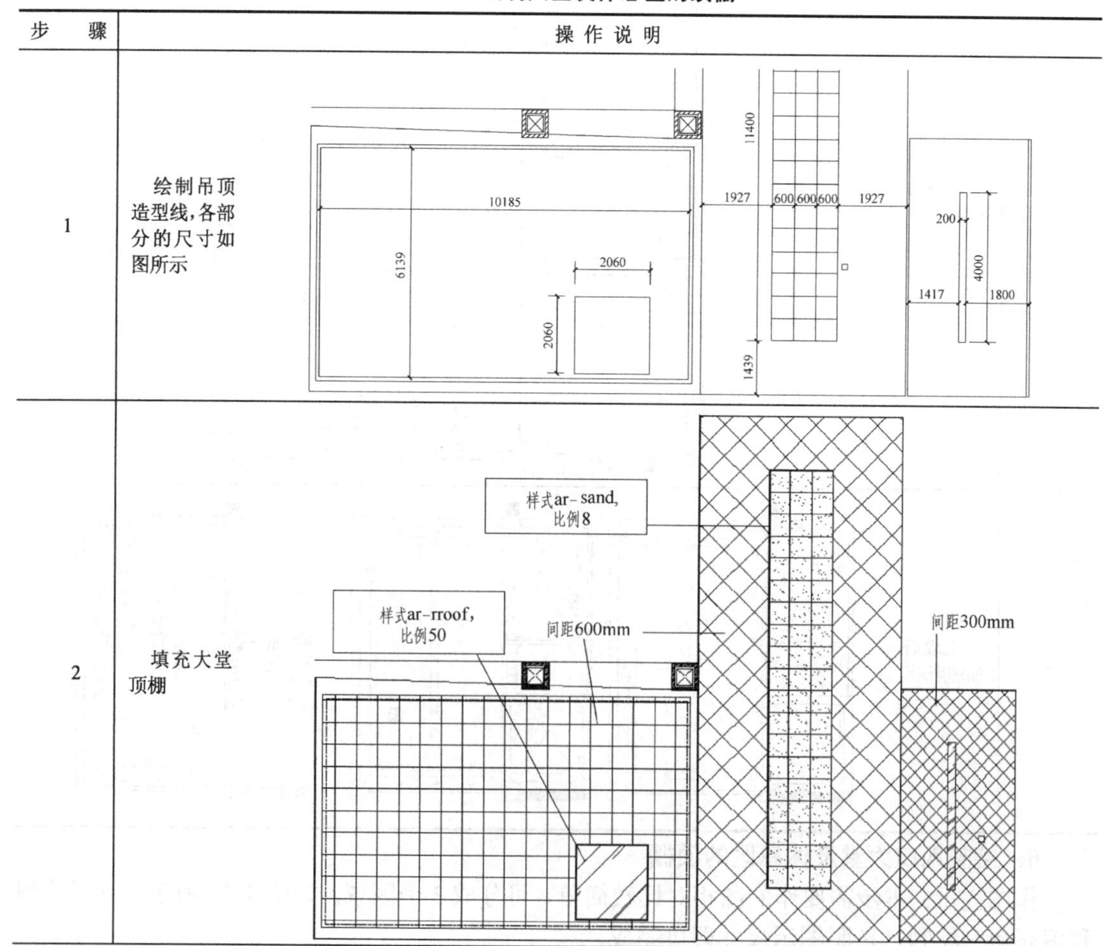

步　骤	操作说明
1	绘制吊顶造型线,各部分的尺寸如图所示
2	填充大堂顶棚

（续）

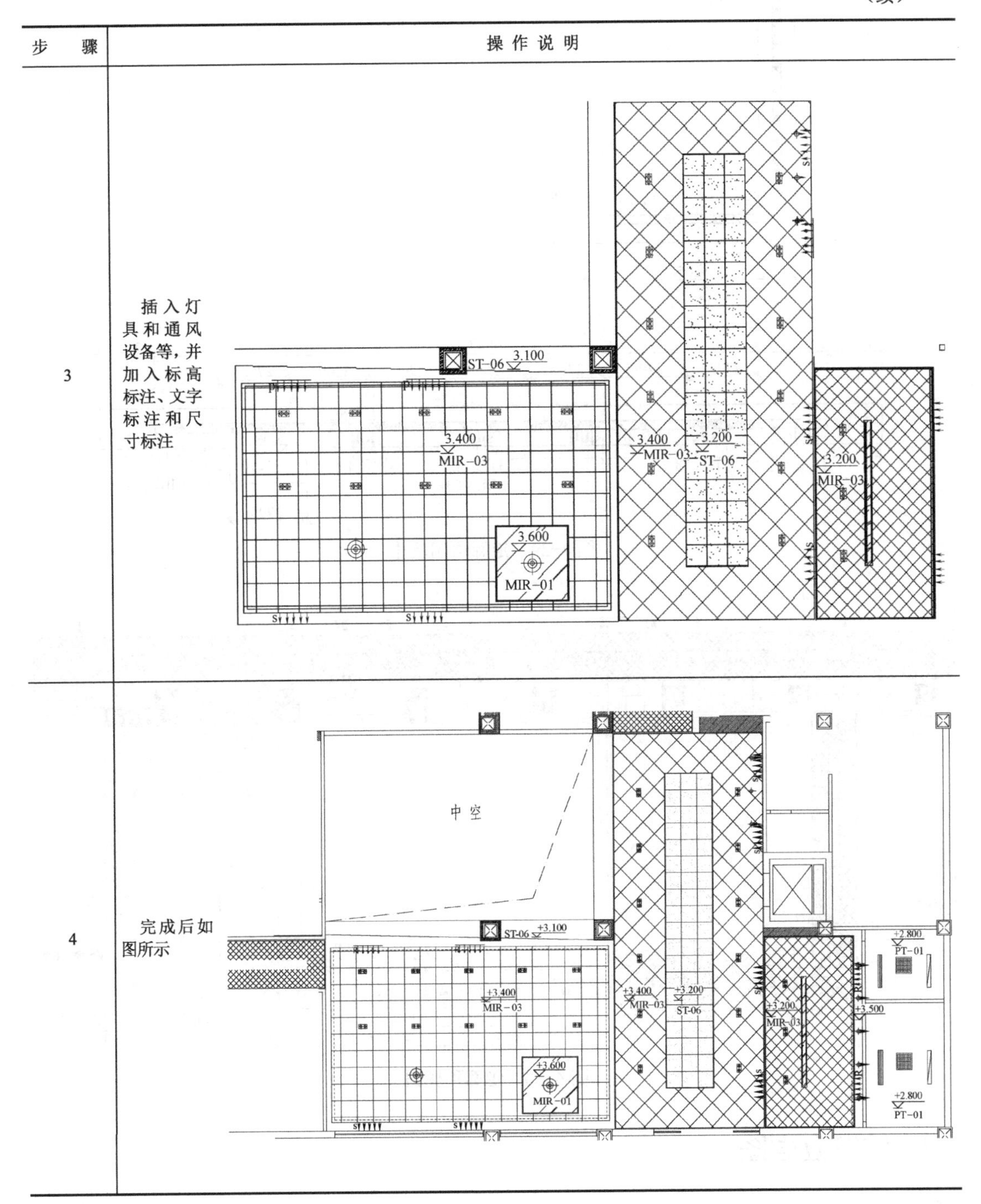

步　骤	操作说明
3	插入灯具和通风设备等，并加入标高标注、文字标注和尺寸标注
4	完成后如图所示

7．绘制走廊的顶棚

绘图过程略，尺寸如图 4-29 所示，完成后如图 4-30 所示。

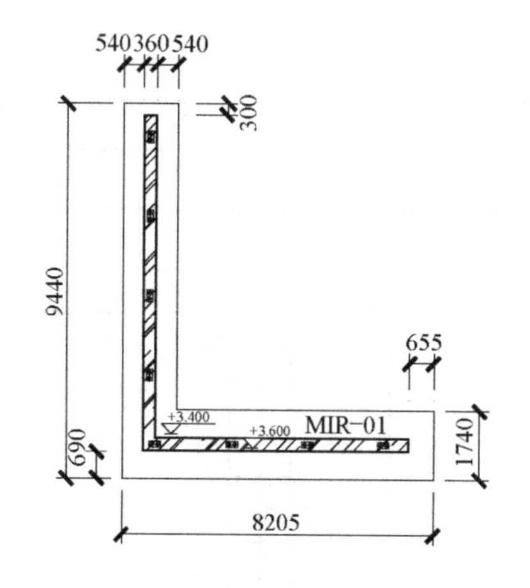

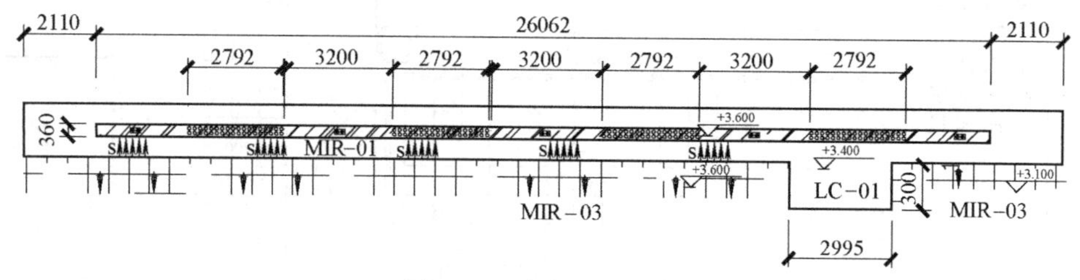

图4-29 走廊顶棚尺寸

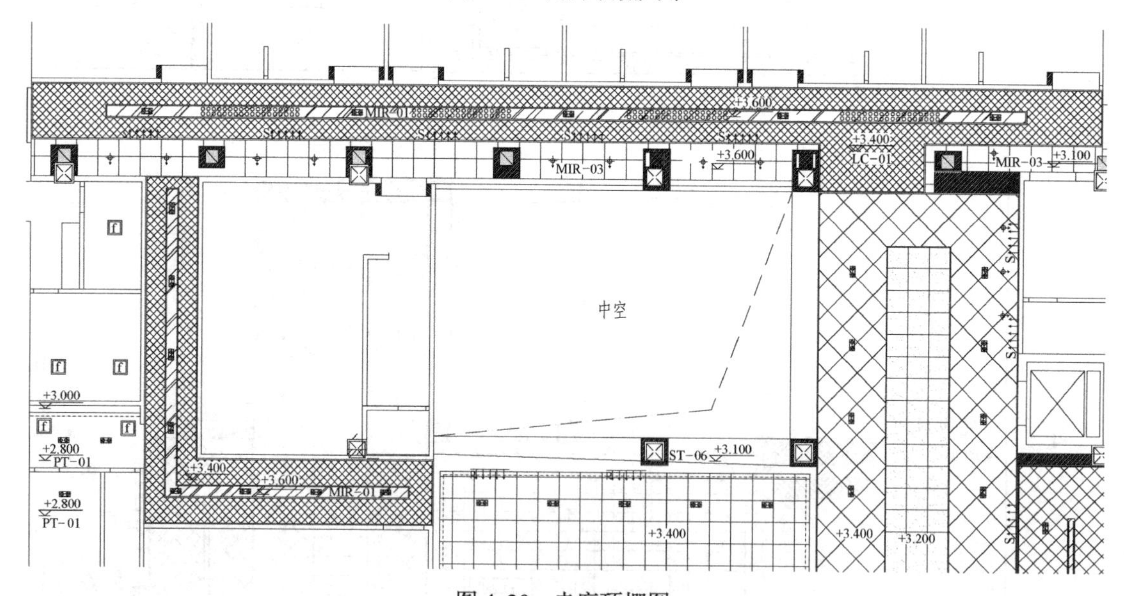

图4-30 走廊顶棚图

4.4 绘制立面图

任务描述

绘制如图4-31所示的大厅立面图。

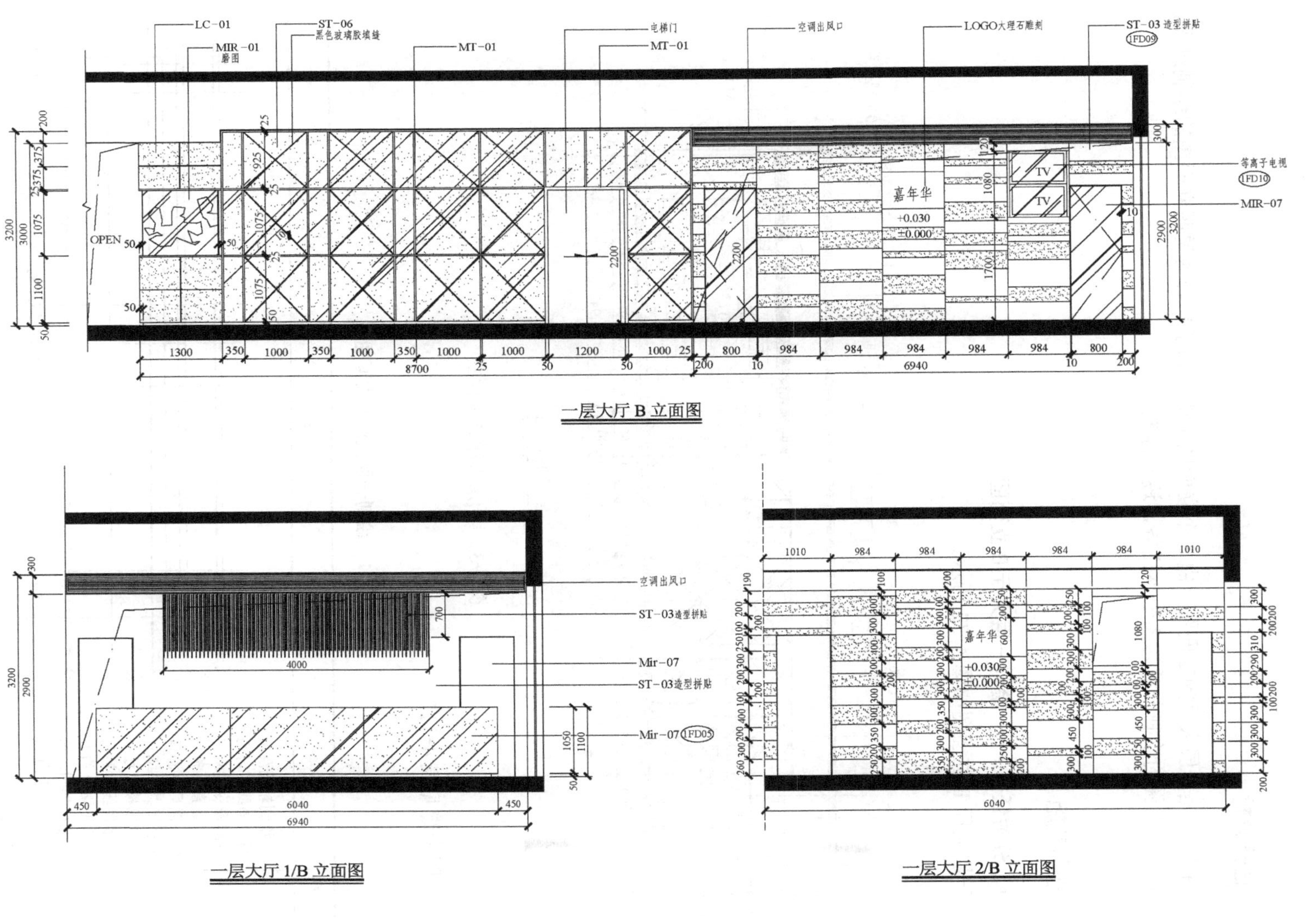
LC-01
MIR-01
磨图
ST-06
黑色玻璃胶填缝
MT-01
电梯门
MT-01
空调出风口
LOGO大理石雕刻
ST-03 造型拼贴
1FD09
等离子电视
1FD10
MIR-07
OPEN
嘉年华
TV
一层大厅 B 立面图
空调出风口
ST-03造型拼贴
Mir-07
ST-03造型拼贴
Mir-07
1FD05
一层大厅 1/B 立面图
一层大厅 2/B 立面图

图 4-31　大厅立面图

任务分析

图 4-31 是一层大厅的立面图，由 3 个立面图组成。为了更好地说明立面图的绘制过程，本部分将立面图的绘制分解为 3 个小任务，逐一绘制。

任务实施

1. 分解任务 1——绘制一层大厅 B 立面图

一层大厅 B 立面图如图 4-32 所示。

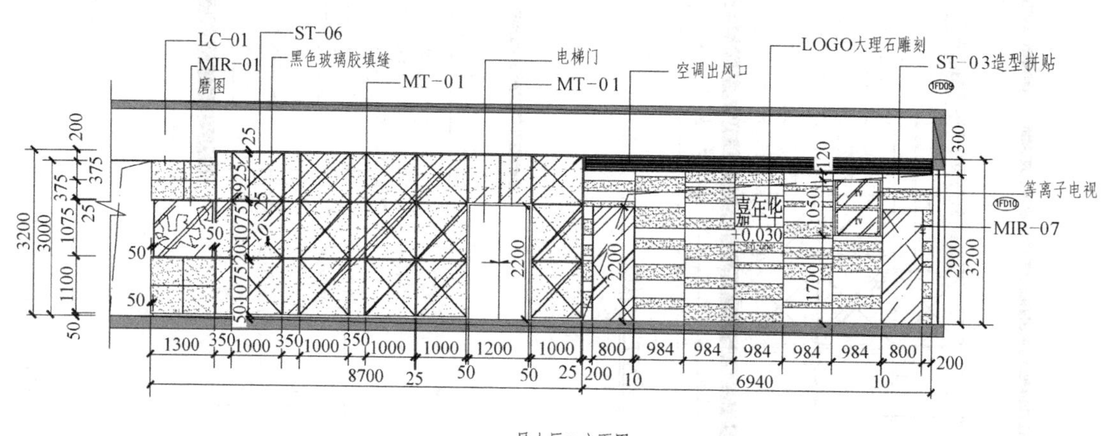

图 4-32 一层大厅 B 立面图

绘图步骤见表 4-11。

表 4-11 绘制一层大厅 B 立面图

步 骤	操作说明
1	绘制轴线及墙面分隔线。可用直线命令绘制水平和竖直两条直线，然后复制或偏移出其他线；也可以按尺寸绘制多段线，然后以捕捉端点的方式进行复制，这种方法更为简捷，可大大提高绘图效率

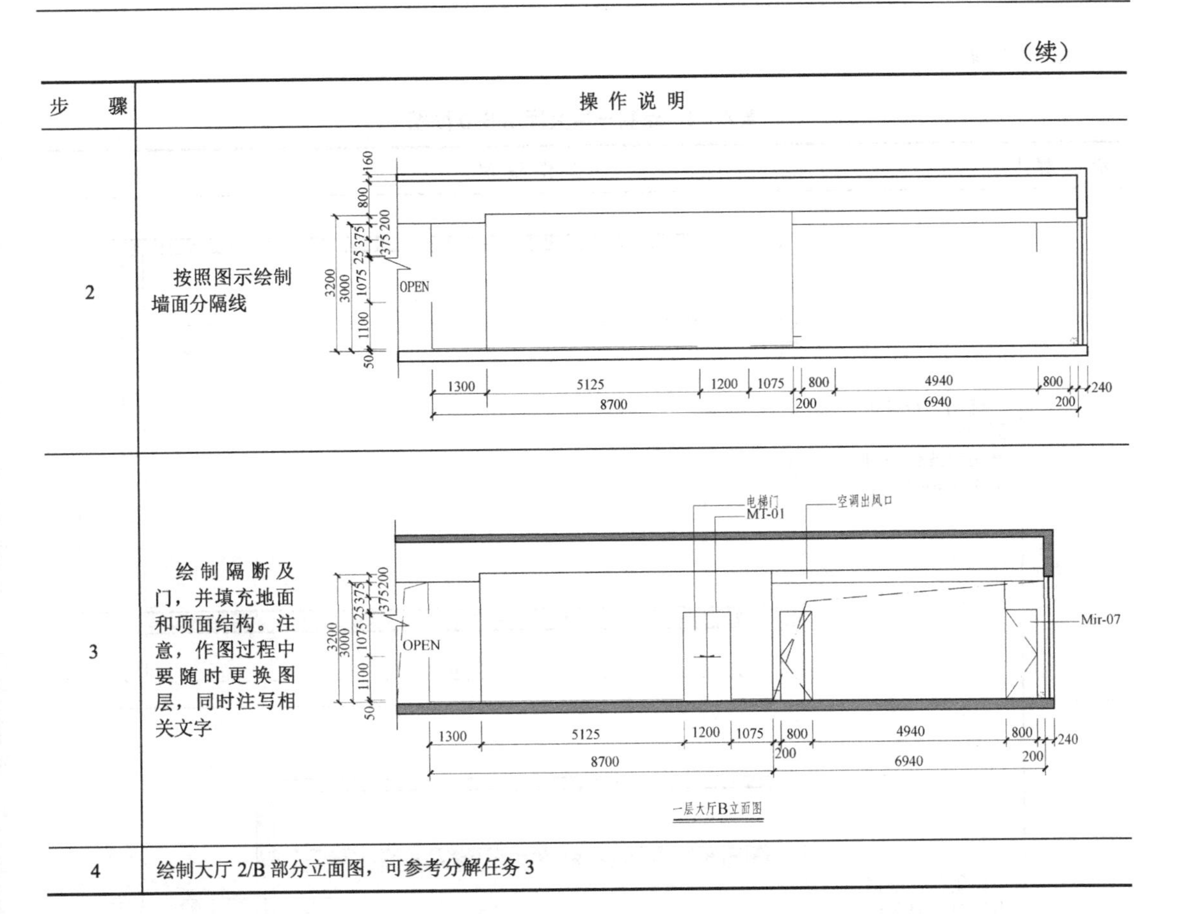

（续）

步骤	操作说明
2	按照图示绘制墙面分隔线
3	绘制隔断及门，并填充地面和顶面结构。注意，作图过程中要随时更换图层，同时注写相关文字 一层大厅B立面图
4	绘制大厅2/B部分立面图，可参考分解任务3

2. 分解任务2——绘制一层大厅1/B立面图

一层大厅1/B立面图如图4-33所示。

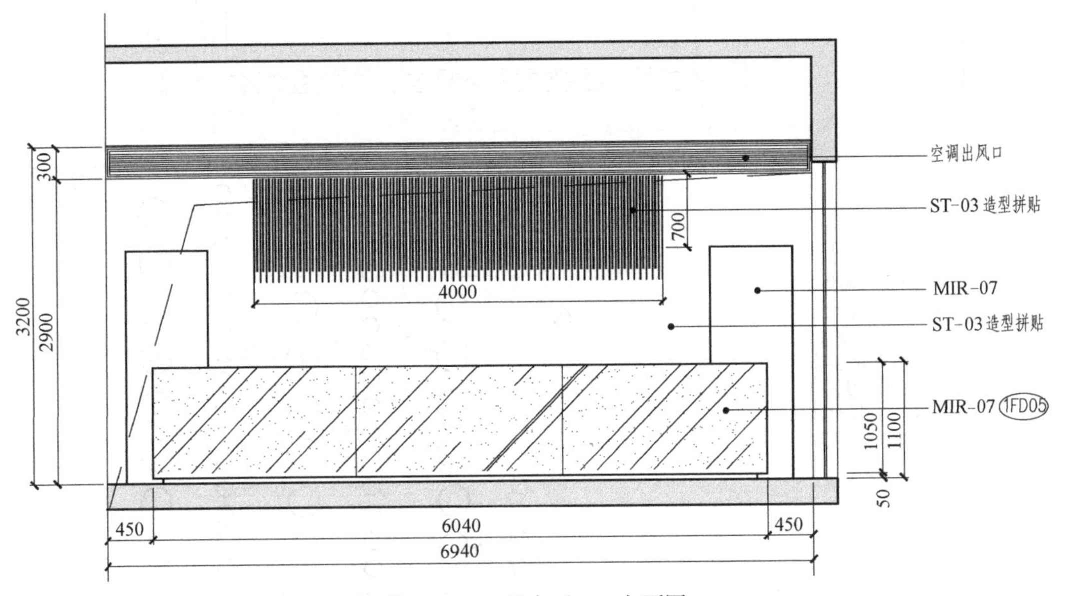

图4-33 一层大厅1/B立面图

绘图步骤见表 4-12。

表 4-12 绘制一层大厅 1/B 立面图

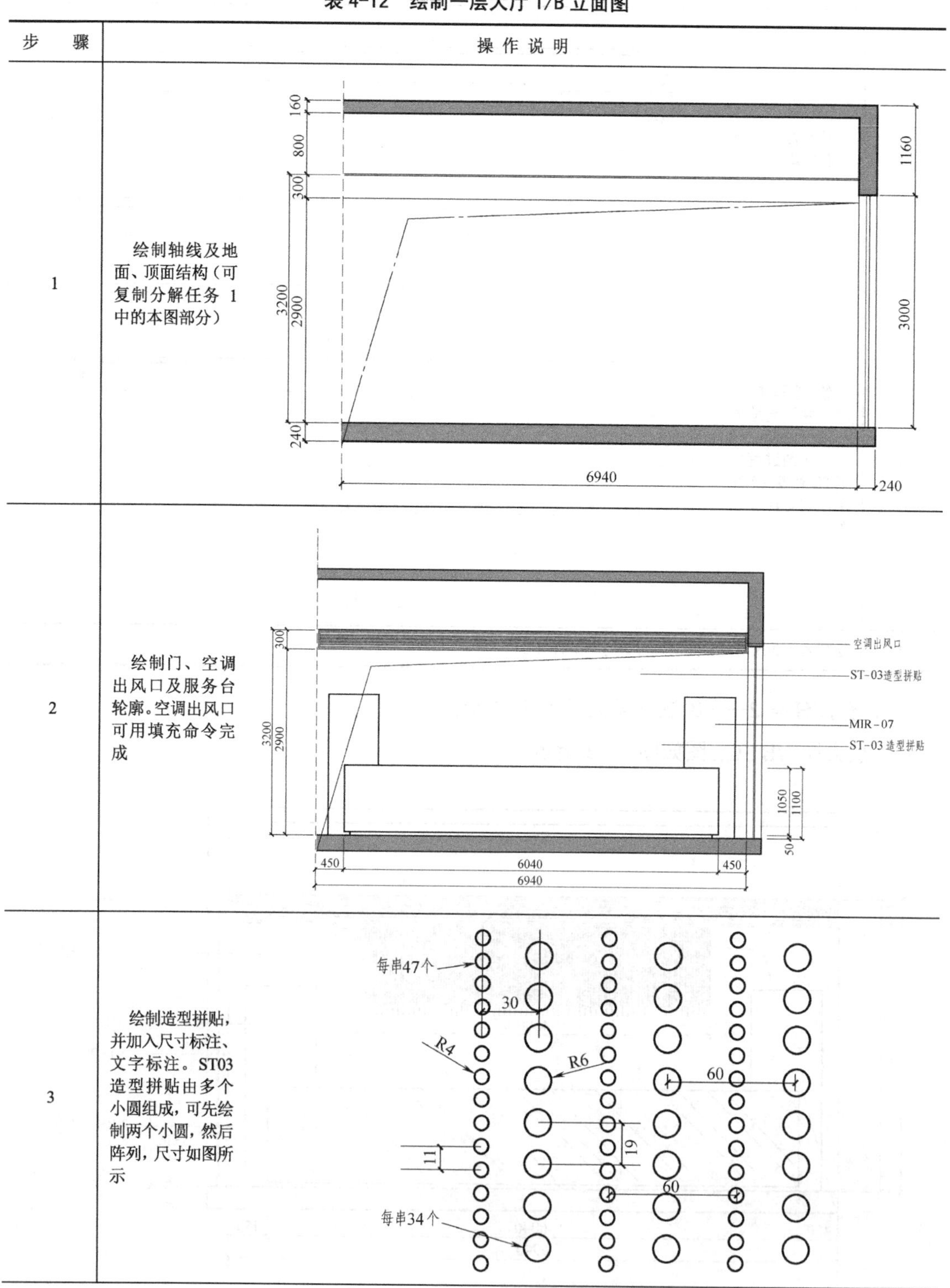

步骤	操作说明
1	绘制轴线及地面、顶面结构（可复制分解任务1中的本图部分）
2	绘制门、空调出风口及服务台轮廓。空调出风口可用填充命令完成
3	绘制造型拼贴，并加入尺寸标注、文字标注。ST03造型拼贴由多个小圆组成，可先绘制两个小圆，然后阵列，尺寸如图所示

（续）

步　骤	操 作 说 明
4	服务台可用填充命令分两次填充，效果如图所示 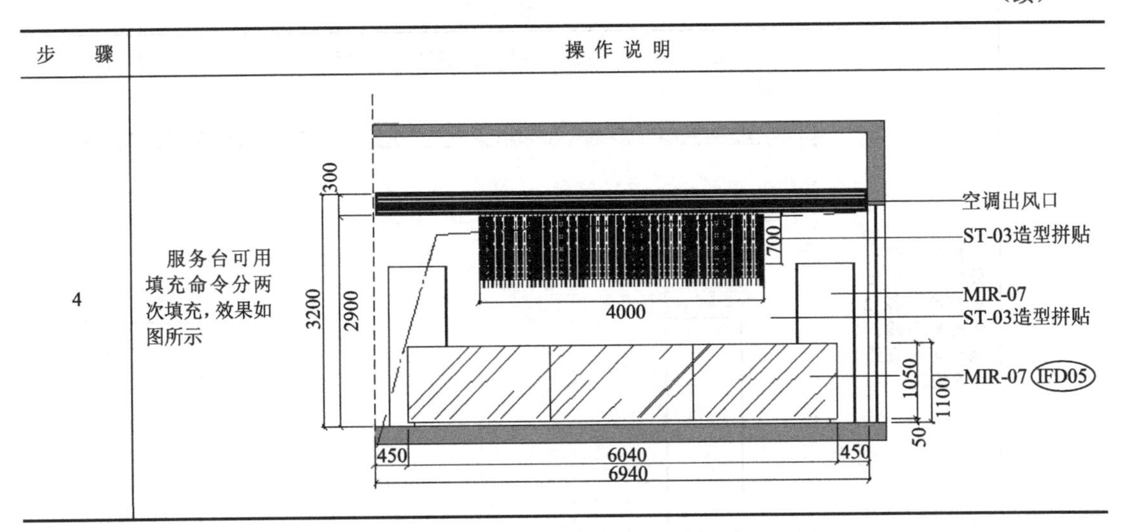

3．分解任务 3——绘制一层大厅 2/B 立面图

一层大厅 2/B 立面图如图 4-34 所示。

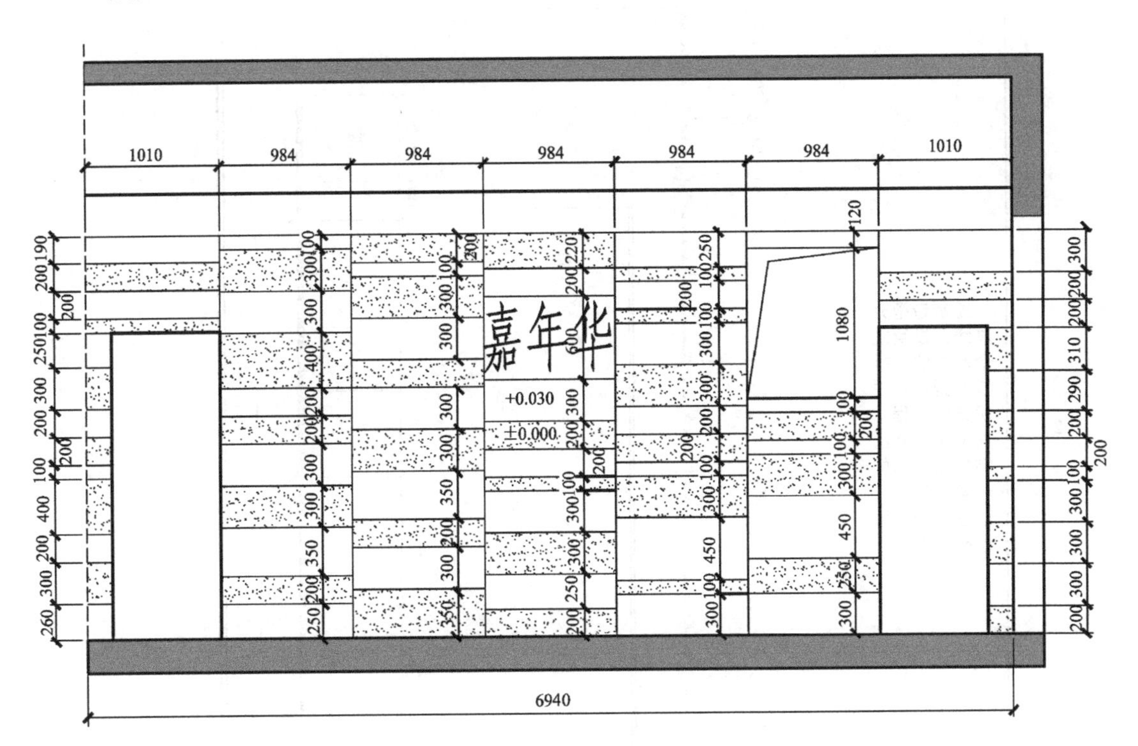

图 4-34　一层大厅 2/B 立面图

绘图步骤见表 4-13。

表 4-13 绘制一层大厅 2/B 立面图

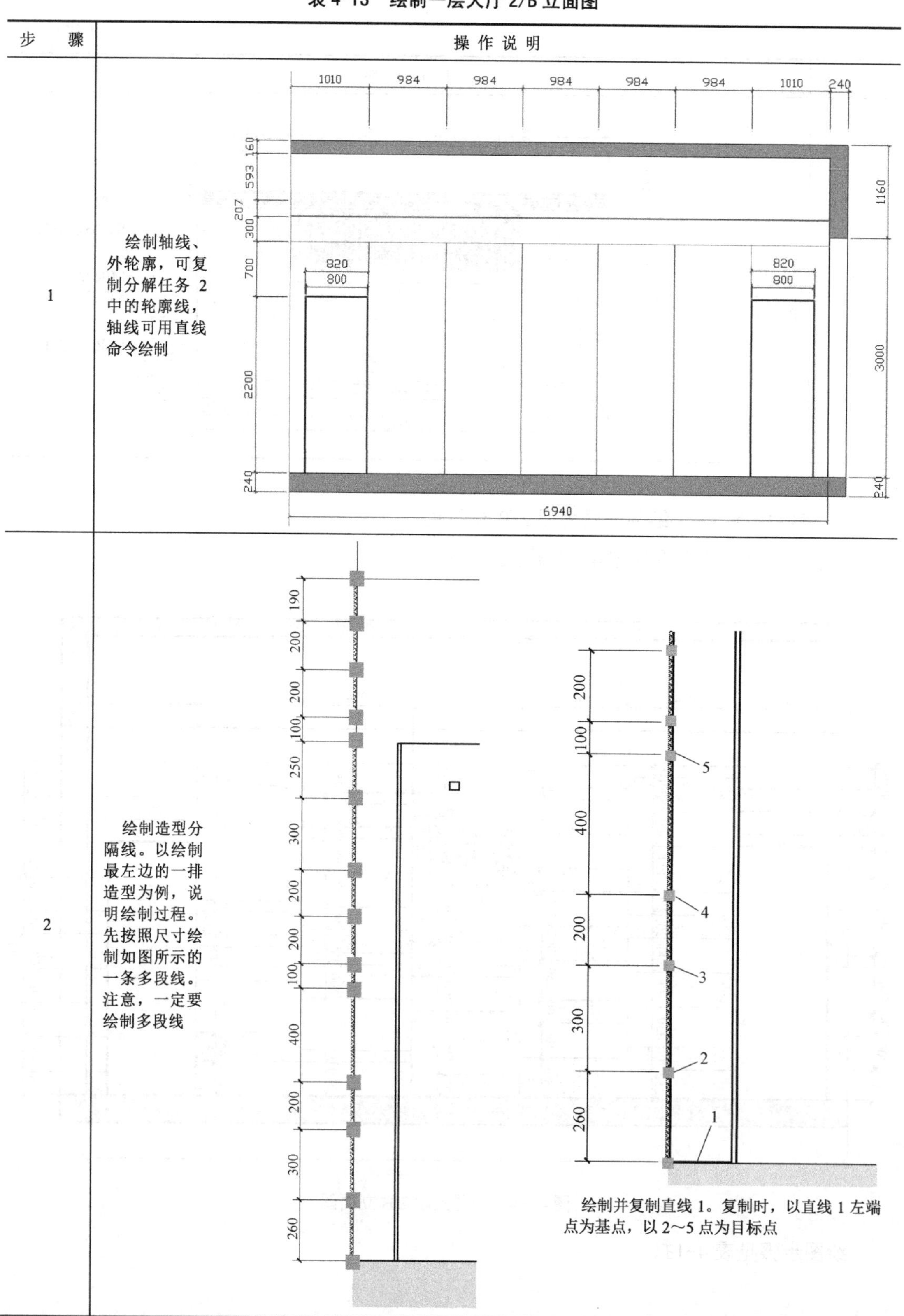

步 骤	操 作 说 明
1	绘制轴线、外轮廓，可复制分解任务 2 中的轮廓线，轴线可用直线命令绘制
2	绘制造型分隔线。以绘制最左边的一排造型为例，说明绘制过程。先按照尺寸绘制如图所示的一条多段线。注意，一定要绘制多段线

绘制并复制直线 1。复制时，以直线 1 左端点为基点，以 2~5 点为目标点

（续）

步　骤	操作说明
3	按照上述方法完成其他分隔线的绘制，完成后如图所示
4	填充造型。注意，填充时为避免失误，可以每一数列为一个填充对象，填充后如图所示

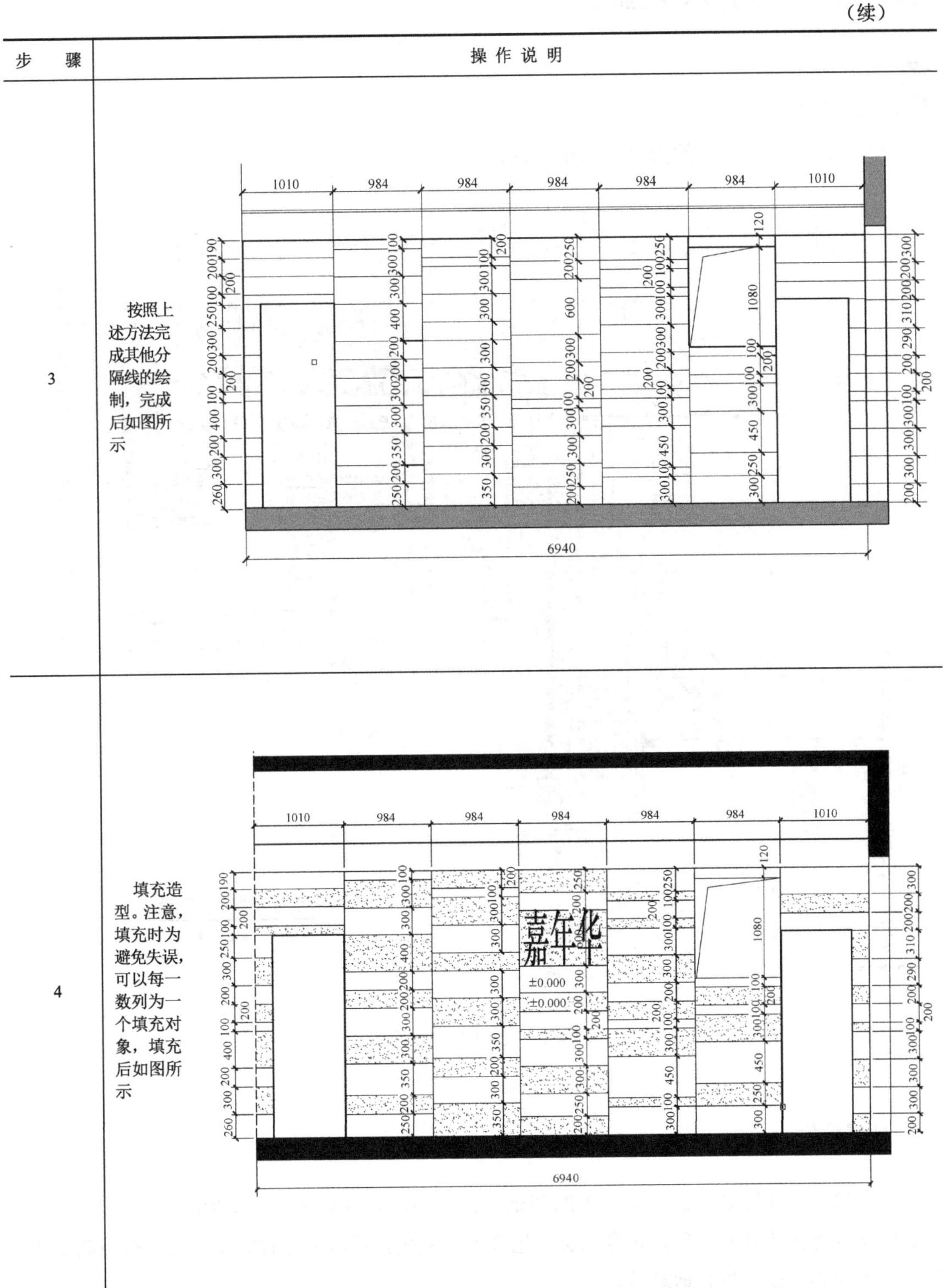

4.5 绘制给水排水平面图

任务描述

绘制如图 4-35 所示的给水排水平面图。

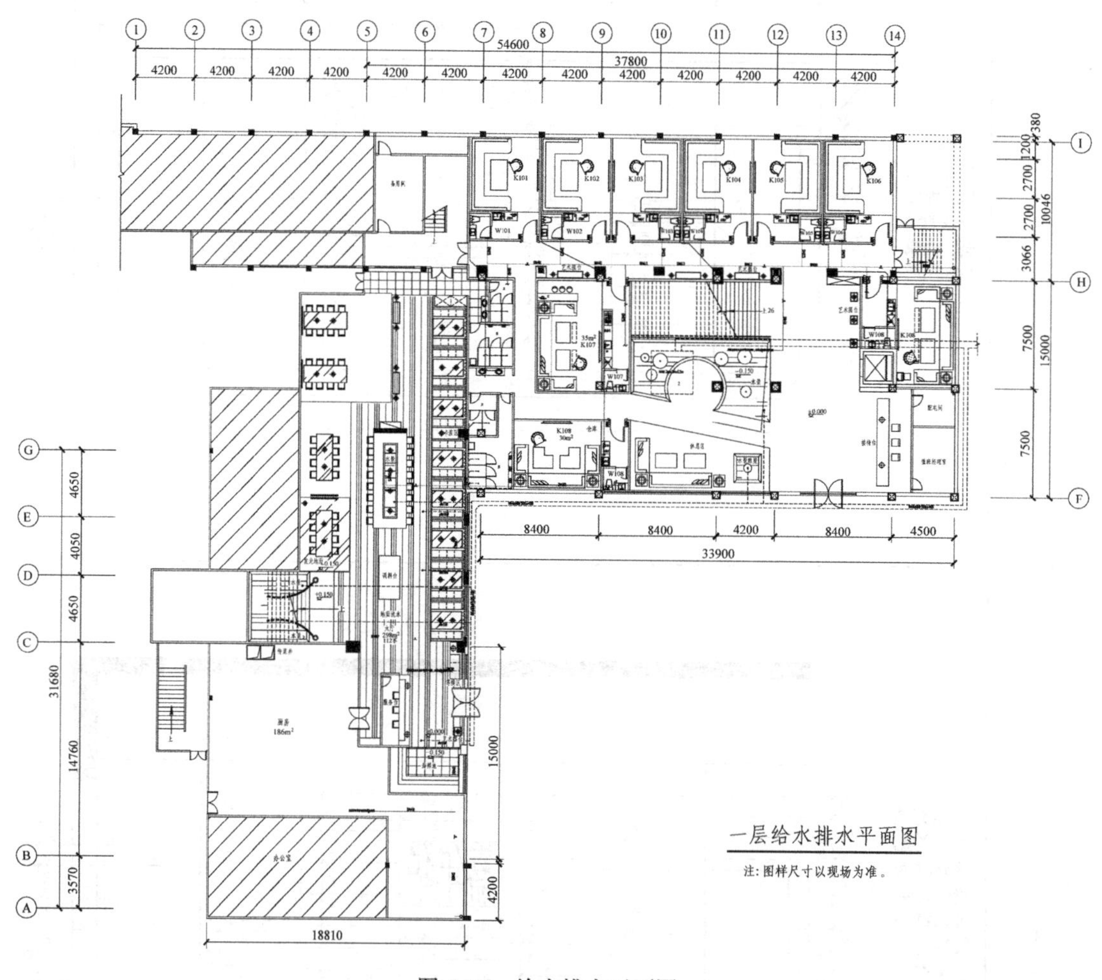

图 4-35　给水排水平面图

任务分析

给水排水平面图是在装饰平面图的基础上绘制的，可将装饰平面图中的部分内容复制，然后将其设置在单独的一层，并将此层颜色选定为灰色，然后再进行绘制。绘制时可将给水、排水分别绘制，以便更好地表达。

任务实施

1．绘制建筑平面图及卫生设施布置图

复制前面任务中绘制的建筑平面图，或者将建筑平面图写成新块再插入。

为了更加清晰明了地表达给水管线，可将建筑平面图中的所有线条调整为淡灰色，并定义成图块，如图4-36所示。

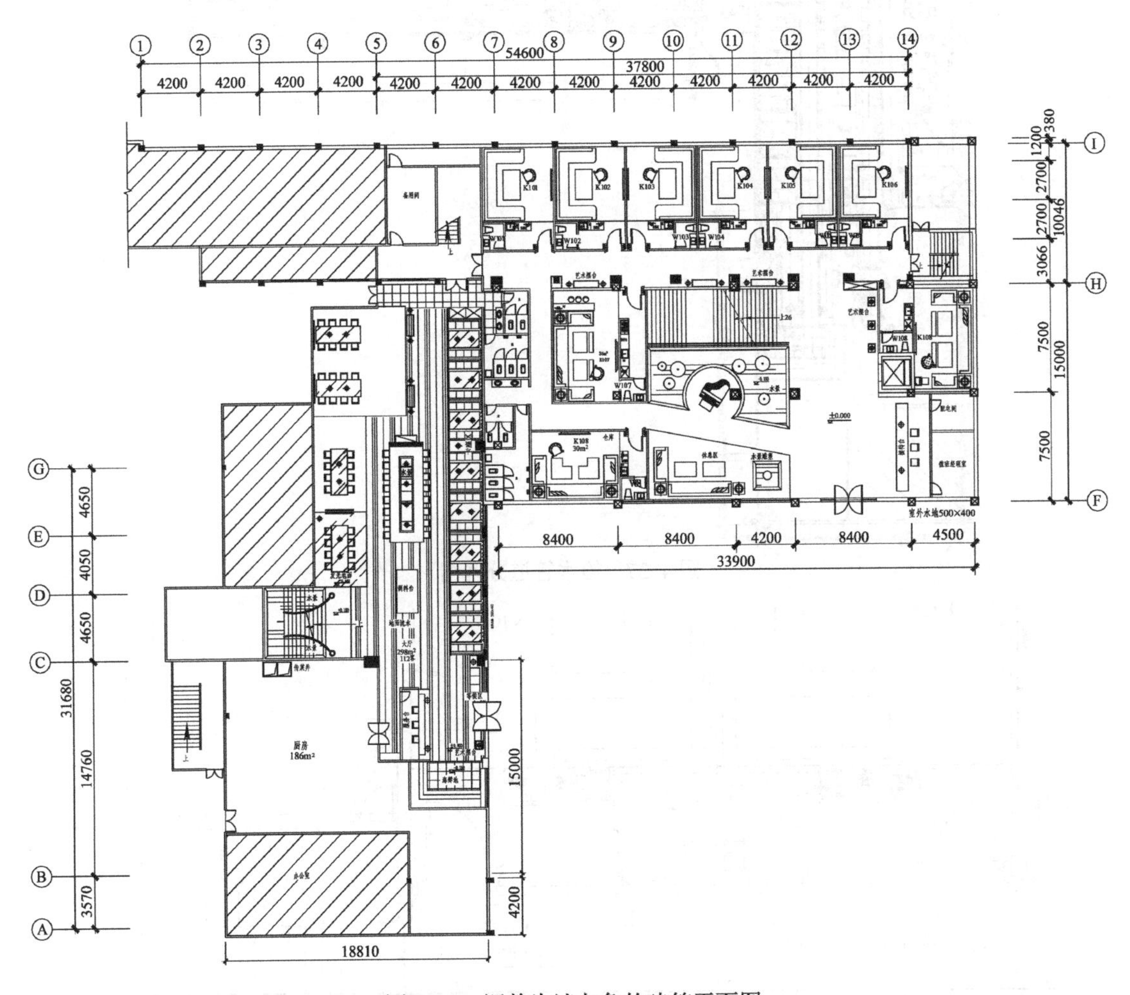

图4-36　调整为淡灰色的建筑平面图

2．绘制给水管道平面布置图

绘制给水立管和给水横管。可用 PL 命令实现，字高及内容见图中所示。为了更好地表达，可将各部分分别表示，如图4-37所示，分区后可分别进行绘制。

各部分详图如图4-38所示。

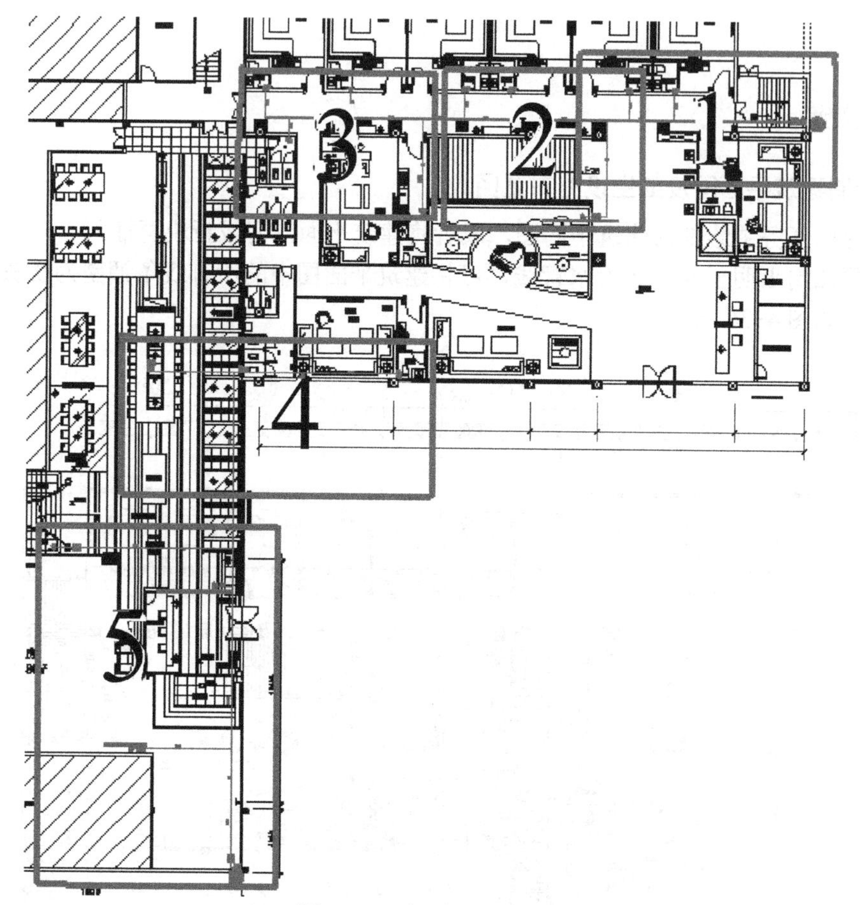

图4-37　给水管道分区图

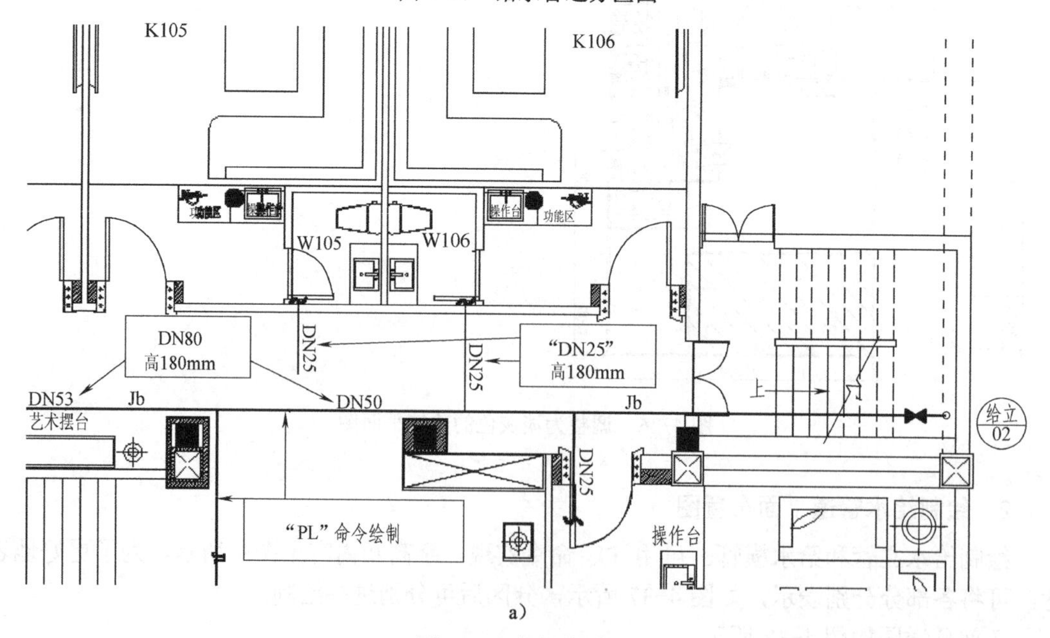

a）

图4-38　各部分详图

a）分区1详图

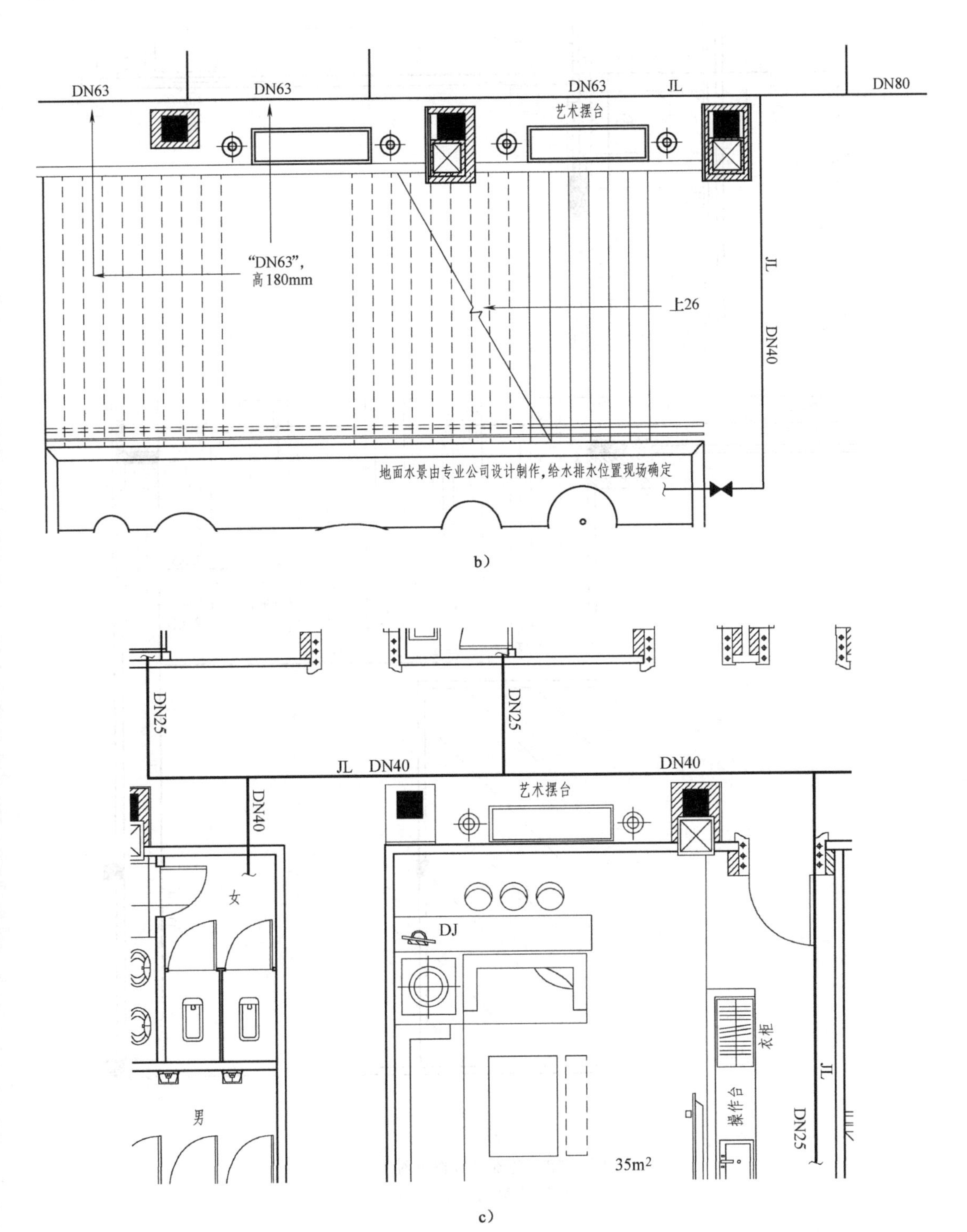

图4-38　各部分详图（续）

b）分区2详图　c）分区3详图

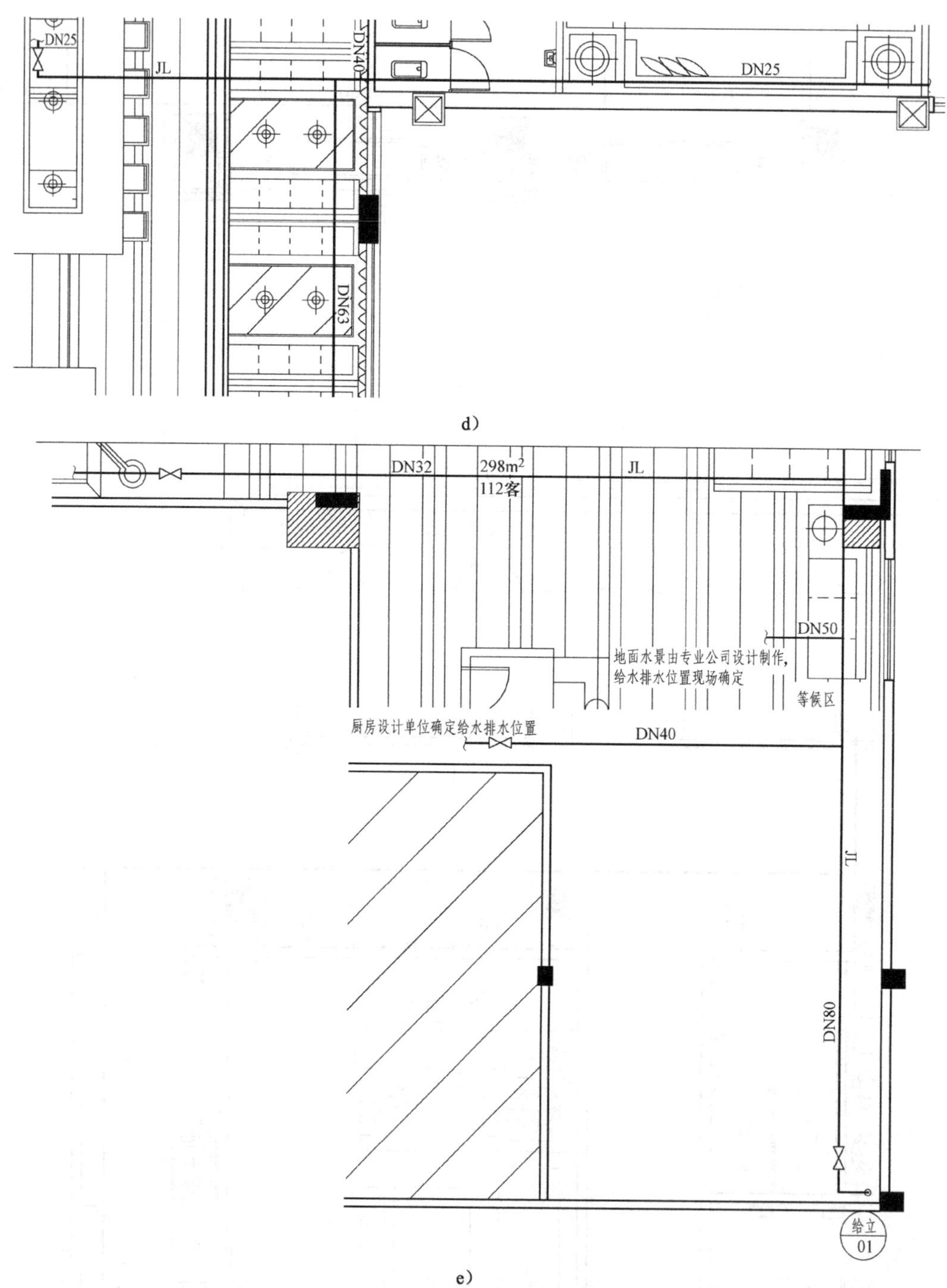

图4-38 各部分详图（续）

d）分区4详图 e）分区5详图

3. 绘制排水管

图中实线表示给水系统（管），虚线表示排水系统（管）。绘制排水系统管线应用的命令比较简单，主要是直线、多段线、圆、文字标注、填充等。这里不一一进行绘图过程分解，只提供绘图提示和过程简介。为了表达清晰，也把整个平面图分成5个部分表示，如图4-39所示。

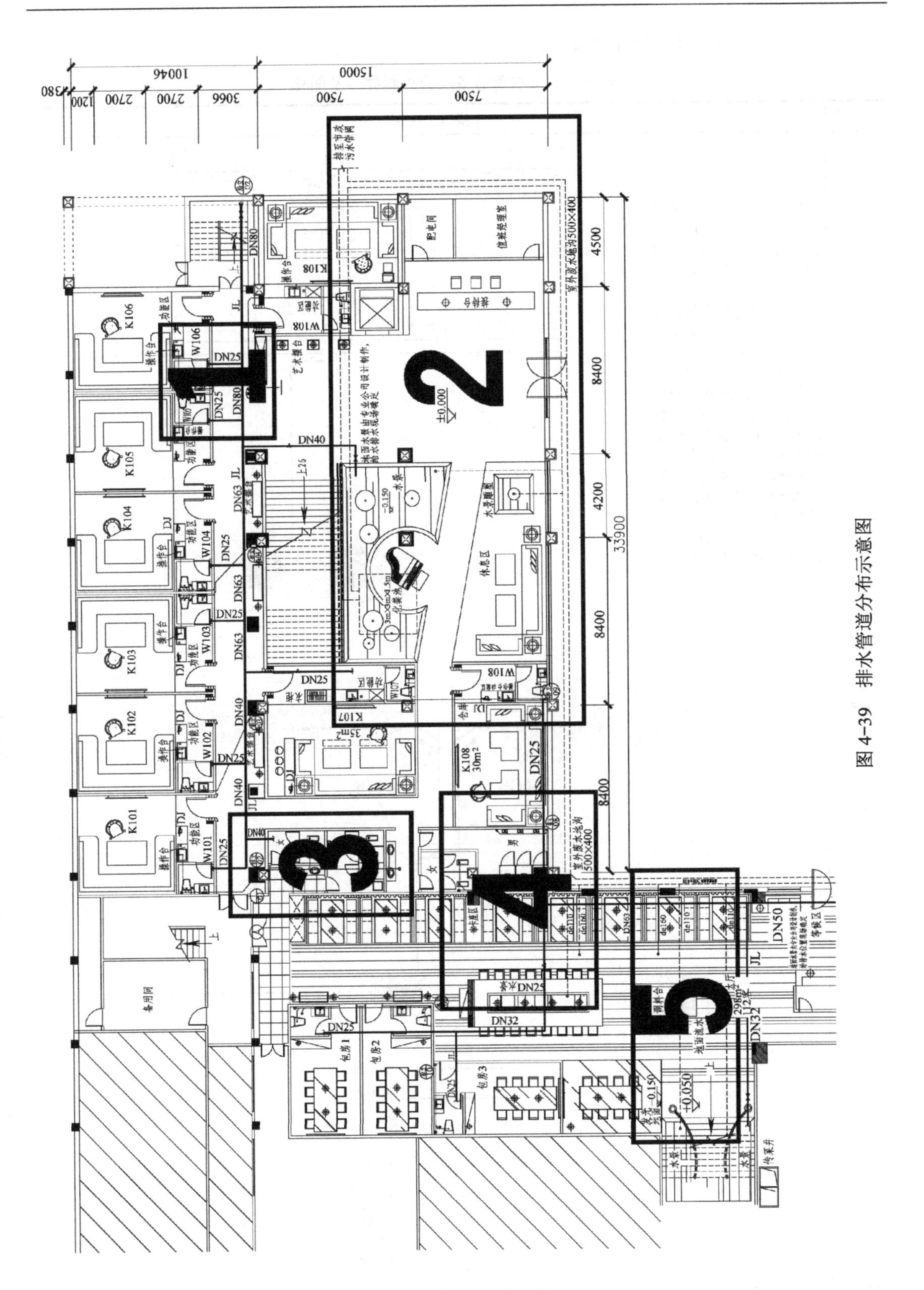

图 4-39　排水管道分布示意图

各部分绘制要点及图样见表 4-14。

表 4-14 排水管道各部分绘制要点及图样

步 骤	操 作 说 明	
分区 1	绘制要点有：更换图层。绘制包间 101～106 的排水管道时，可先绘制如右图所示的排水管道（只是 6 个房间中的一个），然后复制出其他房间的排水管道。主要使用的命令是直线和圆，可先在各个排水口、地漏处绘制图例，图例圆形半径尺寸如下：排水立管 R=354mm 、圆形地漏 R=50mm 、清扫口 R=60mm、水池处弯折管 R=20mm、坐便器处弯折管 R=50mm；阀门中间涂黑正三角形边长为 20mm，填充“SOLID”图案	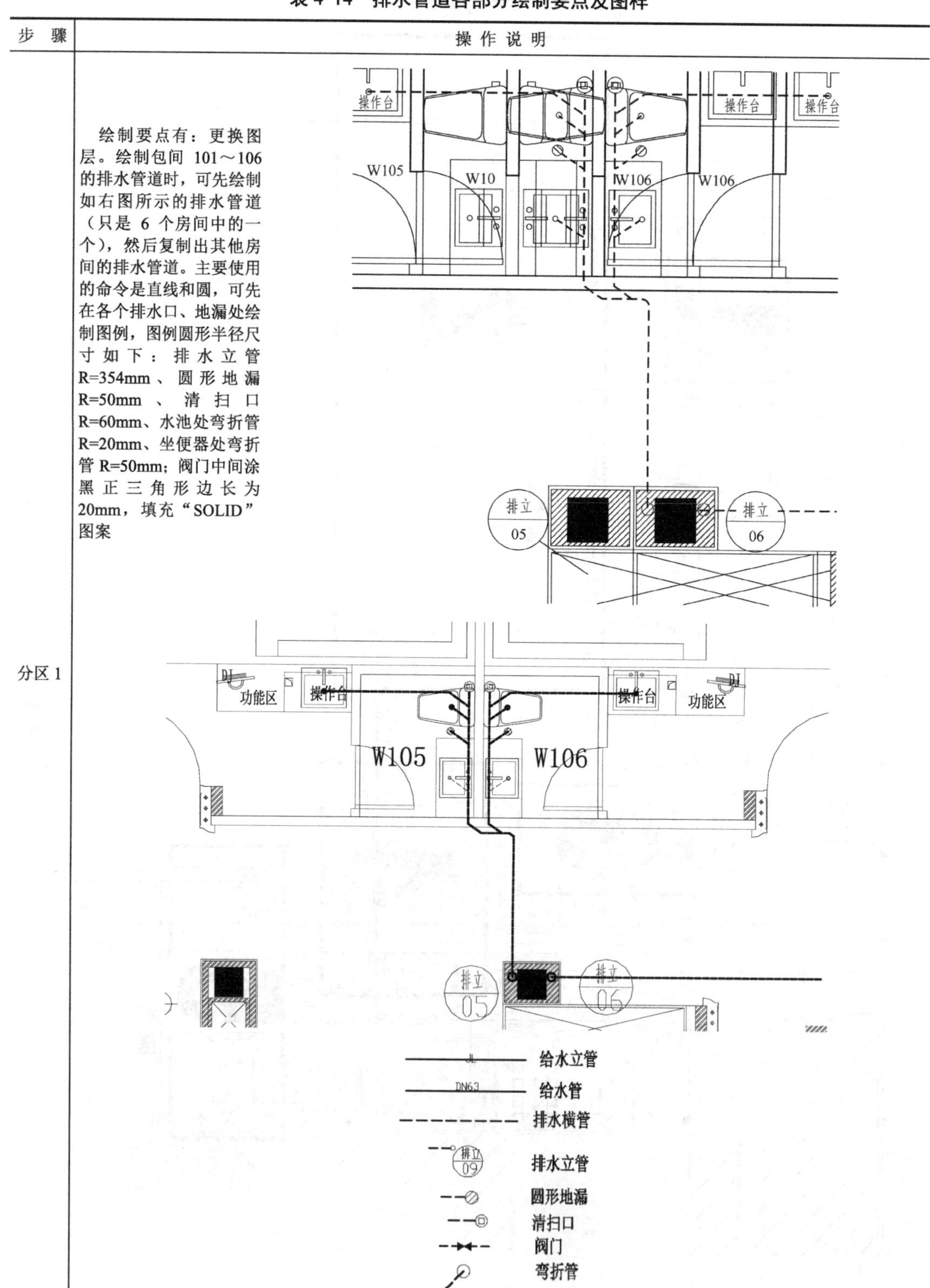

（续）

步　骤	操 作 说 明	
分区2	绘制大堂区域的排水管道，绘制要点有：本步骤主要使用多段线（或直线）、圆等命令，另外加文字说明，文字高度180mm即可。要注意断开的线和其他部分的连接	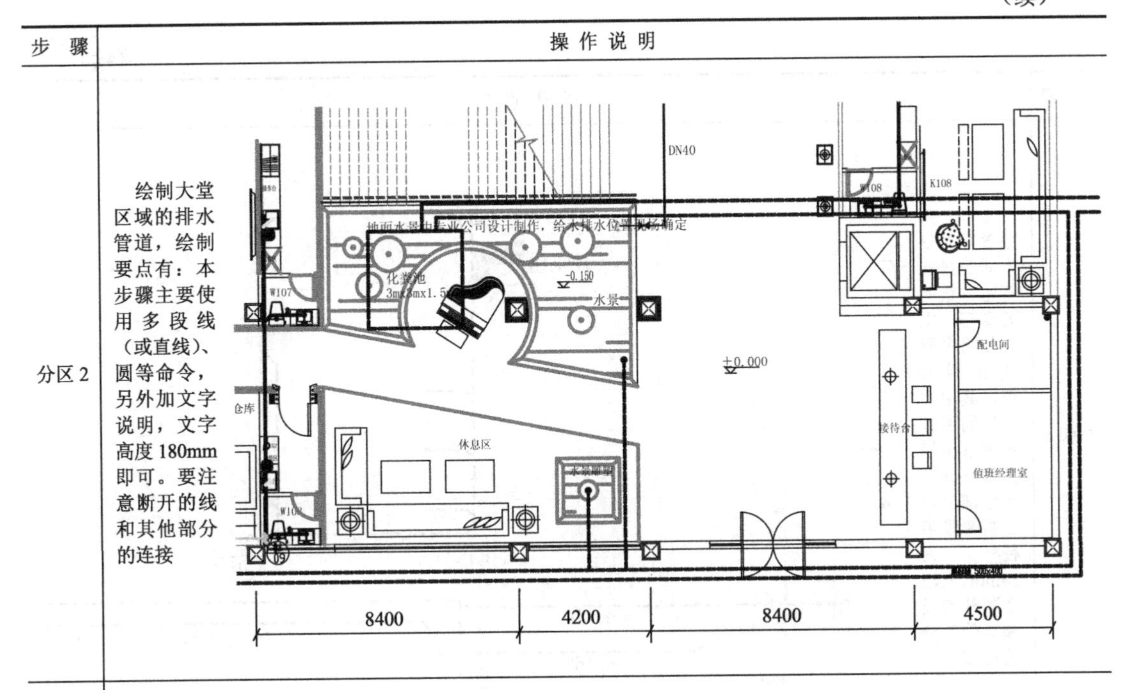
分区3	绘制卫生间的排水管道，绘制要点有：本步骤主要使用多段线（或直线）、圆等命令。需要注意的是，本部分图形中所有洗手池、蹲便器等弯折管的圆形半径均为25mm。要注意断开的线和其他部分的连接	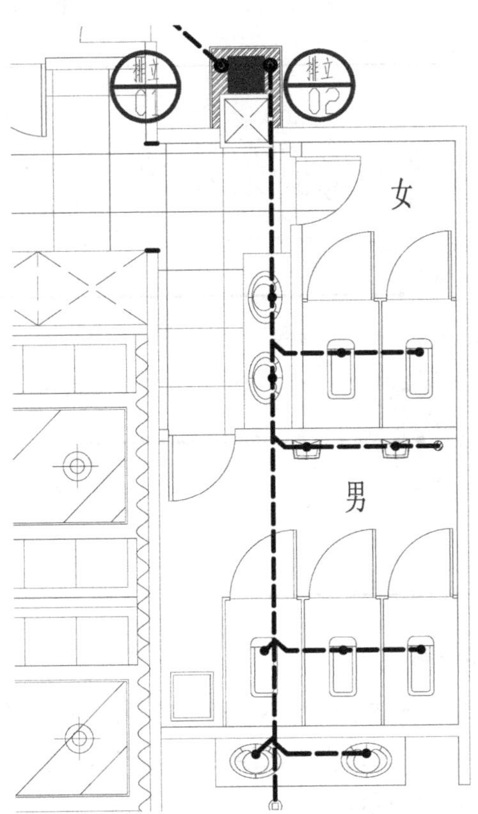

（续）

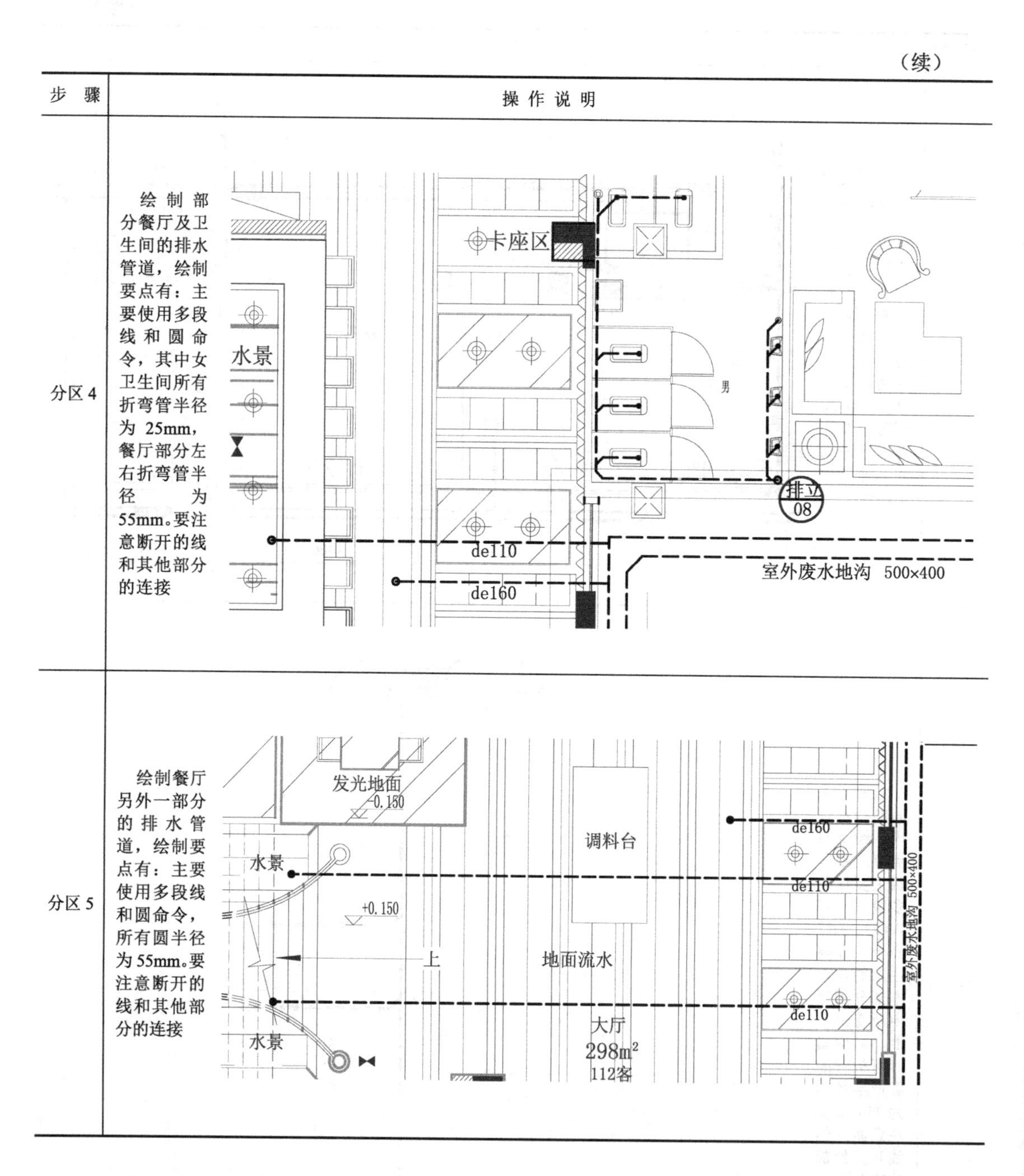

步 骤	操 作 说 明
分区4	绘制部分餐厅及卫生间的排水管道，绘制要点有：主要使用多段线和圆命令，其中女卫生间所有折弯管半径为25mm，餐厅部分左右折弯管半径为55mm。要注意断开的线和其他部分的连接
分区5	绘制餐厅另外一部分的排水管道，绘制要点有：主要使用多段线和圆命令，所有圆半径为55mm。要注意断开的线和其他部分的连接

4. 注写编号和说明

设计说明是整个装饰施工图中不可缺少的一部分。本例中，设计说明单独占一页。因为注写文字命令在前面的绘图过程中已经多次应用过，这里不再赘述，可参考图中给定尺寸注写设计说明，如图4-40所示。

文字说明中的两种文字样式设置如图4-41和图4-42所示。

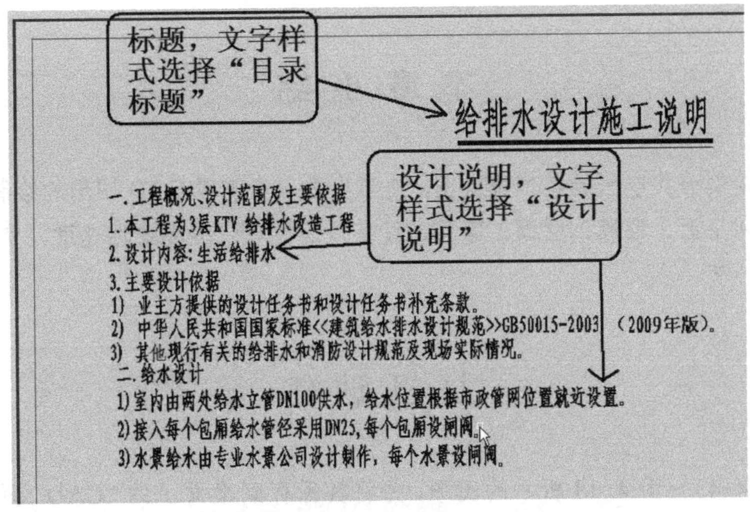

图 4-40　设计说明

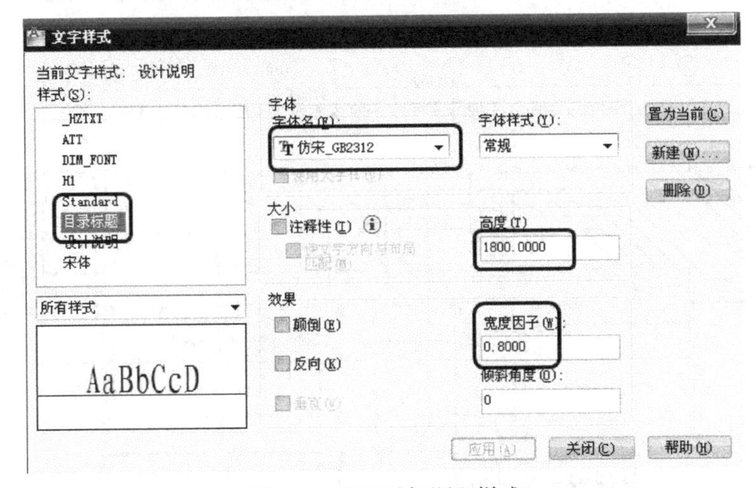

图 4-41　“目录标题”样式

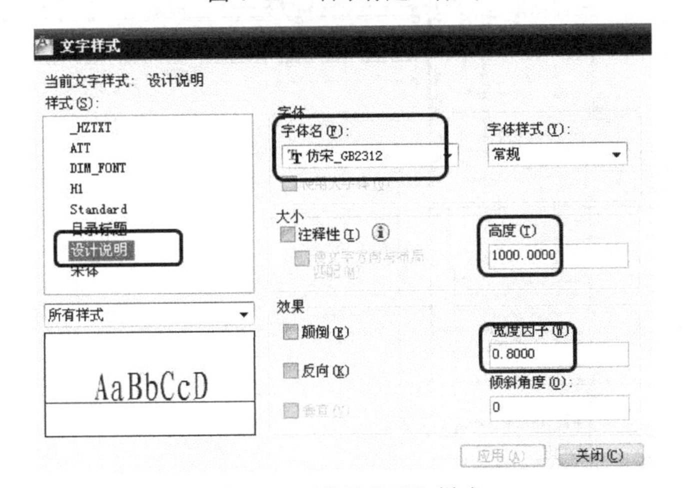

图 4-42　“设计说明”样式

本章小结

本章通过绘制公共空间的装饰施工图，使学生进一步掌握CAD图形的绘制、编辑，并熟悉绘制公共空间平面、顶棚、立面、家具、设备等的技巧；提高绘图速度，实现从基本绘图到熟练绘图的转变。

上机训练

绘制如图4-43～图4-48所示的图形，并将其保存到桌面上的“CAD文件”文件夹中。本章上机训练将练习绘制公共空间的平面图、顶棚图、立面图等，学生应自行练习。

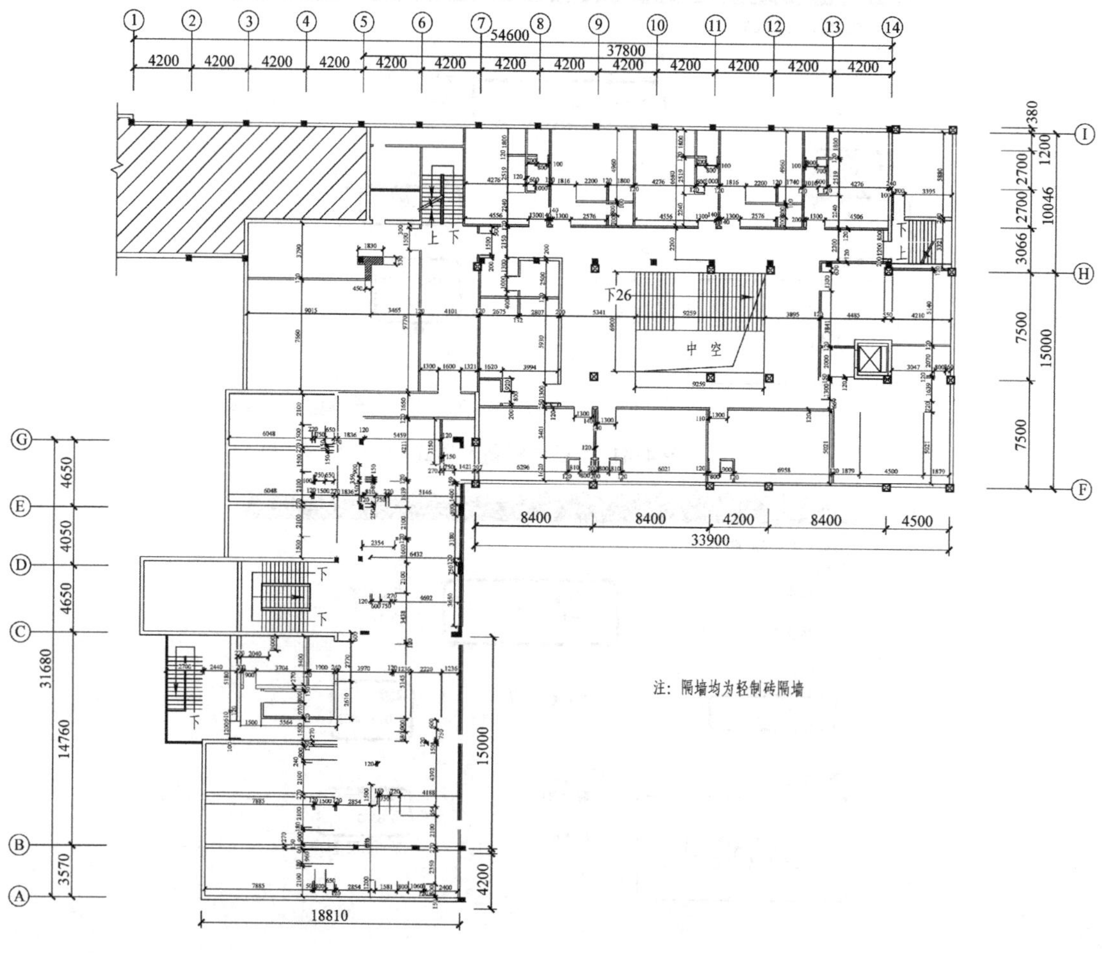

图 4-43

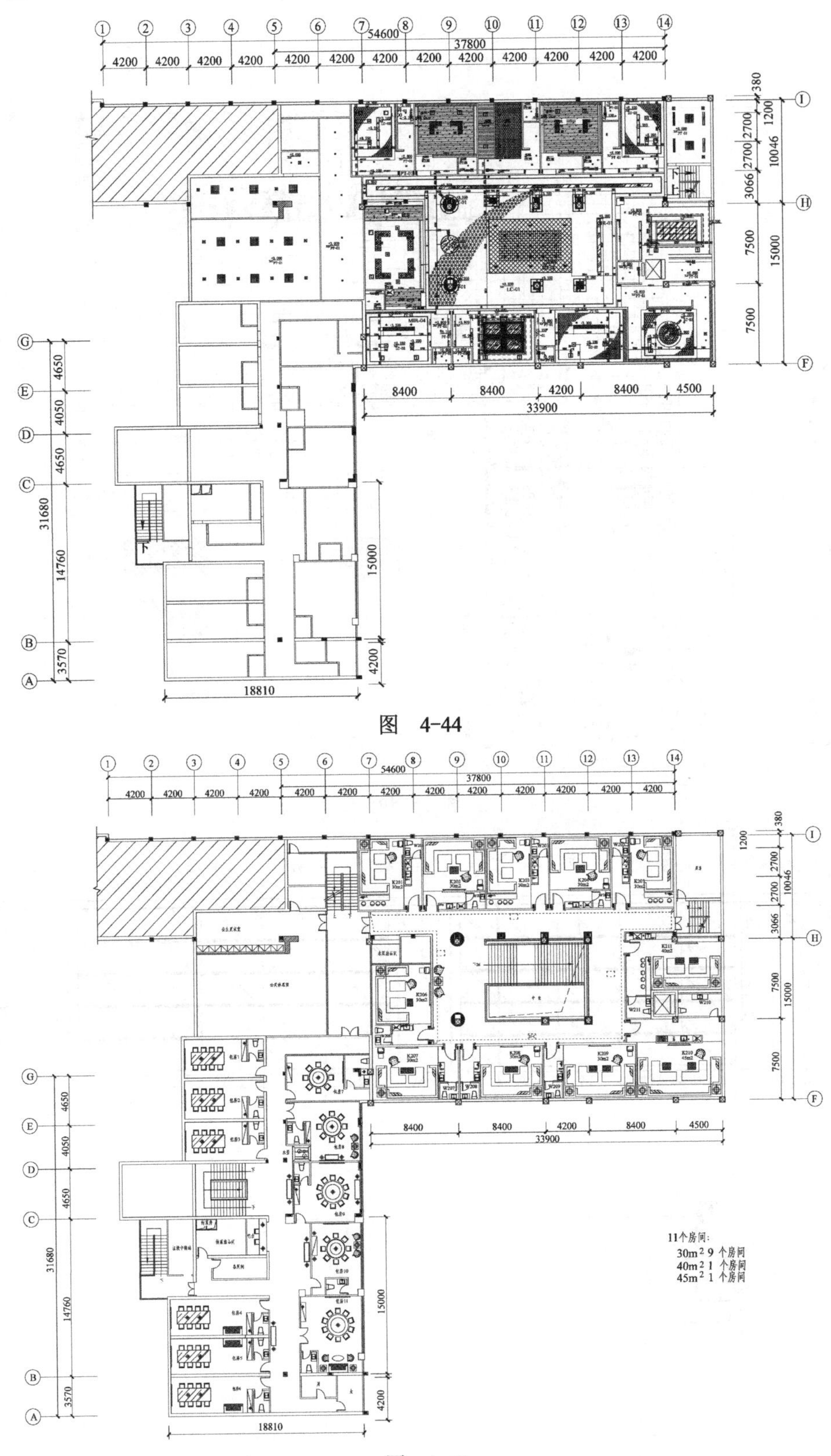
54600
37800
33900
31680
18810
11个房间:
30m² 9 个房间
40m² 1 个房间
45m² 1 个房间

图　4-44

图　4-45

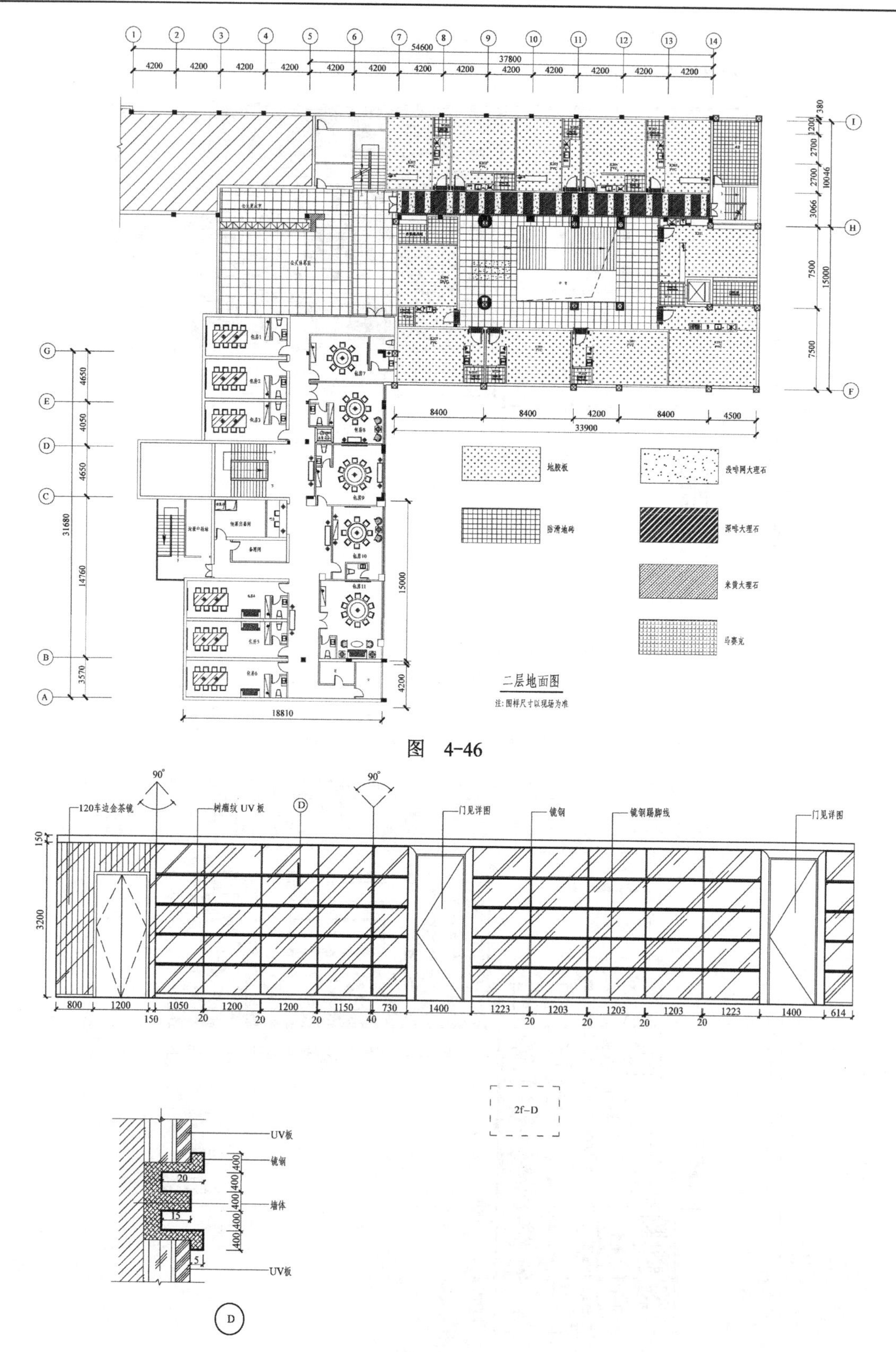
54600
37800
33900
18810
31680
10046
15000
地胶板
防滑地砖
深啡大理石
米黄大理石
马赛克
二层地面图
注:图样尺寸以现场为准
120车边金茶镜
树瘤纹 UV 板
门见详图
镜钢
镜钢踢脚线
门见详图
2f-D
UV板
镜钢
墙体
UV板
D

图 4-46

图 4-47

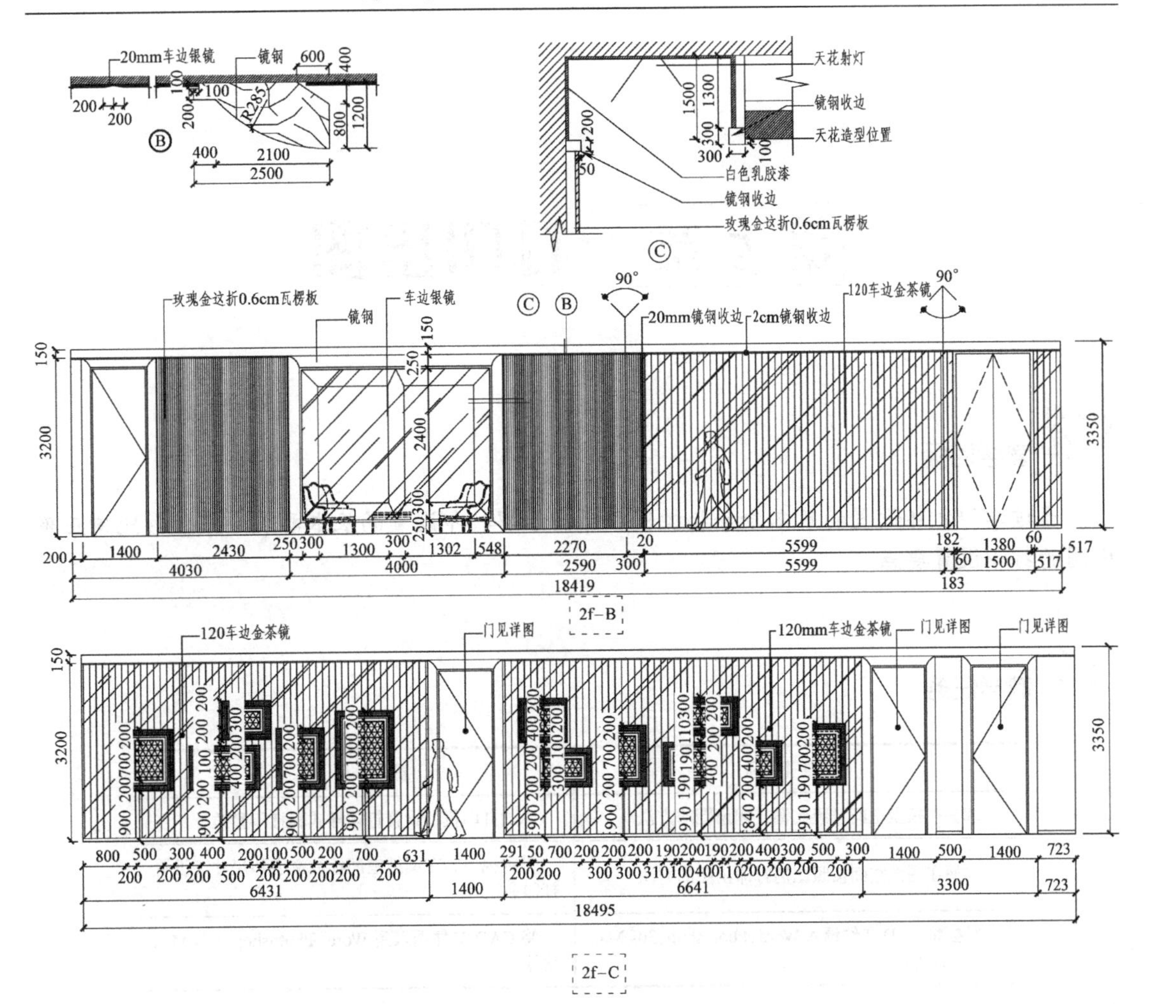
20mm车边银镜
镜钢
天花射灯
镜钢收边
天花造型位置
白色乳胶漆
镜钢收边
玫瑰金这折0.6cm瓦楞板
车边银镜
20mm镜钢收边
2cm镜钢收边
120车边金茶镜
120mm车边金茶镜
门见详图
2f-B
2f-C

图　4-48

第5章　打印出图

通过学习打印设置的基本命令和操作程序，了解打印设置的基本要求，掌握按比例正确出图的打印设置要点。

教学任务

能力目标	操作要点
掌握在模型空间按照比例打印出图的方法	添加打印机、设置打印样式和打印参数
掌握在图纸空间按照比例打印出图的方法	设置视口、在图纸空间标注文字和尺寸、设置打印参数等
掌握将CAD文件调入Word、Photoshop、3ds Max等软件的方法	将CAD文件调入到Word、Photoshop、3ds Max软件

5.1　在模型空间按照正确比例打印出图

打印命令是将绘制好的图形按照正确的比例打印出图或将图形输出到其他软件中，因此，掌握打印命令对于学好AutoCAD软件是非常重要的，本章将学习如何按照比例打印出图及将CAD文件输出到3ds Max、Photoshop等软件中。

将第3章绘制的住宅平面布局图（图5-1）按照1:50的比例在模型空间中打印出图。

要完成上述图形的打印，需要添加打印机、设置打印样式和打印参数，因此要想完成此次任务，需要了解如何添加打印机、设置打印样式和打印参数等内容。

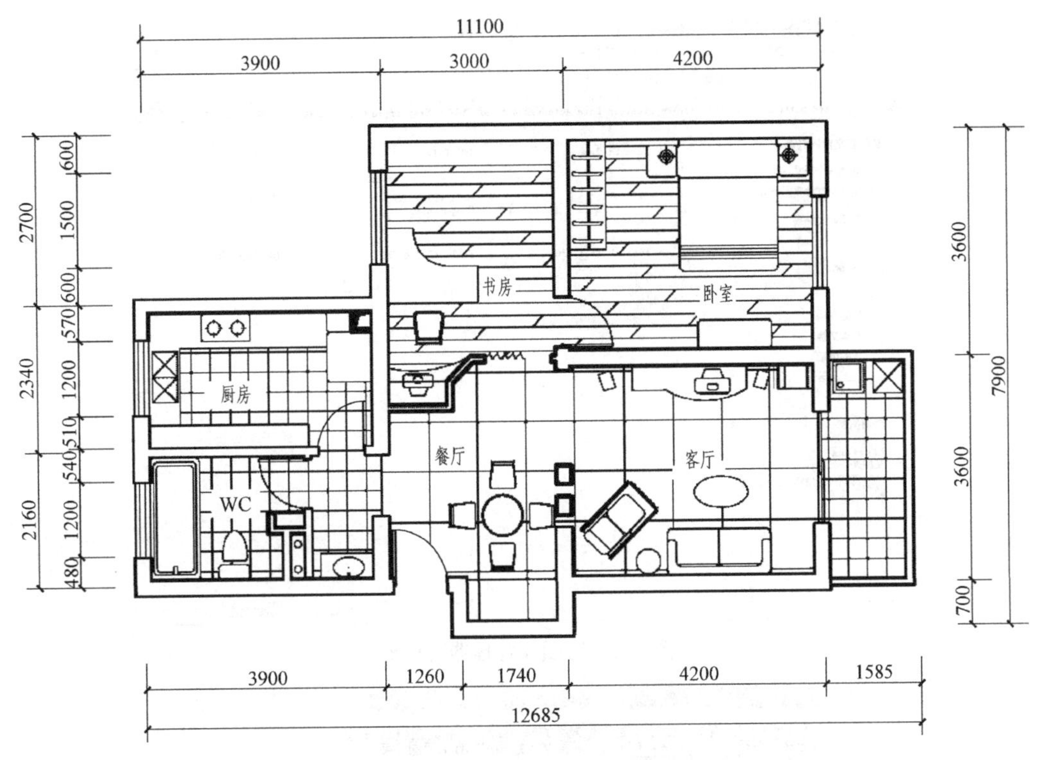

图 5-1　住宅平面布局图

相关知识

5.1.1　添加打印机

在进行打印输出操作之前，首先要设置好打印机等输出设备。一般情况下，使用系统默认的打印机即可打印出图。如果系统默认的打印机不适合用户打印，则可添加新的打印机。添加新的打印机的步骤如下：

1）单击“文件”菜单中的“绘图仪管理器”命令，弹出如图 5-2 所示的对话框。

2）双击其中的“添加绘图仪向导”图标，弹出如图 5-3 所示的“添加绘图仪-简介”对话框。

3）单击[下一步(N) >]按钮，进入如图 5-4 所示的“添加绘图仪-开始”对话框。在该对话框中有 3 个单选按钮，分别如下：

① 我的电脑：出图设备为绘图仪，并且直接连接于当前计算机上。

② 网络绘图仪服务器：出图设备为网络绘图仪。

③ 系统打印机：使用 Windows 系统打印机。

4）下面以添加 Adobe 下的 Postscript Level 1 绘图仪为例说明添加打印机的过程。选择“我的电脑”单选按钮，然后单击[下一步(N) >]按钮，弹出如图 5-5 所示的“添加绘图仪-绘图仪型号”对话框。在该对话框的“生产商”列表中选择 Adobe 选项，在“型号”列表中选择 Postscript Level 1 选项。

5）单击[下一步(N) >]按钮，弹出如图 5-6 所示的“添加绘图仪-输入 PCP 或 PC2”对话框。如果单击[输入文件(I)...]按钮，则表示从原来的 AutoCAD 打印配置文件中输入打印机配置信息，这里不需作这一步的设置。如果这里没有需要安装的打印机型号，可以在图 5-5 所示的对话框中单击[从磁盘安装(H)...]按钮来安装驱动程序。

图 5-2 绘图仪管理器对话框

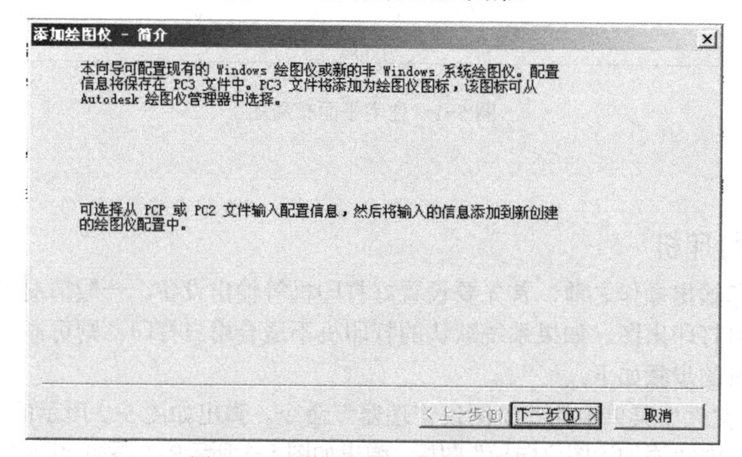

图 5-3 “添加绘图仪-简介”对话框

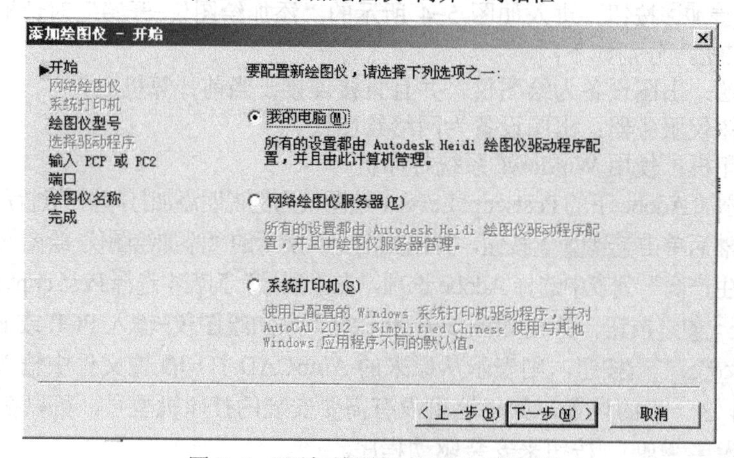

图 5-4 “添加绘图仪-开始”对话框

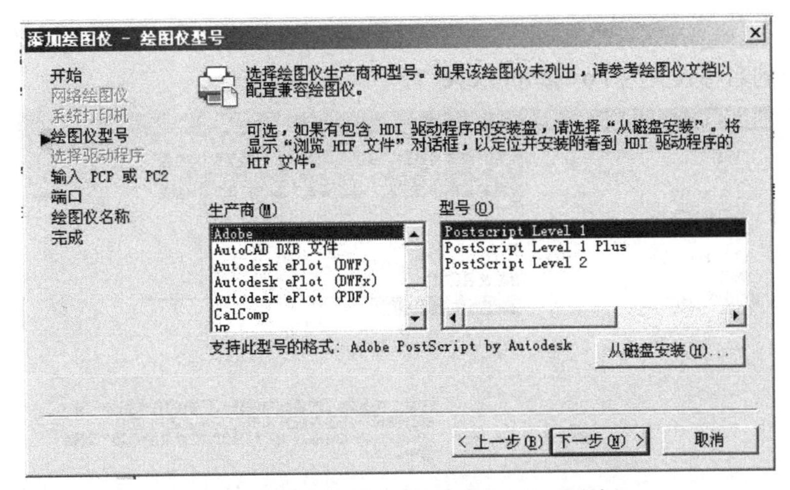

图 5-5 “添加绘图仪-绘图仪型号”对话框

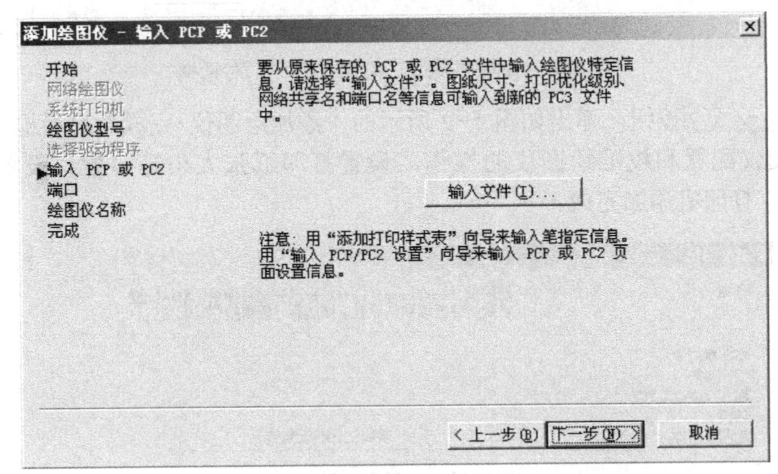

图 5-6 “添加绘图仪-输入 PCP 或 PC2”对话框

6）单击“下一步(N) >”按钮，弹出如图 5-7 所示的“添加绘图仪-端口”对话框。选择“⊙打印到端口(P)”单选按钮，并在列表中选择“COM1”选项，表示图形直接打印到 COM1 端口上。

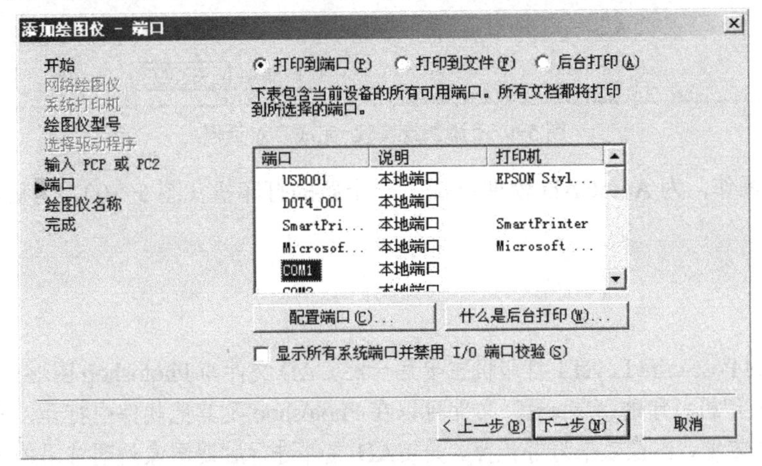

图 5-7 “添加绘图仪-端口”对话框

7）单击下一步(N) >按钮，弹出如图5-8所示的“添加绘图仪-绘图仪名称”对话框。AutoCAD自动将打印机的名称设置为Postscript Level 1。

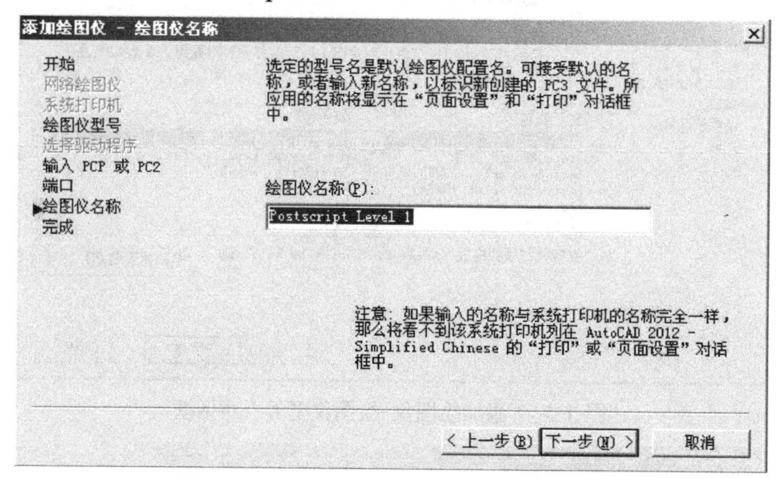

图5-8 “添加绘图仪-绘图仪名称”对话框

8）单击下一步(N) >按钮，弹出如图5-9所示的“添加绘图仪-完成”对话框。在这里可以进行编辑绘图仪配置和校准绘图仪的操作，设置打印纸张大小等参数，设置完成后单击完成(F)按钮，打印机添加完成。

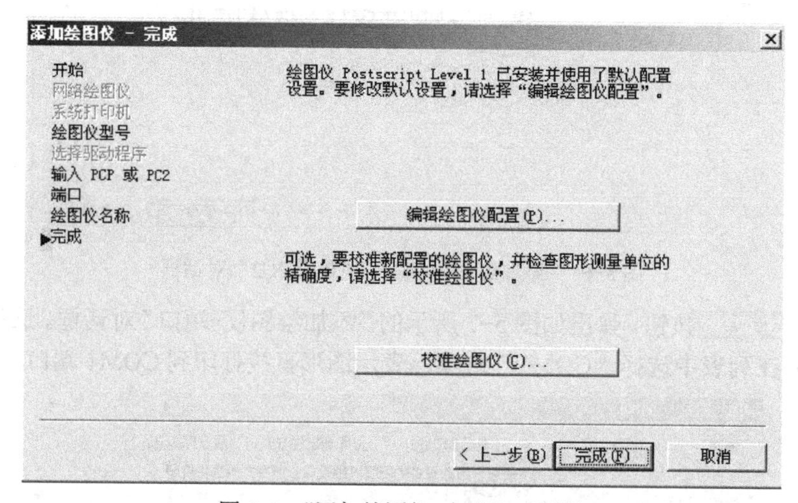

图5-9 “添加绘图仪-完成”对话框

通过上述操作，为AutoCAD软件添加了一个新的打印机（图5-10），为后期的图纸打印提供了方便。

特别提示

上述添加的Postscript Level 1打印机主要用于在CAD文件与Photoshop图形处理软件之间进行转换。用该打印机打印的“*.eps”文件可以在Photoshop及其他软件中打开，具有像素清晰、分辨率高、操作方便、图像效果好等优点，是CAD文件进行后期图像处理常用的一种转换方式。

图 5-10　新添加的虚拟打印机

5.1.2　打印样式

打印样式主要用于控制图形的打印效果。每张绘制完成的建筑图样在打印时都需要设置相关的打印参数，包括打印的笔宽、颜色、线型、端点、角点、填充样式的输出效果以及抖动、灰度、笔号等打印效果。

1. 打印样式的分类与转换

通常，一种打印样式只控制输出图形某一方面的打印效果。例如，按“颜色”设置打印样式，每种打印样式只控制输出图形的一种颜色的打印效果；按“填充打印样式”设置打印样式，每种打印样式就只控制输出图形中剖面线的打印效果。因此，要让打印样式控制一张图样的打印效果，就需要有一组打印样式，这些打印样式集合在一起称为打印样式表。

在 AutoCAD 2012 软件中提供了两大类打印样式：一类是颜色相关打印样式；另一类是命名打印样式。它们都保存在“打印样式管理器”窗口中，如图 5-11 所示。

颜色相关打印样式是以对象的颜色为基础的，用颜色来控制打印机的笔号、笔宽及线型设定等。颜色相关打印样式是由颜色相关打印样式表定义的，文件扩展名为“. ctb”。命名打印样式可以独立于图形对象的颜色使用。在使用命名打印样式时，可以将命名打印样式指定给任何图层和单个对象，不需考虑图层及对象的颜色，不像使用颜色相关打印样式时，图形对象的颜色受打印样式的限制。命名打印样式是由命名打印样式表定义的，文件扩展名为“. stb”。

两种打印样式的设置与转换是通过“工具”菜单中的“选项”命令完成的。在“工具”菜单中选择“选项”命令，弹出如图 5-12 所示的对话框。在该对话框的“打印和发布”选项卡中单击 打印样式表设置(S)... 按钮，即可对颜色相关打印样式和命名打印样式进行切换。

图 5-11 “打印样式管理器”窗口

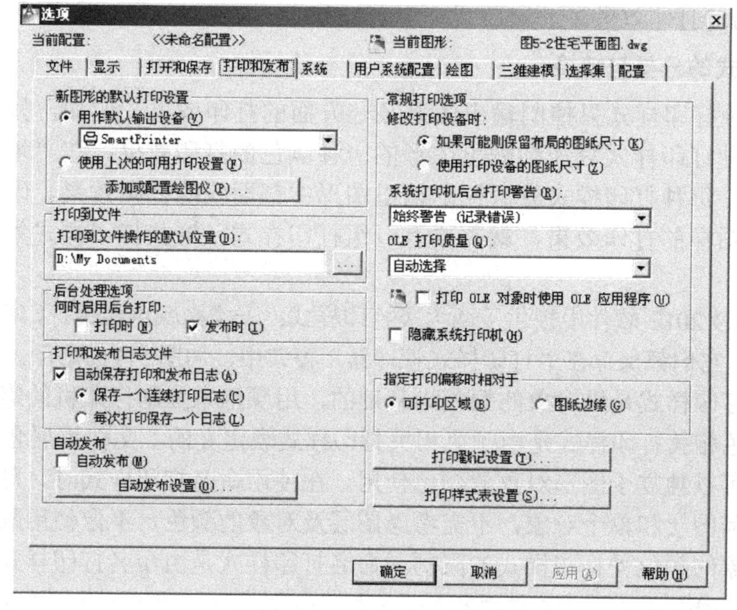

图 5-12 “选项”对话框

2. 创建打印样式

如果在当前的打印样式模式下没有用户需要的打印样式，这就需要创建新的打印样式表。

启动打印样式管理器的方法如下：

●单击菜单：文件（F）→打印样式管理器（Y）。

●输入命令条目：stylesmanager。

创建新的打印样式的操作步骤如下：

1）打开“打印样式管理器”窗口，双击“添加打印样式表向导”选项，如图 5-11 所示。

2）在弹出的“添加打印样式表”对话框中单击下一步(N) >按钮，如图 5-13 所示。

3）在“添加打印样式表-开始”对话框中选择“创建新打印样式表”单选按钮，如图 5-14 所示。

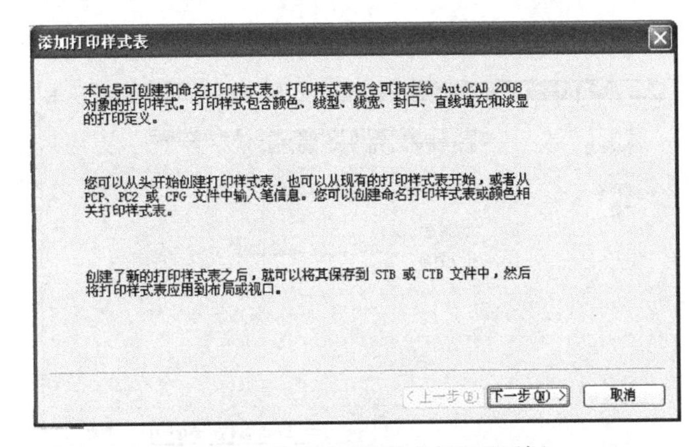

图 5-13 “添加打印样式表”对话框

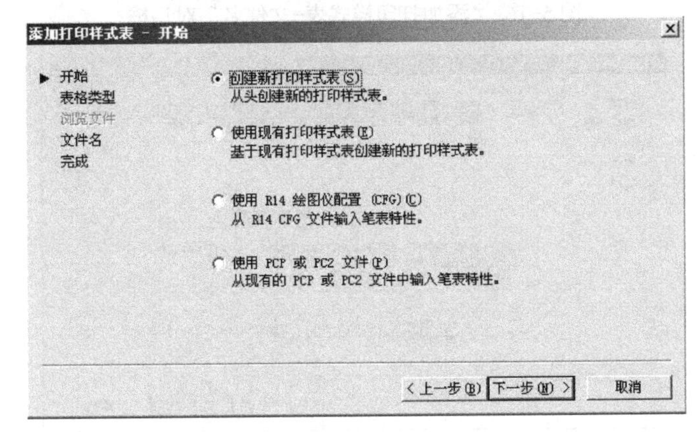

图 5-14 “添加打印样式表-开始”对话框

4）单击下一步(N) >按钮，弹出“添加打印样式表-选择打印样式表”对话框。在该对话框中选择“颜色相关打印样式表”单选按钮，表示创建一个新的颜色相关打印样式表，如图 5-15 示。

5）单击下一步(N) >按钮，弹出“添加打印样式表-文件名”对话框。在该对话框的“文件名”文本框中输入打印样式的名称“住宅打印”，如图 5-16 所示。

6）单击下一步(N) >按钮，弹出“添加打印样式表-完成”对话框，然后单击完成(F)按钮，如图 5-17 所示。这样就在打印样式管理器中添加了一个新的“住宅打印”的打印样式文件。

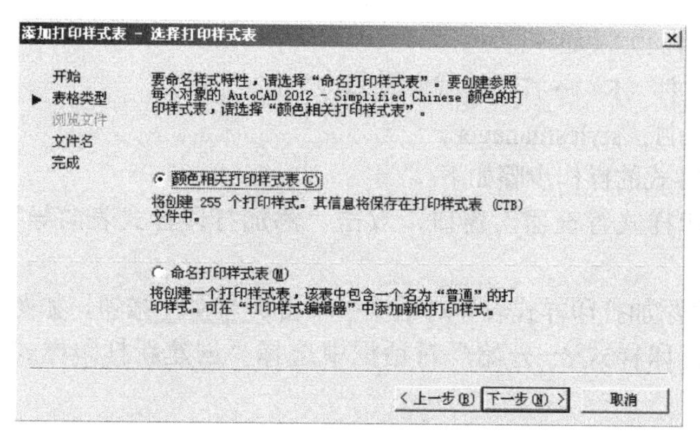

图 5-15 “添加打印样式表-选择打印样式表”对话框

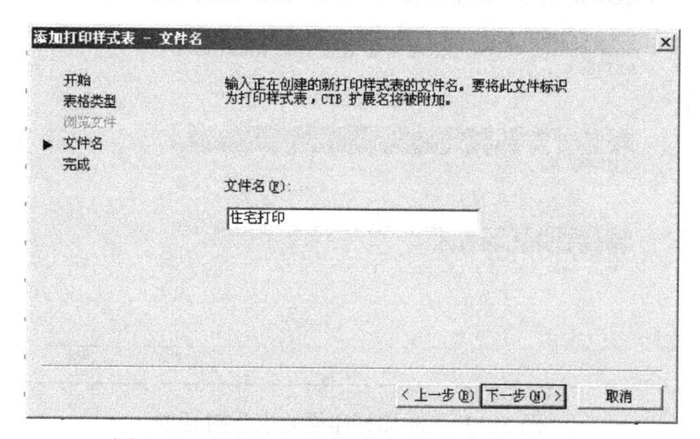

图 5-16 “添加打印样式表-文件名”对话框

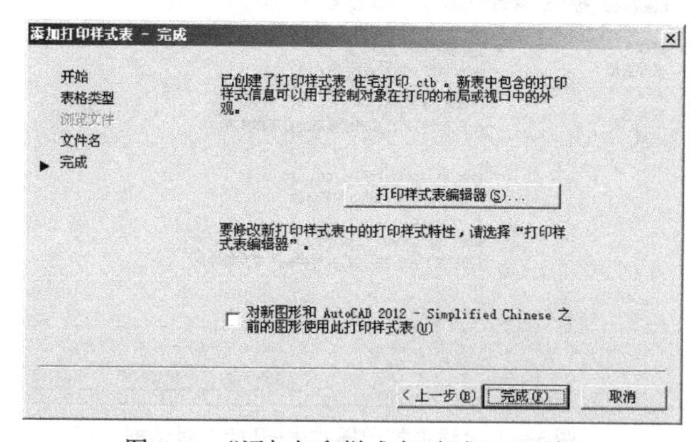

图 5-17 “添加打印样式表-完成”对话框

3. 为打印对象指定打印样式

定义好样式后，需要把打印样式指定给图形对象，并作为图形对象的打印特性，使 AutoCAD 按照定义好的打印样式打印图形。

首先在当前绘图环境中设置以“住宅打印”命名的打印样式。

1）单击图 5-12 所示的“打印样式表设置”按钮，选择“使用颜色相关打印样式”单选按钮，在“默认打印样式表”下拉列表中选择“住宅打印”选项，表示将把“住宅打印”样式表作为默认的打印样式，如图 5-18 所示。

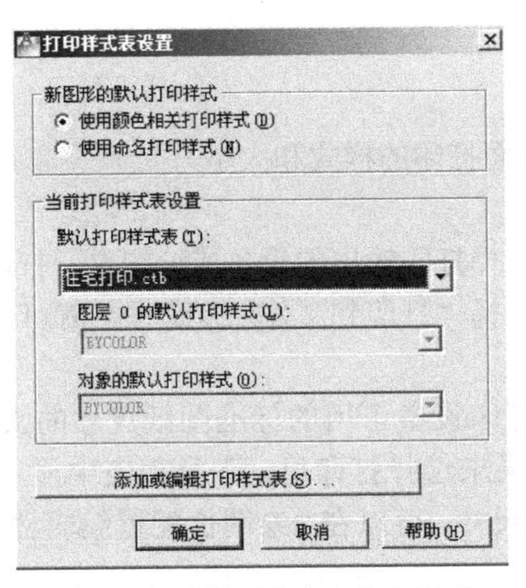

图 5-18　选择“住宅打印”样式

2）单击确定按钮，关闭对话框。刚才设定的打印样式并没有在当前的 AutoCAD 中生效，必须关闭当前图形并重新打开，才能使用“住宅打印”样式表。

5.1.3　打印图形

1. 打印图形的命令调用

1）单击菜单：文件（F）→打印（P）…

2）单击工具栏：按钮

3）输入命令条目：plot

在上述命令中任选其一，弹出“打印-模型”对话框，如图 5-19 所示。

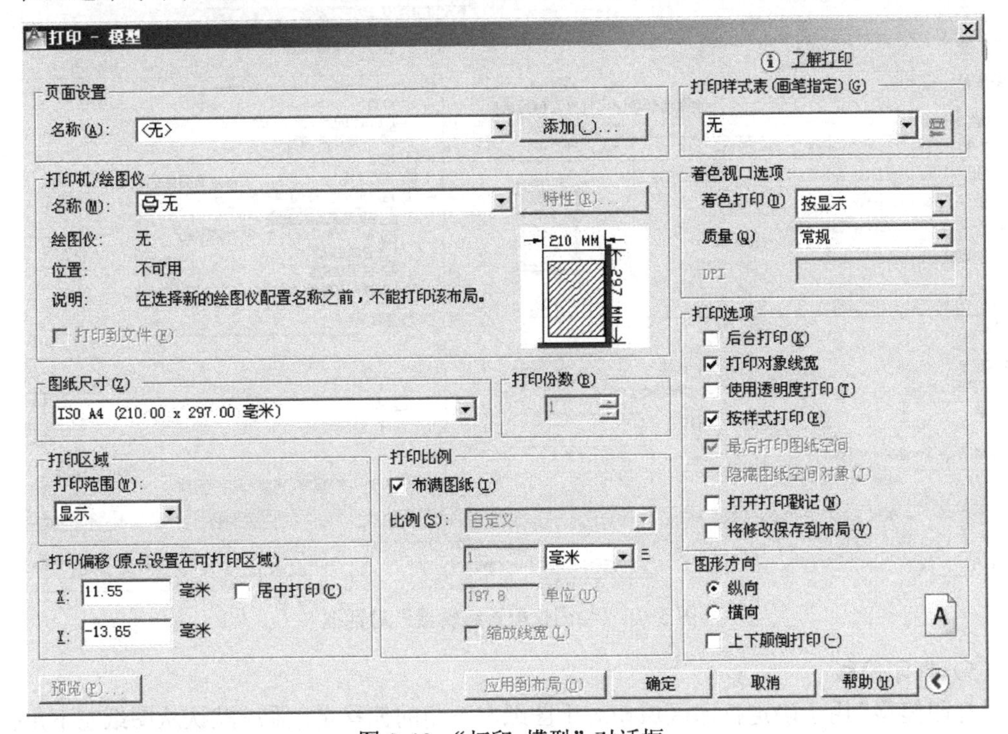

图 5-19　“打印-模型”对话框

2. 打印设置

（1）页面设置

“页面设置”用于控制页面打印的样式和大小。

（2）打印机/绘图仪

“打印机/绘图仪”用于选择打印输出的设备或绘图仪。打印到文件是指将打印输出到文件，而不是输出到打印机。选择“打印到文件”复选框，就可以将图形打印输出到文件。

（3）图纸尺寸

“图纸尺寸”用于确定打印设备可用的标准图纸尺寸的大小和单位。可以通过下拉列表选择标准图纸的大小：如果未选择打印机，下拉列表中显示全部标准图纸的尺寸；如果下拉列表中没有需要的图纸尺寸，可以在“绘图仪配置编辑器”对话框中自定义图纸尺寸，如图 5-20 所示。

（4）打印区域

“打印区域”用于选择需要打印输出的图形范围，包括“显示”、“窗口”、“范围”、“图形界限”4 种方式。

1）显示：用于打印“模型”选项卡当前视口中的视图或“布局”选项卡上当前图纸空间视口中的视图。

2）窗口：用于打印通过窗口区域指定的图形部分。

3）范围：用于打印整个图形所在的空间，即在此空间内的所有几何图形都将被打印。

4）图形界限：使用当前图形的图形界限来定义整个图形的打印区域。

在模型空间中打印图形时，经常采用“窗口”方式选择打印的图形和区域。

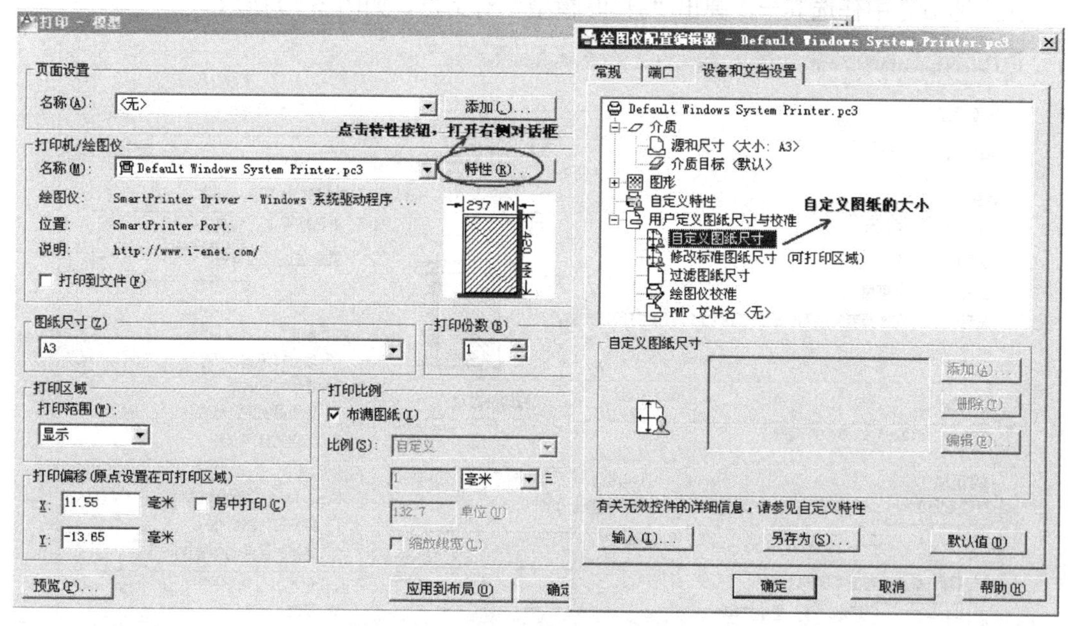

图 5-20“绘图仪配置编辑器”对话框

（5）打印偏移

“打印偏移”用于确定打印区域相对于图纸左下角的偏移量。系统默认从图纸左下角打印图形，打印原点位于图纸左下角，坐标是（0，0）。

1）居中打印：使图形位于图纸正中间位置。

2）X：指定打印原点在X方向的偏移量，即打印区域沿X方向相对于图纸左下角的偏移量。

3）Y：指定打印原点在Y方向的偏移量，即打印区域沿Y方向相对于图纸左下角的偏移量。

（6）打印比例

“打印比例”用于确定图形输出的比例。在模型空间打印时，需要根据图纸尺寸确定打印比例，如果需要自己指定打印比例，可以直接在“自定义”选项对应的两个文本框中设置打印比例。在图纸空间中默认的打印比例为1:1，即显示真实的图纸大小，图形缩放比例可在视口中选择。

（7）打印样式表

“打印样式表”用于确定打印样式名称及类型。

（8）着色视口选项

“着色视口”选项用于控制打印模式和打印质量。

（9）打印选项

“打印”选项用于控制相关的打印属性。

（10）图形方向

“图形方向”选项组用于设置图形在图纸上的打印方向。其中，图纸图标代表图纸的放置方向，字母代表图纸上的图形方向。

1）纵向：表示将图纸的短边作为图形页面的顶部。

2）横向：表示将图纸的长边作为图形页面的顶部。

3）反向打印：表示上下颠倒定位图形方向并打印图形。

完成上述各项的设置后，单击“确定”按钮，即可打印输出图形。

任务实施

按比例打印时，文字高度、圆的直径等也将随着缩小。而为了满足制图规范的要求，打印出来的文字和圆的直径应该符合相应的大小要求，因此画图时就要按打印比例反推得到文字的高度值和圆的直径。例如，若打印的文字高度是5mm，比例是1:50，则画图时文字高应为250mm，依此类推。

1）首先确认图中的所有图线是1:1绘制的。例如，3000mm的直线应画成3000。

2）确认各类图线，分图层、颜色、线宽绘制。例如，墙体用黄色、门窗用蓝色、文字用绿色、尺寸用青色、家具用紫色等；墙体线宽0.5mm，门窗、文字、尺寸线宽0.25mm，家具线宽0.13mm。

3）将图中的文字高度修改为250，包括图中房间名称、图名、轴线编号和尺寸文字等。

4）插入A3图框，插入时比例放大50倍，如图5-21所示。

5）将要打印的平面图移到A3图框中，如图5-22所示。

6）在“文件”菜单中选择“打印”命令或单击“打印”按钮，弹出“打印”对话框。具体设置如下：选择与计算机相连的打印机型号，图纸尺寸选择A3，打印范围选择窗口，单击旁边的“窗口”按钮选择图纸框的对角点，选择“居中打印”复选框，打印比例使用1:50，图形方向选择横向，如图5-23所示。

图 5-21 插入 A3 图框

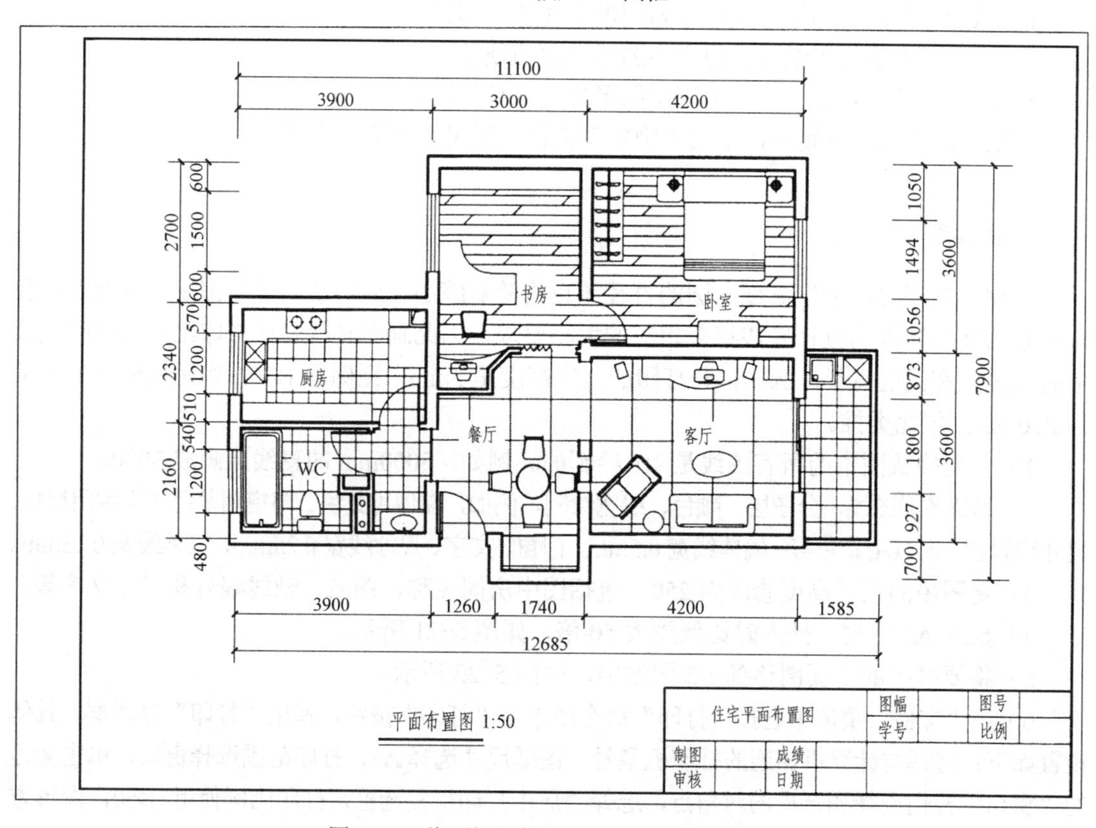

图 5-22 将要打印的平面图移到 A3 图框中

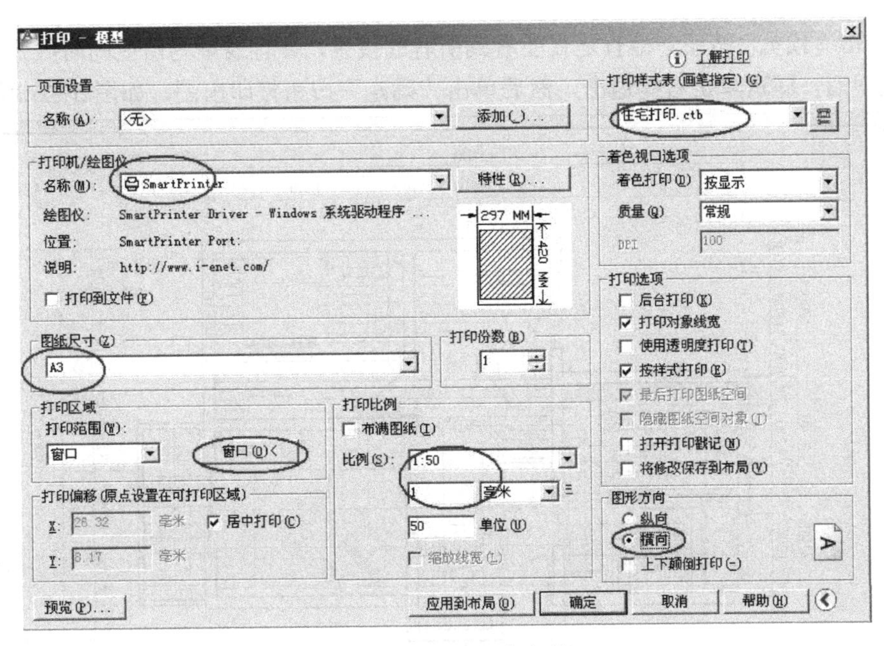

图 5-23 设置打印参数

7）设置打印样式表，在下拉列表中选择“住宅打印”选项，单击右侧的“编辑器”按钮，弹出“打印样式表编辑器”对话框，如图5-24所示。选择“打印样式”列表框中的“颜色1”选项，按住“Shift”键再选择“颜色255”选项，将颜色全部选中，在“特性”区域的“颜色”下拉列表中选择“黑色”选项，这样所有的颜色都变成黑色清晰地打印出来，然后单击“保存并关闭”按钮，返回图5-23。

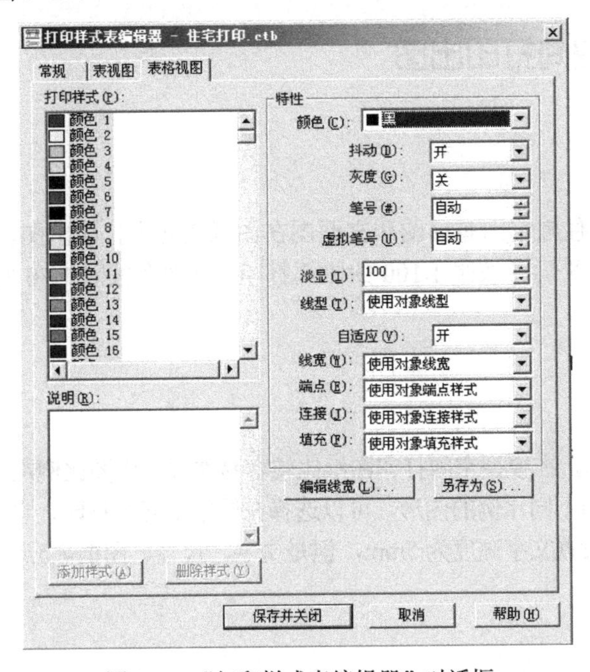

图 5-24 “打印样式表编辑器”对话框

8）单击“预览”按钮，检查是否能看到所有的线条，并且线条为黑色同时线宽正确。确认正确无误后，即可单击右键退出，然后单击“确定”按钮打印出图，如图5-25所示。

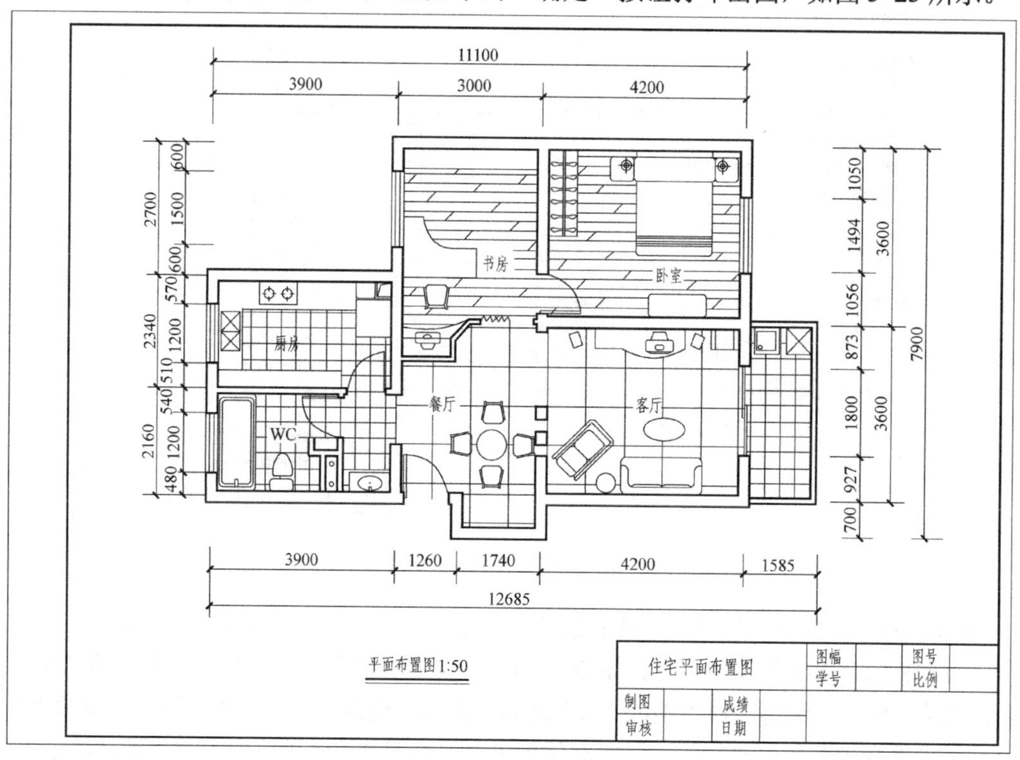

图5-25 打印预览

5.2 使用图纸空间打印出图

任务描述

将第3章绘制的住宅平面布局图和立面图在图纸空间中打印出图。使用A3图纸打印如图5-26所示的图形，平面图按照1:100的比例打印，立面图按照1:50的比例打印，并带有图纸边框和标题栏。

任务分析

由5.1节可以看出，在模型空间打印图纸比较容易掌握，出图比例在一张图纸中是不变的。如果在一张图纸中打印不同比例的图形，可以选择在图纸空间中打印，它采用图纸布局1:1比例打印，因此可以直接设置文字高度为5mm，但是文字、尺寸、图框等应该在布局中添加。

任务实施

1）打开需要打印的文件，单击布局1，出现图纸布局页面，如图5-26所示，虚线表示打印机可打印范围，细实线表示布局视口，调整视口接近虚线框。

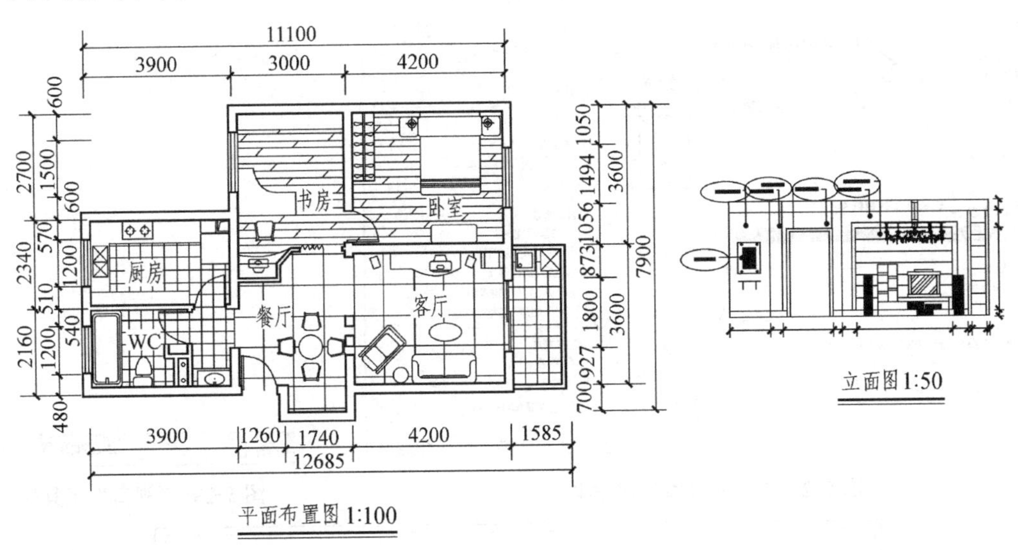

图 5-26　图纸空间打印

2）右击布局 1，在弹出的快捷菜单中选择“页面设置管理器”命令，弹出 “页面设置管理器”对话框，如图 5-27 所示。选择“布局 1”选项后单击“修改”按钮，弹出“页面设置-布局 1”对话框，如图 5-28 所示。在该对话框中选择出图打印机，打印样式表选择“住宅打印．ctb”，图纸尺寸 A3，图形方向选择横向和反向打印，然后单击“确定”按钮返回并关闭“页面设置管理器”对话框。

3）右击任一工具栏按钮，调出工具栏，选择“视口”选项，弹出“视口”工具栏，如图 5-29 所示。输入比例设为 1:100，双击视口框，调整图形在视口中的位置，调整结束后，在图纸外面双击，使用移动命令移动视口到合适的图纸位置，如图 5-30 所示。

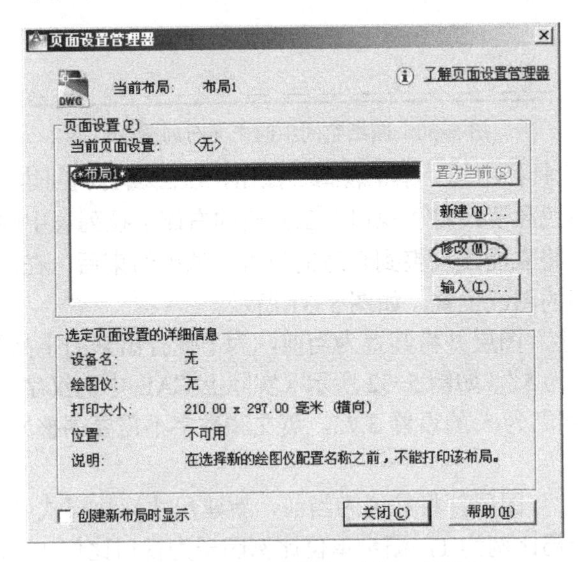

图 5-27 “页面设置管理器”对话框

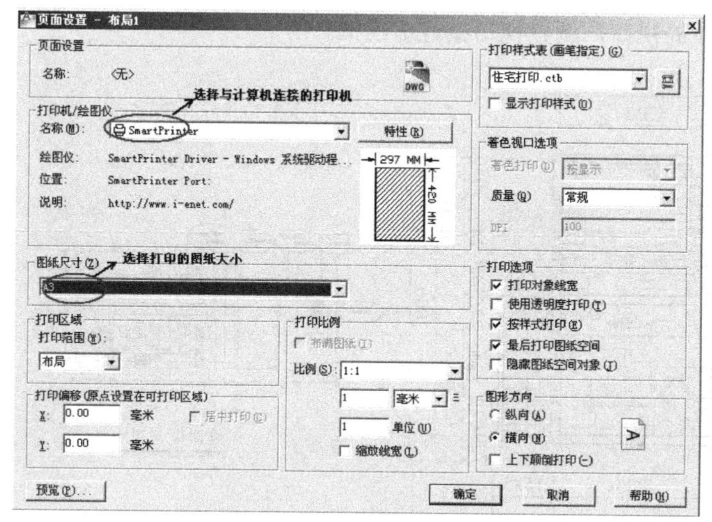

图 5-28 “页面设置”对话框

图 5-29 “视口”工具栏

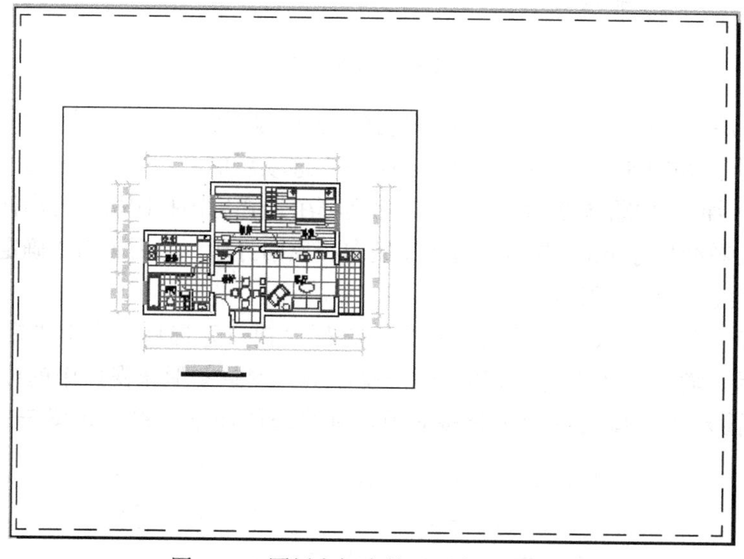

图 5-30 图纸空间中的平面布局图视口

4）单击“视口”工具栏中的“单个视口”按钮，在图纸右侧创建一个新的视口。双击视口，使视口框呈粗线黑色显示，将“视口”工具栏的右侧下拉列表中的比例调整为 1:50，调整视口中的图形位置，将立面图调整到合适的位置。调整结束后，在图纸外面双击，使用移动命令移动视口到合适的图纸位置，如图 5-31 所示。

5）新建“布局文字”图层并将其置为当前，为了使打出来的字高为 5mm，可以在布局中写出文字，如“字高为 5”，如图 5-32 所示（实际上 CAD 中的汉字字高大于真实高度，可以缩放到 0.75 倍，即字高为 5 的设置 3.75，英文和数字不需要调整）。如果原来有文字，则隐藏原文字图层。

6）新建“布局尺寸”图层并将其置为当前，新建尺寸标注样式“视口尺寸”，设置字高为 3.5，箭头为 2.5，全局比例为 1，测量单位比例因子为视口比例 100，如图 5-33 所示。这样，标注出来的数字和实际长度一样。如果原来已经标注尺寸，则用节点捕捉比较便捷。标注后再关闭原图标注图层。标注立面图尺寸时，在视口尺寸的基础上再新建尺寸标注样式“视口尺寸 1”，其他参数设置不变，将测量单位比例因子设为视口比例 50，然后进行标注，方法同标注平面图尺寸。

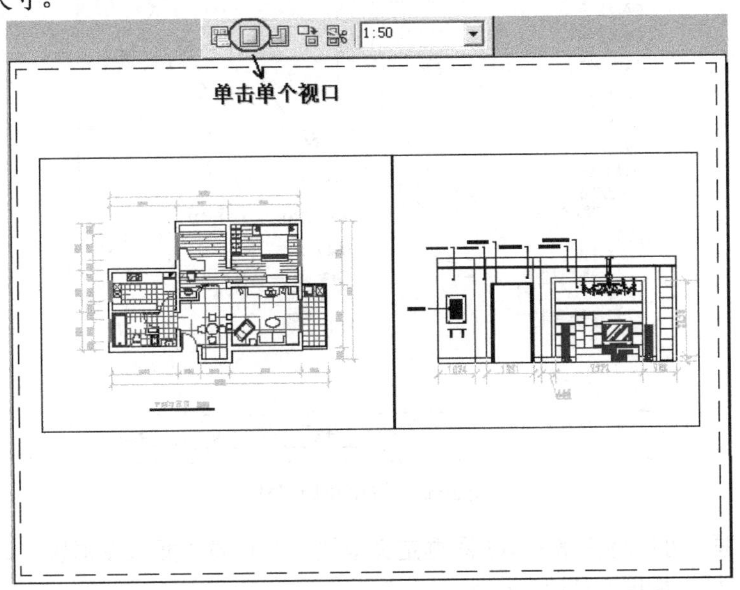

图 5-31　图纸空间中的客厅电视背景墙立面布局图视口

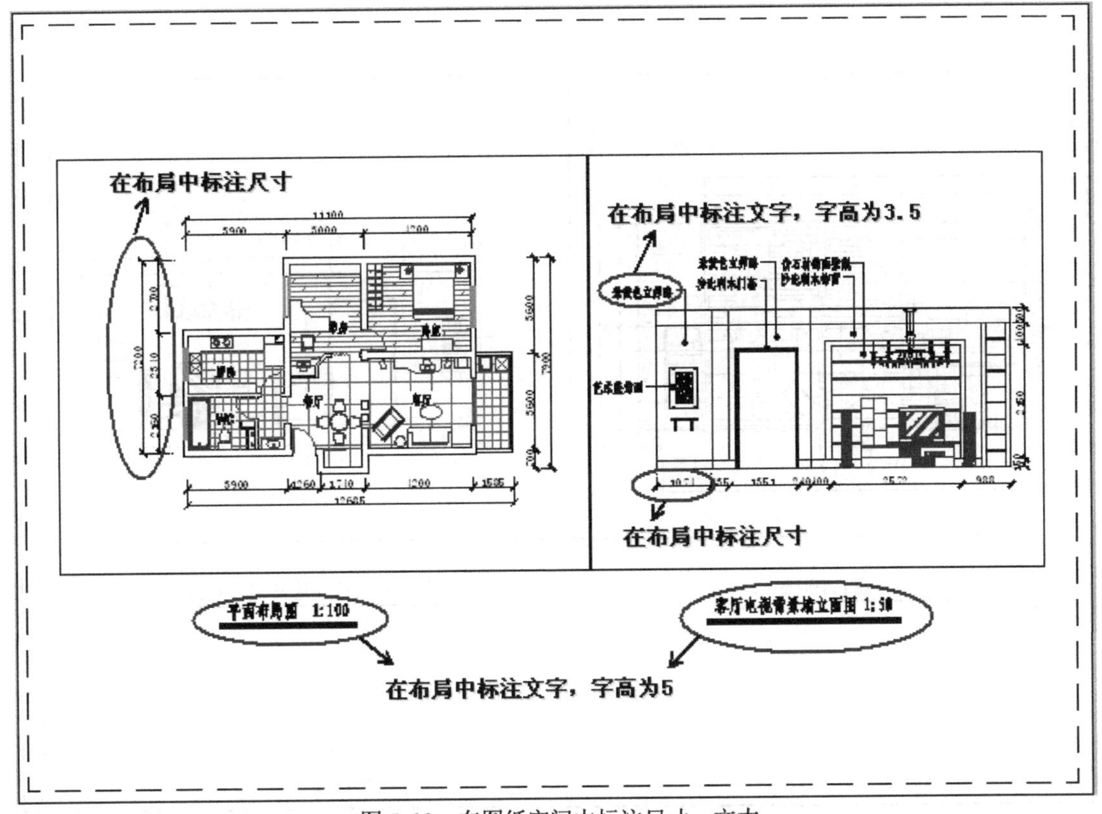

图 5-32　在图纸空间中标注尺寸、文本

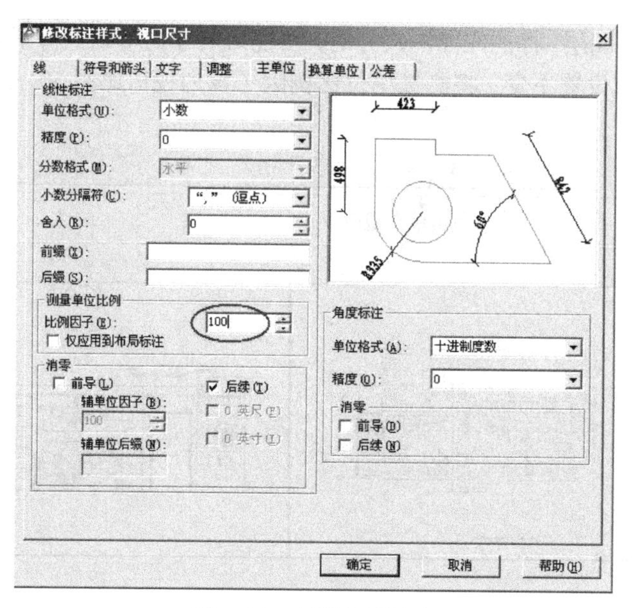

图 5-33　调整布局尺寸

7）添加图框。可以将原来的 A3 图框定义成块，在布局中插入图框块，调整合适的大小且不能超出视口框，如图 5-34 所示。

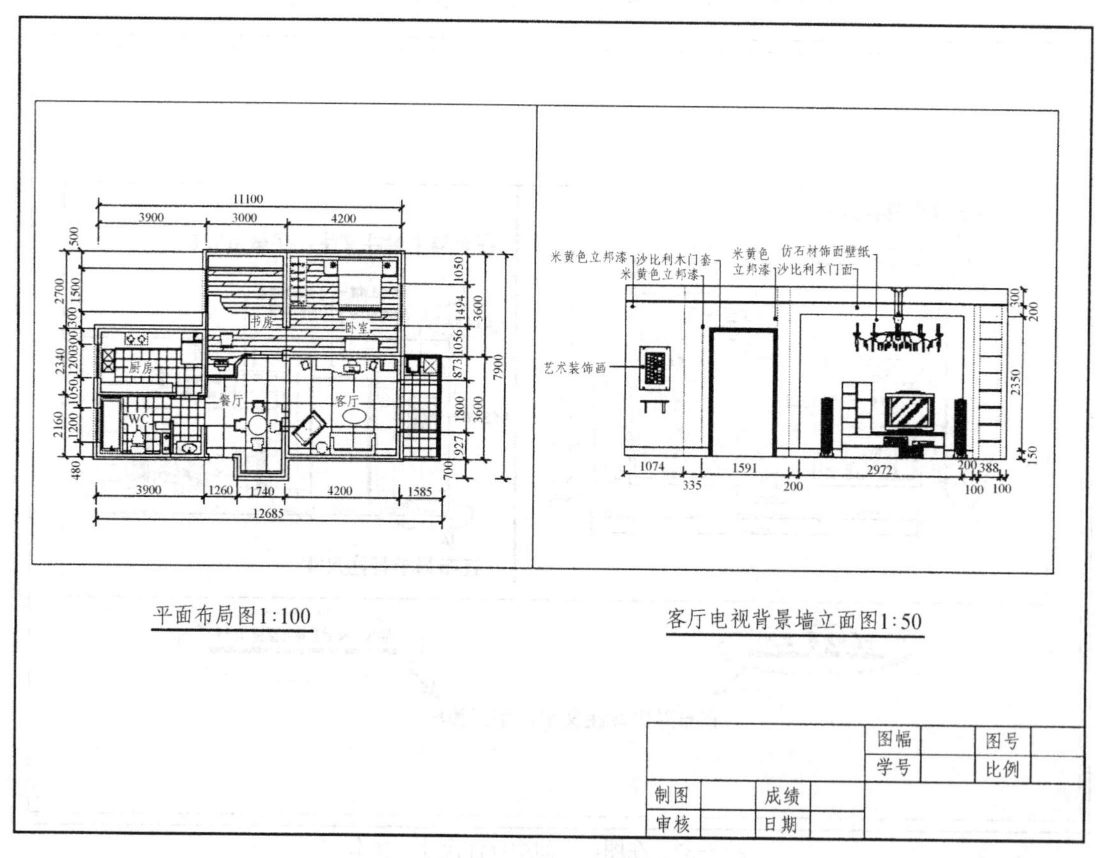

图 5-34　插入 A3 图框块

8）将视口框隐蔽，并设置打印属性为不打印，将视口框移到 CAD 自带的 defpoints 图层，此图层不能打印，此时视口框将不能被预览和打印。

9）单击“打印预览”按钮，结果如图 5-35 所示。若无须改动，则可以打印出图。

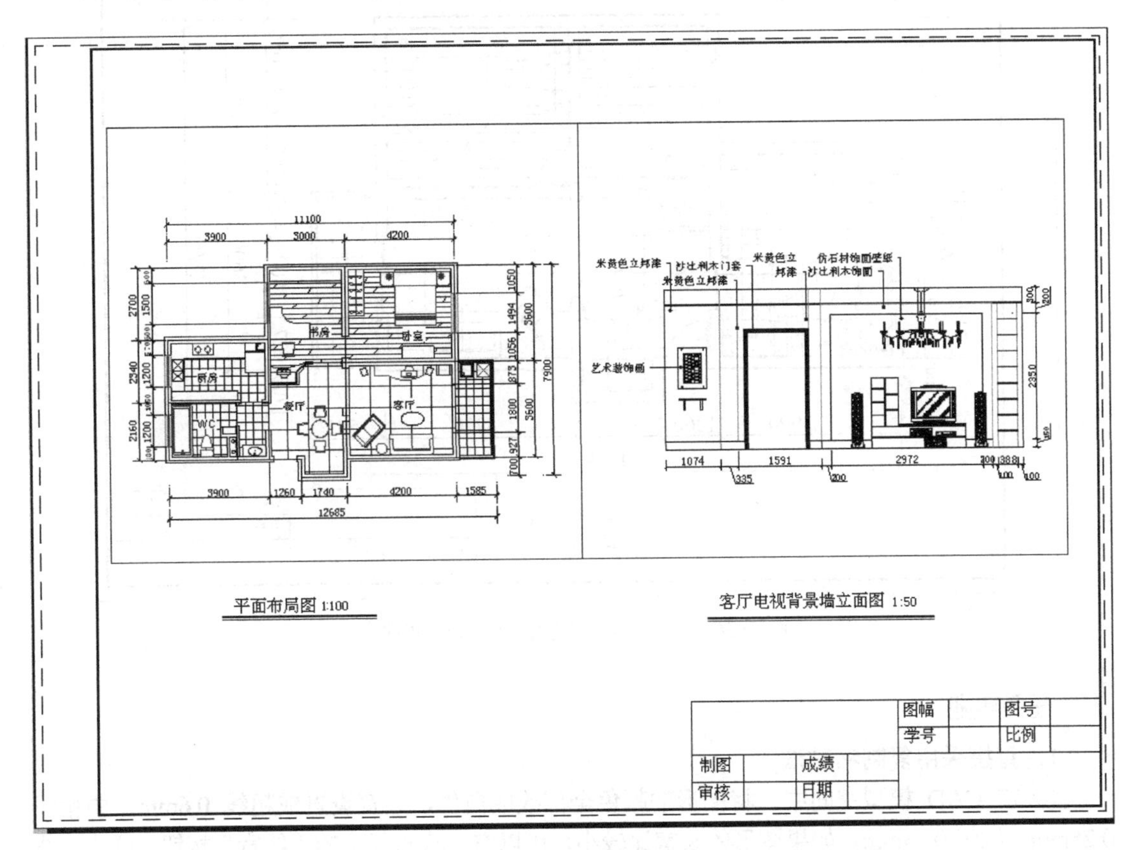

图 5-35　打印预览

5.3　将图样输出到 Word 文件

任务描述

将第 3 章绘制的住宅平面布局图（图 5-1）输出到 Word 文件中，如图 5-36 所示。

任务分析

AutoCAD 是矢量软件，可以很方便地输出到 Word 中，能够图文混排并清晰地打印出来。将图样输出到 Word 文件主要有两种方法：一种方法是采用复制粘贴法，这种方法非常简单方便，而且可以从 Word 返回到 CAD 中编辑图形，但有些繁琐，适用于简单图形；另一种方法是将 CAD 输出成 wmf 格式，再插入到 Word 中，这种方法也比较简单，但是不能返回到 CAD 中编辑修改图形。

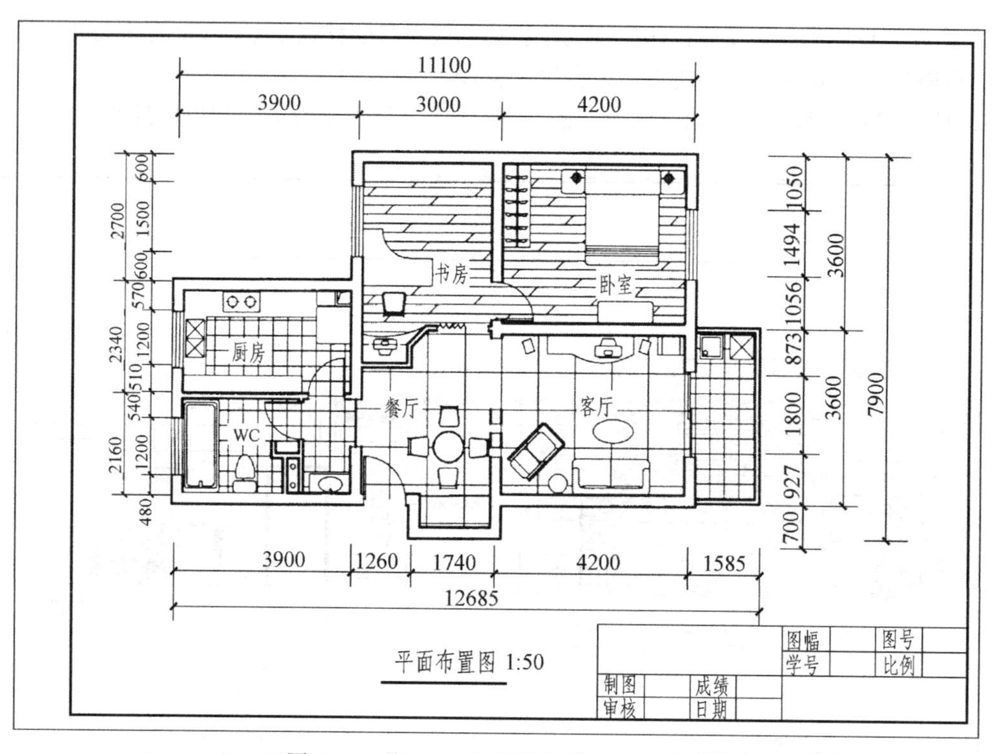

图5-36 将CAD文件输出到Word文件中

任务实施

1. 直接采用复制粘贴法

1）在CAD模型空间中，将图形的颜色全部改成白色，线宽设置成粗线0.6mm，中粗线0.25mm，细线0.13mm。如果图形的长宽比较小，可以右击状态行中的“线宽”按钮，弹出“线宽”设置面板，选择“设置”选项，将线宽显示比例调低，使线宽显示合理，如图5-37所示。

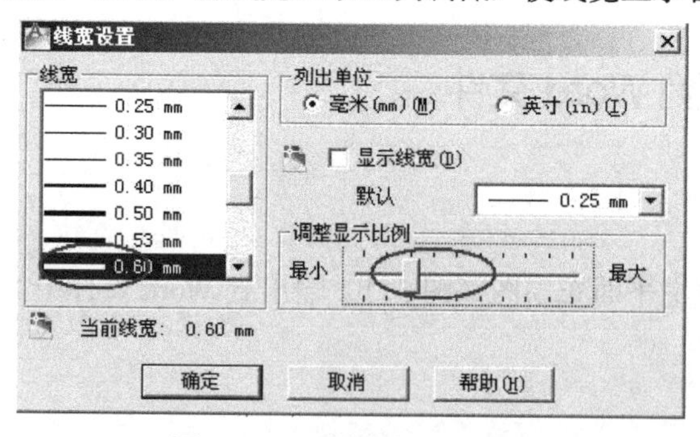

图5-37 调整线宽显示比例

2）调整视口，使要输出的图形完整地显示在视口中。

3）选中CAD图形，单击“复制”按钮，将CAD图形复制到剪贴板中。

4）在Word中单击“粘贴”按钮，即可将CAD图形插入，再使用Word的图片工具裁剪、放大等方法将图形调整到合适的大小和位置，如图5-38所示。

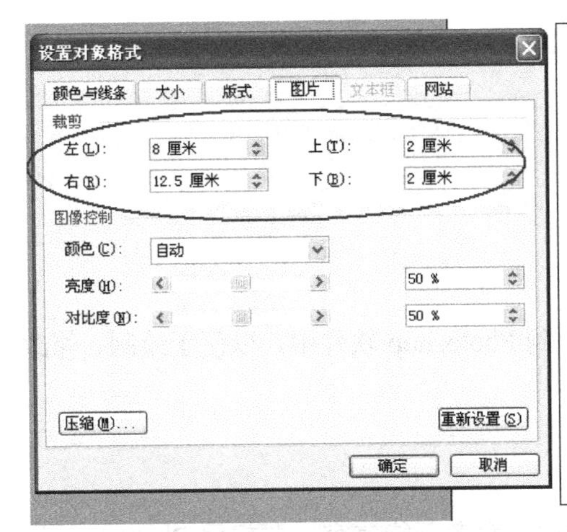

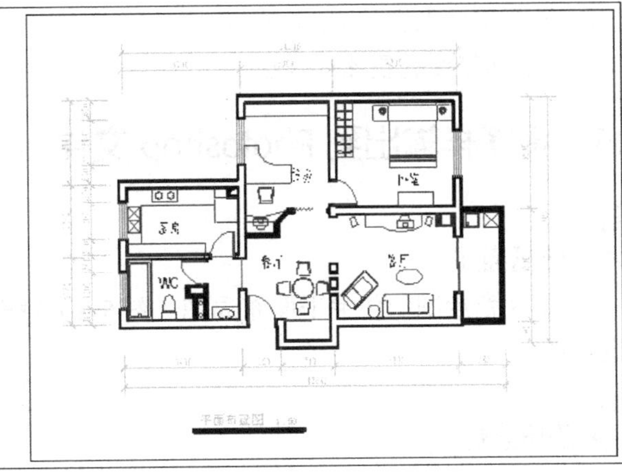

图 5-38　Word 图片编辑

5）粘贴的 CAD 图形一般会出现线宽不能正常显示的问题，这时可以双击 CAD 图形，回到 CAD 界面，单击状态行中的“线宽”按钮，使其呈打开状态，然后关闭 CAD 界面，弹出如图 5-39 所示的对话框，单击“是”按钮，更新 Word。此时，Word 中的 CAD 图形能够正常显示出线宽。

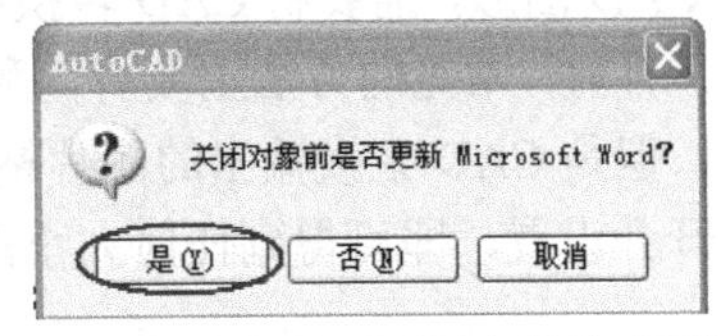

图 5-39　提示是否更新文件的对话框

6）根据需要调整图片，即可得到满意的效果。

2．将 CAD 图形输出成 wmf 格式

1）在 CAD 模型空间中，将图形的颜色全部改成白色，线宽设置成粗线 0.6mm，中粗线 0.25mm，细线 0.13mm。如果图形的长宽比较小，可以右击状态行中的“线宽”按钮，弹出“线宽”设置面板，选择“设置”选项，将线宽显示比例调低，使线宽显示合理。

2）调整视口，使要输出的图形完整地显示在视口中。

3）使用输出功能，在“文件”菜单中选择“输出”命令，弹出如图 5-40 所示的对话框，文件类型选择“图元文件（*. wmf）”，填写文件名后单击“保存”按钮，返回到 CAD 中，框选要输出的图形后按“Enter”键完成输出。

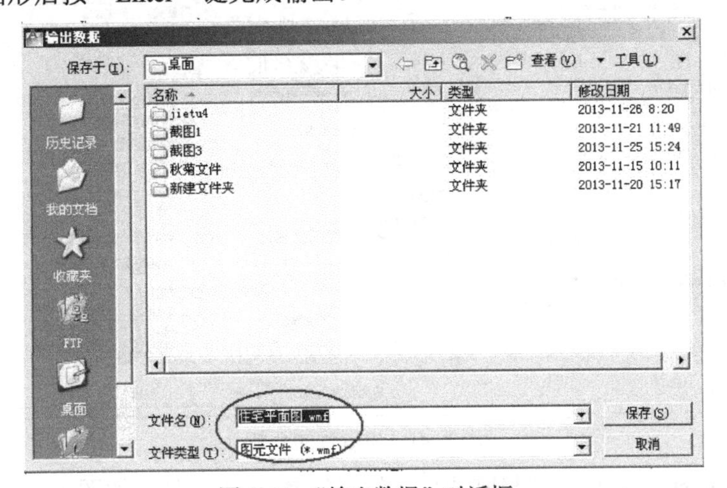

图 5-40　“输出数据”对话框

4）在 Word 中，选择“插入”→“图片”→“来自文件”命令，弹出“插入图片”对话框，选择刚才保存的 wmf 文件。

5）根据需要调整图片大小。

5.4 将图样输出到 Photoshop 文件

任务描述

将第 3 章绘制的住宅平面布局图（图 5-1）输出到 Photoshop 软件中，以便于绘制、修改成彩图。

任务分析

AutoCAD 是矢量软件，而 Photoshop 是位图软件，两者不能兼容，要想用 Photoshop 打开 CAD 图形，需要将 CAD 转换成 Photoshop 能识别的一种格式，如 BMP、JPG、PNG、EPS 等。目前，常见的方法主要有两种：一种是采用虚拟打印的方法，即将 CAD 图形转成图片格式，但是 CAD 直接输出的图片格式分辨率不高；另一种是保存成 EPS 格式，再用 Photoshop 打开并设置，即可得到任何大小的图片，建议使用第二种方法。

任务实施

1）打开 CAD 图形，将所有图形的颜色换成白色，检查是否有错误或遗漏。

2）在“文件”菜单中选择“打印”命令，弹出“打印”对话框，打印参数设置如图5-41 所示，然后将打印图形保存在桌面上，并命名为“住宅.eps”。

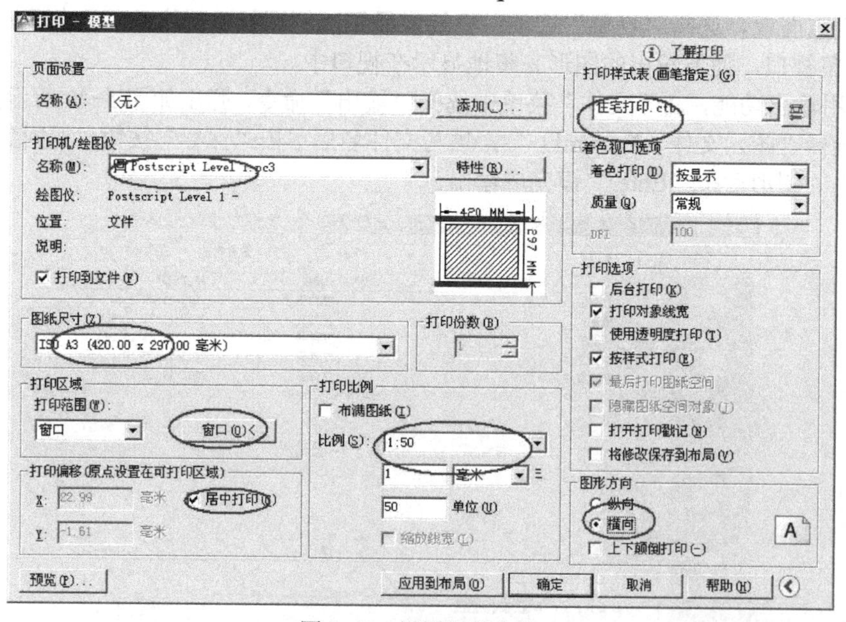

图 5-41　设置打印参数

3）打开 Photoshop 软件，选择刚才保存的“住宅.eps”文件，如图 5-42 所示。单击“打开”按钮，弹出如图 5-43 所示的对话框。图纸大小为刚才打印设置的 A3 图纸，这里是以像素的单位出现，分辨率设置为200，模式选择RGB颜色。

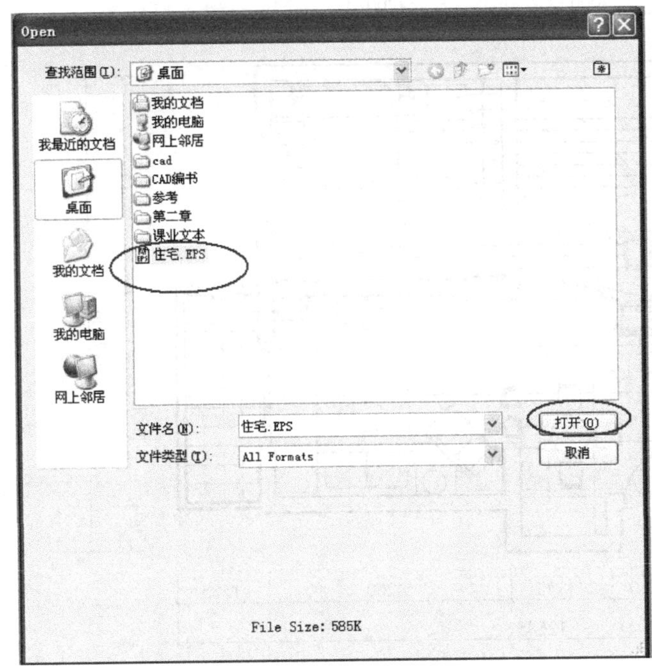

图5-42 打开打印输出的EPS格式文件

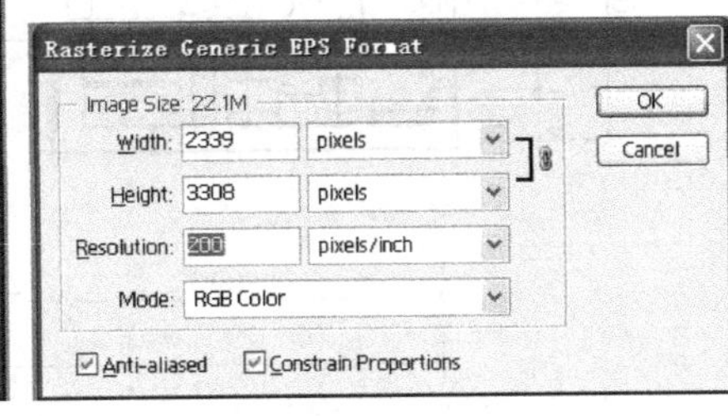

图5-43 输入合适的分辨率和图形大小

这样CAD图形就能顺利地输出到Photoshop软件中了，而且线宽等都可以进行调整，操作起来非常方便，是经常使用的转换方法，如图5-44和图5-45所示。

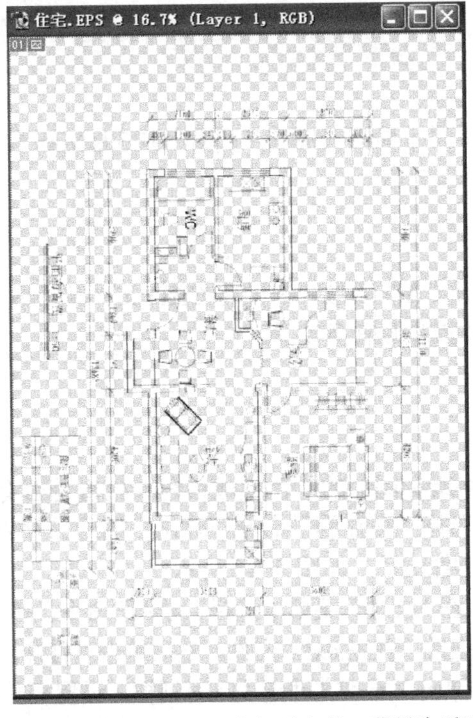

图5-44 在Photoshop中打开文件，背景为透明

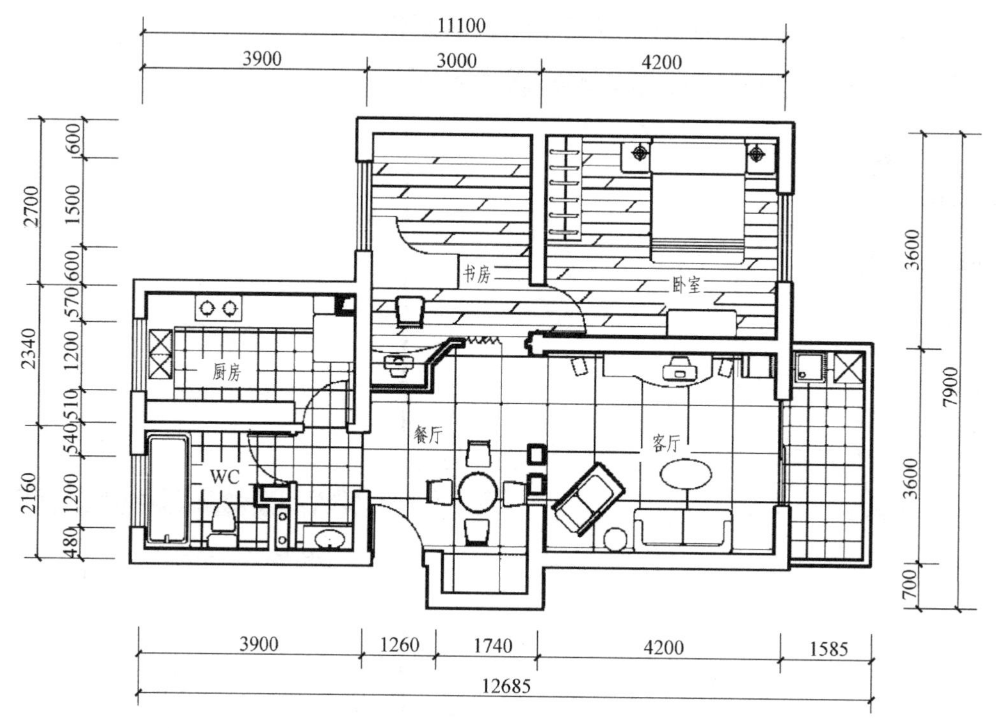

图 5-45 在 Photoshop 中添加新图层和背景

5.5 将图样输出到 3ds Max 文件

任务描述

将第 3 章绘制的住宅平面布局图（图 5-1）输出到 3ds Max 软件中。

任务分析

在 3ds Max 软件中打开 CAD 图形，需要将 CAD 文件转换成 DXF 格式文件，这是比较常用的一种转换方式，具体操作见任务实施。

任务实施

1）打开 CAD 图形，将所有图形的颜色换成白色，检查是否有错误或遗漏。

2）在“文件”菜单中选择“另存为”命令，弹出“图形另存为”对话框，将转换图形保存在桌面上，并命名为“住宅.dxf”，如图 5-46 所示。

3）打开 3ds Max 软件，在“文件”菜单中选择“导入”命令，弹出如图 5-47 所示的对话框。在该对话框中，选择刚才输出的“住宅.dxf”文件，然后单击“打开”按钮，弹出如图 5-48 所示的对话框，单击 Yes 按钮，弹出“导入文件选项”对话框，设置相关参数后，单击图 5-49 中的 OK 按钮，打开如图 5-50 所示的文件，这样就把 CAD 文件导入到 3ds Max 软件中了。

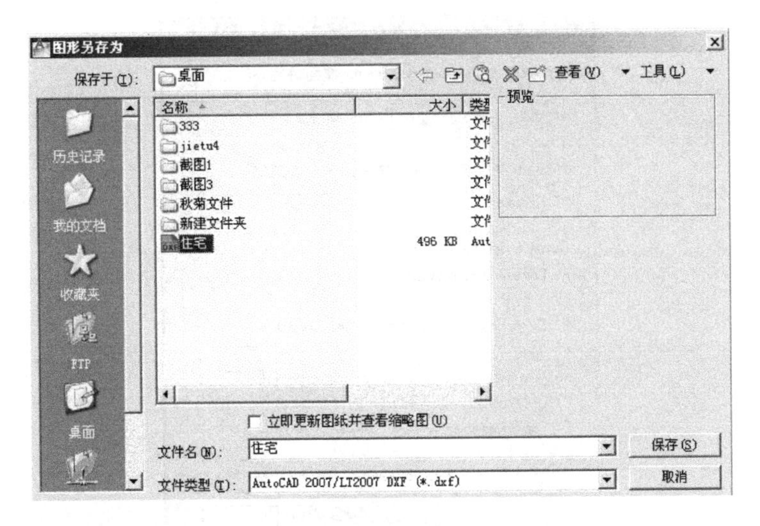

图 5-46　将文件另存为 dxf 格式

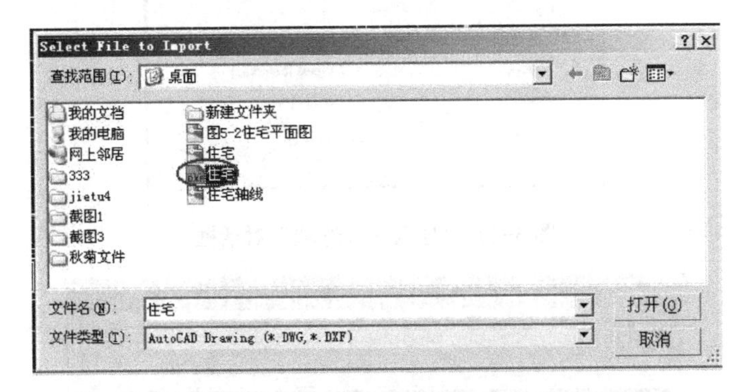

图 5-47　在 3ds Max 软件中导入文件

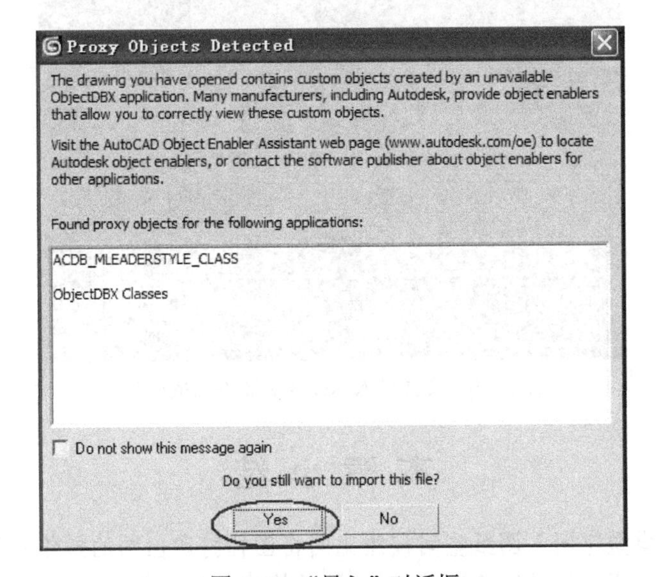

图 5-48　“导入”对话框

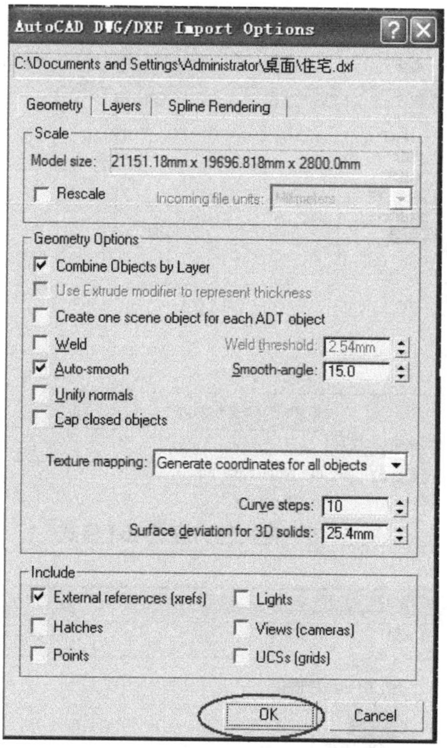

图 5-49 “导入文件选项”对话框

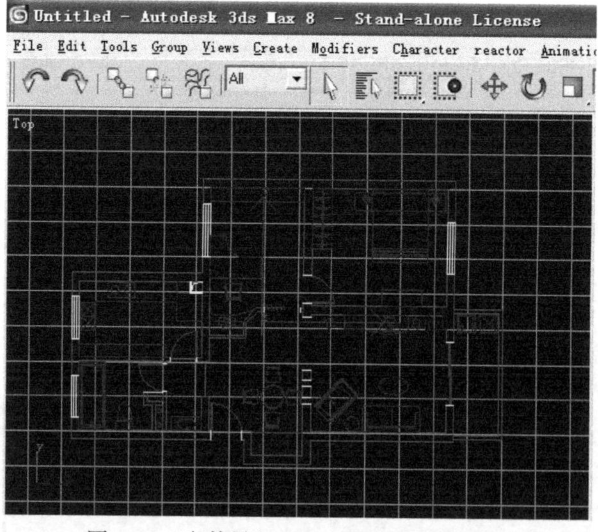

图 5-50 文件导入 3ds Max 软件后的效果

本 章 小 结

本章学习了在模型空间、图纸空间按照比例将图样打印出图的操作步骤，要求掌握按比例打印出图的操作技巧，同时能够将 CAD 文件转换为其他常用专业软件的文件。

上 机 训 练

将第4章绘制的公共空间平面图按照比例打印出图，如图5-51所示。

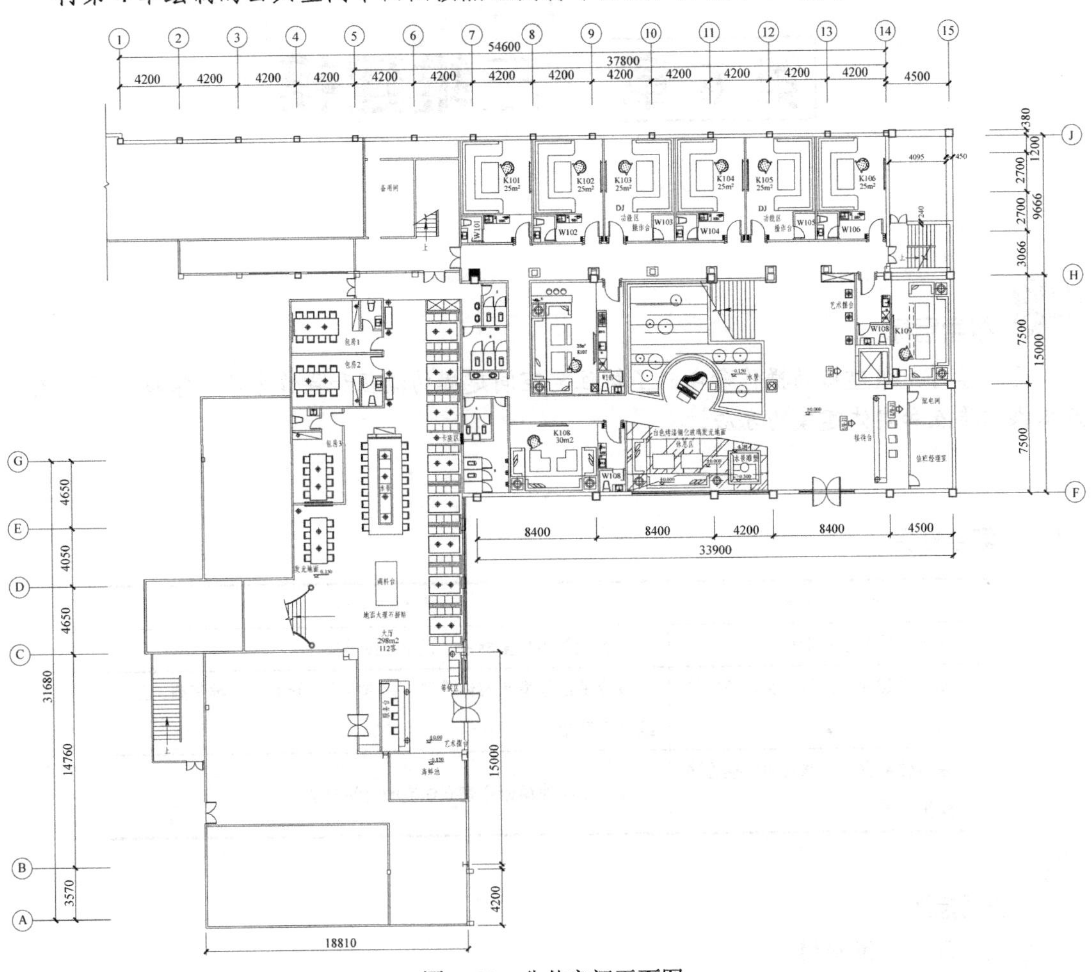

图5-51　公共空间平面图

第 6 章　三维建模

教学目标

通过学习三维建模的操作命令，了解住宅空间建模的流程和操作方法，掌握三维绘图的基本操作要点和实体建模的方法。

教学任务

能 力 目 标	操 作 要 点
掌握三维建模基础知识	进行设置用户坐标系、设置视图等操作
掌握创建曲面模型和实体模型的方法	建立曲面模型和实体模型，并掌握布尔运算、三维阵列、三维镜像等命令
掌握住宅空间、家具的建模程序和操作技巧	运用三维建模命令建立住宅的空间模型

任务描述

住宅空间的三维建模。

任务分析

绘制三维墙体时，可以通过对直线、矩形等二维对象设置标高和拉伸厚度来创建其三维模型。绘制门窗和家具时，可以通过布尔运算进行打孔、挖槽、合并等操作来创建复杂的三维实体模型。

相关知识

6.1　三维建模基础知识

1．三维建模分类

为了形象直观地观察图形，AutoCAD 提供了三维图形功能。根据建模和编辑的方法不同，可以将三维建模分为线框模型、表面模型和实体模型。

（1）线框模型

线框模型描述的是三维对象的框架。它仅由描述对象的点、直线和曲线构成，不含描述表面的信息。我们可以将二维图形放置在三维空间的任意位置来生成线框模型，也可以使用 AutoCAD 提供的三维线框对象或三维坐标来创建线框模型。线框模型不能进行消隐和渲染处理。

（2）表面模型

表面模型比线框模型复杂得多。它不仅定义了三维对象的边，而且定义了三维对象的表面。表面模型由表面组成，表面不透明，并且能挡住视线。AutoCAD 的表面模型使用多边形网格定义对象的棱面模型。由于网格表面是平面的，因此使用多边形网格只能近似地模拟曲面，很显然，多边形网格越密，曲面的光滑程度越高。

（3）实体模型

实体模型具有实体的特征，如质量、体积、重心等。在 AutoCAD 中，不仅可以利用实体命令创建基本的三维几何形体，而且还能对三维实体进行编辑操作，从而得到复杂的三维实体。

2．用户坐标系

使用世界坐标系时，绘图和编辑都在单一的固定坐标系中进行。这个系统对于二维绘图基本能够满足，但对于三维立体绘图，由于实体上的各点位置关系不明确，绘制时很不方便。因此，在 AutoCAD 系统中可以建立自己的专用坐标系，即用户坐标系（User Coordinate System，UCS）。用户可以通过 UCS 命令定义用户坐标系。

```
命令：Ucs↙
  当前 UCS 名称：*世界*
  指定 UCS 的原点或[面(F)/命名(NA)/对象(OB)/上一个(P)/视图(V)/世界(W)/X/Y/Z/Z 轴(ZA)] <世界>：↙
```

各选项的说明见表 6-1。

表 6-1 UCS 方式说明

选 项	命令行提示	说 明
指定 UCS 的原点	指定 X 轴上的点或（接受）： 指定 XY 平面上的点或（接受）：	使用一点、两点或三点定义一个新的 UCS。如果指定一个点，则原点移动，而 X、Y 和 Z 轴的方向不变；若指定第二点，UCS 将绕先前指定的原点旋转，X 轴正半轴通过该点；若指定第三点，UCS 将绕 X 轴旋转，XY 平面的 Y 轴正半轴包含该点
面（F）	选择实体对象的面：选择实体面↙ 输入选项[下一个(N)/X 轴反向(X)/Y 轴反向(Y)] <接受>：x	UCS 将与选定的面对齐。在要选择的面边界内或面的边上单击，被选中的面将亮显，X 轴将与找到的第一个面上的最近的边对齐
命名（NA）	输入选项[恢复(R)/保存(S)/删除(D)/?]：S↙ 输入保存当前 UCS 的名称或[?]：输入 UCS 的名称↙	按名称保存或回复要使用的 UCS 坐标
对象（OB）	选择对齐 UCS 的对象：	新建的 UCS 的拉伸方向（Z 轴正方向）与选定对象的拉伸方向相同
上一个（P）	无后续提示	回复上一个 UCS
视图（V）	无后续提示	以垂直于观察方向（平行于屏幕）的平面为 XY 平面，建立新的坐标系，UCS 原点保持不变
世界（W）	无后续提示	将当前坐标系转换成世界坐标系
X/Y/Z	指定绕 X/Y/Z 轴的旋转角度<90>：	绕指定的轴旋转当前的 UCS 坐标
Z 轴（ZA）	指定新原点或[对象(O)] <0,0,0>：选择一点↙在 Z 轴正半轴上指定点<0.0000,0.0000,1.0000>：选择另外一点↙	用指定的 Z 轴正半轴定义 UCS

3. 三维视图的显示

利用三维图形显示功能，可以从空间中任意一点按某种方式观察模型，也可以根据需要选定视点。视点是指观察图形的方向。

（1）三维视点

1）利用命令行设置三维视点命令（VPOINT）：用来设置当前视口的视点。视点与坐标原点的连线即为观察方向，每个视口都有自己的视点。此时，AutoCAD 重新生成图形和投影实体，这样看到的就如同在空中看到的一样。VPOINT 命令设置视点的投影为轴测投影图，而不是透视投影图，其投影方向是视点 A（X，Y，Z）与坐标原点 O 的连线，如图 6-1 所示。视点只指定方向，不指定距离，即在 OA 直线及其延长线上选择任意一点作为视点，其投影效果是相同的。使用 VPOINT 命令选择一个视点之后，这个位置一直保持到重新使用 VPOINT 命令改变它为止。

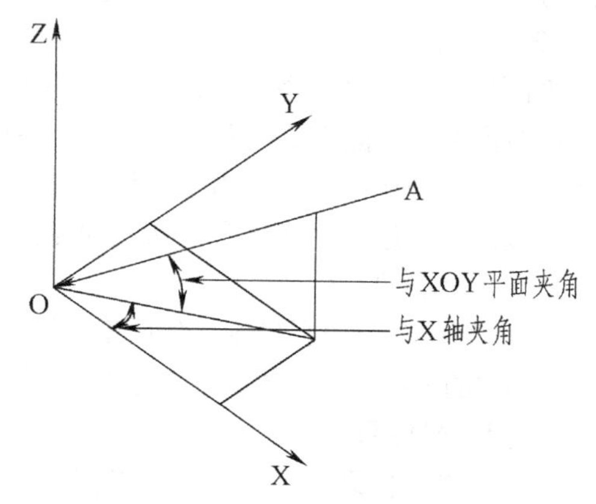

图 6-1 视点与三维图形的投影方向

① 命令调用。

命令：Vpoint↙

指定视点或[旋转(R)]<显示坐标球和三轴架>：（输入选择项）

AutoCAD 默认的视点为（0，0，1），即从（0，0，1）点（Z 轴正方向上）向（0，0，0）点观察模型。在该默认视图中，所有的视图都为模型的平面视图。

② 选项说明。

- 指定视点：直接指定视点位置的矢量数据，即 X、Y、Z 坐标值，作为视点。由坐标点到坐标原点的连线为三维视点方向，常用视点矢量（视点坐标）设置及对应的视图，见表 6-2。
- 旋转（R）：用旋转方式指定视点。通过指定视线与 XOY 平面的夹角和在 XOY 平面中与 X 轴的夹角来生成视图。
- 显示坐标球和三轴架：为默认选项，当直接按“Enter”键后，在屏幕上会产生一个视点坐标球，如图 6-2 所示。移动坐标球上的光标时，三轴架图标会相应地旋转，从而可以动态地设置视图位置。

屏幕右上角的坐标球是一个球体的二维显示。中心点代表北极，内圆代表赤道，外圆代表南极。坐标球上有一个小十字光标，可以用鼠标移动小十字光标。如果小十字光标在内圆里，那么就是在赤道上方向下观察模型；如果小十字光标在外圆里，那么就是从图形的下

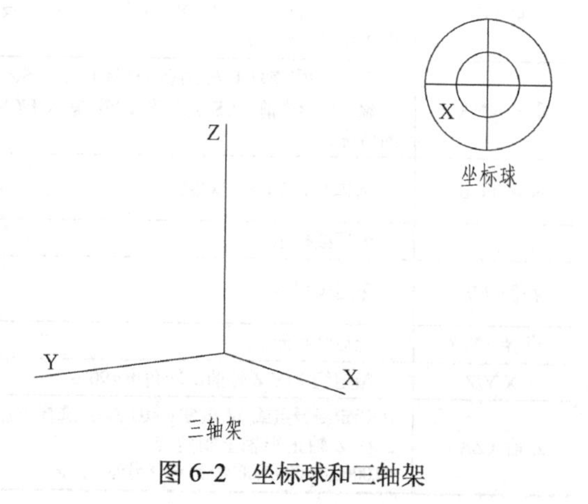

图 6-2 坐标球和三轴架

方或者说是从南半球观察模型。当移动光标时，三轴架（即当前的坐标系）根据坐标球指示的观察方向旋转。将小十字光标移到坐标球的某个位置上并单击鼠标左键，就能得到一个观察方向。

表 6-2　常用视点矢量（视点坐标）设置及对应的视图

视点坐标	所显示的视图
0，0，1	顶面（俯视）
0，0，-1	底面（仰视）
0，-1，0	正面（前视）
0，1，0	背面（后视）
1，0，0	右面（右视）
-1，0，0	左面（左视）
1，-1，1	顶面、正面、右面（东南轴测图）
-1，-1，1	顶面、正面、左面（西南轴测图）
1，1，1	顶面、背面、右面（东北轴测图）
-1，1，1	顶面、背面、左面（西北轴测图）

2）利用对话框设置三维视点。

① 命令功能：设置三维视图观察方向。

② 命令调用方式：

菜单方式：选择“视图”→“三维视图”→“视点预置”命令。

键盘输入方式：DDVPOINT。

激活 DDVPOINT 命令后，AutoCAD 将弹出如图 6-3 所示的“视点预置”对话框。

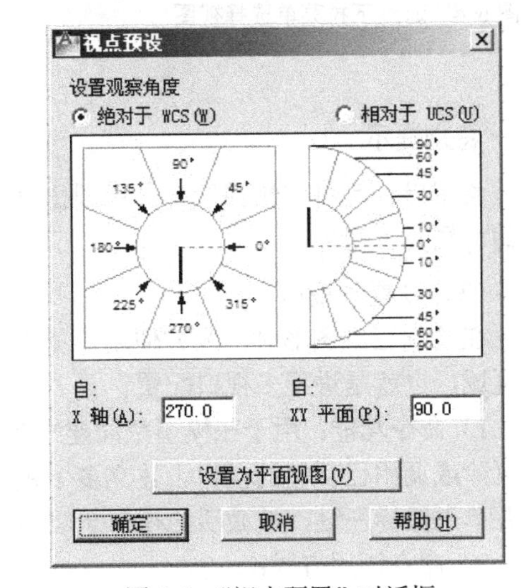

图 6-3　“视点预置”对话框

③ 选项说明。在“视点预置”对话框中，左图用于设置原点和视点之间的连线在 XOY 平面上的投影与 X 轴正向的夹角；右图用于设置该连线与投影之间的夹角。可以在图上直接拾取，也可以在“X 轴”、“XY 平面”两个文本框中输入相应的角度。

- 绝对于 WCS：设置世界坐标系为参考坐标系。
- 相对于 UCS：设置 UCS 为参考坐标系。
- 设置为平面视图：单击该按钮，可以将坐标系设置为平面视图。默认视点在 XOY 平面上与 X 轴的夹角为 90°，视线与 XOY 平面的夹角为 270°。

（2）利用工具栏或下拉菜单设置新的视点

为了操作更加方便，可以直接使用工具栏中的按钮或利用“三维视图”下拉菜单快速选择视点，使视图能够快速切换。

1）利用下拉菜单。在“视图”菜单中选择“三维视图”命令，如图 6-4 所示。正交视图可选择俯视、仰视、左视、右视、前视和后视，等轴测图可选择西南等轴测、东南等轴测、东北等轴测、西北等轴测。

2）通过“视图”工具栏设置三维视点及视图，如图 6-5 所示。

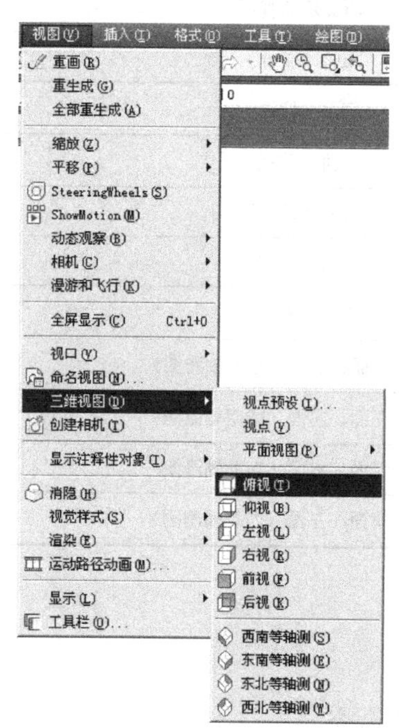

图 6-4 通过下拉菜单选择视图

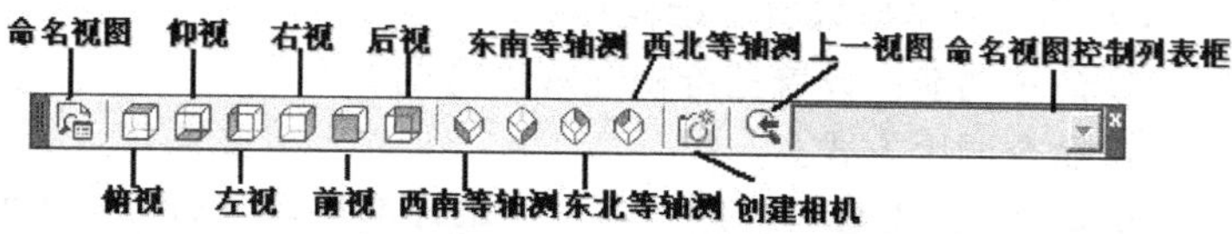

图 6-5 “视图”工具栏

特别提示

绘图时，可将“视图”工具栏调出来，放在屏幕的上方，以便随时进行视图的切换，不用的时候关掉即可。

（3）设置多视口

在绘制三维图形时，为方便用户从不同角度观察图形实体，允许在屏幕上划分出多个绘图区域，也就是进行多视口配置。

1）命令功能：用于在模型空间建立多个视口，允许用户对视口进行组合、布局、保存以及删除或调用已存储的视口。建立多个视口后，要激活任一视口，只需将鼠标箭头移进该视口并单击鼠标左键，被激活的视口即成为当前视口。

2）命令调用方式：

菜单方式：选择“视图”→“视口”命令，弹出下拉菜单项，然后选择视口配置的数量。

工具栏方式：单击“视口”工具栏中的按钮。

键盘输入方式：Vports。

3）命令操作：激活 Vports 命令后，AutoCAD 将弹出如图 6-6 所示的“视口”对话框。

4）选项说明："视口"对话框由"新建视口"选项卡和"命名视口"选项卡构成。

①"新建视口"选项卡（图 6-6）中的各选项如下：

- 新名称：建立新的视口配置并保存。
- 标准视口：列出 AutoCAD 提供的标准视口配置。
- 预览：显示用户选择的视口配置。
- 应用于：将所选的视口配置于整个屏幕或者当前视口。
- 设置：选择"2D"，则所有新视口的视点与当前视口一致；选择"3D"，则新视口的视点可设置为三维中的特殊视点。
- 修改视图：从下拉列表中选择视口配置代替已选择的视口配置。

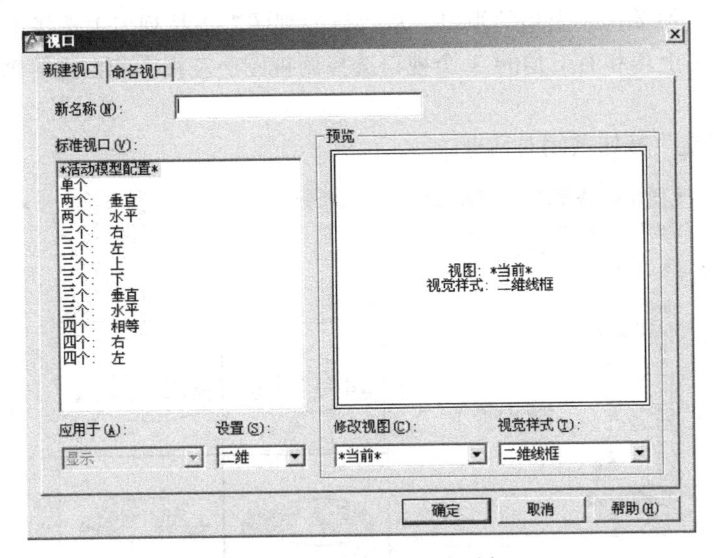

图 6-6 "新建视口"选项卡

②"命名视口"选项卡（图 6-7）。

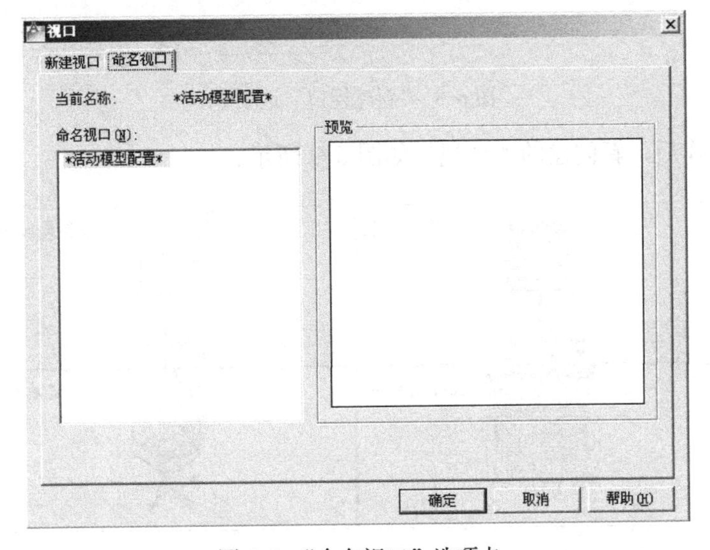

图 6-7 "命名视口"选项卡

当用户在“新建视口”选项卡中赋予新视口配置某个名称并保存起来，进入“命名视口”选项卡时，“命名视口”列表框将显示所有已存储的视口配置名称。选取某个视口配置后，“预览”区域出现预览图。

5）例如，在模型空间创建 4 个视口，分别显示三维模型的主视图、俯视图、左视图和东南等轴测视图，具体操作如下：

① 在“视图”菜单中选择“视口”命令，再选择“新建视口”命令。

② 在“新名称”文本框中输入“NEW”。

③ 在“标准视口”列表框中选择视口配置：“四个：相等”。

④ 在“设置”下拉列表中选择“三维”选项。

在“预览”区域单击左上角的视口，从“修改视图”下拉列表中选择主视图。接下来，分别在左下角、右上角和右下角的 3 个视口选择俯视图、左视图和西南等轴测图，如图 6-8 所示。

⑤ 单击“确定”按钮关闭对话框。

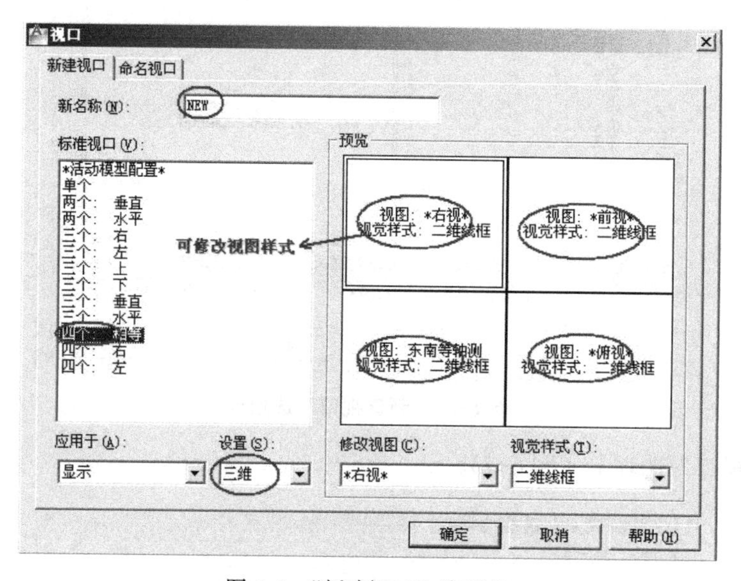

图 6-8 “新建视口”选项卡

执行上述操作后，新创建的 4 个视口如图 6-9 所示。

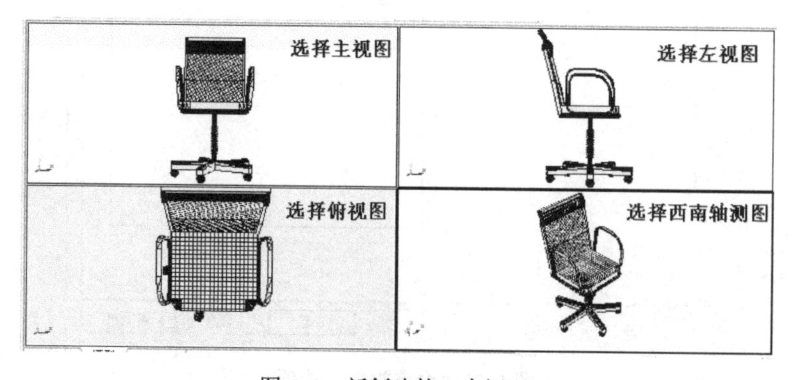

图 6-9 新创建的 4 个视口

（4）三维图形的显示

1）命令功能：以某种颜色在三维实体表面上色，并能根据观察角度确定各个面的相对亮度，产生更逼真的立体效果。

2）命令调用方式：

选择“视图”→“视图样式”命令，然后从下拉菜单中选择视图样式；也可以通过“视觉样式管理器”命令打开视觉样式管理器，如图 6-10 所示。

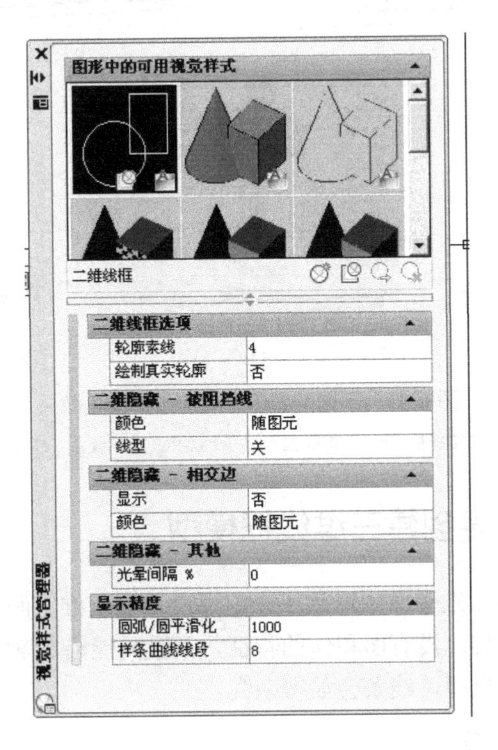

图 6-10　视觉样式管理器

3）选项说明：

① 二维线框：以直线和曲线来显示对象的边界。光栅和 OLE 对象、线型和线宽均可见。

② 三维线框：以直线和曲线来显示对象的边界。同时显示一个三维 UCS 图标。

③ 三维消隐：以三维线框显示对象，并隐藏背面不可见的轮廓。同时显示一个三维 UCS 图标。

④ 真实：着色多边形平面间的对象，并使对象的边平滑化，显示已附着到对象上的材质。

⑤ 概念：着色多边形平面间的对象，并使对象的边平滑化，着色使用金属质感的样式，是一种冷色和暖色之间的过渡，而不是从深色到浅色的过渡。效果缺乏真实感，但是可以方便地查看模型的细节。

不同的着色方式产生的着色效果如图 6-11 所示。

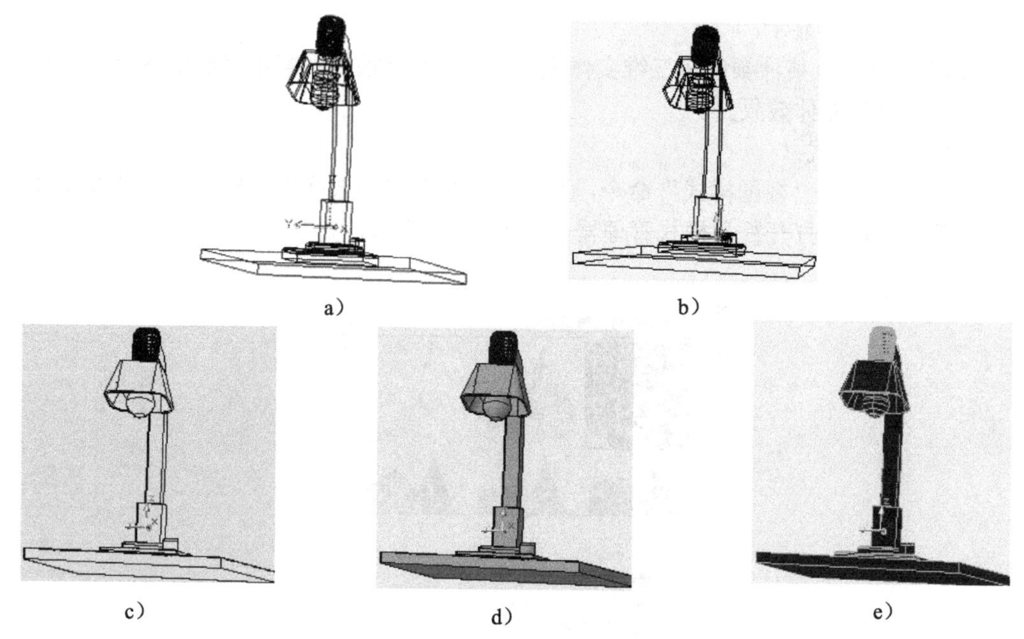

图 6-11　不同的着色方式产生的着色效果

a）二维线框　b）三维线框　c）三维消隐　d）概念　e）真实

6.2　设置高度、厚度创建三维线框模型

线框模型可理解为对二维平面图形赋予一定厚度后在三维空间产生的模型。这种建模方式主要描绘三维对象的骨架，没有面和体的特征，而且只能沿 Z 轴方向加厚，无法生成球面和锥面模型，对于复杂的模型，线条会显得杂乱。

1．设置当前高度和厚度

1）命令功能：用来规定当前标高和三维物体的厚度。

ELEV 命令可以设定默认的绘制图形的基底标高（Elevation）和厚度（Thickness）。图形的基底标高是指从 XY 平面开始沿 Z 轴测得的 Z 坐标值。图形的厚度是指图形沿 Z 轴测得的长度。

2）命令调用方法见表 6-3。

表 6-3　通过 ELEV 命令设定图形的基底标高和厚度

命令调用方法	通过键盘输入命令条目：ELEV （ELEV 命令不出现在菜单中，若要执行，必须通过键盘输入）
操作步骤	命令：ELEV 指定新的默认标高<0.0000>： 指定新的默认厚度<0.0000>：

2．查看和改变图形的标高和厚度

比较方便的方法是利用对象特性命令。在二维空间绘制平面图形后，执行特性命令修改其特性，在对话框的“厚度”一栏输入新的值，改变视点进入三维空间，即产生对应的线框模型。样条曲线、椭圆、多线、多行文本以及由 True Type 字体产生的文本均无法赋予厚度，如图 6-12 和图 6-13 所示。

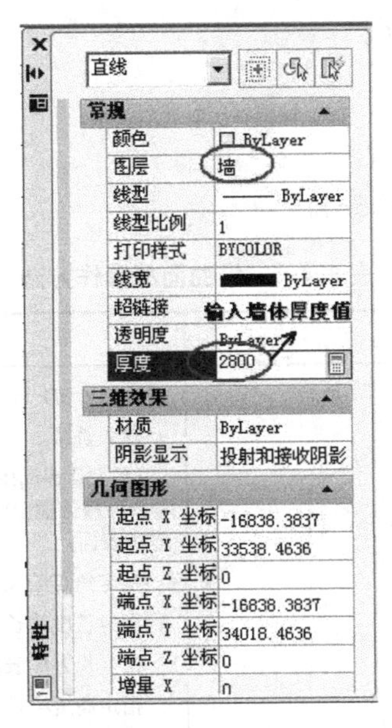

图 6-12　使用对象特性面板修改图形的厚度

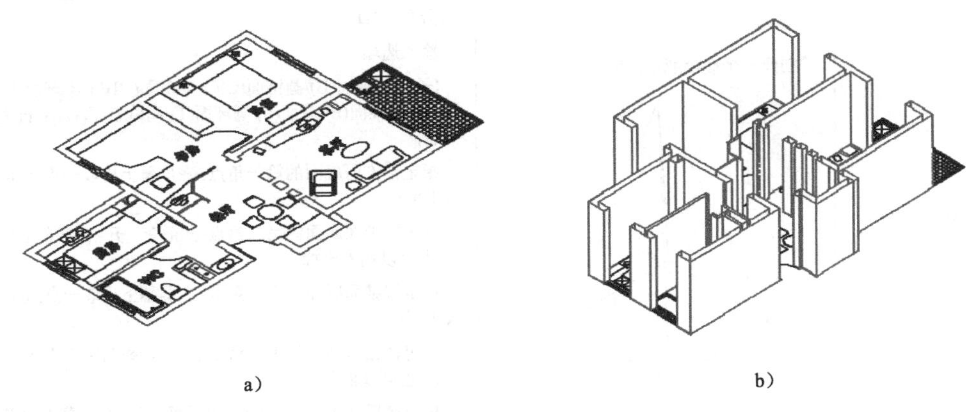

a）　　b）

图 6-13　改变住宅墙体的厚度

a）改变厚度前　b）改变厚度后

特别提示

对于使用“多线”命令绘制的墙体，需要将墙体炸开才可以改变墙体的厚度。

6.3　创建曲面的表面模型

表面模型主要以平面方式来描绘物体表面。AutoCAD 采用多边形网格（即微小的平面）

模拟三维模型表面，模型可以进行消隐、着色和渲染，从而得到真实的视觉效果。但由于网格是小平面，所以网格定义的模型曲面只是近似曲面。

1．三维曲面

1）命令功能：创建三维曲面。

2）命令调用方式：

键盘输入方式：3D。

3）三维曲面的操作方法见表6-4。

表6-4 三维曲面的操作方法

命令	命令说明	操作提示
长方体表面	创建三维长方体多边形网格 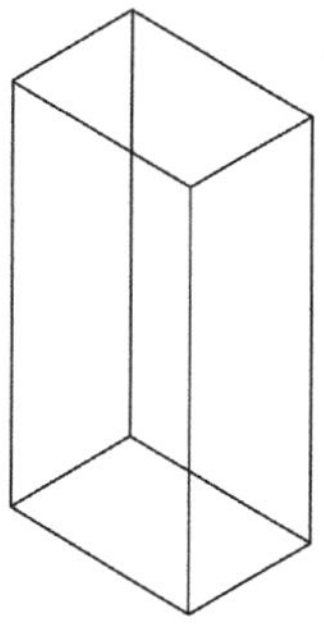	命令：3D 输入选项 [长方体表面(B)/圆锥面(C)/下半球面(DI)/上半球面(DO)/网格(M)/棱锥面(P)/球面(S)/圆环面(T)/楔体表面(W)]：b(选择长方体表面) 指定角点给长方体：(在屏幕上指定定点坐标) 指定长度给长方体：200 指定长方体表面的宽度或[立方体(C)]：300 指定高度给长方体：600 指定长方体表面绕Z轴旋转的角度或[参照(R)]：(输入绕Z轴旋转的角度)
棱锥面	创建一个棱锥或四面体 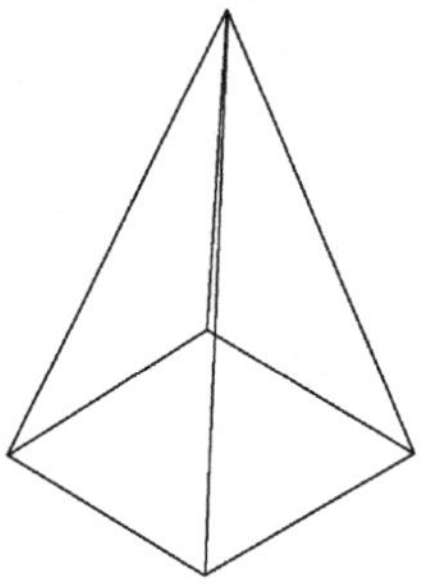	命令：3D 输入选项 [长方体表面(B)/圆锥面(C)/下半球面(DI)/上半球面(DO)/网格(M)/棱锥面(P)/球面(S)/圆环面(T)/楔体表面(W)]：p(选择棱锥面) 指定棱锥面底面的第一角点：在屏幕上拾取一点(也可以输入坐标) 指定棱锥面底面的第二角点：<正交 开>在屏幕上拾取一点(也可以输入坐标) 指定棱锥面底面的第三角点：在屏幕上拾取一点(也可以输入坐标) 指定棱锥面底面的第四角点或[四面体(T)]：在屏幕上拾取一点(也可以输入坐标) 指定棱锥面的顶点或[棱(R)/顶面(T)]：在屏幕上拾取一点(也可以输入坐标)
楔体表面	创建一个直角楔体状多边形网格，其斜面沿X轴方向倾斜 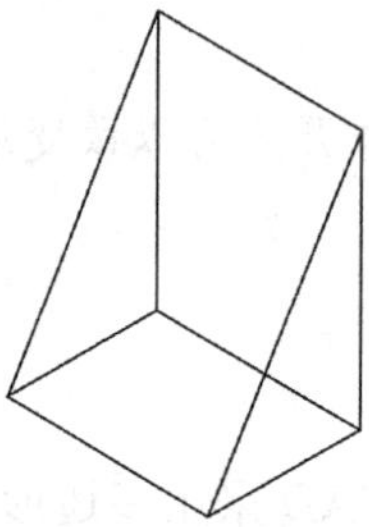	命令：3D 输入选项 [长方体表面(B)/圆锥面(C)/下半球面(DI)/上半球面(DO)/网格(M)/棱锥面(P)/球面(S)/圆环面(T)/楔体表面(W)]：w(选择楔体表面) 指定角点给楔体表面：(在屏幕上指定点坐标) 指定长度给楔体表面：300 指定楔体表面的宽度：400 指定高度给楔体表面：500 指定楔体表面绕Z轴旋转的角度：(输入绕Z轴旋转的角度)

（续）

命　令	命令说明	操作提示
圆锥面	创建圆锥状多边形网格 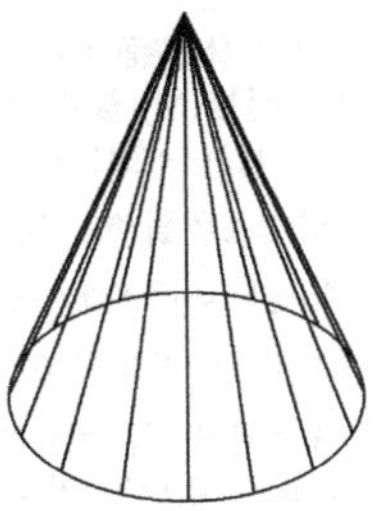	命令：3D 输入选项 [长方体表面(B)/圆锥面(C)/下半球面(DI)/上半球面(DO)/网格(M)/棱锥面(P)/球面(S)/圆环面(T)/楔体表面(W)]：c(选择圆锥面) 指定圆锥面底面的中心点：(在屏幕上指定中心点) 指定圆锥面底面的半径或[直径(D)]：200 指定圆锥面顶面的半径或[直径(D)]<0>：直接按“Enter”键，为 0，也可以输入大于零的数值 指定圆锥面的高度：500 输入圆锥面曲面的线段数目<16>：直接按“Enter”键，选择默认值，也可以输入数值改变网格的分布密度
下半球面	创建球状多边形网格的下半部分 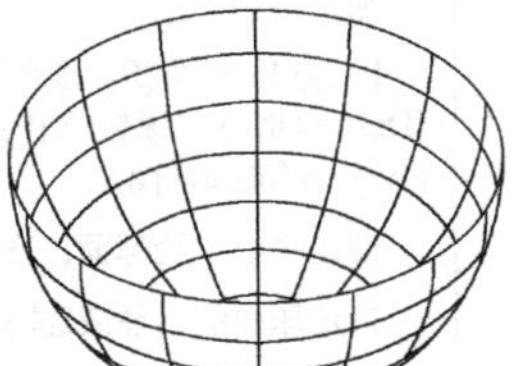	命令：3D 输入选项 [长方体表面(B)/圆锥面(C)/下半球面(DI)/上半球面(DO)/网格(M)/棱锥面(P)/球面(S)/圆环面(T)/楔体表面(W)]：di(选择下半球面) 指定中心点给下半球面：(在屏幕上指定中心点) 指定下半球面的半径或[直径(D)]：300 输入曲面的经线数目给下半球面<16>：直接按“Enter”键，选择默认值，也可以输入数值改变网格的分布密度 输入曲面的纬线数目给下半球面<8>：直接按“Enter”键，选择默认值，也可以输入数值改变网格的分布密度
上半球面	创建球状多边形网格的上半部分 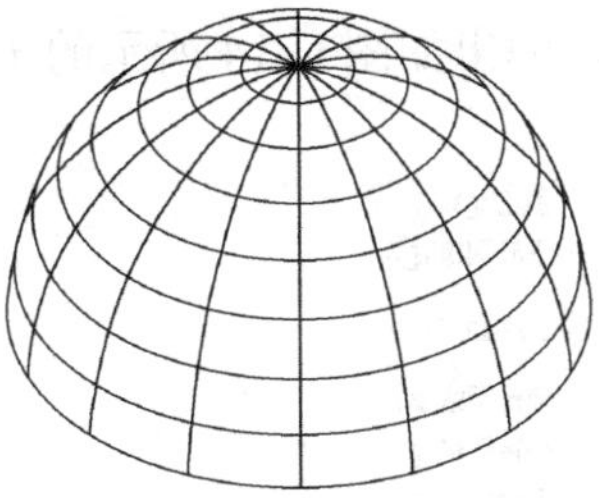	命令：3D 输入选项 [长方体表面(B)/圆锥面(C)/下半球面(DI)/上半球面(DO)/网格(M)/棱锥面(P)/球面(S)/圆环面(T)/楔体表面(W)]：do(选择上半球面) 指定中心点给上半球面：(在屏幕上指定中心点) 指定上半球面的半径或[直径(D)]：300 输入曲面的经线数目给上半球面<16>：直接按“Enter”键，选择默认值，也可以输入数值改变网格的分布密度 输入曲面的纬线数目给上半球面<8>：直接按“Enter”键，选择默认值，也可以输入数值改变网格的分布密度
网格	创建平面网格，其 M 向和 N 向大小决定了沿这个方向绘制的直线数目。M 向和 N 向与 XY 平面的 X 轴和 Y 轴相似 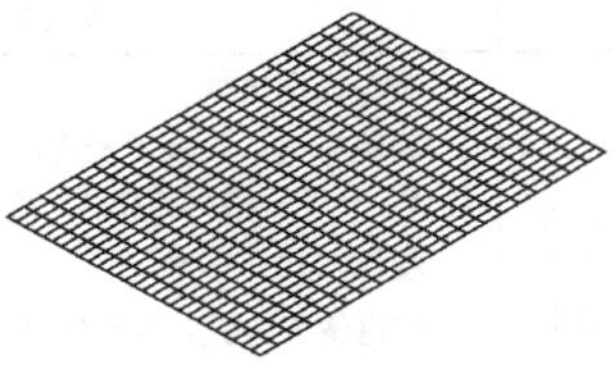	命令：3D 输入选项 [长方体表面(B)/圆锥面(C)/下半球面(DI)/上半球面(DO)/网格(M)/棱锥面(P)/球面(S)/圆环面(T)/楔体表面(W)]：m(选择网格) 指定网格的第一角点：在屏幕上拾取一点 指定网格的第二角点：<正交　开>(也可以输入坐标) 指定网格的第三角点：(也可以输入坐标) 指定网格的第四角点：(也可以输入坐标) 输入 M 方向上的网格数量：20 输入 N 方向上的网格数量：30

（续）

命　　令	命令说明	操作提示
圆环面	创建与当前UCS的XY平面平行的圆环状多边形网格	命令：3D 输入选项 [长方体表面(B)/圆锥面(C)/下半球面(DI)/上半球面(DO)/网格(M)/棱锥面(P)/球面(S)/圆环面(T)/楔体表面(W)]：t(选择圆环面) 指定圆环面的中心点：在屏幕上拾取一点 指定圆环面的半径或[直径(D)]：800 指定圆管的半径或[直径(D)]：200 输入环绕圆管圆周的线段数目<16>：直接按“Enter”键，选择默认值，也可以输入数值改变网格的分布密度 输入环绕圆环面圆周的线段数目<16>：直接按“Enter”键，选择默认值，也可以输入数值改变网格的分布密度
球面	创建球状多边形网格	命令：3D 输入选项 [长方体表面(B)/圆锥面(C)/下半球面(DI)/上半球面(DO)/网格(M)/棱锥面(P)/球面(S)/圆环面(T)/楔体表面(W)]：s(选择球面) 指定中心点给球面：在屏幕上拾取一点 指定球面的半径或[直径(D)]：300 输入曲面的经线数目给球面<16>：直接按“Enter”键，选择默认值，也可以输入数值改变网格的分布密度 输入曲面的纬线数目给球面<16>：直接按“Enter”键，选择默认值，也可以输入数值改变网格的分布密度

2. 创建三维网格

选择“绘图”→“建模”→“网格”命令，弹出如图6-14所示的子菜单。

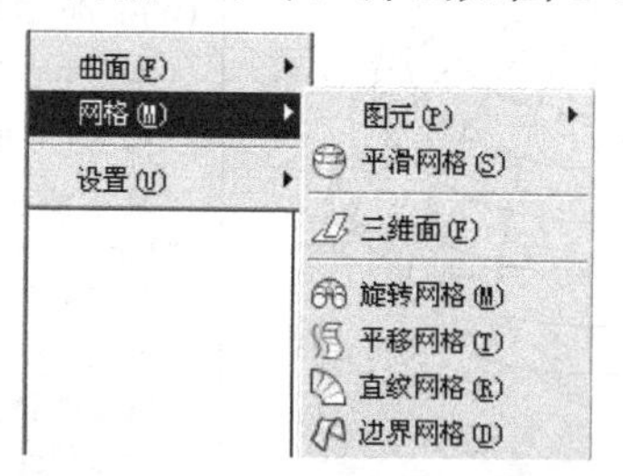

图6-14　创建三维网格的下拉菜单

用户通过执行这些命令可以绘制各种三维网格，具体方法见表6-5。

表6-5　创建三维网格的操作方法

命　　令	命令说明	操作提示
三维网格	网格中每个顶点的位置由M和N（即顶点的行、列坐标）定义。定义顶点首先从顶点（0，0）开始。在指定行M+1上的顶点之前，必须先提供M上的每个顶点的坐标位置。顶点之间可以是任意距离。网格的M和N方向由它的顶点位置决定	命令调用方式： 菜单方式：选择“绘图(D)”→“建模(M)”→“网格(M)”→“三维网格(M)”命令 图标方式： 键盘输入方式：3DMESH 步骤如下： 命令：3DMESH

（续）

命　令	命令说明	操作提示
三维网格	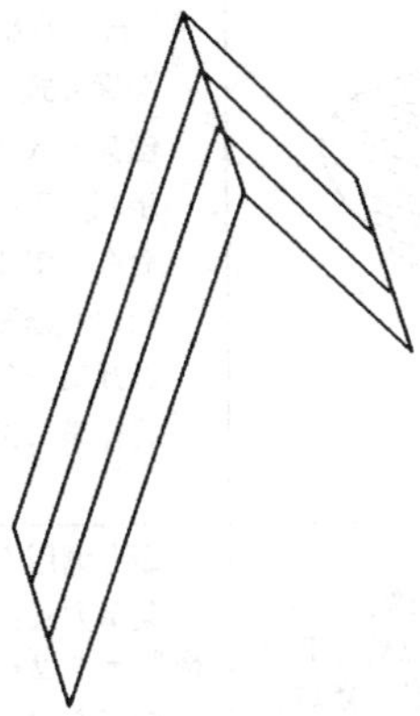	输入 M 方向上的网格数量：3 输入 N 方向上的网格数量：4 指定顶点 (0, 0) 的位置：5,6,5 指定顶点 (0, 1) 的位置：5,7,5 指定顶点 (0, 2) 的位置：5,8,5 指定顶点 (0, 3) 的位置：5,9,5 指定顶点 (1, 0) 的位置：6,6,8 指定顶点 (1, 1) 的位置：6,7,8 指定顶点 (1, 2) 的位置：6,8,8 指定顶点 (1, 3) 的位置：6,9,8 指定顶点 (2, 0) 的位置：7,6,7 指定顶点 (2, 1) 的位置：7,7,7 指定顶点 (2, 2) 的位置：7,8,7 指定顶点 (2, 3) 的位置：7,9,7 定义顶点首先从顶点 (0, 0) 开始。在指定行 M+1 上的顶点之前，必须先提供 M 上的每个顶点的坐标位置。顶点之间可以是任意距离
旋转网格	将曲线或剖面（直线、圆、圆弧、椭圆、椭圆弧、闭合多段线、多边形、闭合样条曲线或圆环）绕选定的轴旋转一个近似于旋转曲面的多边形网格 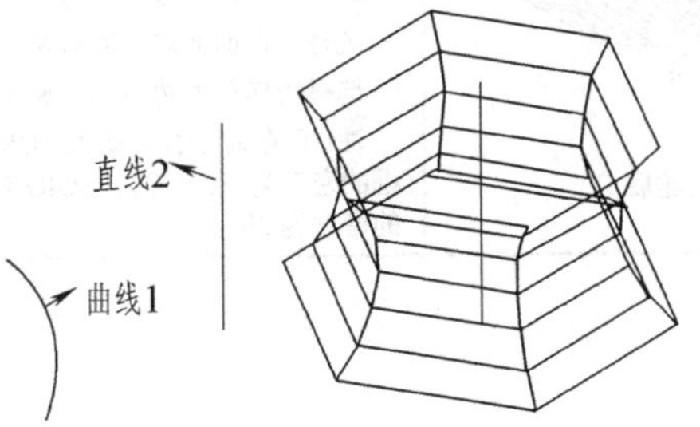 直线2 曲线1 旋转前　旋转后	命令调用方式： 菜单方式：选择“绘图(D)”→“建模(M)”→“网格(M)”→“旋转网格(M)”命令 图标方式： 键盘输入方式：REVSURF 步骤如下： 命令：REVSURF 当前线框密度：SURFTAB1=6 SURFTAB2=6 选择要旋转的对象：选择曲线 1 选择定义旋转轴的对象：选择直线 2 指定起点角度<0>：按“Enter”键 指定包含角(+=逆时针，−=顺时针) <360>：按“Enter”键
平移网格	构造一个多边形网格，此网格表示一个由路径曲线和方向矢量定义的平移曲面。路径曲线定义多边形网格的曲面，可以是直线、圆弧、圆、椭圆、二维或三维多段线 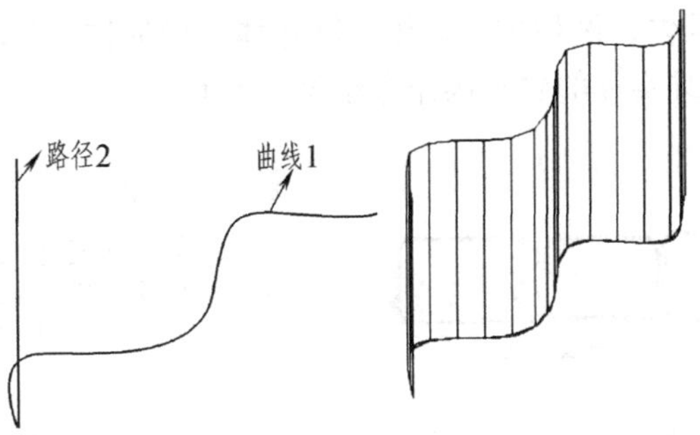 路径2 曲线1 平移前　平移后	命令调用方式： 菜单方式：选择“绘图”→“建模”→“网格”→“平移曲面”命令 图标方式： 键盘输入方式：TABSURF 步骤如下： 命令：TABSURF 当前线框密度：SURFTAB1=20 选择用作轮廓曲线的对象：选择曲线 1 选择用作方向矢量的对象：选择路径 2 注：可在命令行中输入 SURFTAB1，改变线框的密度为 20。默认值是 6，数值越大，曲线越光滑

（续）

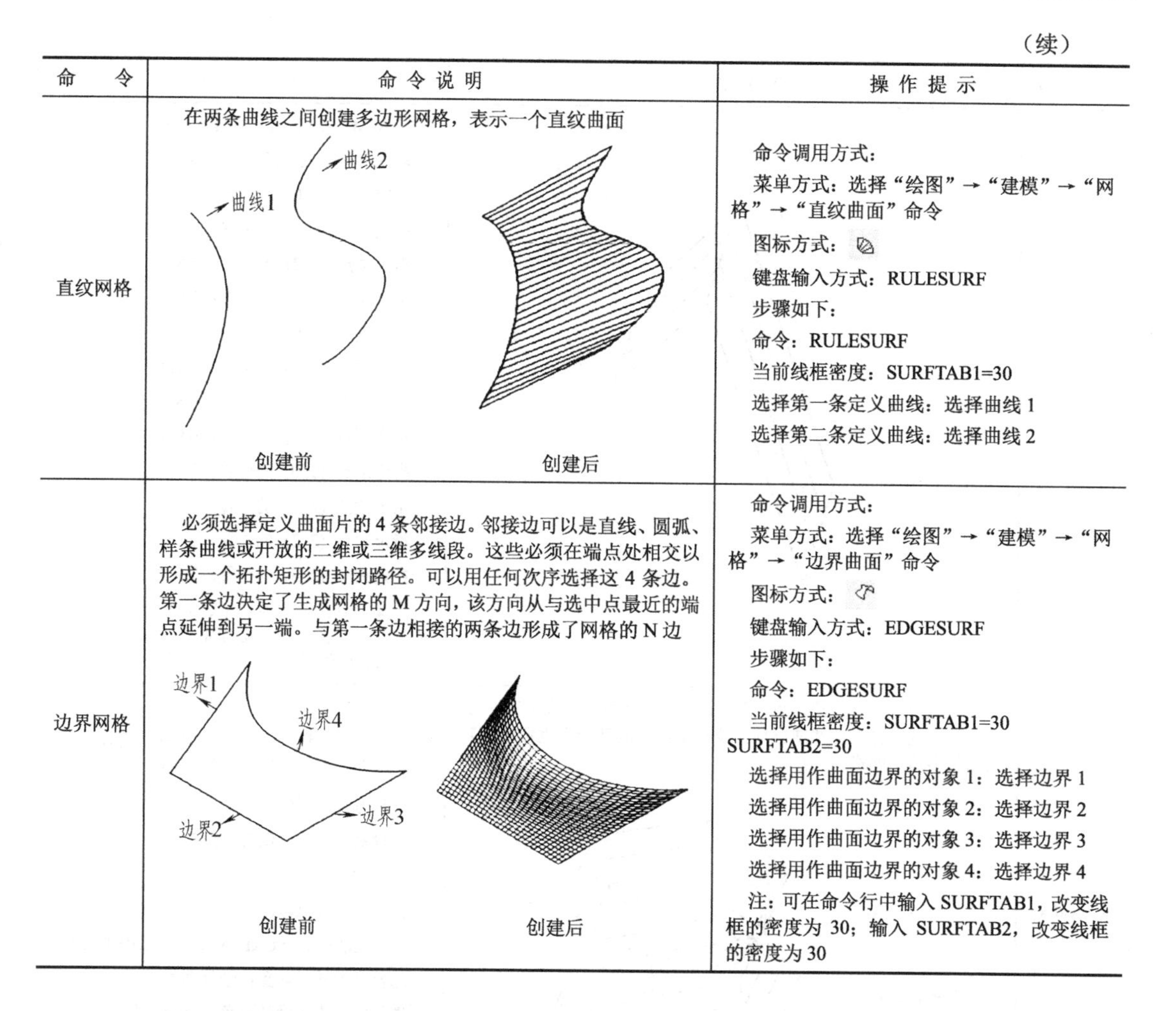

命　令	命令说明	操作提示
直纹网格	在两条曲线之间创建多边形网格，表示一个直纹曲面 曲线2 曲线1 创建前　创建后	命令调用方式： 菜单方式：选择“绘图”→“建模”→“网格”→“直纹曲面”命令 图标方式： 键盘输入方式：RULESURF 步骤如下： 命令：RULESURF 当前线框密度：SURFTAB1=30 选择第一条定义曲线：选择曲线 1 选择第二条定义曲线：选择曲线 2
边界网格	必须选择定义曲面片的 4 条邻接边。邻接边可以是直线、圆弧、样条曲线或开放的二维或三维多线段。这些必须在端点处相交以形成一个拓扑矩形的封闭路径。可以用任何次序选择这 4 条边。第一条边决定了生成网格的 M 方向，该方向从与选中点最近的端点延伸到另一端。与第一条边相接的两条边形成了网格的 N 边 边界1 边界4 边界2 边界3 创建前　创建后	命令调用方式： 菜单方式：选择“绘图”→“建模”→“网格”→“边界曲面”命令 图标方式： 键盘输入方式：EDGESURF 步骤如下： 命令：EDGESURF 当前线框密度：SURFTAB1=30 SURFTAB2=30 选择用作曲面边界的对象 1：选择边界 1 选择用作曲面边界的对象 2：选择边界 2 选择用作曲面边界的对象 3：选择边界 3 选择用作曲面边界的对象 4：选择边界 4 注：可在命令行中输入 SURFTAB1，改变线框的密度为 30；输入 SURFTAB2，改变线框的密度为 30

6.4　绘制和编辑三维实体

1. 绘制基本三维实体

“建模”工具栏中包含常用的 3 类建模方法，如图 6-15 所示。第一类是直接创建基本三维实体；第二类是由二维形体经过加工形成三维实体；第三类是对已有的两个或更多三维实体进行运算，生成新的三维实体。

基本三维实体包括：长方体、圆锥体、圆柱体、球体、圆环体、楔形体、多段体、螺旋体和棱锥体，如图 6-16 所示。基本三维实体的建模操作方法见表 6-6。

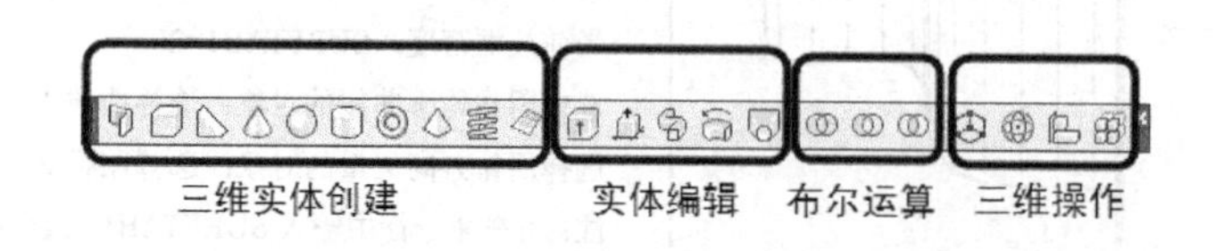

图 6-15 “建模”工具栏

多段体 长方体 楔形体 圆锥体 球体 圆柱体 圆环体 棱锥体 螺旋体 平面曲面

图 6-16 基本三维实体建模

表 6-6　基本三维实体的建模操作方法

命　令	命令说明	操作提示
多段体	绘制多段体与绘制多段线的方法相同。默认情况下，多段体始终带有一个矩形轮廓，此轮廓高 80mm，宽 5mm，可以在命令中更改。可使用此命令在模型中创建墙体 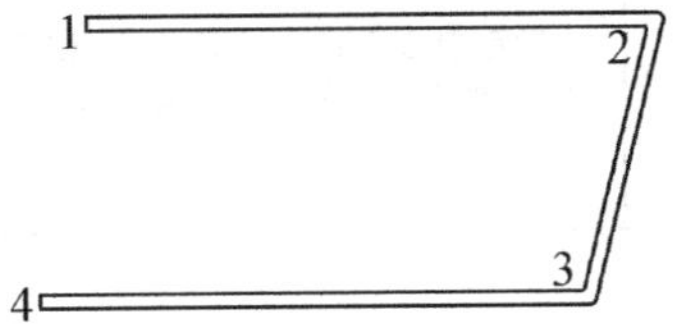	命令：单击按钮 高度=80.0000,宽度=5.0000,对正=居中 指定起点或[对象(O)/高度(H)/宽度(W)/对正(J)]<对象>：鼠标捕捉 1 点 指定下一个点或[圆弧(A)/放弃(U)]：鼠标捕捉 2 点 指定下一个点或[圆弧(A)/放弃(U)]：鼠标捕捉 3 点 指定下一个点或[圆弧(A)/闭合(C)/放弃(U)]：鼠标捕捉 4 点 指定下一个点或[圆弧(A)/闭合(C)/放弃(U)]：↙
长方体	创建长方体 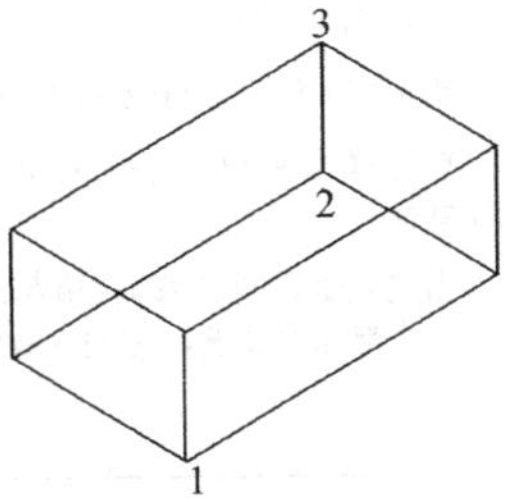	命令：单击按钮 指定第一个角点或[中心(C)]：鼠标捕捉 1 点 指定其他角点或[立方体(C)/长度(L)]：鼠标捕捉 2 点 指定高度或[两点(2P)]：鼠标捕捉 3 点 注：在输入 1、2 点时也可输入点坐标；指定高度时也可输入数值，输入正值将沿当前 Z 轴正方向绘制高度，输入负值将沿 Z 轴负方向绘制高度 若需要绘制立方体，则可在指定第二点前选择“C”，并输入立方体的长度，或用鼠标指定长度，步骤省略
楔形体	创建楔形体，使楔形体的底面与当前 XY 平面平行，斜面正对第一个角点。楔形体的高度与 Z 轴平行 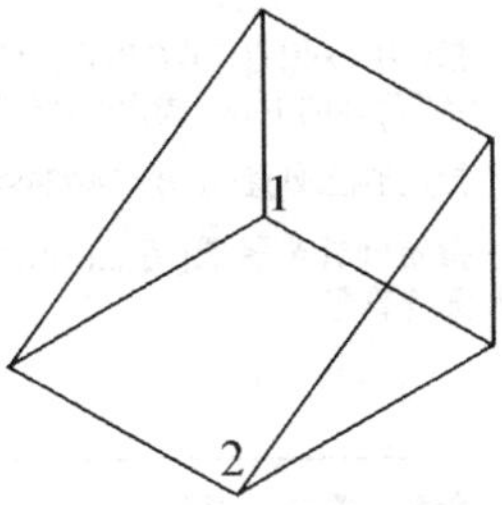	命令：单击按钮 指定第一个角点或[中心(C)]：指定底面第一个角点 1 的位置 指定其他角点或[立方体(C)/长度(L)]：指定底面对角点 2 的位置 指定高度或 [两点(2P)] <20>：指定楔形体的高度 如果在创建楔形体时使用了立方体或长度，则还可以使用“中心点”选项创建指定中心点的楔形体 注：可将图中 1、2 点的顺序颠倒，看看会发生什么情况
圆锥体	通过不同选项可创建圆锥、椭圆锥、圆台和椭圆台 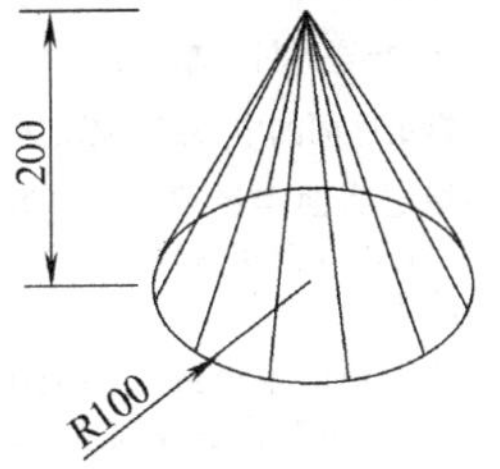	命令：单击按钮 指定底面的中心点或[三点(3P)/两点(2P)/相切、相切、半径(T)/椭圆(E)]：指定点(1)或输入选项 指定底面半径或[直径(D)]<默认值>：指定底面半径、直径或按“Enter”键指定默认的底面半径值 指定高度或[两点(2P)/轴端点(A)/顶面半径(T)]<默认值>：指定高度、输入选项或按“Enter”键指定默认高度值，使用“顶面半径”选项将创建圆台
圆柱体	创建以圆或椭圆为底面的实体圆柱体 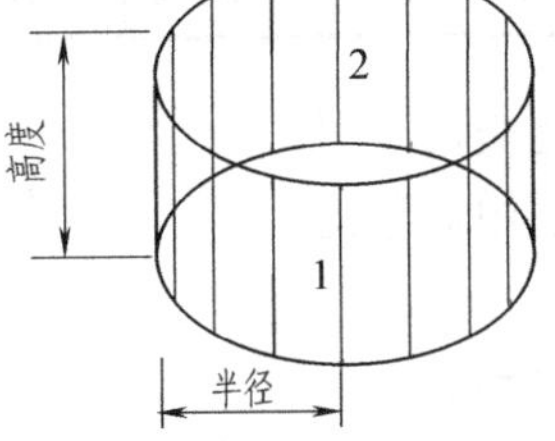	命令：单击按钮 指定底面的中心点或[三点(3P)/两点(2P)/相切、相切、半径(T)/椭圆(E)]：指定点(1)或输入选项 指定底面半径或[直径(D)]<默认值>：指定底面半径、输入 d 指定直径或按“Enter”键指定默认的底面半径值 指定高度或[两点(2P)/轴端点(A)]<默认值>：指定高度(2)、输入选项或按“Enter”键指定默认高度值

（续）

命　令	命 令 说 明	操 作 提 示
球体	创建实体球体 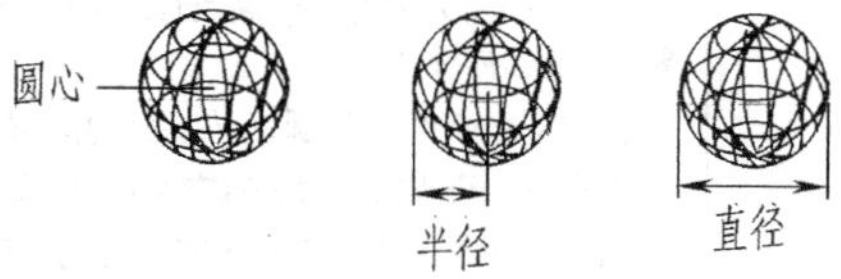 圆心 半径 直径	命令：单击按钮 指定中心点或[三点(3P)/两点(2P)/相切、相切、半径(T)]：指定点、输入半径或输入其他选项
棱锥体	创建实体棱锥体，可以定义棱锥体的侧面数（3～32） 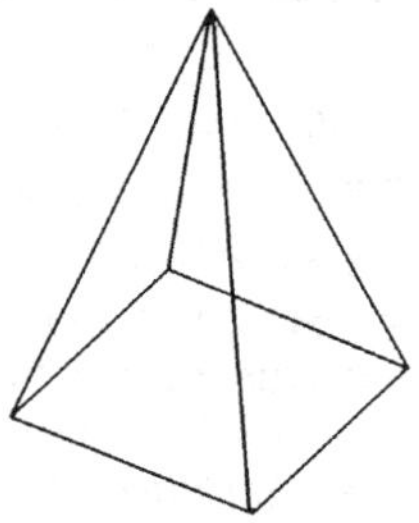	命令：单击按钮 4 个侧面外切 指定底面的中心点或[边(E)/侧面(S)]：指定底面中心点 指定底面半径或[内接(I)]<20.0000>：指定底面半径或直径 指定高度或[两点(2P)/轴端点(A)/顶面半径(T)]<83.8335>：指定棱锥体的高度，可输入数值，也可用鼠标指定点
圆环体	创建与轮胎内胎相似的环形实体 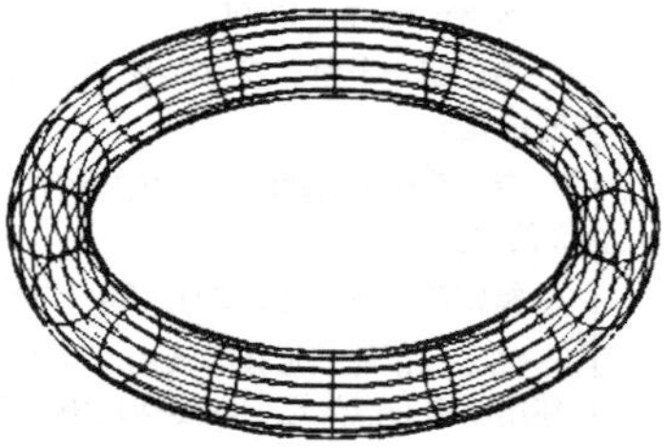	命令：单击按钮 指定中心点或[三点(3P)/两点(2P)/相切、相切、半径(T)]：指定圆环体的中心。指定圆环体的圆心点或输入选项 指定半径或[直径(D)]<24.7248>： 指定距离或输入直径 指定圆管半径或[两点(2P)/直径(D)]：指定距离或输入圆管直径
螺旋体	使用本命令可以将螺旋用作路径，例如，可以沿着螺旋路径扫掠圆，以创建弹簧实体模型 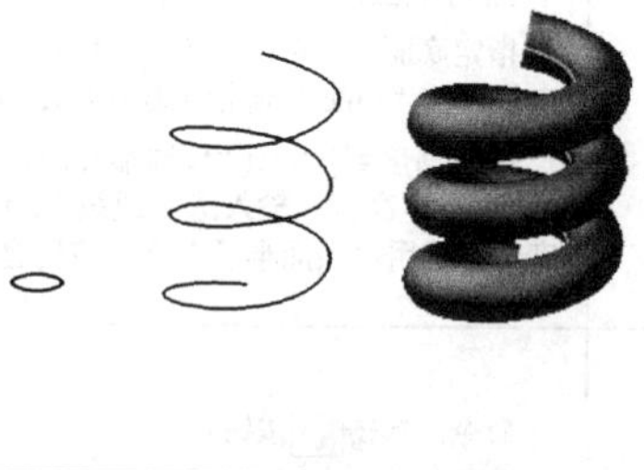	命令：单击按钮 圈数=3（默认） 扭曲=逆时针（默认） 指定底面的中心点：指定点 指定底面半径或[直径(D)]<1.0000>：指定底面半径、输入 d 指定直径或按“Enter”键指定默认的底面半径值 指定顶面半径或[直径(D)]<1.0000>：指定顶面半径、输入 d 指定直径或按“Enter”键指定默认的顶面半径值 指定螺旋高度或[轴端点(A)/圈(T)/圈高(H)/扭曲(W)]<1.0000>：指定螺旋高度或输入选项

第二类是由二维形体经过加工形成三维实体。这类命令可以通过现有的直线和曲线创建实体和曲面，也可以使用对象定义实体或曲面的轮廓和路径，如图 6-17 所示。

主要命令有拉伸、扫掠、放样、旋转等，见表 6-7。

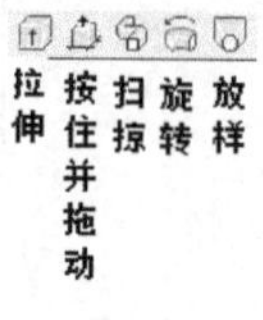

拉伸　按住并拖动　扫掠　旋转　放样

图 6-17　编辑三维实体工具栏

表 6-7　编辑三维实体的操作方法

命　令	命令说明	操作提示
拉伸	可以通过拉伸选定的对象创建实体和曲面。此命令从对象的公共轮廓创建实体或曲面 可用此命令绘制墙体、柱子及不规则形状建模，应用很广泛 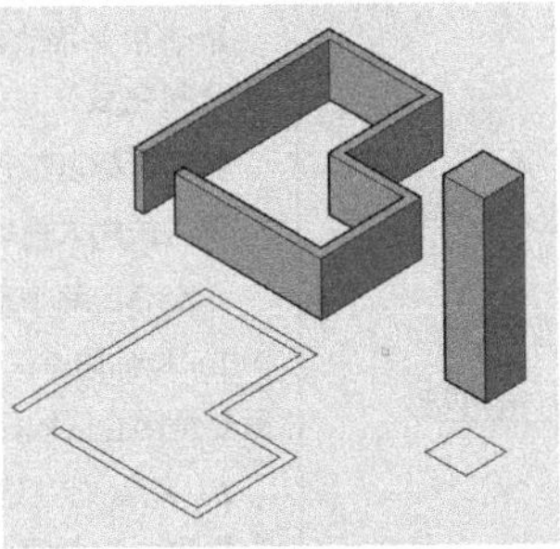	命令：单击 按钮 当前线框密度：ISOLINES=4 选择要拉伸的对象：选择要拉伸的对象，可多选↙ 指定拉伸高度或 [方向(D)/路径(P)/倾斜角(T)] <默认值>：指定高度距离或输入 p 注意，拉伸的对象是闭合的二维多段线或面域；当拉伸输入倾斜角时，可拉伸成棱台
扫掠	使用此命令，可以通过沿开放或闭合的二维或三维路径扫掠开放或闭合的平面曲线（轮廓）来创建新实体或曲面 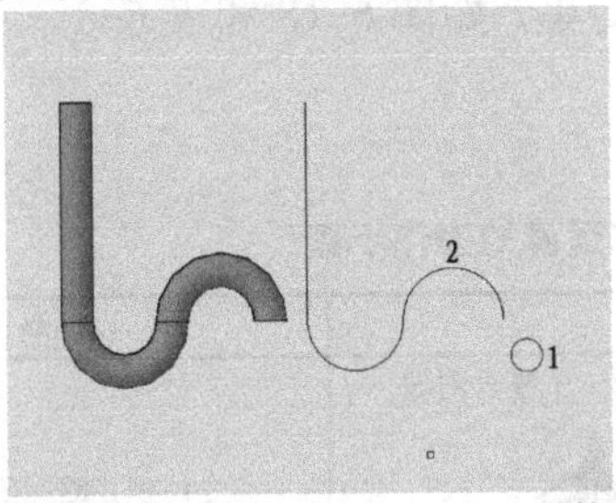 这个命令也是经常使用的一个建模命令，可多做练习，加深了解	完成图中左侧某段水管的建模：可先绘制图形右边所示的圆(1)和多段线(2) 命令：单击 按钮 当前线框密度：ISOLINES=16 选择要扫掠的对象：选择圆(1)并按“Enter”键 选择扫掠路径或 [对齐(A)/基点(B)/比例(S)/扭曲(T)]：选择二维扫掠路径(2)
放样	使用放样命令，可以通过指定一系列横截面来创建新的实体或曲面，如下图所示 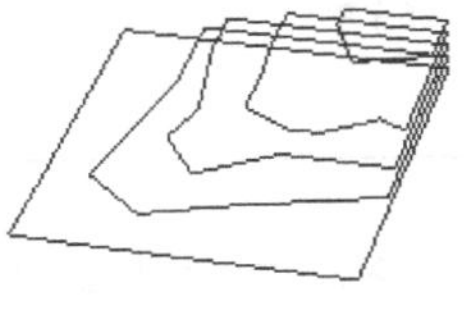 横截面 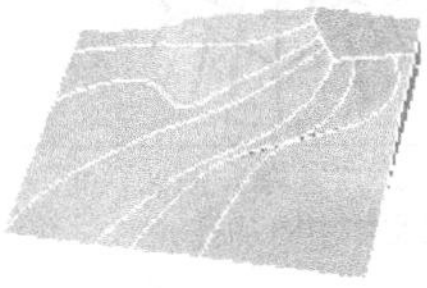　　放样实体	命令：单击 按钮 按放样次序选择横截面：按照曲面或实体将要通过的次序选择开放或闭合的曲线 输入选项 [引导(G)/路径(P)/仅横截面(C)] <仅横截面>：按“Enter”键使用选定的横截面，从而显示“放样设置”对话框，或输入选项 注意，用此命令时必须指定至少两个横截面
旋转	使用旋转命令，可以通过绕轴旋转开放或闭合对象来创建实体或曲面。旋转对象定义实体或曲面的轮廓 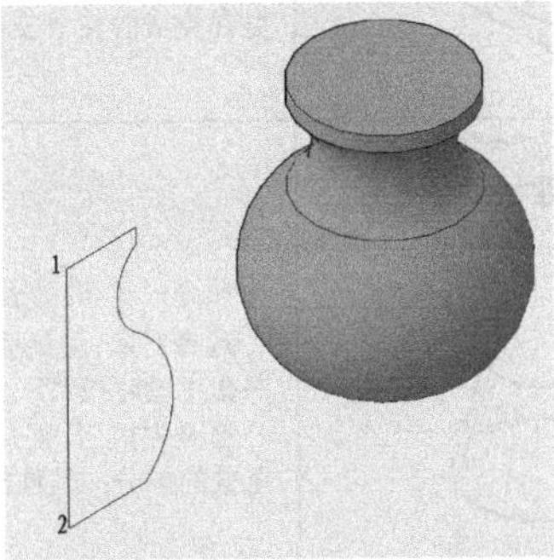 这个命令也是经常使用的一个建模命令，可多做练习，加深了解	命令：单击 按钮 当前线框密度：ISOLINES=16 选择要旋转的对象：选择绘制的二维多段线 指定轴起点或根据以下选项之一定义轴 [对象(O)/X/Y/Z] <对象>：指定点或按“Enter”键可选择轴对象，或输入选项 指定轴端点：指定点 (2) 指定旋转角度或 [起点角度(ST)] <360>：指定角度或按“Enter”键

（续）

命　　令	命 令 说 明	操 作 提 示
压入或拔出	可以通过按住“Ctrl+Alt”组合键，然后拾取区域来按住或拖动有限区域。区域必须是由共面直线或边围成的区域 实体上的有限区域（圆）　压入的有限区域　拔出的有限区域	步骤如下： 命令：单击按钮 按住“Ctrl+Alt”组合键 单击由共面直线或边围成的任意区域（提前绘制完成） 拖动鼠标以按住或拖动有限区域 单击或输入值以指定高度 此命令的两个重要功能如下： 1）拉伸闭合区域。和拉伸命令不同的是，只要是闭合区域即可，不一定是多段线或面域 2）能够向三维实体中压入或从三维实体中拔出一定的区域内的实体

第三类是对已有的两个或更多三维实体进行布尔运算，生成新的三维实体。布尔运算共 3 种：并集、差集、交集，如图 6-18 和表 6-8 所示。

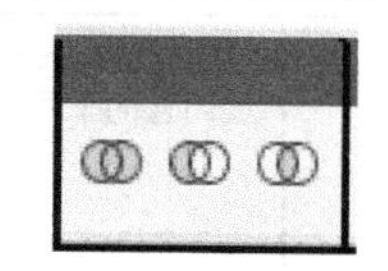

图 6-18　布尔运算

表 6-8　布尔运算的操作步骤

命　　令	命 令 说 明	操 作 提 示
并集	可以将两个或两个以上实体（或面域）合并为一个复合对象	命令：单击按钮 选择对象：用鼠标选择需要合并的实体并在结束选择对象时按“Enter”键 命令完成后，合并的实体成为一个整体，不可分开
差集	可以从一组实体中删除与另一组实体的公共区域。例如，可以使用此命令从对象中减去圆锥体，从而在实体中添加孔	命令：单击按钮 选择要从中减去的实体或面域... 选择对象：用鼠标选择被减的实体并在完成时按“Enter”键 选择要减去的实体或面域... 选择对象：用鼠标选择需要减掉的实体部分并在完成时按“Enter”键
交集	可以通过两个或两个以上重叠实体的公共部分创建复合实体。此命令用于删除非重叠部分，并通过公共部分创建复合实体	命令：单击按钮 选择对象：用鼠标选择两个或多个重叠实体并在完成时按“Enter”键 命令完成后，剩余的实体为两个或多个实体重叠的部分，其他部分则自动删除

2. 编辑三维实体

（1）阵列三维实体

1）三维矩形阵列的操作步骤见表 6-9。

表 6-9　三维矩形阵列的操作步骤

操 作 提 示	图　示
先创建一个三维实体	
命令：选择“修改”→“三维操作”→“三维阵列”命令 选择对象：用鼠标选择圆台 指定对角点：找到 1 个 选择对象：↙ 输入阵列类型 [矩形(R)/环形(P)] <矩形>：R 输入行数 (···) <1>：4 输入列数 (|||) <1>：3 输入层数 (···) <1>：2 指定行间距 (···)：　指定第二点：间距要大于形体的宽度 指定列间距 (|||)：　指定第二点：间距要大于形体的长度 指定层间距 (···)：　指定第二点：间距要大于形体的高度	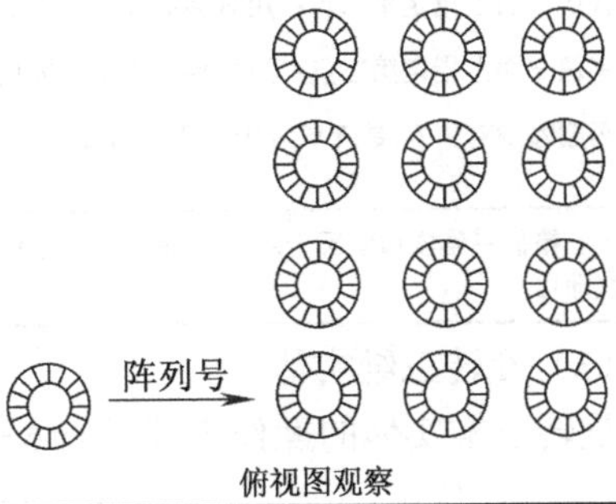 阵列号 俯视图观察
提示：三维阵列和二维阵列相比，只是多了一个层阵列，其他并没有太大不同	 动态消隐观察

2）三维环形阵列的操作步骤见表 6-10。

表 6-10　三维环形阵列的操作步骤

操 作 提 示	图　示
命令：_3darray 选择对象：用鼠标选择圆台 找到 1 个，选择对象：↙ 输入阵列类型 [矩形(R)/环形(P)] <矩形>：P 输入阵列中的项目数目：6 指定要填充的角度 (+=逆时针, -=顺时针) <360>：↙ 旋转阵列对象？ [是(Y)/否(N)] <Y>：Y↙ 指定阵列的中心点：用鼠标选择长方体底边中点 1 指定旋转轴上的第二点：用鼠标选择长方体底边中点 2	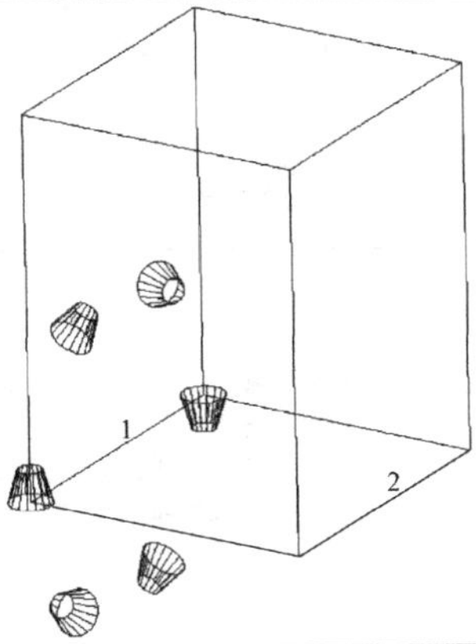 1 2
提示：三维环形阵列是给定一个旋转轴，由对象绕旋转轴进行环形阵列	

（2）镜像三维实体

镜像三维实体的操作步骤见表6-11。

表6-11 镜像三维实体的操作步骤

操作提示	图示
命令：mirror3d或从菜单中选择 选择对象：用鼠标选择圆台 指定镜像平面（三点）的第一个点或[对象(O)/最近的(L)/Z轴(Z)/视图(V)/XY平面(XY)/YZ平面(YZ)/ZX 平面(ZX)/三点(3)] <三点>：用鼠标选择长方体底边中点1 在镜像平面上指定第二点：用鼠标选择长方体底边顶点2 在镜像平面上指定第三点：用鼠标选择长方体顶边顶点3 是否删除源对象？[是(Y)/否(N)] <否>：N↙	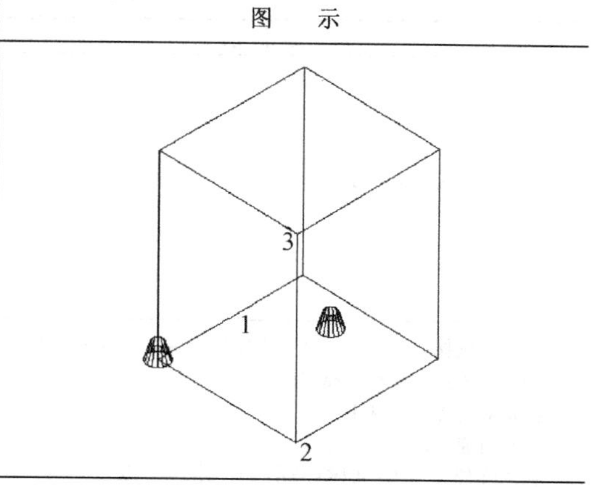
提示：镜像三维实体实际上相当于确定一个镜面，从而求得反射影像的命令。因此，只要根据需要确定镜面（三点或一个面）的位置即可	

（3）旋转三维实体

旋转三维实体的操作步骤见表6-12。

表6-12 旋转三维实体的操作步骤

1）菜单：选择“修改”→“三维操作”→“三维旋转”命令 2）选择要旋转的对象和子对象 3）选择对象后，按“Enter”键 4）将显示附着在光标上的旋转夹点工具 5）单击以放置旋转夹点工具，指定移动的基点 6）将光标悬停在夹点工具上的旋转轴句柄上，直到光标变为黄色并显示矢量，然后单击旋转轴句柄	
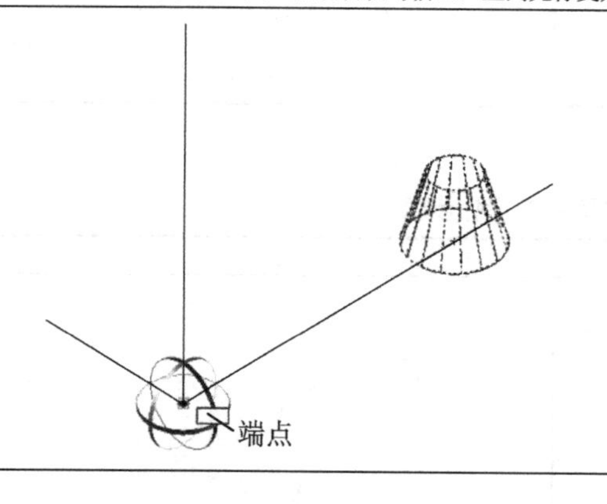	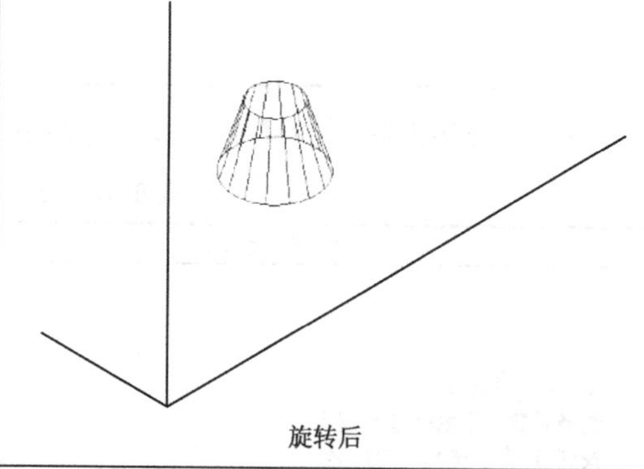 旋转后
提示：在三维旋转命令操作过程中，会出现如右图所示的旋转轴句柄及中心框。一般情况下，我们可以将中心框看作是旋转的基点，而旋转轴句柄则是计算机设定好的旋转轴方向指示，当鼠标指向其中之一时，被指的旋转轴句柄颜色发生改变，实体则会沿着轴的方向旋转	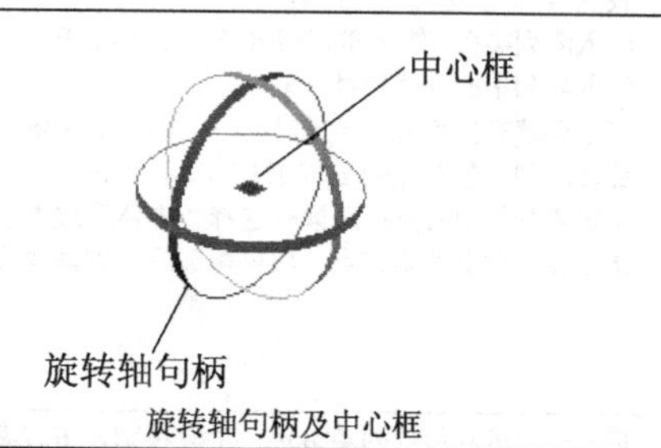 旋转轴句柄及中心框

任务实施

对于住宅空间的三维建模，只要将住宅的墙体拉伸成固定高度，然后用布尔运算在墙体上开门窗洞，加上窗子和顶面，即可完成建筑外观的绘制。

内部家具的建模可参考前面基础命令部分，然后做成图块，直接插入即可。

整个任务可分解为 4 部分完成，分别命名为任务 1、任务 2、任务 3 和任务 4。

任务 1．墙体建模

1）新建图形，命名为“住宅建模”，并设置图层，分别设置为“外墙”、“内墙”、“屋顶”、“台阶”、“窗”、“家具”、“电器”、“隔断”、“天花”、“植物”、“辅助”图层，可自行根据需要设定，如图 6-19 所示。

状	名称	开.	冻结	锁...	颜色	线型	线宽	透明度
	0				白	Continuous	—— 默认	0
	Defpoints				白	Continuous	—— 默认	0
	窗				32	Continuous	—— 默认	0
	电器				青	Continuous	—— 默认	0
	辅助				红	Continuous	—— 默认	0
	隔断				绿	Continuous	—— 默认	0
	家具				洋...	Continuous	—— 默认	0
	内墙				251	Continuous	—— 默认	0
	台阶				蓝	Continuous	—— 默认	0
	天花				200	Continuous	—— 默认	0
	外墙				白	Continuous	—— 默认	0
	屋顶				蓝	Continuous	—— 默认	0
	植物				102	Continuous	—— 默认	0

图 6-19　设置图层

2）绘制或复制住宅墙体，将第 3 章中的图 3-1（住宅平面布局图）复制到本图 0 层。换到“外墙”图层，并锁定 0 层。为了建模方便，可添加图层并在新图层上重新绘制外墙，使用多段线命令绘制多段线 1，并偏移出多段线 2，如图 6-20 所示。

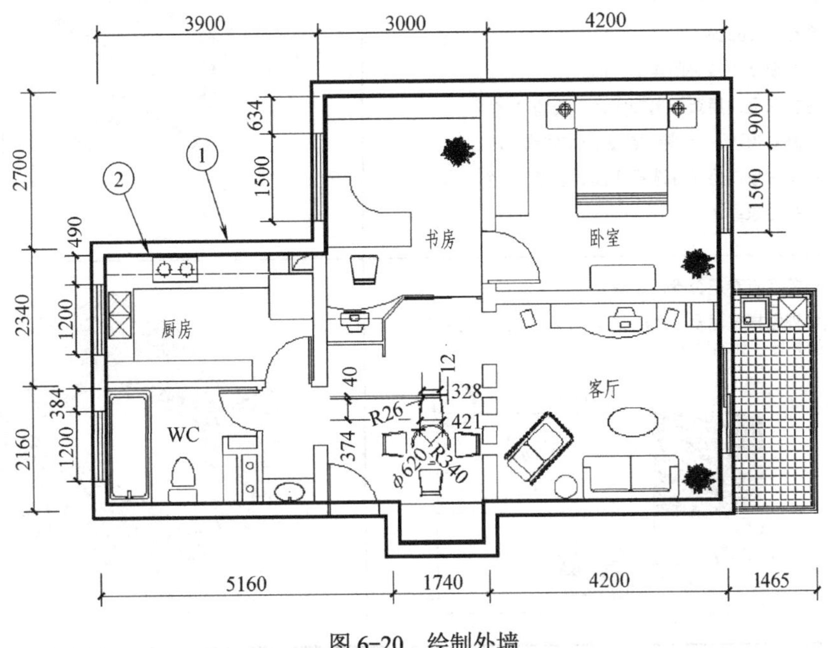

图 6-20　绘制外墙

3）墙体建模过程见表 6-13。

表 6-13 墙体建模过程

步骤	操作说明	
1	将工作空间调整至三维建模空间。将绘制好的两条多段线复制到旁边作图	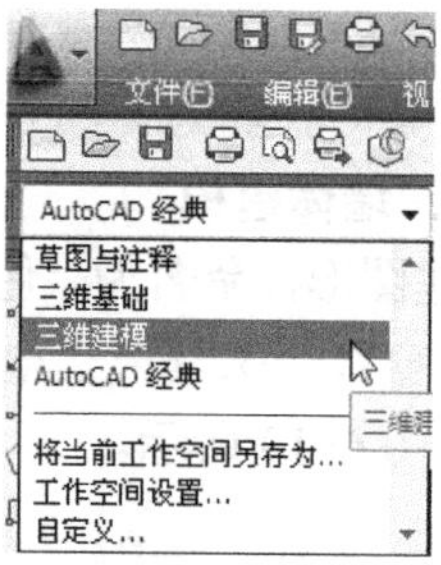
2	调出“视图”工具栏，并将视图换到“西南等轴测图”，如右图所示	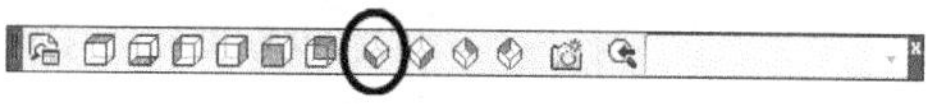
3	拉伸墙体 命令：_extrude 当前线框密度：ISOLINES=4 选择要拉伸的对象：（选择刚刚绘制的两条多段线） 指定对角点：找到 2 个 选择要拉伸的对象：↙ 指定拉伸的高度或 [方向(D)/路径(P)/倾斜角(T)]：3000↙ 注意，在输入拉伸高度时，不要单击鼠标	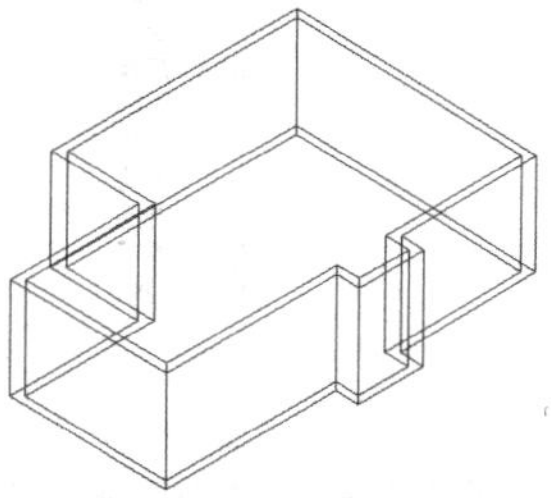
4	布尔运算 命令：单击 按钮 命令：_subtract 选择要从中减去的实体或面域... 选择对象：用鼠标选择实体 1 找到 1 个 选择对象：↙ 选择要减去的实体或面域... 选择对象：用鼠标选择实体 2 找到 1 个 选择对象：↙	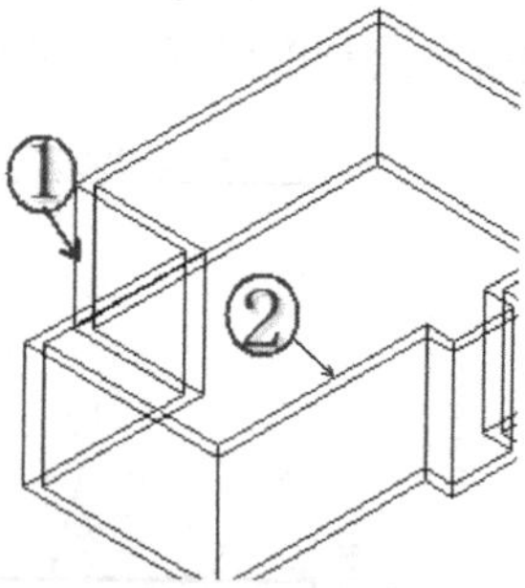
5	检验（查看是否操作正确） 将视觉样式调整至“真实”，如下图所示。可看到拉伸后的外墙，如右图所示 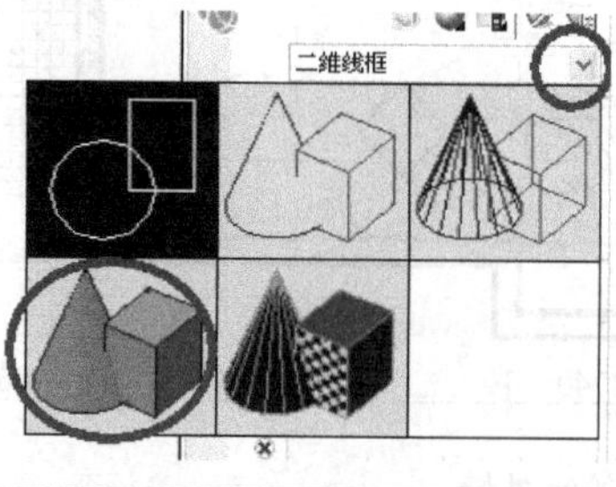	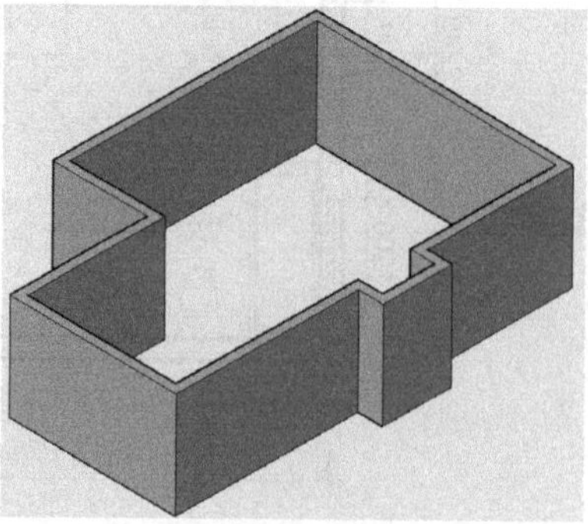

任务 2. 门窗及阳台建模

1）做门窗洞，具体步骤见表 6-14。

回到“二维线框”视觉样式，并选择“俯视”视图。

表 6-14　门窗洞的建模过程

步　骤	操作说明	
1	确定窗洞 在平面图的门窗位置绘制矩形（可用 REC 命令） 在阳台位置绘制阳台栏板外墙线，并向内偏移出内墙线，如图所示（可用 PL 命令），步骤省略	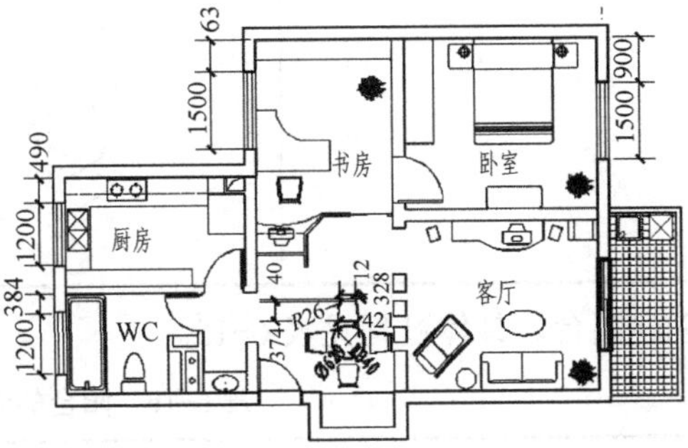 63 1500 490 1200 384 1200 900 1500 书房 卧室 厨房 客厅 WC 40 12 328 42 374 R26
2	拉伸窗子 将上一步绘制好的图形复制到三维图的合适位置，如左图所示；然后拉伸，拉伸高度为 1800，如右图所示	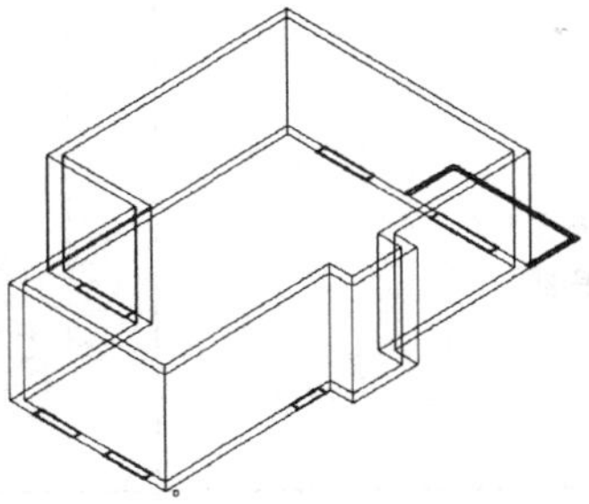 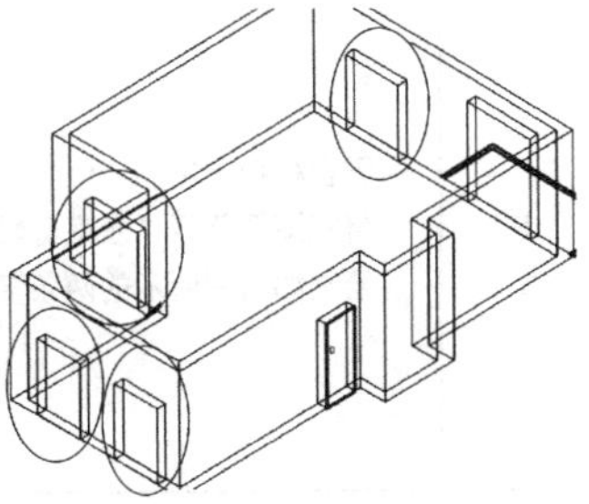
3	移动窗子 将视图调整至“前视图”，并将窗子向上移动 900	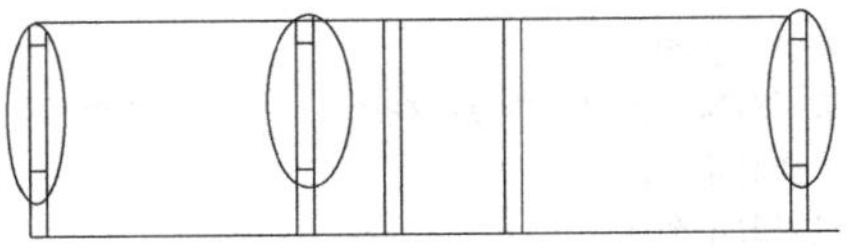
4	拉伸入户门及阳台 门 1 高为 2000，门 2 高为 2400	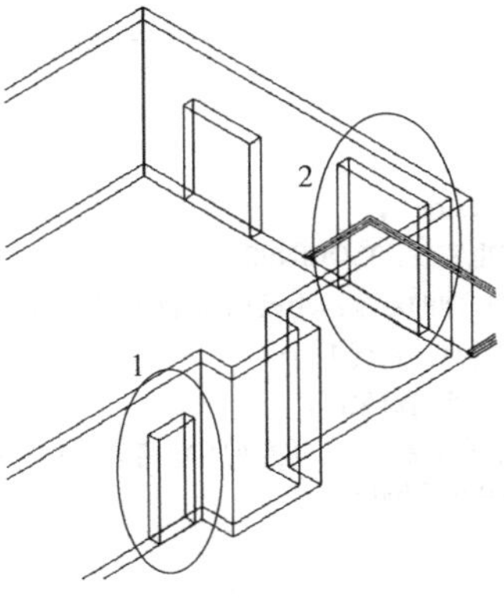 2 1

（续）

步　骤	操 作 说 明	
5	利用布尔运算生成门窗洞口	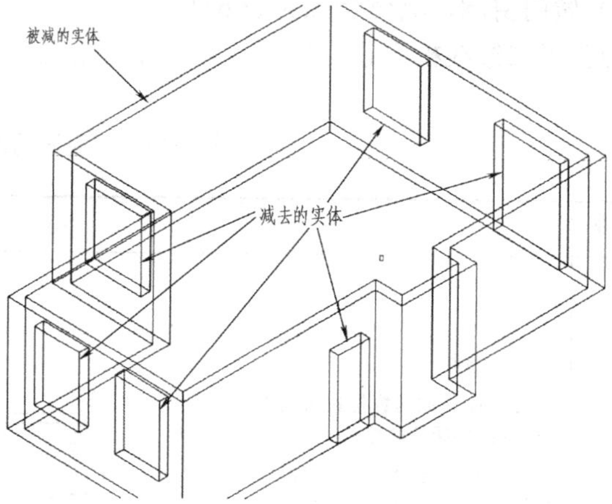

2）创建阳台，具体过程见表 6-15。

表 6-15　阳台的建模过程

步　骤	操 作 说 明	
1	阳台栏板建模 将视图调整至“东南等轴测图” 绘制如右图所示的两条多段线	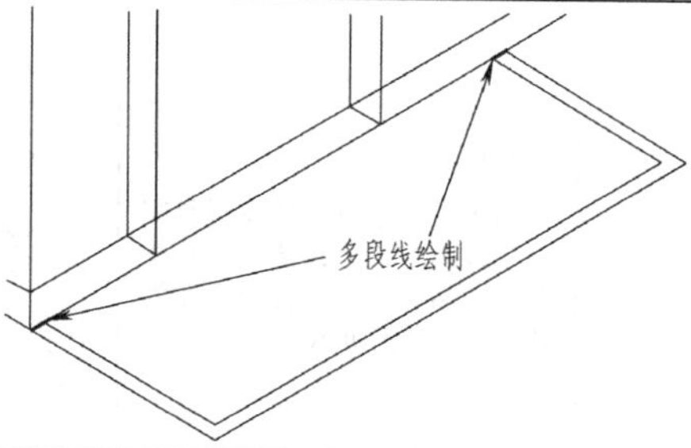
2	创建面域 命令：_region↙ 选择对象：指定对角点：找到 4 个，总计 4 个 选择对象：↙ 已提取 1 个环 已创建 1 个面域	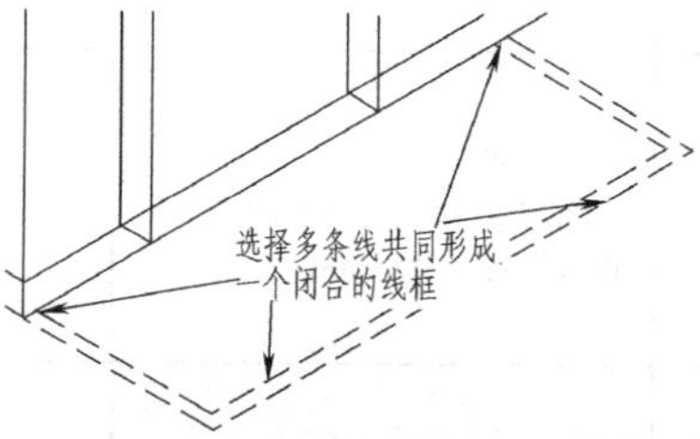
3	命令：_extrude↙ 当前线框密度：ISOLINES=4 选择要拉伸的对象：用鼠标选择刚刚创建的面域 指定对角点：找到 1 个 选择要拉伸的对象：↙ 指定拉伸的高度或 [方向(D)/路径(P)/倾斜角(T)] <2400.0000>：1200↙	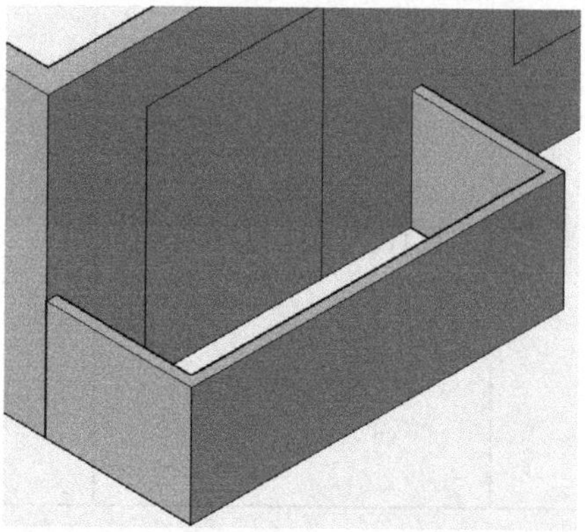

上述两步完成后，效果如图 6-21 所示。

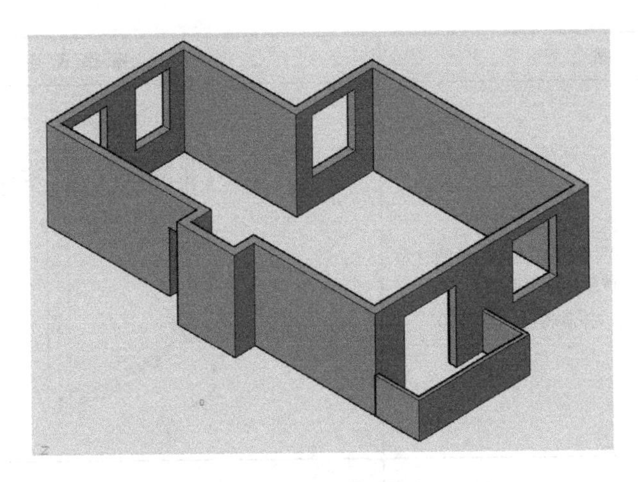

图 6-21　阳台建模完成后的效果

3）做窗子细部并复制到指定位置，具体过程见表 6-16。

表 6-16　窗户的建模过程

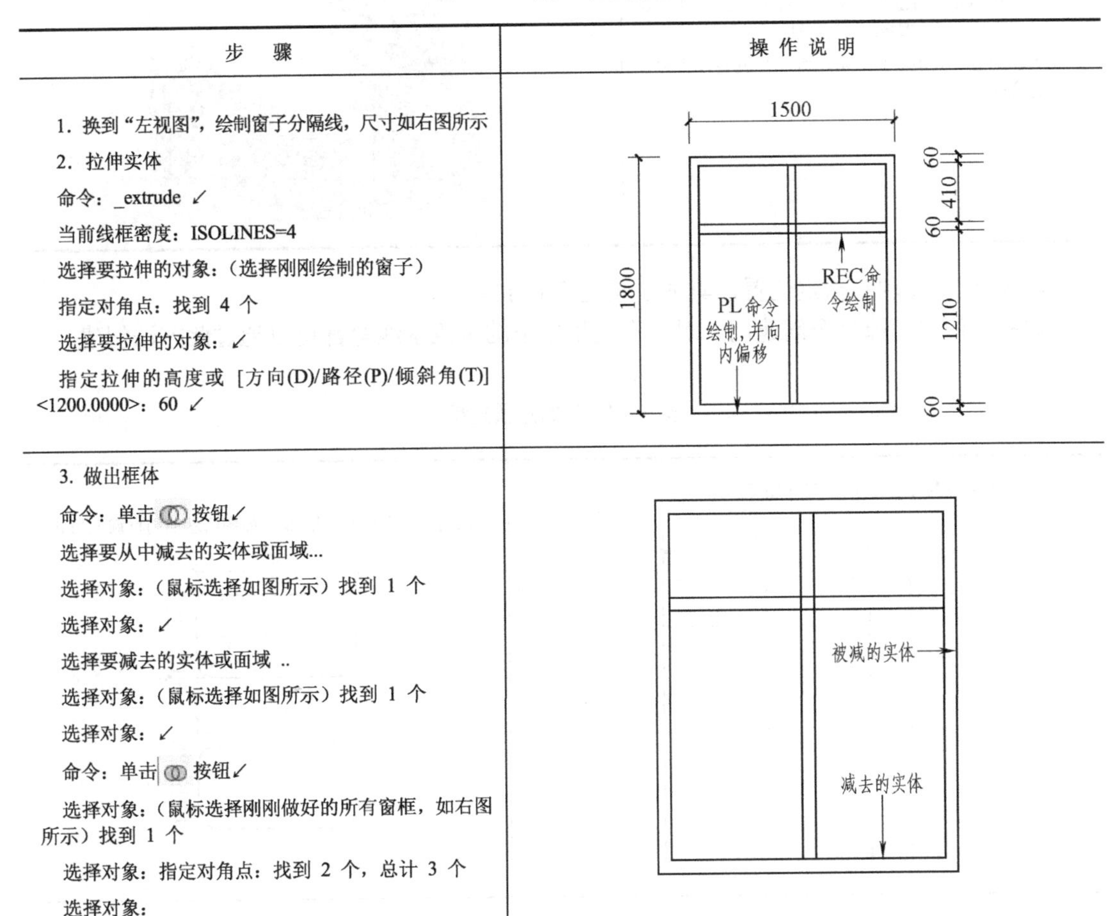

步　骤	操 作 说 明
1. 换到“左视图”，绘制窗子分隔线，尺寸如右图所示 2. 拉伸实体 命令：_extrude ↙ 当前线框密度：ISOLINES=4 选择要拉伸的对象：（选择刚刚绘制的窗子） 指定对角点：找到 4 个 选择要拉伸的对象：↙ 指定拉伸的高度或 [方向(D)/路径(P)/倾斜角(T)] <1200.0000>：60 ↙	
3. 做出框体 命令：单击按钮↙ 选择要从中减去的实体或面域... 选择对象：（鼠标选择如图所示）找到 1 个 选择对象：↙ 选择要减去的实体或面域 .. 选择对象：（鼠标选择如图所示）找到 1 个 选择对象：↙ 命令：单击按钮↙ 选择对象：（鼠标选择刚刚做好的所有窗框，如右图所示）找到 1 个 选择对象：指定对角点：找到 2 个，总计 3 个 选择对象：	

（续）

步　骤	操 作 说 明
4. 加入窗玻璃 单击按钮绘制玻璃。尺寸如图，注意，绘制时为了区分玻璃和窗框，要换一种颜色绘制玻璃 做好后，将窗子定义为块，并命名为“窗 1500”	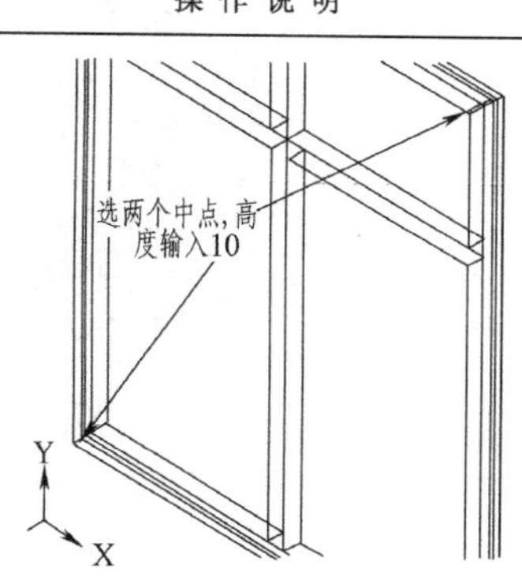
5. 复制或插入窗子 其中 1200mm 宽的窗子可以选择插入“窗 1500”。在插入时，X 方向比例调整为 0.8 即可 插入窗子后，效果如图所示，可自行调整视图和视觉样式观察	

4）做门并复制到指定位置，具体过程见表 6-17。

本例中使用扫掠命令创建门，对于有造型要求的窗或木线等都可以通过此方法创建。

表 6-17　门的建模过程

1. 换到“左视图”，绘制门，尺寸如图所示	2. 换到“俯视图”，绘制如图所示的门框截面形状
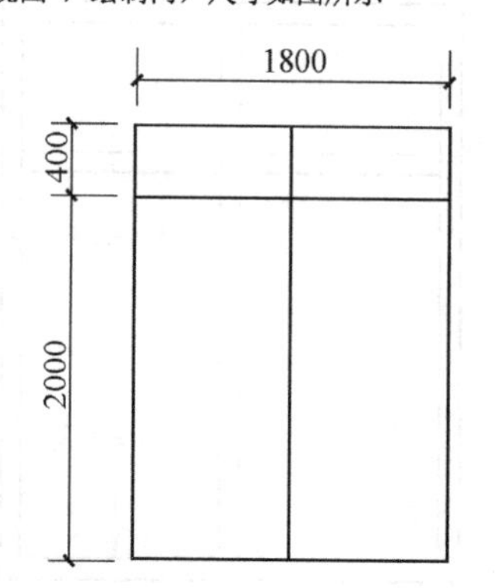	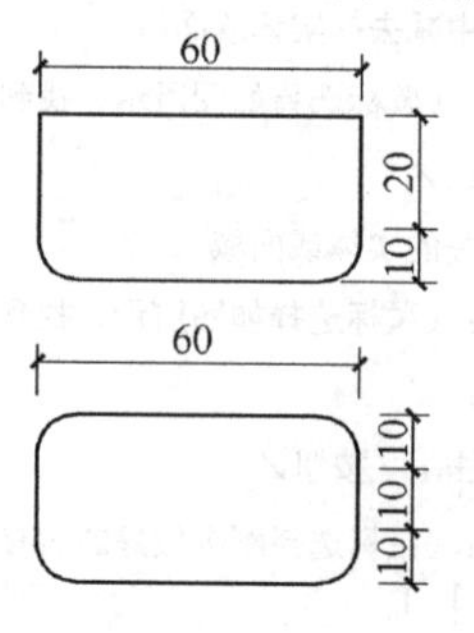

（续）

3．移动门框截面到合适位置，如图所示 注：即使不移动截面，也可以扫掠创建图形 4．利用扫掠命令创建窗框 命令：isolines↙ 输入 ISOLINES 的新值 <4>：8↙ 命令：单击按钮 当前线框密度：ISOLINES=8 选择要扫掠的对象：（鼠标选择扫掠对象 1）找到 1 个 选择要扫掠的对象：↙ 选择扫掠路径或 [对齐(A)/基点(B)/比例(S)/扭曲(T)]：（鼠标选择扫掠路径 1） 用同样的方法扫掠对象 2	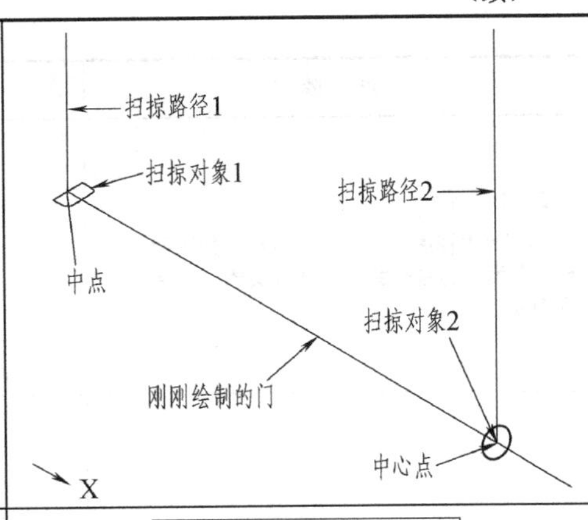
5．同样，扫掠门横框。利用布尔运算合并所有门框。加入玻璃，方法见表 6-16 中步骤 4	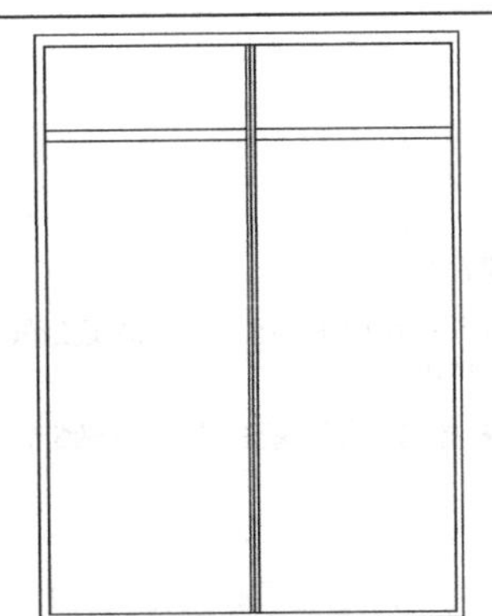
6．完成效果如图所示，可自行调整视图和视觉样式观察	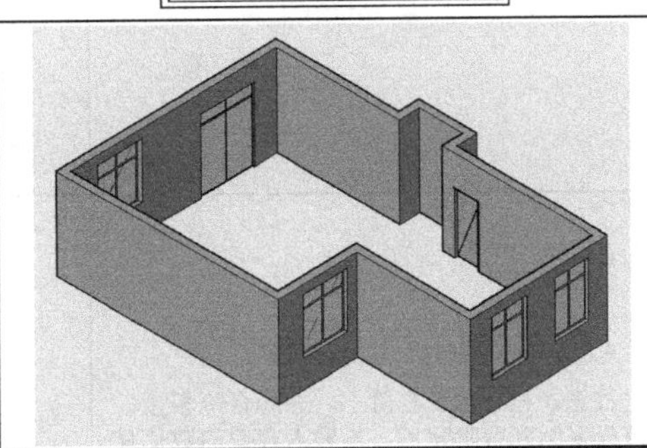

任务 3．创建屋顶、台基和台阶等

屋顶、台基和台阶等的建模过程见表 6-18。

表 6-18　屋顶、台基、台阶等的建模过程

步　骤	操 作 说 明
1．换到“屋顶”图层 从平面图中复制两个建筑外轮廓，分别拉伸 260 高和 600 高。分别移动到建筑的屋顶和台基处	

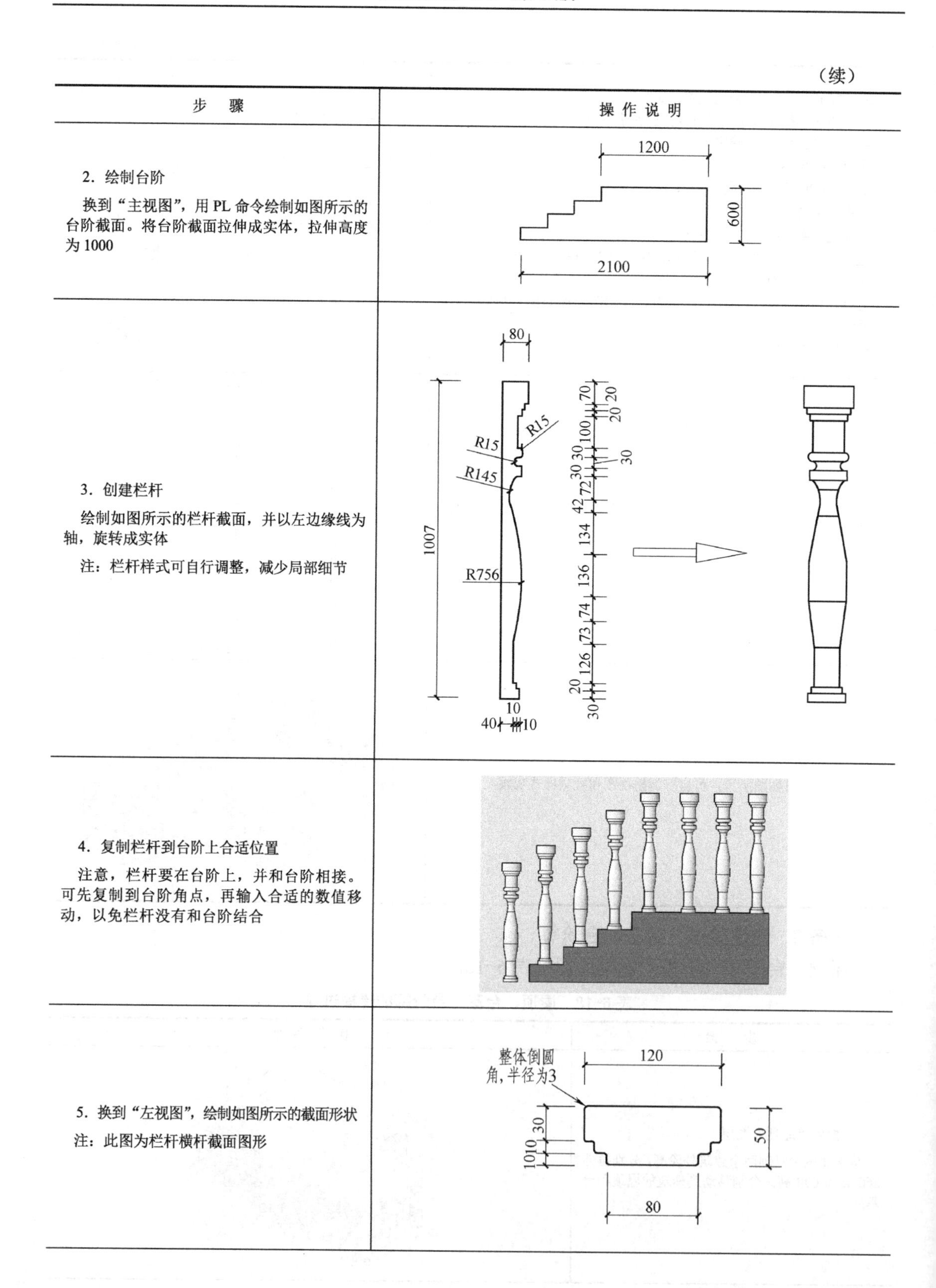

（续）

步　骤	操作说明
2. 绘制台阶 换到“主视图”，用 PL 命令绘制如图所示的台阶截面。将台阶截面拉伸成实体，拉伸高度为 1000	
3. 创建栏杆 绘制如图所示的栏杆截面，并以左边缘线为轴，旋转成实体 注：栏杆样式可自行调整，减少局部细节	
4. 复制栏杆到台阶上合适位置 注意，栏杆要在台阶上，并和台阶相接。可先复制到台阶角点，再输入合适的数值移动，以免栏杆没有和台阶结合	
5. 换到“左视图”，绘制如图所示的截面形状 注：此图为栏杆横杆截面图形	

（续）

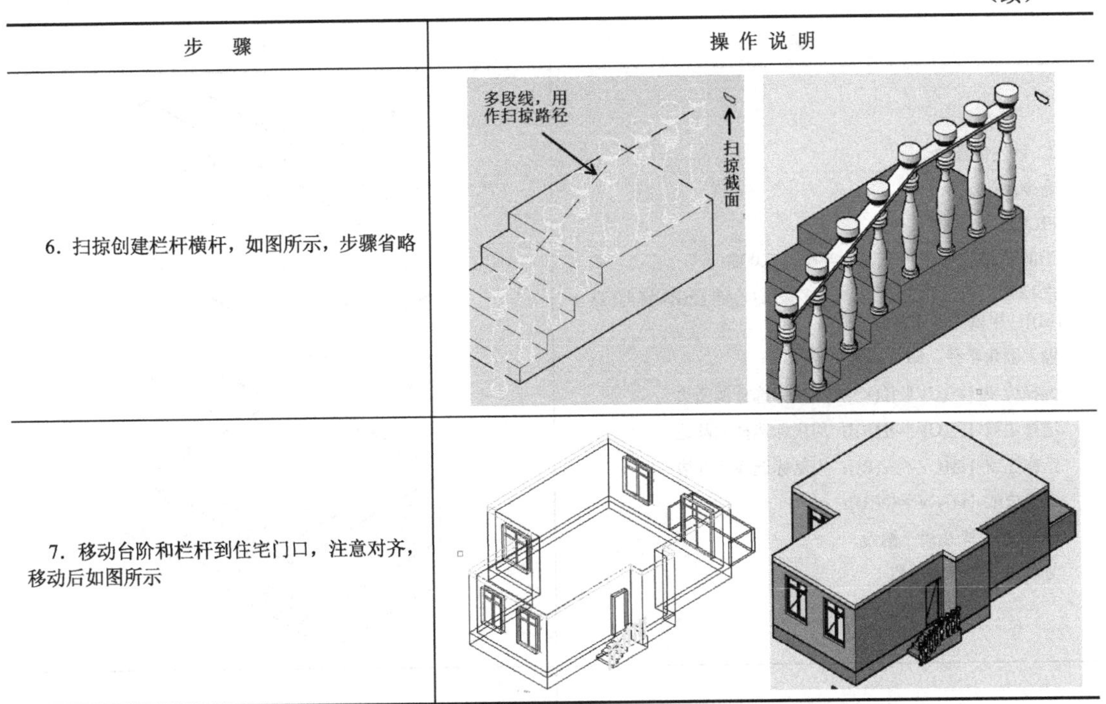

步　骤	操 作 说 明
6．扫掠创建栏杆横杆，如图所示，步骤省略	
7．移动台阶和栏杆到住宅门口，注意对齐，移动后如图所示	

注意，若只是对建筑外观建模，则上述操作即可完成，可根据需要配置植物和配景，完成图形。若还需要内部家具等，则需要分解任务4。

任务4．家具建模

在前面介绍基本命令时，已经创建了简单的家具，下面以沙发为例介绍家具的建模，具体操作步骤见表6-19。

表6-19　沙发的建模过程

步　骤	操 作 说 明
1．绘制沙发平面 也可以复制住宅中的沙发平面。注意，扶手要绘制成闭合的二维线条，并倒圆角，圆角半径为20	
2．基本建模 命令：单击 按钮 指定第一个角点或［中心(C)］：用鼠标选定角点 指定其他角点或［立方体(C)/长度(L)］：用鼠标选定另一个角点 指定高度或［两点(2P)］<400.0000>：350↙	

（续）

步　骤	操作说明
3．沙发倒圆角 命令：f↙ FILLET 当前设置：模式 = 修剪，半径 = 0.0000 选择第一个对象或 [放弃(U)/多段线(P)/半径(R)/修剪(T)/多个(M)]：用鼠标选择倒圆边 输入圆角半径：50 选择边或 [链(C)/半径(R)]：用鼠标选择倒圆边 选择边或 [链(C)/半径(R)]：用鼠标选择倒圆边 选择边或 [链(C)/半径(R)]：用鼠标选择倒圆边 选择边或 [链(C)/半径(R)]：↙ 已选定 4 个边用于圆角 复制另一个沙发座椅	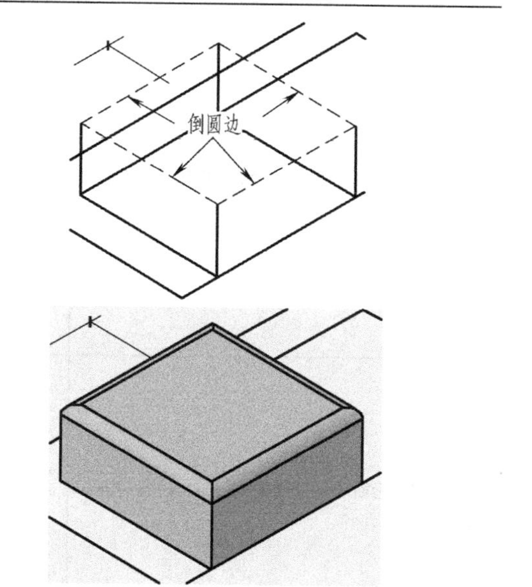
4．拉伸扶手 命令：_extrude 当前线框密度：ISOLINES=4 选择要拉伸的对象：（选择扶手平面）找到 1 个 选择要拉伸的对象：（选择扶手平面） 指定拉伸的高度或 [方向(D)/路径(P)/倾斜角(T)] <650.0000>：650↙	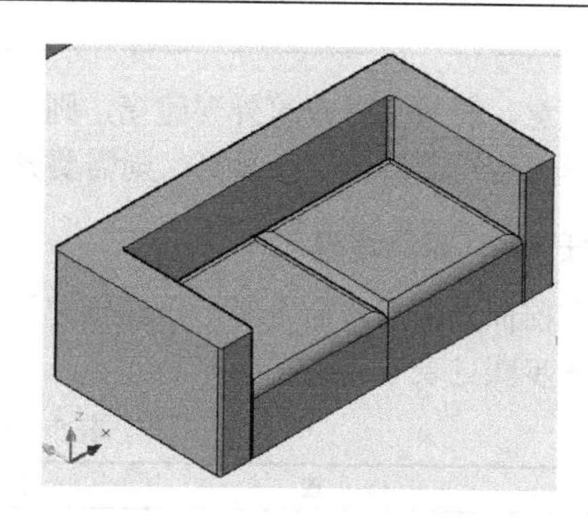
5．倒圆扶手 命令：f↙ FILLET 当前设置：模式 = 修剪，半径 = 20.0000 选择第一个对象或 [放弃(U)/多段线(P)/半径(R)/修剪(T)/多个(M)]：↙选择其中一个边 输入圆角半径 <20.0000>：↙ 选择边或 [链(C)/半径(R)]：（选择右图中虚线） 注意，要把扶手轮廓线上的小圆弧选上	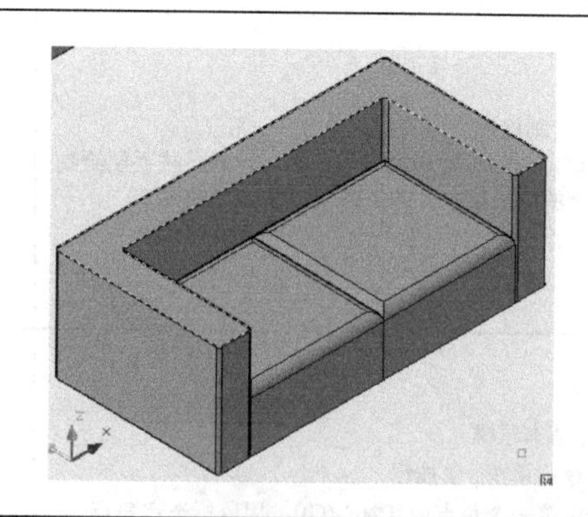

在主要的家具模型和空间模型完成之后，可以使用 DVIEW 命令生成透视图，通过使用照相机的原理在空间任意一点来观察图形，达到人眼能观察的透视效果。

本章小结

本章通过对住宅空间的三维建模，使学生掌握使用 CAD 软件进行三维建模的操作方法和技巧，能够对家具和基本的室内空间进行建模、着色及生成透视，加强三维建模的操作能力。

上机训练

使用三维建模命令绘制如图 6-22 和图 6-23 所示的图形。

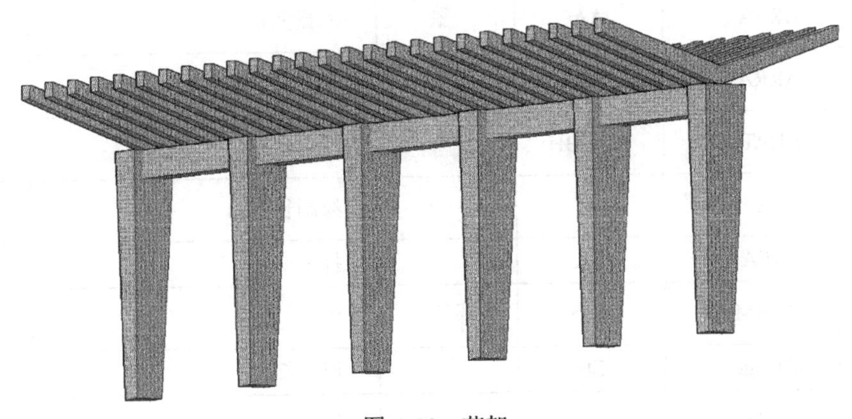

图 6-22 花架

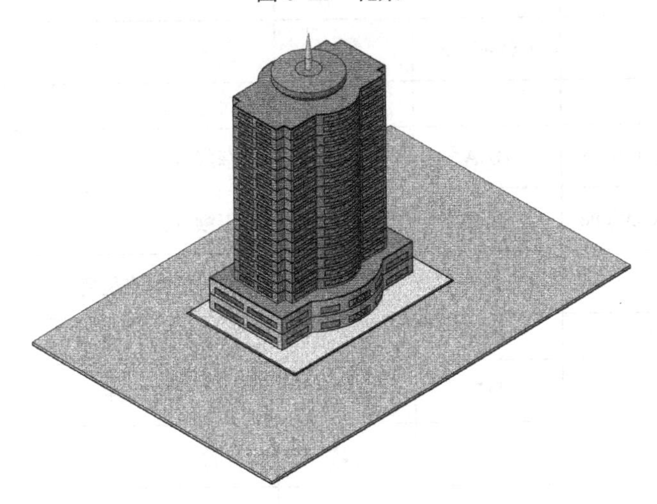

图 6-23 建筑外观

附录 AutoCAD 常用命令

序 号	命 令	快 捷 键	图 标	命令说明	备 注
1	ARC	A		绘制圆弧	
2	AREA	AA		测量面积	
3	ARRAY	AR		阵列	
4	BHATCH	H 或 BH		图形填充	
5	BOX			绘制长方体	
6	BREAK	BR		打断	
7	CHAMFR	CHA		倒角	
8	Change	CH		属性修改	
9	Circle	C		绘制圆	
10	Copy	CO 或 CP		复制	
11	Dim			尺寸标注	
12	Dimbaseline	DBA		基线标注	
13	Dimcontinue	DCO	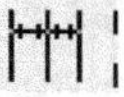	连续标注	
14	Dist	DI		测量两点的距离	
15	Donut	DO		绘制圆环	
16	Dtext	DT	AI	单行文本标注	
17	Erase	E		删除	
18	Explode	X		炸开实体	
19	Extend	EX		延伸	
20	Extrude	EXT		将二维图形拉伸为三维实体	
21	Fillet	F		圆角	
22	Grid	F7		栅格	

（续）

序　　号	命　　令	快 捷 键	图　　标	命 令 说 明	备　　注
23	Help	F1		帮助信息	
24	Hide	HI		消隐	
25	Insert	I		插入图块	
26	Layer	LA		图层	
27	Limits			图形界限	
28	Line	L		绘制直线	
29	Linetype	LT		设置线型	
30	Mirror	MI		镜像	
31	Move	M		移动	
32	Mtext	MT	A	多行文本	
33	New	Ctrl+N		新建文件	
34	Offset	O		偏移复制	
35	Oops			恢复最后一次被删除的图元	
36	Open	Ctrl+O		打开文件	
37	Ortho	F8		切换正交状态	
38	Osnap	OS 或 F3		设置目标捕捉	
39	Pan	P		平移	
40	Pedit	PE		多段线编辑	
41	Pline	PL		绘制多段线	
42	Plot			打印出图	
43	Point	PO		绘制点	
44	Polygon			绘制正多边形	
45	Quit			退出软件	
46	Rectangle	REC		绘制矩形	
47	Redo			恢复被取消的命令	
48	Regen	Re		重新生成	
49	Rotate	RO		旋转	

（续）

序　号	命　令	快 捷 键	图　标	命 令 说 明	备　注
50	Save	Ctrl＋S		保存文件	
51	Scale	SC		比例缩放	
52	Sketch			绘制徒手画线段	
53	Spline	SPL		绘制样条曲线	
54	Style	ST		创建文本标注样式	
55	Stretch	S		拉伸	
56	Trim	TR		修剪	
57	UCS			用户坐标系	
58	Undo	U		撤销上一次操作	
59	Wblock	W		写块	
60	Zoom	Z		图形缩放	

参 考 文 献

[1] 巩宁平，邓美荣，陕晋军．建筑 CAD[M]．北京：机械工业出版社，2009．

[2] 赫强，赵秋菊．建筑装饰制图与民用建筑构造[M]．北京：中国劳动社会保障出版社，2009．

[3] 胡仁喜，刘昌丽，熊慧．AutoCAD 2008 中文版室内设计实例教程[M]．北京：机械工业出版社，2008．